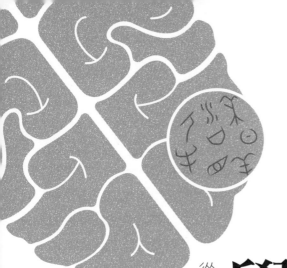

U0030312

從大腦鏡像神經機制看人類語言的演化

人如何學會語言？

（著）
麥可·亞畢
Michael Arbib

（譯）
鍾沛君

How the Brain Got Language

The Mirror System Hypothesis

致謝

　　我想在此感謝江樂候（Marc Jeannerod）讓我走上了解大腦如何控制手部動作的這條路，感謝吉亞卡莫·里佐拉蒂（Giacomo Rizzolatti）和我合作研究鏡像神經元和語言，感謝瑪麗·海斯（Mary Hesse）讓我從社會的角度來思考神經科學，感謝珍·希爾（Jane Hill）為個體與社會基模在習得語言方面的關連性提出模型。除此之外，我還要感謝數百位朋友、同僚、學生，還有陌生人，我和他們一同討論了本書中各種事實、模型，以及假設的各個層面；特別要感謝那些在我的思想發展過程中，已成為不可分割的一部分的所有書籍與論文的作者。

麥可·亞畢

加州拉荷雅

2011年7月4日

推薦序
為人類語言的產生提供線索

國立自然科學博物館館長、清華大學生命科學院系統神經科學研究所特聘教授
焦傳金

「鏡像神經元」的發現可以說是神經科學研究的一項重要里程碑，它所代表的意義遠超過當初發現它的義大利科學家吉亞卡莫・里佐拉蒂的想像。有些學者甚至認為，鏡像神經元的發現對神經科學的影響就像DNA的發現對生命科學的影響一樣巨大。在《人如何學會語言？：從大腦鏡像神經機制看人類語言的演化》一書中，麥可・亞畢以自己的研究經驗，利用鏡像神經系統的概念，對人類語言演化的過程，提出一個獨到的觀點，讓鏡像神經元的重要性在語言學習上獲得強烈的支持。

在八〇年代末期，里佐拉蒂意外的發現猴子腦中前運動皮質F5區的神經元除了自己在抓取食物時會產生反應外，當猴子在觀看實驗者抓取食物時也會產生相同的反應，後續的研究更進一步證實，這些鏡像神經元可以幫助猴子分辨動作的目的與意圖。因此，我們可以說鏡像神經元讓猴子在看到別人的動作時，在腦中會重現相同的動作，就像是自己做這個動作一樣。

這樣「感同身受」的鏡像神經元不只存在猴子的腦中，在人類腦中的許多區域也陸續被發現。這些可以反映外在世界的神經細胞，使我們能夠體會他人的想法，藉由模仿與溝通，我們可以將生存技能及生活經驗透過學習而傳承下去。除此之外，鏡像神經元也是心智理論（Theory of mind）的基礎。簡單的說，心智理論就是我們知道別人在想什麼，藉由自動的、無意識的模擬，我們可以感同身受，了解別人的心智，這正是鏡像神經元的本質，也是

同理心的基礎。

　　在本書的基本論述中，亞畢先從生物演化及文化演化的角度，建立思考語言演化的一般性架構。生物演化使得語言先備的腦以及擁有原語言的早期智人得以出現，大約過了數萬年的文化演化，真正的語言才得以出現，而更近一步的歷史改變則帶來了原始印歐語大約在六千年前的出現。在本書中，作者提出三個關鍵假說來說明語言的演化，包括：沒有天生的普世語法、語言先備的能力是多模組的、鏡像系統假說。在亞畢的鏡像系統假說中，他認為人腦中支援語言的機制，是以一開始與溝通無關的機制為基礎所發展的。也就是說，在針對抓取的鏡像系統中，人類具有辨識一組動作的能力，而這樣的能力為語言同位（亦即「語句的意義對講者和聽者來說約略是相同的」）提供了演化基礎。

　　本書因為論述詳盡，因此難免有些章節篇幅較長，但作者還是貼心的提供許多路燈（Lampposts）及路標（Signposts），讓讀者能夠清楚掌握全書脈絡。藉由重述重要觀點，作者加強了鏡像系統假說在語言演化上的基礎。無論你是否為語言學家，只要你對語言為何能在人類中產生，進而對人類產生巨大影響有興趣，這本書將能提供一些線索。更重要的是，本書是以神經系統與演化理論為基礎，讓語言產生的研究增加了生物學的觀點。

前言

我們就開門見山吧。

人類有語言，其他生物沒有。
這是生物上與文化上的演化結果。
人類有語言是因為大腦和其他生物不同。

但是，上述的每一點都需要加以解釋。

蜜蜂沒有語言嗎？人猿不也學會了手語嗎？不盡然。蜜蜂的舞蹈可以告訴其他蜜蜂已發現的花粉源頭。巴諾布猿（又稱做侏儒黑猩猩）曾經學會聽英語，程度大約相當於兩歲的小孩。但是說到將大量的符號做出新的、複雜的組合（例如句子），讓其他個體了解其意義（最好這個句子也真的有意義），那非人類就毫無勝算。

人類的語言不只有話語（speech），還包括伴隨話語出現的姿態（譯註：gesture，作者使用這個詞來指稱臉部表情、身體與手部姿勢）；失聰者使用的手語（sign language）也是一種語言。人類的語言雖然是建立於我們靈長類近親的溝通系統上，卻也和牠們的系統有著截然不同的差異。所以本書的目標之一，是討論野生與人類豢養的猴子和人猿，各是如何使用聲音、手勢，以及臉部表情互相溝通。這樣一來，我們就能建立「原語言」（protolangauge）的觀念，也就是我們遠古的祖先使用的溝通形式，比現在非人類的靈長類使用的溝通方式更加豐富、開放，但缺乏我們現在人類語言驚人的細膩與彈性。

那麼演化呢？有些人否認這一點，認為每個物種與生俱來的樣貌永遠不會改變。但是達爾文的演化論的關鍵概念就是：有機體會改變，而由此造成的某些變異體，繁殖成功的機會比較大。如果讓細菌在醫院自由移動，隨機的變異會讓某些細菌對抗生素的抵抗力特別強，所以這些抵抗力特別強的細菌，繁殖得會比較成功，而其他菌株可能比較容易死亡，這也沒有什麼好意外的。因此，過了一段時間後，細菌的組成就會和原始的形式完全不同。達爾文聰明地了解到，隨機的變異與繁殖成功兩者結合，會使得過去沒出現過的生物得以出現，所以經歷許多世代的變異與天擇，就能夠使得全新的物種誕生。演化並不只是「攪亂一池春水」，而是增加某些物種的族群數量，減少其他物種的族群數量。有些物種會滅絕，而新物種也會崛起。

　　我目前談到的都是生物演化，父母會將基因裡累積的改變傳給小孩，使得基因模式出現相當的改變，有別於祖先的基因，帶來新物種的崛起。但是我也想談談文化的演化。我所謂的文化，並不是指像是龐大的法國文化那樣，所有「法國性」的層面都是由小小的因果關係所決定的那種文化。我所謂的文化是有很多面向的，包括食物、教育態度、對歷史的詮釋、語言、建築、禁忌、禮節的規範等等，這一切全都反應了一個民族的歷史。有些面向會互相造成強烈的影響，有些則頗為獨立。舉例來說，在乳酪方面的優異傳統，對我而言可能和法國的語言或建築沾不上邊，比較和一般人心目中的美食有關，而且又能進一步和釀酒的傳統連結，接著和農業產生關連。

　　所以當我說到文化演化的時候，我說的是塑造出人類文化各個面向的那些過程，而這些過程相對並不受人類生物學影響。因此我們可能會問，從事狩獵與採集的原始人是怎麼變成農夫的？四散的部族是怎麼聚集形成城市的？拉丁人又是怎麼讓包括巴西葡萄牙語與羅馬尼亞語在內的各種羅曼語（Romance language）崛起的？關鍵在於，我們不能期待自己能了解大腦是如何改變，使得人類「得到」語言，除非我們能了解，這個所謂「得到」的過程其實牽涉到歷史的改變，也就是文化的演化，而不只是生物基質的演化而已。

因此，我們要看大腦和大腦的演化。如果我們說人類的大腦和青蛙或老鼠或猴子的腦不一樣，這到底是什麼意思？難道只是因為人腦比較大，所以人類比青蛙聰明？嗯，鯨魚的腦比人類還大，而青蛙的眼舌協調比人類還好。不同的大腦可能擅長不同的事，但大小卻是它們之間唯一的差別。所以本書的另外一項任務，就是稍微說明「大腦如何運作」，以及腦中許多次級系統如何互相競爭與合作，使得生物能應付各種不同的工作。我的重點會放在比較人腦和獼猴（macaque monkey）的腦。我不只會看它們之間的差異，還有兩者間的相似之處，試著了解我們在兩千五百多萬年前的最後共同祖先的大腦會是什麼樣子。這樣一來我會有個基礎，可以接著描繪出到底在人類演化中究竟發生了什麼事，使得我們擁有其他生物都沒有的「語言」。

　　只有人類的大腦是「具有先天語言能力的」（譯注：language-ready，下文簡稱為「語言先備」）；換句話說，一般的人類小孩都能學會一種語言：有開放式的語彙（譯注：vocabulary指的是某人在其所熟悉的語言中使用的單詞〔word〕組），整合支援單詞階層式組合的句法，形成較大的結構，能隨心所欲自由表達新穎的意義，但是其他物種的幼獸都沒有這個能力。的確，人類不只能學會現有的語言，還能主動塑造出新的語言；在新興手語的研究裡就充分展現出了這一點。句法（syntax）是告訴我們單詞可以怎麼組合成特定語言句子的一套「規則」；語意（semantics）指的是這些單詞和句子的意義。但是句法規則是否內建在人類大腦裡？我將在書中主張，我們的語言能力（就像我們開車或是上網的能力一樣）並非只直接藏在我們的基因裡，並且陳述文化發展利用先前的生物演化所帶來的結果。

　　這種觀點明確顯示，如果我們在討論大腦時，不討論大腦讓同一家族或族群的生物得以彼此互動時扮演的社交角色，以及大腦使小孩學會一個群體文化演化的果實時扮演的適應性角色，那麼這樣的討論就不算完整。隨著我們在獼猴控制手部的大腦區域發現了鏡像神經元，我們對於大腦如何達到社交互動的功能，也有了新層面的理解。這些神經元在兩種情況下都會放電，一是猴子產生特定的抓取動作時，二是當猴子觀察到其他猴子表現出類

似的抓取動作時。這不禁讓我們想問：人類的大腦是否也有關於抓取的鏡像系統？當人類自己抓取以及觀察到抓取動作時，有沒有一個區域在腦部造影時會顯得特別活躍？結果我們發現，這一區就是布洛卡區（Broca's area），是傳統上與人類語言的產生有關的大腦區域。本書提出「鏡像系統假說」（Mirror System Hypothesis），也就是支援語言的大腦機制，是在鏡像系統的基本機制上演化而來的。但是抓取動作和說話截然不同。為了了解前者如何為後者提供基礎，我們將追蹤鏡像系統參與抓取與觀察抓取兩方面的路徑，數百萬年來如何演化，了解這如何為**語言同位**（language parity）提供基礎。語言同位使得語言得以擁有共通的意義，也就是一個語句（utterance）的意義，對於說者與聽者而言，大致上是相同的。

語言不只包括話語：我們在講話時還會用到臉、聲音、手；失聰者能使用手語，在沒有使用聲音的情況下，完整表達人類情感的細膩之處。關鍵是，鏡像系統假說顯示，語言先備的能力如何演化成一種多模組系統，這也解釋了原語言如何與原手語（protosign）這種姿態上的溝通方式一同演化，為原話語（protospeech）提供骨架，將示意動作（pantomime）的語意開放性轉換成一套共通的、慣例化的符號系統。原手語和原話語接著一同演化，成為一個不斷擴張的螺旋，產生神經迴路與社會結構，使現代的語言得以出現。

本書的第一部是背景介紹，先介紹基模理論（schema theory），以說明我們和世界實際的互動，也就是實踐（praxis）背後的腦部運作過程，形成我們對手部技巧、語言使用，以及社會建構等知識的各種觀點。我們接著會進一步來看語言學，強調人類語言同時包括手語與口語。我們會欣賞一般語言學，但否定一般語言學中所謂「句法自主性」或是天生的「普世語法」（Universal Grammar）這些說法；我們認為「構式語法」（construction grammar）也許更適合用來研究人類如何習得語言，以及語言的演化與歷史演變。

為了更了解其他靈長類的溝通系統與人類語言到底有多大的不同，我們

評估人猿與猴子的發聲與姿態，強調發聲模式似乎是天生就明確固定，而一些手部動作則是在「文化上」有明確意義。我們也會說明神經迴路在視覺感知與手部動作方面的功能，以及獼猴與人類腦部負責聽覺系統與發聲的區域，接著才能仔細介紹獼猴腦中的鏡像神經元與人類大腦的鏡像系統，為第一部畫上句點。

本書的第二部則接續發展鏡像系統假說。第六章〈路標：揭露本書論點〉，不只總結了第一部的背景資訊，也為第二部的每一章內容提供大綱說明。因此有些讀者也許會比較想從第六章開始看，再回頭看（或是不看）第一部。如同一般認為在非人類的靈長類身上，手勢相對於發聲具有更大的開放性一樣，第二部的資訊主要是一般的看法，認為原手語（即以慣例化的手勢為基礎的溝通）為原語言的發展提供了骨架。

注意，辨識一個已知動作的能力，和學習模仿一個新的行為是不一樣的。我們在評估猴子、黑猩猩，以及人類的模仿時，是超越了鏡像系統的範圍的。我們認為，只有人類特有的所謂「複雜模仿」形式，才強大到足以支援後續的階段；而透過演化，人腦的機制才得以支援手部技巧的轉移。此外，我們特別看到人類和黑猩猩有很大的一個不同點：過度模仿。這乍看彷彿是個缺點，但其實是文化演化的強大引擎。相反地，生物演化則促成了支持示意動作以及之後的原手語的大腦機制發展。一旦原手語為原手語符號的發明開了一扇相對自由的門，話語器官的神經控制演化也隨著展開。等到這些腦部機制都到位了之後，應用於溝通領域的複雜模仿便提供了許多機制，使語言得以透過文化演化，從原語言當中成形興起。

最後幾章討論的則是約在十萬年前促使語言最初得以出現的大腦機制，至今如何繼續發揮作用：例如兒童習得語言的方式、過去幾十年裡新手語的出現，以及語言從數十年到數世紀的時間當中改變的歷史過程等，都可以看見這些機制的運作。語言不斷在改變。

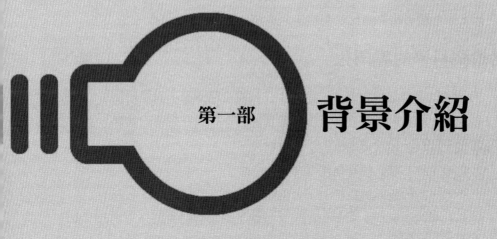

第一部　背景介紹

1

路燈下

路燈與科學的專門化

有個老故事是這樣說的：一個紳士在夜晚走路回家，看見一個醉漢在路燈下找東西。紳士問醉漢在做什麼，醉漢回答：「我在找我的鑰匙。」於是紳士幫他一起找，但連鑰匙的影子都沒看見。

「你確定你的鑰匙掉在這裡嗎？」

「不是，我的鑰匙掉在街上了，但是那裡太黑了很難找⋯⋯」

這個故事告訴我們，科學領域已經被做了非常精細的劃分，物理學家可能沒有生物學的專長，但是更糟糕的是，專精弦論的物理學家可能對生物物理學一無所知，而研究DNA有成的生物學家，對於動物行為卻只有一般粗淺的理解。

科學家（通常是嚴肅，有時微醺，但極少喝醉）的工作，就是決定有一個問題必須解決（你可以想成是不見的鑰匙），接著利用自己擅長的專業理論與實驗技術（也就是路燈照耀的光）去解決。當然，這樣一來的問題在於，鑰匙可能是在另一盞路燈下，或者根本需要先建設一盞新的路燈，才有可能找到鑰匙。誰會想到了解物種形成的關鍵，會在X光結晶學的路燈下找到？但也正是這項科技讓人知道DNA是雙股螺旋結構，打開了分子生物學如洪水般源源不絕的發現之旅。

在這個例子裡，華生（Watson）和克里克（Crick）是找到鑰匙的人（他

們解決了DNA結構的問題），但他們也因此對分子生物學這個新領域的發展有所貢獻。再用一種比喻的方式來說明，假設郊外有一大塊地，我們可以想像這裡能建設很多新的路燈，也能發現很多新的鑰匙。但是我想用另外一種方式來進一步延伸這種比喻。我們都以為鑰匙是一把，或是好好放在一起的一組鑰匙。但現在不妨想像一下，有一把破碎的、四散在各處的鑰匙，像拼圖一樣，得拼全了才能開鎖。我們也許必須在很多盞路燈下尋找，卻還找不全所有的碎片拼成一把完整的鑰匙。也許我們找到的碎片其實還少了幾片，但拼起來彷彿像是那麼一回事了，比方說拼成一張有人站在磨坊旁的圖片，我們就心滿意足了。極端專業的人也許會試著了解，還缺少的那一塊拼圖上到底有什麼東西；而多方涉獵的通才可能會開始分析，還需要哪些東西才能填補其他片拼圖上的不足，完成一幅完整的圖片。

所以從一名醉漢、一盞路燈、一組鑰匙，還有一個有能力但被誤導的紳士這個比喻，我們可以發展出一個新的比喻：科學就像是一個多方發展的大企業，許多男男女女在黑暗的道路上，用探照燈、路燈，或是聚光燈等各自可運用的技術尋找一塊塊的拼圖，有時候他們會找到自己要找的拼圖，有時候找到的顯然不是自己要的拼圖塊，可是因為看起來很有意思，以至於他們決定改變目標，拼新的一幅拼圖。不論如何，這些找拼圖的人可能會離開自己的路燈，去和另外一盞路燈下的人討論，協調整合彼此的研究。有些人也許會去建造新的光源（發展新的技術），幫助其他人在未經探索的地方找到其他片拼圖。

這麼說應該夠了。我的重點就是：語言演化的問題並不是單單用一把鑰匙就能打開的盒子，而是一幅分裂成許多碎片的拼圖。為了拼成這幅拼圖，我們需要來自許多不同路燈的光源。目前，拼圖的少數區域已經被大致拼起來了，也開始出現很有意思的圖形。我的工作就是讓大家看到這些少少的圖形，並且提議如何填補還沒找到的部分，讓圖形進一步發展。而我要用這一章後面的篇幅，討論照亮我自己探索語言演化之謎道路的第一盞「路燈」。

第一盞路燈：基本神經行為學的基模理論

我在雪梨大學念書的時候，很早就決定要成為一個純粹的數學家——會因為數學定理的公式結構與其優雅感到愉快的那種人，不在乎數學定理是否能應用在真實世界的物理學或其他領域。然而，儘管我對純數學的熱情不減，我卻遭到了突襲。

就讀大學時，我花了三個暑假在研究電腦（而當時的電腦效能大約是我現在用的筆電的百萬分之一），然後我看到了諾伯特·維納（Norbert Wiener）在1948年出版的重要書籍：《仿生學：或動物與機械的控制與溝通》（*Cybernetics: or Control and Communication in Animal and Machine*）。這本書以及其他受其啟發的書籍和論文讓我了解到，數學除了計算力與加速度那種應用數學之外，還有很多非常不同的迷人應用方式。我發現為了研究控制系統而發展的數學技巧，也可以用來建立脊髓神經網絡中控制脊椎動物運動的反饋系統模型。我研究了「塗林機器」（Turing machines）還有「哥德爾不完備定理」（Gödel's incompleteness theorem），以及美國神經心理學家華納·麥古洛區（Warren McCulloch）及邏輯學家華特·匹茲（Walter Pitts）兩人所發展的正式神經網絡模型。我也研究了克勞德·夏農（Claude Shannon）發展的通訊理論。這些理論定義了自動機理論的新領域，我也繼續讀了一系列關鍵的論文，題名為《自動機研究》（*Automata Studies*），由夏農與約翰·麥卡錫（John McCarthy）編輯，其中一篇是馬文·明斯基（Marvin Minsky）所著的討論神經網絡的論文。

雪梨大學生理學系的比爾·賴維克（Bill Levick）和彼得·畢夏普（Peter Bishop）教授，也同意我旁聽他們針對貓的視覺皮質進行的神經生理學實驗。萊維克指導我讀了一篇剛發表的論文：〈青蛙的眼睛告訴青蛙的腦什麼〉（What the Frog's Eye Tells the Frog's Brain），作者是麥古洛區、匹茲、神經心理學家傑瑞·萊特文（Jerry Lettvin），以及智利神經自動機學家洪伯托·馬土拉納（Humberto Maturana; Lettvin, Maturana, McCulloch,

& Pitts, 1959）。我從這篇論文了解到，麥古洛區和匹茲從他們最初的論文發表後，在麻州劍橋的麻省理工學院已經有了更多的進展——維納、夏農、麥卡錫、明斯基也都一樣。所以我到麻省理工學院攻讀博士學位，論文的題目是關於機率論。但我真正的專業領域，是我在麻省理工學院攻讀期間於寒假時到雪梨新南威爾斯大學開的一系列講座名稱：大腦、機械，與數學（Arbib, 1964）。

這次的經驗加上我和我在史丹佛大學的第一個博士學生的研究，決定了我的第一盞路燈，我稱之為「計算機神經行為學與基模理論」。

讓我來說明一下這是什麼東西。動物行為學研究的是動物的行為，神經行為學研究的就是讓行為之所以誕生的大腦機制。也就是說，計算機神經行為學討論的不只是行為背後的大腦機制，而是要以數學的方式呈現出這些機制，以研究大腦執行的是什麼樣的計算。而且，就算大腦是一台高度平行運作的適應性電腦，和現在的電子電腦很不一樣，但我們還是可以用這些電子電腦模擬我們的數學模型，測試這些模型是否能真的解釋我們所關注的那些行為。

這本書中，我會避免所有的數學形式與電腦模擬的細節，但我寫的大部分內容，都是以我使用計算機模型所得到的經驗為基礎。不過所謂「模擬」的概念，我想所有看過那部折磨人的《阿波羅十三》電影的人都能了解。太空船成功回到地球的關鍵要素之一，就是在休士頓的那些工程師能用數學模型計算出在地球與月球的拉力影響下，不同的發射火箭方法會如何影響太空船的軌道。他們面臨的兩難是，發射的火箭愈少，愈能夠節省燃料，但太空船回到地球所需的時間也愈長。而他們成功應對的挑戰，就是要找出一套計畫，讓所有乘員可以在氧氣耗盡之前回到地球。此時可以用模擬來解釋系統被觀察到的行為，並且計算出一套控制策略，讓系統以我們希望的方式運作；而在我們建立動物行為的模型時，透過模擬就能了解動物的大腦與身體如何合作，增加讓動物成功以我們想要的方式行動的機率。

青蛙視網膜的輸出細胞稱為節細胞（ganglion cell），節細胞的軸索會

回到青蛙中腦的頂蓋（tectum），負責視覺的關鍵區域。在〈青蛙的眼睛告訴青蛙的腦什麼〉這篇論文中提到，這種節細胞分為四種，各自提供頂蓋一張不同的世界地圖。令人興奮的是，其中一張地圖上會有一些活動高峰，這些高峰就是移動中小型物體的位置（這就是「獵物」地圖），而另外一張地圖上的高峰顯示的是移動中大型物體的位置（會不會是掠食者偵測地圖呢？）。但是青蛙的腦可不只是視網膜和頂蓋而已，還必須有一套機制可以利用這些地圖上的資訊，做出行動計畫。如果同時出現許多蒼蠅和天敵，青蛙就必須「決定」牠要逃跑還是抓一隻蒼蠅來吃，而不管牠「選擇」了哪一個，牠都必須將正確的指示傳到腦幹與脊髓，好讓牠的肌肉能移動，離開掠食者或轉向「被選上的」獵物。我們想知道的是，青蛙的眼睛告訴了牠什麼。注意，我們沒有用相機來比喻把照片轉播到大腦的視網膜，而是試著要了解，當圖象抵達視網膜的棒狀與圓椎狀結構後，視覺系統如何開始轉換圖象，以幫助動物的腦找到適當的行動計畫。我為這個以行動導向的感知下了一個註解：動物（與人類）主動從環境中尋找所需的資訊。我們不是被動的「刺激－反應」機械，只對每一個影響到我們的刺激做出反應；相反地，我們感知到的東西其實極大程度上，是受到我們目前的目標或動機所影響。

在進一步說明之前，讓我解釋一下為什麼上面的「決定」、「選擇」，還有「被選上的」這幾個詞要特別用引號標示。我們使用這些詞時，經常會覺得我們自己是有意識地在檢視自己的行動，比方說從餐廳的菜單上挑選一道菜就是一個很普通的例子，而且我們會衡量這些選項的好處，再有意識地決定怎麼進行下去。但是這一切都牽涉到我們腦中細微的活動模式，這種細微的神經活動讓我們有一套行動計畫，但我們自己卻沒有意識到這個做決定的過程。當我們碰到熱的爐子時，我們會繼續把手放在上面還是縮回來？我們的手會在我們意識到燙傷的感覺前就縮回來了。更細微的一個例子是，我們握住一個玻璃杯時可能會感覺有一點點滑，所以我們會握得緊一些，以免杯子滑落；我們很多時候根本沒有發現我們要把杯子抓緊一點的這個「決定」。接下來我就不會再用這些引號了，但是當我說「這隻動物決定」或是

「大腦決定」時，並不表示這個決定是有意識的，但同時也不否定這是有意識的。對，我們對於自己使用的語言大部分都是有意識的，會意識到我們說了什麼、聽見了什麼，而對於我們所讀到的和寫下的文字的意識甚至更多。但是我自己的經驗也讓我知道，很多情況下我都應該三思後再開口，而我們可能經常都會注意到自己想說的東西的概括性本質，但等到我們真的說出來之後，才意識到我們挑選了什麼樣的字眼去表達。當我們很熟悉一種語言時，我們就很少會停下來思考怎麼發音，或是考慮建構一個句子時要使用哪些語法。

我和我的學生瑞奇・迪戴（Rich Didday, 1970）受到神經行為學家大衛・英格（David Ingle, 1968）的實驗啟發，試圖仔細思考神經網絡如何做出選擇。英格成功讓青蛙攻擊搖動的筆尖──應該是因為筆尖就像蒼蠅一樣，觸發了青蛙視網膜上的「獵物偵測器」。如果他同時搖晃兩枝筆而不是一枝，青蛙正常來說只會攻擊其中一枝。但很有意思的是，如果兩個刺激夠接近彼此，青蛙就會攻擊兩者中間「平均的蒼蠅」。因此，迪戴和我的挑戰就是設計出一個神經網絡，能把輸入的資訊當成行動地圖，並且擔任「最大選擇者」的角色，同時把輸出畫成另外一個配合最大輸入值（「最美味的蒼蠅」）的位置、只有一個行動高峰的地圖。我們的重點是要避開一系列的計算（在輸入陣列上逐位置搜尋，找到最大值），找到方法刺激網絡上的神經元，抑制其他神經元，讓最強大的輸入獲勝，直接輸出。結果我們成功了，實驗成果就是現在所謂的「贏者全取」網絡（Winner-Take-All）。如果有意識的搜尋需要數秒鐘的時間，「贏者全取」網絡不到一秒鐘就能做出決定。

透過思考青蛙的趨近與閃避，下一個解釋行為某些面向的例子就帶出了「基模」的概念。這看起來彷彿已經脫離了找到其他路燈、照亮我們尋找語言演化拼圖的過程，不過這些細節可以讓讀者對於「感知基模」（定義上而言，這是辨識世界上特定物體、情況，或事件的過程）和「動作基模」（類似指明一些行動計畫的控制系統）兩者間的互動有基本的理解。

一隻周圍都是死蒼蠅的青蛙會餓死，可是我們也看到青蛙在攻擊移動中

的蒼蠅與搖晃得像蒼蠅的筆尖時，會表現出相同的「熱忱」。另一方面，移動中的較大物體則會引發逃跑的反應。描述上述情形的第一個基模層級模型如圖（圖1-1a），來自眼睛的訊號有通往兩個感知基模的路徑，一個是辨識移動中小型物體（類似食物的刺激）的基模，另外一個則是辨識移動中大型物體（類似敵人的刺激）的基模。如果移動中的小型物體感知基模被啟動，就會接著引發動作基模，讓動物接近並攻擊看起來像是獵物的東西。如果移動中的大型物體基模被啟動，就會引發逃避的動作基模，使動物逃離顯著的敵人。

　　為了將這個基模模型轉變成生物模型，我們必須把四個基模和解剖學連在一起。青蛙的每一隻眼睛會投射到腦部相反側的區域，包括頂蓋（我們剛剛說過了）和前頂蓋（pretectum，就在頂蓋的前面）。如果我們假設移動中的小型物體基模位在頂蓋，移動中的大型物體基模位在前頂蓋，那麼模型（如圖1-1a）預測，前頂蓋受損的動物（例如前頂蓋被切除的青蛙）會接近移動中的小型物體，因為「移動中的小型物體」基模還是在頂蓋，沒有受到影響。此外，根據這個模型，前頂蓋受損的青蛙對於移動中的大型物體不會有反應，因為「移動中的大型物體」基模會跟著前頂蓋一起不見了。然而，德國卡塞爾的神經行為學家彼得・艾瓦特（Peter Ewert）研究了前頂蓋被移除的蟾蜍，發現這些蟾蜍對於移動中的大型和小型物體都會出現趨近行為！這樣的觀察結果使得新的基模層級模型得以出現，也就是圖1-1b（靈感來自Ewert & von Seelen, 1974）：我們把圖1-1a裡針對「移動中的小型物體」的前頂蓋基模，換成針對「所有移動中物體」的前頂蓋基模，但右邊的欄位都還是和a圖一樣。我們還加上了一條抑制路徑，從位在前頂蓋的「移動中的大型物體」感知基模通往「攻擊」基模。這條抑制路徑能確保這個模型能表現動物對移動中的小型物體的正常反應，也就是趨近而不是閃避。

　　這裡把單純只是功能性單元的基模，轉換成做為功能性單元的神經基模，但受到了神經資料的限制。圖1-1b這個模型的結果，為我們關於正常和前頂蓋受損的青蛙和蟾蜍行為的小小資料庫提出解釋。

我們也證明了這些表達互動基模網絡層級的模型，是禁得起考驗的生物模型。[1] 其他更進一步的細節和本書就比較無關了，重要的是現在我們得到了下列這些概念：

　　·**行動導向的感知**：我們想知道動物整體的行為。我們特別著重「感知」為動物提供採取行動所需的資訊所扮演的角色。

　　·**基模與神經網絡**：我們可以建立大腦在神經網絡層級的模型，也可以建立更高層級的互動功能單元，也就是模組的模型。不論是哪一個，我們都有兩種選擇，一是把安於能產生動物或人類行為模式的功能性模型，將之視為「來自於外的」，二是借鏡損傷研究、腦部造影，或是單一細胞紀錄，幫助我們了解這種行為是如何透過腦的內部運作加以協調，更深入探討並重新建構我們的模型。

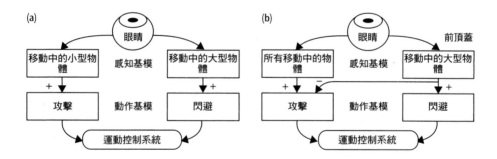

圖1-1：（a）結合了青蛙趨近行為（攻擊移動中的小型物體）的感知與動作基模的「幼稚」模型，和閃避行為的基模是完全分開的。舉例來說，如果針對「移動中的小型物體」的感知基模被啟動了，就會引發「攻擊」的動作基模，形成神經指令，使得控制運動的系統要求青蛙移動，攻擊獵物。（b）將前頂蓋受損時的影響資料納入考慮後，所畫出的趨近與閃避基模程式。特別要提的是，「趨近基模」並不只限於頂蓋的區域範圍內，因為它要靠前頂蓋的抑制才能完整。相反地，前頂蓋沒有受損的動物會攻擊移動中的物體，引發「所有移動中物體」的感知基模，但不會引發「移動中的大型物體」感知基模。接著來自前者的刺激（＋）因為缺少了來自後者的抑制（－），會引發「攻擊」的動作基模。「移動中大型物體的活動」感知基模會引發「閃避」的動作基模發出神經指令，使得運動控制系統讓青蛙移動，避開掠食者，抑制「攻擊」動作。（修改自Arbib, 1990）

‧**合作性計算（競爭與合作）與行動－感知的循環**：電子計算機（電腦）的典型計算方式是連續性的，有大量的資料被動地儲存起來，只有單一的中央處理單元，一次執行一個指令，處理一或兩筆的資料；電腦可能會組合這些結果，以某種方式儲存，或是以結果為基礎進行測試，以判定下一個要執行的指令是什麼。[2] 相反地，不論我們描述的是神經網絡或是基模網絡的層級，大腦裡的活動是分散在整個網絡裡的，由神經元間的刺激和抑制，或是基模間競爭與合作的模式所組成，最終產生一種活動的模式（類似我們的「贏者全取」網絡輸出模式），使有機體採取某一種行動方式。除此之外，當動物行動時，牠的感官輸入會改變，隨著動物解釋周圍的動態世界並與之互動，行動－感知循環（見圖2-7）及競爭與合作的動態也會延續。

我們在後面就不太會提到青蛙了，不過這三個關鍵的概念在我們了解（擁有語言的）人類與（沒有語言的）猴子的大腦，扮演了重要的角色，也因而描繪出人猴共同祖先的腦，創造出人類語言先備的腦的演化道路。

第二盞路燈：視覺與手部靈巧度的基模理論

我的早期研究很多都是在「計算機神經行為學」的路燈下進行，並且受到〈青蛙的眼睛告訴青蛙的腦什麼〉這篇論文啟發。我的第二盞路燈和第一盞路燈的差異在於，第二盞路燈讓基模理論得以照亮比青蛙所擁有更複雜的動作與感知層面。英格——就是做青蛙和「平均蒼蠅」的那個人，設立了這盞路燈。他在1979年邀請我到布蘭戴斯大學參加一場會議。其中一位講者是法國神經心理學家江樂候，他提出的報告是他和尚‧比基（Jean Biguer）一同研究伸手抓取物體時會發生什麼事（1982）。他們描述了一個過程：手移動去抓一顆球之前，會預先做出形狀，這樣一來，手在伸出去抓穩球之前，就已經先有正確的形狀與方向，可以在之後穩穩抓住球。除此之外，以第一近似值估算[3]，伸手的運動可以分成一個快速的起始動作，以及一個慢

的接近動作，從快到慢的運輸階段轉換，會在預先形成的形狀到手指閉合之前發生；這樣一來，觸覺就會在最後的抓取動作時接管掌控權。這引起了我的興趣，我開始嘗試以我在青蛙例子中發展出的感知與動作基模概念，將這個過程公式化。結果就像圖1-2。當這個圖發表在《神經生理學手冊》（*The Handbook of Neurophysiology*, Arbib, 1981）的其中一章時，大家就有了我是視覺控制手部動作專家的印象（但當時我並不是），於是我受邀參加各種研討會，發表與此主題相關的演說。為了避免尷尬，在博士生泰雅·依巴瑞（Thea Iberall）和戴米恩·萊恩斯（Damian Lyons）的幫助之下，我終於真的變成眾人以為的專家了。

圖1-2的上半部有三個感知基模：物體的成功定位會啟動辨識物體尺寸與方向的基模。這些感知基模的輸出，可以透過同時啟動兩個動作基模來控制手臂與手掌動作（見圖下方部分），一個基模負責控制手臂移動手掌朝物體過去，另外一個基模讓手掌預先形成形狀：讓手指分開，根據恰當的感知基模的輸出結果指導方向。一旦手掌預先形成形狀，只是完成了手部運送的快速階段，會「喚醒」抓取模組的最後階段，在觸覺反饋的控制下，塑造手指的形狀。（這個模型預測了後續發現的內容，也就是抓取的感知基模位在頂葉皮質的一個區域〔AIP〕，而抓取的動作基模則位在運動前皮質的一個區域〔F5〕，這些在第五章裡會提到。）[4]

這些基模類似控制系統的傳統塊狀圖裡的一個個方塊，但是基模具有可以被啟動與撤銷的特殊性質。因此，控制理論通常會檢視固定控制系統的特質，但基模理論能讓控制理論根據任務與資料擴大與收縮，或是加入和刪除次基模。實線代表資料從一個基模傳送到另外的基模，虛線則代表啟動的轉移。接著很關鍵的是，基模可以結合，形成如此**協調的控制程式**，這些程式控制了基模共同啟動模式的出現與消失，以及從感知基模到動作基模的控制參數傳遞。在為神經元的區域化建立穩定的基礎之前，被定義為是功能性的基模，在分析後可能會被視為是眾多更精細基模的協調控制程式（如圖1b所示〔不像圖1a的模型〕，我們可以利用一些通過新實驗測試的方法，確認某

些基模在腦部某些區域的位置）。除此之外，感知與動作基模也許是嵌入在協調控制程式裡，這些程式採用更抽象的基模，以產生將心理學連結至神經科學的認知與語言根據。對此的一項推論是，知識是散布在腦中各處，而非侷限在單一的區域裡。各種不同表現必須和一個整合的整體產生連結，但是這樣的連結也許會被競爭與合作的分散式過程加以調節。

圖1-2很清楚地把感知基模與動作基模分開，但是這讓人有另一個問題：為什麼我不把感知和動作基模結合成一個單一的基模概念，將感官分析與動作控制整合在一起？的確，這種結合有些時候是合理的。然而，辨識一個物體（例如蘋果）可能會和其他的行動計畫連結在一起（把蘋果放進購物籃、放進碗裡、拿起蘋果、削皮、用蘋果來做菜、吃掉蘋果、丟掉一個腐爛的蘋果等等）。當然，人一旦決定了一個特定的行動計畫，就會引發特定的

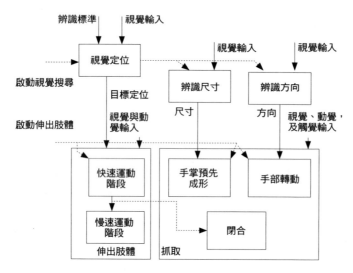

圖1-2：伸手與抓取的假設協調控制程式。位於分離的視覺路徑的感知基模會分析視覺輸入，為動作基模控制手臂（伸手）和手掌（抓取＝預先成形／轉動+閉合）建立需要的參數。不同的感知基模（圖上半部）為動作基模（圖下半部）提供輸入，控制「伸手」（手臂傳送≈伸手）與「抓取」（控制手部符合物體）。這個模型中要注意的是，在「伸手」的動作基模以及「抓取」的動作基模兩者的次基模間，有著假設的時間關係。虛線指的是啟動訊號，實線代表資料的轉移。我假設伸手涉及一個彈道階段，接著是一個反饋階段，而兩者間的轉換也會啟動閉合的動作基模。（修改自Arbib, 1981）

感知與動作基模。但是要注意的是，在上述的例子裡，有些動作是特別針對蘋果的，有些則是引發伸手、拿取的一般性動作基模。這樣的考量讓我決定把感知和動作基模分開，因為某個動作可能會在許多不同的情況下被引發，而某個感知可能會在很多行動計畫前就出現。人並沒有一個厲害的「蘋果基模」，可以將所有的「蘋果感知策略」和「所有和蘋果有關的動作」連結起來。此外，在這個基模理論的假設裡，「蘋果感知」不只是知道「這是蘋果」的分類，可能還讓人獲得一系列和手邊的蘋果互動相關的參數。因此，這種假設認為大腦可能透過協調基模的調節，將不同的感知與動作基模的網絡，以及在這個基礎上的協調控制程式加以編碼。而再往前看，儘管我們的活動大多是例行性的（召喚我們已經很熟悉的協調控制程式），但其他很多部分還涉及將基模安排成新的組合，以符合新情況的需求。

感知與合作性計算

「基模」是人學到的（或是天生的）關於世界某個方面的東西，再加上知識以及應用這個知識的過程。基模實例（instance）就是主動部署這些過程。每一個基模實例，都有相對應的**活動層級**（activity level）。若有假說認為一個感知基模所代表的事物確實在場，那麼這個基模的活動層級，可以指出這個假設的可信度；同樣地，其他的基模參數可能代表了其他的顯著特質，例如感知到的物體尺寸、位置，以及動作。動作基模實例的活動層級也許能指出基模「準備好」控制某些行動計畫的程度。

基模實例也許會和其他基模（可能是包括協調基模等比較抽象的基模）組合起來，形成基模組（schema assemblage）。我任職於阿模斯特的麻薩諸塞州立大學的兩位同僚，艾德·瑞思曼（Ed Riseman）與艾倫·漢森（Allen Hanson），提出關於感知基模組的延伸觀點。他們發展出一套場景理解系統，可以從辨識彩色照片進步到辨識場景內的各種物體。他們的VISIONS系統[5] 在串列計算機中執行，但底層的計算架構讓我對於大腦透過合作型計算

的運作方式（許多基模實例的競爭與合作，延伸了圖1-1b裡所抑制的基本運作形態）有絕佳的啟發。在基模能運作之前，低階程式會先處理一個戶外視覺場景，並且從中擷取中級的呈現形態，包括有顏色、質感、形狀、大小、位置等特徵的輪廓以及表面。感知基模會處理不同的中級呈現，形成對於房子、牆壁與樹木等物體存在的自信值（confidence values）。詮釋所需要的知識會儲存在**長期記憶裡**，形成基模網絡，而詮釋特定風景的狀態會在**工作記憶裡**展開，形成基模實例的網絡。注意，這個工作記憶並不是以最近的狀況來定義（在極短期記憶裡才是），而是以連續的相關性來定義。工作記憶的一個例子就是你會一直記得電話號碼（但在智慧型手機的時代，這情形已經愈來愈少發生），等到你把號碼輸入電話，就不再需要關於這個號碼的記憶，於是會忘記這個號碼。

要詮釋一個新的風景，一開始是有數個由資料驅動的基模例示（例如在某個範圍內的顏色與質地，可能會引發對應影像中某個區域的樹葉基模實例），當一個基模實例被啟動，就會和影像裡相關的區域以及一系列相關的局部變數連結（圖1-3）。在工作記憶裡的每個基模實例都有相關的自信層級，會根據與工作記憶裡其他單元的互動而改變。工作記憶網絡讓情境變得清楚：每一個物體都代表能進一步處理的情境。因此，一旦許多基模實例被

圖1-3：將場景分割成候選區域，透過將畫面的區域與基模實例連結，為原始圖片及VISIONS對場景的詮釋建立一座橋梁。在這個例子中，VISIONS把風景分類成不同區域，例如天空、屋頂、牆壁、百葉窗、樹葉，以及草地，但是其他區域就不加以詮釋。（感謝艾倫·漢森慷慨提供圖片）

啟動，可能會以「受假說所驅動」的方式，使其他基模也出現例示（例如辨識看起來像是屋頂的東西，會啟動一個房屋基模的實例，尋找這的確是個屋頂的證據——例如在推定的屋頂下方區域有牆壁存在）。後續的計算則是以同時發生的主動基模實例間的競爭與合作為基礎。一旦數個基模實例被啟動，基模網絡會被引發，形成假設、建立目標，接著重複調整將基模活動層級連結到影像的過程，直到大腦對於場景畫面（全部或一部分）獲得一致性的詮釋。合作會使得彼此一致的基模實例間產生「增強聯盟」的模式，使基模實例能達到高階的活動，形成針對一個問題的整體解決方法。競爭所帶來的結果是，不符合演化共識的實例會在活動中落敗，所以也不會被納入解決方案（雖然它們持續做的不足以引起作用的活動，可能也會影響後面的行為）。成功的感知基模實例會成為符合目前環境的短期模型（圖1-4）。

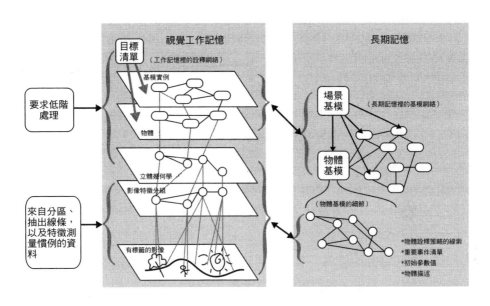

圖1-4：VISIONS的視覺工作記憶利用來自長期記憶的參數化基模實例網絡，詮釋目前的風景。這些基模實例透過一個居中的資料庫和視覺世界連結；而這個資料庫所提供的，是將世界分成需要詮釋的不同區域後所進行可更新的分析，看看這些區域是主事者（agent）或是物體，可能是根據彼此間的關係而定。

1970年代的另一個系統雖然是用在串列計算機上，但也包含了合作性計算在裡面。在HEARSAY-II話語理解系統（Lesser, Fennel, Erman, & Reddy, 1975）當中，數位化的話語資料會提供參數層級的資料輸入（話語訊號裡的能量會以不同的頻寬表示）；在片語層級的輸出會將話語訊號詮釋為有相對應句法和語意結構的一系列單詞。因為口語輸入具有模糊性，所以必須考慮各種的假設。為了追蹤所有的假設，HEARSAY使用稱為「黑板」的一套動態全球資料結構，將輸入分割成很多不同層級（圖1-5）。稱為知識來源的處理過程，在某個層級根據假設採取行動，並在另一個層級產生假設。首先，一個知識來源會利用輸入的資料，在表面語音層級假設一個音素（phonem）。同樣的一段話語，也許會因為有各種可能的詮釋，而出現很多不同的音素，但是個別的自信程度不一。詞彙（lexical）知識來源會配合音素假設，在自己的字典裡找出和音素資料相符的單詞，接著把假設公布到詞彙層級，排除某些音素假設。

為了得到候選片語，將句法和語意具象化的知識來源此時會出動。[6]每個假設都會附註一個數字，表達這個假設目前的自信程度。每一個假設都很清楚地和在另外一個層級所支持的假設連結在一起。知識來源與有限的模糊性互相合作與競爭。除了受資料驅動、向上發揮作用的處理過程之外，HEARSAY也使用受到假設驅動的處理過程。這樣一來，如果有以部分資料為基礎的假設形成，就可以開始進行搜尋，在較低的階層找到支援的資料。以英語來舉例，對動詞複數型的自信程度，可能就能解決前面的名詞尾端到底有沒有加s（譯註：英語的名詞若為複數，大多會在名詞後加上s）。由足夠的自信所啟動的假設會提供語境（context），判斷其他假設是否正確。然而這樣一個可靠度的孤島，不需要活到句子的最終詮釋。我們只能要求這座孤島讓這個過程往前，最終得出這個詮釋。

亞畢和卡普藍（Arbib and Caplan, 1979）討論過HEARSAY這種連續排程的知識來源，是如何被分散在大腦各處的基模所取代，以掌握盧瑞亞（譯註：Luria, e.g., 1973，前蘇聯著名心理學家，神經心理學奠基人之一）的

「分散式區域化」精神。現在,對於分散式計算的進一步了解,以及大量湧出的腦部造影資料,使得因為對合作式計算有所了解而受惠的神經語言學,得以更進一步發展。

歷史觀點中的基模理論

我之所以會決定把圖1-1青蛙模型裡的各部分稱為「基模」,是受到友

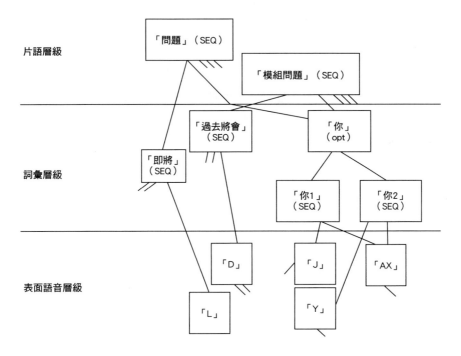

圖1-5:在HEARSAY話語理解系統的表面語音層級,不同的音素實例會被啟動一段特定長度的時間,個別的自信程度(剛開始)是以每一段時間的口語輸入為基礎。接著會在詞彙層級啟動單詞假設,決定個別自信程度的基礎,是組成單詞的各種音素的自信程度。但是那些聚集後能夠形成高自信程度的單詞的音素,個別的自信程度也會隨之增加。同樣地,在片語層級,處理過程會在句法和語意規則的定義下,尋找詞彙階層的假設所強力支持的片語,自信程度高的片語反過來也能支持單詞的假設。因此,合作性計算同時以由下往上,以及由上往下這兩個方向進行,直到有一個高自信程度的片語或句子被接受為話語輸入的詮釋為止。(Lesser et al., 1975, © 1975 IEEE)

人李察‧瑞斯（Richard Reiss）的提醒。他指出，我所謂的有機體「行動導向」觀點（也就是會從世界裡尋找與自己選擇的行動計畫相關的資訊）其實和皮亞傑（譯註：Jean Piaget，近代最有名的兒童心理學家）的觀點有相呼應之處；皮亞傑認為人類的所有知識都和行動相關，並且用了「基模」這個詞為他的分析奠定基礎（因為原文是法文，所以有的翻譯會使用「架構」〔schemes〕這個譯法）。在採用這個詞的情況下，稍微繞點路，說說這個詞在描述人類認知與行為的經典用法也是值得的。

皮亞傑說自己是個基因知識論學家（epistemologist）。知識論（embryology，又稱為「認識論」）的目標是了解身體的起源，所以皮亞傑極力了解兒童在建構現實過程中的心智起源（1954）。他討論了同化（assimilation）和調適（accommodation）兩個概念；同化指的是從現有的基模當中，將一個情況合理化，而調適則是當基於現有基模的同化無法達到預期時，所有儲存的基模會隨著時間而改變的過程。根據一個行動基模為基礎採取行動，通常代表對於隨之而來的後果有某些預期。「要了解一個物體或是一個事件，就是透過同化讓其進入一個行動基模……〔也就是〕在同樣的行動裡，各種重複或疊加之間所有相通的東西。」皮亞傑研究的是兒童的認知發展過程：從透過手眼協調與物體恆存反身基模，一直到已經不再根植於感覺運動特殊性的語言基模與抽象思考基模。

稍早，海德與荷姆斯（Head and Holmes, 1911）在神經學文獻中，使用了基模一詞來描述身體基模：「任何參與我們身體有意識的運動的東西，都被加進我們自己的模型裡，成為這些基模組的一部分：女性局部化的能力也許能延伸到她戴的帽子上的羽毛。」如果一個人的頂葉有單側損傷，可能會失去自己半邊身體的意識，不只會忽視痛覺的刺激，甚至還會忽略這半邊身體也該打扮。如果丘腦與體感覺系統受損，可能會造成身體基模失調。

巴特列（Bartlett, 1932）把基模的概念從神經學延伸到認知心理學，使基模成為「過去反應（或）經驗的主動組織，並且應該總是在所有適應良好的有機反應裡運作。」他強調了「記得」的建構性特徵。人在試著回想一

個故事時，會用自己的措辭重新建構這個故事，把故事和他們在相似基模組的經驗相連結，而不是死記所有的細節。基模理論不是用感官資料的印象來思考，而是使用一個主動且具選擇性的基模形成過程（想想皮亞傑的同化概念）。以某個角度而言，這麼做不只是使事實具象化，同樣也在建構事實。更普遍地說，認知心理學認為基模是在與環境互動過程中建立起的認知結構，代表組織化的經驗，不論是抽象特質或是一般性分類都算在內。來自環境的輸入不只會被目前運作中的基模編碼，這些輸入還會選擇相關的基模，比方說「椅子」啟動的不只有「椅子基模」，還有比較概括性的基模，例如「家具」，並且抑制其他競爭的基模。

基模和基模間的連結會在調適的過程中改變。這些過程會調整基模網絡，因此隨著時間過去，它們掌握更多情況的能力會更好。複雜的基模網絡可以透過學習而形成，能先後調節兒童與成人所理解的現實。基模深植於這樣的網絡裡，因此它們互相依存，每一個基模都只會在與其他基模的關係中找到意義。舉例來說，「房子」的定義包括屋頂等部分，然而屋頂可能是因為它是房子的一部分才被辨識出來，而房子之所以可以被辨識出來，可能又是基於「有人住在裡面」之類的其他標準。每個基模都使彼此更加豐富，也受彼此所定義（還可能會隨著正式語言系統接受明確但僅限部分的定義而改變）。雖然基模改變的過程可能一次只影響幾個基模，但這樣的改變可能也會對心智組織的整體模式造成戲劇性的改變。隨著許多基模是共有但也有所改變，改變與延續的現象會同時發生，因為這些基模現在必須在新網絡的情境中使用。

自我就是「基模百科」

第二盞路燈和第一盞不同，因為它提供了新的方法，讓基模理論照亮人類認知的機制，同時承諾可以從人類與人類和其他物種的共同祖先之間，找到演化的連續性。關於HEARSAY的討論顯示，我們透過基模詮釋語言的方

式，是人類獨有的。如果我們討論視覺，那麼VISIONS則提供了思考人類視覺感知的良好架構，不過人類的視覺遠比青蛙的動作導向感知機制複雜成熟許多。讓我藉由簡短地描述（僅此而已）這第二盞路燈如何照亮對人類個體性的檢視，為這部分的討論畫下句點。

我們每個人都是由各種基模所定義的。我們都只有一個身體可以行動，因此一次只能從事有限的動作。也因此，我們需要一個管道，將對目前情況的豐富理解以及相關的記憶與計畫，傳送到一個目標明確但不一定有意識的行動計畫。基模會互動、競爭，還有合作，產生一個相對而言是目標明確的行動計畫，讓有機體執行。在身體內許多基模的組合，暗示了個體在類似情況下的行為連續性；但是，隨著這套固定方式經過時間而建立，基模最後可能也會以新的方式凝聚起來，使得在某種情況下原本預期會出現的行為，最後卻因為基模互動的新模式，而輸給了新的行為模式。每個個體都有多組基模，彼此間有某種連貫性（這不是說個體所擁有的所有基模都是連貫的），這樣一組基模的風格可能也會隨著時間改變，以建立某種統一性。對應人類所知一切的基模，可能有上千上萬個，當中也許有數百個是隨時都活躍，因此有利於有機體和環境目前的互動。

這些基模的總和，就是我們的樣子，然而我們向世界所呈現的自我，很大程度是根據情況而異的。我在社會上扮演很多角色（兒子、丈夫、父親、教授、觀光客、電影院觀眾），我的行為也會隨著我目前的角色有極大的不同。同樣地，我已經學會如何在不同的情境中有不同的行為（在家、在大學裡、在商店裡、在餐廳裡），而就算是在這些不同的情境裡，我使用的基模都還可以再細分，使我的行為會根據我在臥室、浴室、廚房，或是書房裡有大幅的差別。我透過根據目前情況採用適當基模，以建立期待與達到目標的能力，扮演我的各種角色。

扮演這些角色不只是我個人行為模式的一項功能，也是我關於他人行為的內在模型的功能，而這所謂的「他人」對我而言可能是我認識的個體，或只是例如空服員或超市收銀員的角色。我對於自己的感覺，有部分是取決

於我在這些不同的情境中，以符合自己期望的方式去扮演各種角色的能力。我也許會透過臉孔、舉止、姿態或聲音等生理特徵，甚至是識別證來辨識個體。除此之外，我也已經了解個體或扮演某些社會角色的人，會有某些行為模式與個性風格。我對於其他個體的知識，也可以透過人們共同的記憶加以強化。

因為會根據角色與情境使用感知基模與動作基模，所以有一部分的「我」是沒有意識的；有一部分的「我」是陳述性的——對這些基模的思考，對於我的風格與技巧限制的某些了解（不一定和他人賦予的特徵相同），以及關於特定事件的記憶。這些都被編織進時空的架構裡，可能會根據空間（在哪裡發生）、時間（什麼時候發生的），還有各種其他的關連資訊被標上索引。這些索引可能是相對絕對的（在雪梨、在1964年初），或者不是（在巴黎和義大利之間、在我們結婚之後）。

延續下來的挑戰（接下來通常是比較隱晦而非明確的）就是要了解，人類的基因體到底讓人類有多充分的準備，可以和其他動物以相同的方式發展，同時也以或多或少是人類獨有的方式發展；每一個人的自我受到語言形塑的程度（下一盞路燈：具象化神經語言學），以及人受到我們在社交世界裡感知到的規範所形塑的程度（第四盞路燈：社會基模）又各有多大。

第三盞路燈：具體化神經語言學

我念書的時候對英語的歷史很有興趣，我想知道諾曼第法語對於古英語（盎格魯－薩克遜英語，西元400年到1066年）轉換成中世紀英語（西元1066年到1400年代左右），以及更進一步改變後出現現代英語的過程，有什麼樣的影響；我也想知道不同的國家，甚至不同的階級，是如何在這種語言裡留下他們的印記。我也讀過威廉‧瓊斯（William Jones）1786年在加爾各答的研究成果，他發現希臘文、拉丁文，以及印度的古典語言梵文，其語法結構和語彙的相似之處，多到讓人認為這三種語言看起來是從相同的遠古語

言衍生而來——這種語言被稱為「原始印歐語」（Proto-Indo-European）。

　　於是我開始深深著迷於歷史語言學。在高中的時候，我學了拉丁文、法文，還有一些德文，但是我從來沒學到能流利使用這三種語言的程度，不過我的法文閱讀能力還算差強人意。我從那時候開始涉獵很多語言，包括西班牙文、俄文、日文，還有中文等等。我想了解一下每種語言的語法和語彙，但除了西班牙文之外，我使用其他這幾種語言的能力都還不及我粗淺的法文能力。換句話說，我不管怎麼看都不是個語言學家，我沒有精通許多語言的技能，也沒有用我的學術專長對特定語言做深入的分析，我只是「造訪」這些語言，就像是觀光客造訪世界重要城市，去最有名的景點欣賞美景，但一離開市中心就失去了方向。儘管如此，學習這些語言的經驗都漸漸讓我愈來愈喜愛人類語言的多樣化，並且讓我開始了解這段同時由相似處與極大差異所塑造的歷史。

　　我到麻省理工學院時，接觸到一個對語言全然不同的看法。每個學期我都會去拜訪學校裡一位年輕的語言學教授諾姆・喬姆斯基（Noam Chomsky），然後問他：「語言學有什麼新發現嗎？」那時候他還不是鼎鼎大名、堪稱是二十世紀最具影響力的語言學家（但是現在他在政治方面的雄辯能力更為人所知）。他當時所得到的一項新發現，確實對我的數學腦袋有極大的吸引力。他提出我們要從句子中單詞的意義往後退一步，只要看這些單詞的類別就好。以「那隻坐在一塊地墊上的貓」（The cat sat on the mat）這個句子來說，我們要忘記這個句子的意義，而是把它當成一連串的「非終端符號」（nonterminal），也就是Det N V Prep Det N這樣的格式。Det指的是限定詞（determiner），N指的是名詞（noun），V指的是動詞（verb），Prep指的是介係詞（preposition，又稱前置詞）。接著他提出一個問題：我們能不能用符合該語言裡實際句子的排列，把這串非終端符號做出數學分類？比方說Det Det NV就不符合實際句子，因為這樣寫出來會變成「一塊那隻貓坐」（A the cat sat）。他定義了語法的各種階級，並且指出語法的每個階級都有相對應的自主（automata）階級。他也指出一個特定階級的語言，

亦即所謂「語境無關語言」（context-free languages，但在此先不管定義）能產生英語和其他語言的很多語法特質，但無法解釋句子和非句子間的所有差異。

在後來的幾年裡，喬姆斯基提出了一系列關於「自主句法」的龐大理論，解釋我們不需要擔心語言實際上是如何被用來進行成功的溝通，還是可以學習這種語言的結構。這批所謂的生成語言學家（Generative Linguists）軍團在喬姆斯基的領導下，揭露了許多一開始可能看來擁有截然不同句法的語言，確有很多共通的模式。這些東西讓人頭昏腦脹，但我很喜歡。儘管如此，我還是會在後面的章節裡提到，其實在離開了語法結構的抽象研究後，喬姆斯基在很多方面都是反建設性的。他的理論扭曲了很多研究者對於語言的使用方法以及兒童如何習得語言的看法，而且也被奉為不可違抗的圭臬，阻擋了對語言演化及其背後腦部機制的重要研究。

無論如何，儘管我從喬姆斯基那裡學到很多關於語言形式特質的知識，我也樂於為各種以數學定義的語言家族提供很多定理，但我對於行動導向的感知與感知導向的行動的動物腦部神經網絡與基模的研究，使得我開始思考：若以腦部功能來考慮，我們對於語言的表現能有多深入的了解。當然，人腦比青蛙的腦複雜許多，支援人類使用語言的機制和支援青蛙趨近或閃躲行為的機制相比，複雜度是數量級的差異。本書就是要說明如何在兩者間的鴻溝搭起橋梁，同時在大腦與行為的演化這個較大的架構中來了解語言。

從行動導向的角度來思考語言，成為我腦中揮之不去的焦點（可以這麼說），是在1970年代末以及1980年代初期到中期這段時間；首先，我在任職於愛丁堡大學的休假期間，和語言學家吉米・索恩（Jimmy Thorne）及神經學家約翰・馬歇爾（John Marshall）等人，長時間討論怎麼用涉及感知與產生語言的計算觀點來看語言。接著，我在阿模斯特的麻薩諸塞州立大學，和客座學者大衛・卡普藍（David Caplan）表了一篇論文，名為〈神經語言學必為計算形式〉（Neurolinguistics Must Be Computational）[7]；卡普藍現在是失語症研究方面的權威。這些研究讓我得以建立第三盞路燈：「具體化神

經語言學」（Embodied Neurolinguistics）。它使我們能在基模—理論方法中找到通往語言的關鍵，而此方法正能解開連結動作與感知的大腦機制之謎。但這並非只是個應用第一盞路燈照亮語言的計畫：為了使用語言而必須用到的基模，和青蛙層級的動作與感知用到的那些基模很不一樣。

然而，第二盞路燈對基模理論的見解確實與此相關。我和四個博士生在1980年代初期到中期之間，一同達成了這方面的第一個進展：我和珍·希爾一起發展了兩歲小孩習得語言的基模—理論研究方法（在第十一章會詳述）。因為這個方法對於兒童的看法，和喬姆斯基提出的理論有很大的差異，所以我把我們的理論複製一份給他，希望他能評估比較一下這兩個理論。喬姆斯基的回應讓人難忘：他說，他不會讀這篇論文，因為他知道它是錯的；不過他很好心地打了一頁多的文章，解釋「真相」——也就是他的理論！注意，我在描述這段故事時，對於哪一種語言習得方式才是正確的，抱著中立的立場，但這段故事也的確顯示出人們在面對資料與理論之間的關係時令人遺憾的態度。我之後會多說一些關於喬姆斯基對於天生的普世語法的觀念。我和另外一位博士生海倫·吉格蕾（Helen Gigley）則深入研究了語法形式主義（稱為「範疇語法」〔categorial grammar〕），其形式就如同神經元或基模等會彼此互動的單元；另外我們也提出，能透過這些語法單元網絡的模擬損傷，模仿失語症的某些特徵。傑夫·考克林（Jeff Conklin）的論文則討論了語言的產生。他為以下機制提供了計算性說明：人在一個視覺場景中，如何決定哪些部分是顯著的，然後將這些部分拼裝成一個句子，用以描述該場景中顯著的部分。最後，畢平·印德卡（Bipin Indurkhya）發展了一套關於隱喻的計算性說明，我們會看到，隱喻很大部分說明了語言如何透過擴張來表達新意義的過程。《從基模理論到語言》（*From Schema Theory to Language*, Arbib, Conklin, & Hill, 1987）一書中探討了前三位學生的研究成果，而印德卡則將自己的論文更進一步延伸，出版了《隱喻與認知》（*Metaphor and Cognition*, 1992）一書。

在1985到86年學年的休假期間，我前往加州大學聖地牙哥分校，當時我

因為對手語的豐富性有了一些了解，而對語言產生了另一個重要的觀點。在那一年，我多次造訪沙克研究中心（Salk Institute）的烏蘇拉·貝魯吉（Ursula Bellugi）實驗室，此實驗室就位在拉荷雅的加州大學聖地牙哥分校對面。我其實幾年前就認識了貝魯吉，當時她研究的是兒童如何習得語言，但現在她已將熱情投注在另一個領域：美國手語（American Sign Language，簡稱ASL）。她和夫婿艾德·克利馬（Ed Klima）是最早針對美國手語發表語言學研究的人（1979），現在她的研究團隊不只研究美國手語的語言學，還研究對腦部與口語相關區域造成影響的中風，是否也會讓美國手語使用者得到類似於口語中的失語症。之後出版的《手怎麼讓我們更了解腦》（*What the Hands Reveal About the Brain*, Poizner, Klima, & Bellugi, 1987）就是他們研究的結晶。這次的經驗讓我非常贊同美國手語是有完整表達力的人類語言——看完《悲憐上帝的女兒》（*Children of a Lesser God*）這部電影後，我對此更有信心。我也完全同意，結合我對大腦控制手部動作機制的興趣與他們的研究，具有相當程度的挑戰性。然而我在1986年搬到南加州大學時，暫時中止了我對語言以及具體化語言學的研究。直到帕馬大學在獼猴身上發現鏡像神經元後，我才又重拾這方面的研究。

第四盞路燈：社會基模

1980年，我和在劍橋大學擔任歷史與哲學科學教授的瑪麗·海斯，受邀擔任1983年愛丁堡大學吉福德自然神學講座的講者。此後的三年間，我和海斯碰了三次面，也經常進行長篇大論的通信，以組織我們針對「現實的建構」（The Construction of Reality）[8] 所做的十場演講內容。我們花了很大一部分的時間與精神，在我和海斯各自的認識論中找到一致性，加以整合：我的認識論是以「腦袋裡」心智基模與大腦基模為基礎，海斯的認識論討論的則是由群體所創造出的社會基模（此外我們兩人對於神學議題和自由意志的想法也有極大的差異，但並不會因此惡言相向）。海斯花了很多心思研究，

當一群科學家得到過多的資料時如何能達到共識，同意哪些資料是最重要的，以及哪個理論結構用在這些資料上是最合理的，使得科學家最後得以對世界有新的預測。因此，當我思考大腦如何建構個體的現實時（也就是對外部世界的理解），海斯則專注於群體如何創造出一個社會性的現實，一個共有的理解。

這樣的合作使得我開始試著了解，在動物或是人類的社交互動情境中的大腦機制。然而，我提出的大腦計算性模型，大部分還是專注在體感覺協調方面，以及大腦如何能從感官刺激中擷取出參數，塑造有機體的行為。的確，當時神經科學（更廣泛地說，認知科學）的研究主軸，大多不是關於腦的成分，就是離群索居的動物或人類的行為，而不關心生物參與社交互動的情況。

萊絲莉‧布拉德斯（Leslie Brothers）呼應這方面的研究，出版了《星期五的腳印：社會形塑人類心智之道》（*Friday's Footprint: How Society Shapes the Human Mind*, 1997），強調社會互動在動物與人類大腦的演化與功能方面，扮演了極為重要的角色。這本書是根據布拉德斯本人雙重身分的經驗所寫：她以神經生理學家的身分，記錄猴子觀察「社交刺激」時的腦部活動情況，也以精神病學家的身分，記錄與病患互動的結果。布拉德斯提到，《魯賓遜漂流記》（*Robinson Crusoe*）裡的主角形象，是一個在荒島上獨居的個體，是當時神經科學中典型「孤立的心智隱喻」的具象化，但接著她強調，如果讀者真的以為魯賓遜在看見沙灘上星期五的腳印之前完全是與世隔絕的，那就錯了，因為這樣一來就忽視了跟著魯賓遜漂流而來的，其實還包括了他過去社會化的歷史，以及讓所有人類產生組織性思想與行為的廣泛社會化內容。布拉德斯進一步堅定地認為，人腦天生有負責產生並感知「人」的機制，亦即一個對個體賦予主體性的概念，就像我們生理上就準備好學習語言一樣：

我們將這個關於意義的網絡稱為「文化」，它來自於人腦的共同活動。

這個網絡形成活在心智裡的內容，因此心智就本質而言是共有的：任何與外界隔絕的單一大腦，是無法產生心智的。

　　布拉德斯為這個生物基質提供了來自靈長類的資料。除此之外，文化演化也為這個生物性主題提供了微妙及多樣的變化。布拉德斯的書於1990年代中期完成。十年後，學界的樣貌出現劇烈的改變，大部分起於鏡像神經元的發現，也就是本書的中心思想。這些看法都對認知社會神經科學的發展有所貢獻。[9]

　　我們每個人都有很不一樣的生活經驗，是以我們個人的基模為基礎（想想「自我就是基模大百科」那一段），這些基模會隨著時間改變，所以我們每個人的知識都嵌在一個不同的基模網絡中。因此，我們每個人都建構了一套不同的世界觀，但對我們自己而言，那就是「現實」。這個觀察結果非常重要，因為我們試著在個體與社會的基模間找到平衡。基模網絡（不論是個體的個性、科學典範、意識形態，或是宗教符號系統）本身都能組成更高階層的基模。這樣龐大的基模當然可以用其中組成的較小基模加以分析，而且這一點也是很重要的，因為當我們有了整體的網絡，這些組成的基模就只能在它們參了一腳的這個網絡中，才能得到完整的意義。

　　關鍵的差異在於，個體自己腦袋裡所「堅持」的社會基模，和體現他對於自己與這個社會以及在社會裡的關係的知識基模，還有海斯和我所謂的**社會基模**，也就是社會集體所握有的基模，三者之間是不同的；而就某方面來說，最後的「社會集體基模」，就是個體所謂的外部現實。「基模」基本的意思就是心智功能的一個單位，神經基模理論後來試著將它與神經互動的分散模式加以連結。「腦袋裡」的一個基模，可以從裡面（腦內部支援該基模的機制）或是從外面（經由動物或人類根據所指定的基模來感知與採取行動，所證明的外部行為模式）來看。我們接著可以把社會層面加進來；我們指出，個體腦袋裡的相關基模，會創造出廣泛見於群體的行為模式，因而建立一個環境，讓新成員可以感知到定義團體內成員的技巧。

「社會基模」的概念，就是這個基模理論的額外補充，它說明了像是「法律」、「長老會制度」或是「英語」這些實體，並不會被任何個體所擁有的基模所耗盡，而是由所謂的「集體表徵」（collective representation，借用社會及人類學家涂爾幹〔Durkheim〕1915年提出的詞）所組成；集體表徵指的就是個體所經歷的外部現實，而這些外部現實是由許多個體以及相關文章與物品展現出的行為模式所組成。另外一個相關的概念出自希臘文，中文稱為「迷因」（meme, Dawkins, 1976）。原文的意思是「模仿而來的東西」，現在則用來表達一組可以透過社會互動，而非基因體，從一個心智轉移到另一個心智的想法、符號，或是做法。然而，社會基模也可以指一種更普遍的「思想與行為風格」，而非一個不連貫的「組合」。

想想看，我們每個人多多少少都有一些專屬於自己的詞彙，有時候對於一串文字算不算是一個「好的」句子也會意見相左。這樣來說，一個小孩要怎麼在腦袋裡正常地獲得（自己那一套）基模，讓該語言的社會基模具象化？在小孩所暴露的環境中，語言並不是一個統一的外部現實，而是和其他人互動的一部分，可能和實務上或情緒上的後果有關。因此小孩的內心會建立一個觀念，就是語言是一組關於單詞、結構，以及語用學的基模，使得小孩能透過成功與其他成員互動，成為團體內的一分子。因此小孩所熟知的基模可能不只和單詞有關，也許還會連結單詞和更明確具象化的溝通形式。的確，小孩子最早學會的單詞通常都會和手勢一同出現，當中又以「指」這個動作特別重要（Capirci & Volterra, 2008）。小孩一邊指著某個東西一邊發出的聲音，就像一個包含了「那個」二字的句子，比如內含「那個玩具」這類詞組的句子。你可以把後面的句子歸類於本質上是意義模糊的（因為所指涉的東西不明確），或是利用語境限制整個句子的意義，推論出指涉的東西到底是什麼。

海斯和我探討了個體如何回應社會基模的各種方式，藉此獲得讓他們能在社會中扮演自身角色的個體基模：不論是遵守既有規範的乖寶寶，或是抗拒或可能改變定義社會的社會基模的反叛分子都有可能。這樣的改變也許牽

涉到批評的過程，而在這樣的過程裡，個體經驗和社會基模都參與了一個適應的過程，使得這兩個層級的基模其一或是兩者都改變。在這裡也要提到，沒有一個人的基模需要詳細研究社會基模。以「英語」這個例子來說，我們每個人都知道其他人不知道的單詞和語法順序。小孩在內化語言的時候，同時也會創造出組成個人習慣用語的內在基模；他不只從周圍的人身上學到一般性的詞彙與句法－語意模式，還會挑選某些特應性（idiosyncrasy）。

因此我們可以把基模理論分成三層：

基本基模理論：將基模視為動態的、有互動性的系統，是以心智行為與顯著行為（不只是有意識的處理過程）為基礎的研究。基本基模理論的定義是在功能層面，將基模和特定感知、運動，以及認知能力連結在一起，接著強調許多基模實例間的動態互動（競爭與合作）如何導致我們的心智生活。這個理論讓關於「心智層級」過度現象學化的說法更加精鍊，範圍也更大。

神經基模理論：是基模理論「向下」的延伸，試著了解基模和基模間的互動如何確實地在神經迴路中進行——從傳統想法中的心理學和認知科學（將心智視為「從外而來」）轉移到認知神經科學。神經基模理論分析來自神經生理學、損傷研究，以及腦部造影資料，看看基模是否能重建，和分散式的神經機制產生關連。

社會基模理論：是基模理論「向上」的延伸，試著以基本基模理論的原理，了解由一個社會裡共有的行為模式所組成的「社會基模」，是如何為個人「在腦袋中」獲得基模的過程提供外部現實。表達出許多個體腦中基模的行為的集體效果，會組成並且改變這個社會現實。社會基模代表一個群體內許多個體的相關基模（以基本基模理論的原理來看）所主宰的行為集體效果——不論是與日常事件、語言、宗教、意識形態、迷思，或是科學社會都有關。

基模理論的兩個階層就像是波柏（Popper）與埃克勒斯（Eccles）所謂

分開的「世界」（1977）：

世界一：由實體的物體、事件，以及生物實體所組成的世界

世界二：由心智的物體與事件所組成的世界

世界三：由科學理論、故事、神話、工具、社會機構，還有藝術作品等
人類心智產物所組成的世界

世界二類似基本基模理論——在世界一的大腦、生理實體中實現神經基
模理論；而世界三裡的實體，就類似於社會基模。對於波柏與埃克勒斯而
言，世界三是部分自主的。舉例來說，若世界三裡沒有科學理論的發展，某
些心智活動（世界二）就不會發生。然而，我們定義社會基模理論的方式，
強調波柏與埃克勒斯理論中的世界三應該被視為是完全嵌入個體間的社交互
動（世界二）的，而他們所產出的物品雖然存在於世界一，但卻只有腦袋裡
的基模會將相關社會基模內化的人類，才能詮釋像書本、繪畫，或是禮拜儀
式等這些產物。

鏡像神經元與鏡像系統假說

經營科學生涯不能只靠跟著已經安排好的計畫走，還要能夠抓住預
期外的機會。在布蘭戴斯會議以及發展出圖1-2幾年後，我參加了一場由
IBM日本分公司主辦的會議，認識了日本神經生理學家酒田英夫（Hideo
Sakata）。酒田告訴我，他和江樂候以及義大利帕馬大學的里佐拉蒂組成了
一個團隊，向國際人類前鋒科學計畫（Human Frontier Science Program）申
請國際合作經費。因為那次的談話，我之後也受邀加入他們的行列，還有一
位成員是來自麻省理工學院的認知科學家麥克‧喬丹（Michael Jordan）；
我們這個團隊之後證明是個相當有成就的團隊。當時在帕馬大學有個重大的
突破，他們發現當猴子執行某個範圍內的抓取動作，還有**觀察**到人類或其他

猴子執行類似抓取的動作時，運動前皮質區（premotor cortex）裡稱為F5的區域中（第四章和第五章會仔細解釋這些專有名詞，這裡我只是想說明一些概念），有某些神經元在這兩個情況下都會放電。這些神經元在文獻中被稱為鏡像神經元（Rizzolatti, Fadiga, Gallese, & Fogassi, 1996）。因此，獼猴的F5區有「抓取的鏡像系統」，會在執行和觀察手部動作時運用類似的神經代碼。F5區也包含了其他種類的神經元，包括在執行特定抓取動作時會啟動，但觀察別人抓取動作時不會啟動的標準神經元（canonical neurons）。在本書的第四章與第五章會詳細討論F5區的位置，以及F5區與腦部其他區域間的關係，現在重要的是這句至理名言：**鏡像神經元最早是在獼猴腦中的F5區發現，而且與各種手部動作有關；但是F5區除了鏡像神經元之外，也有標準神經元。**

這立刻引發了一個問題：人腦是不是也有針對手部動作的鏡像神經元？不過實際上，他們並沒有使用單一細胞紀錄的方法來觀察人腦中的個別細胞是否具有鏡像特質，而是利用人腦造影回答了另一個不太一樣的問題：「人腦是否包含針對抓取的鏡像系統？也就是相對於只是觀察物體這種基礎的任務，腦中是不是有一個區域在執行和觀察抓取動作時都會啟動？」在這時候，腦部造影專家史考特·葛雷福頓（Scott Grafton）加入了南加大，成為我們研究團隊的一員，所以我們可以利用正子放射造影（簡稱PET）尋找人腦中有針對抓取的鏡像系統的證據。我們確實發現了這個區域（Grafton, Arbib, Fadiga, & Rizzolatti, 1996; Rizzolatti, Fadiga, Matelli et al., 1996），還發現了在額葉皮質那一部分的鏡像系統，證明它接近傳統上和話語產出最有關係的布洛卡區。[10]

這兩項特徵間有什麼關連呢？一部分的答案是受到稍早提到的貝魯吉的研究發現所啟發，她的團隊發現，布洛卡區受損除了會影響口語使用者的語言能力之外，也會影響到失聰者使用手語的能力（Poizner, Klima, & Bellugi, 1987）。里佐拉蒂和我（1997, 1998）於是針對布洛卡區提出以下看法：

‧布洛卡區是在我們和獼猴的共同祖先早已存在的抓取鏡像系統上方（但不限於此區）演化而成，而

‧此區的功能是支援語言的同位特質，也就是講者的意圖可以（或多或少）被聽者了解；「講者」和「聽者」使用手語的情況也包括在內。

這個「鏡像系統假說」為認為「基於手部動作的溝通在人類語言演化中扮演關鍵角色」的理論，補足了神經方面「失落的一環」（e.g., Armstrong, Stokoe, & Wilcox, 1995; Armstrong & Wilcox, 2007; Corballis, 2002; Hewes, 1973）。

很多語言學家都認為「傳承創新」（generativity）是語言的特徵，也就是能在詞彙（譯註：lexicon有別於vocabulary〔語彙〕，指的是一種語言中詞的總匯）中加入新的單詞，接著透過語法的構造，將單詞層級性地組織成句子的能力——這些句子不只是創新的，也是他人能夠了解的。這和猴子固定一套的（repertoire）發聲是相反地。然而，大部分的「傳承創新」也會出現在幾乎所有動物為了「求生」所發展的固定一套的行為模式裡。[11]

因此，第二盞路燈的願景與靈巧度，加上具象化的神經語言學這第三盞路燈，所綜合起來的光芒，照亮了語言演化過程中某些失落的關鍵拼圖。這樣一來所形成的語言演化研究方法，和某些語言學家採取的方法有兩個較重要的差異：（一）我認為語言感知與產生的根源，是原本為了調節實際、非溝通性的行動而演化的腦部機制；（二）我認為手勢很大部分的重要性，為語言先備的大腦提供演化鷹架；我不接受語言演化「只有口語」的觀點。

但在我們仔細討論語言演化之前，我們要先看看「語言」這個我們想了解的人類能力的細節。從「有針對抓取的鏡像神經元」到「有（能學會）支持語言同位特質的神經系統」是很長的一段路，從人類和獼猴最後的共同祖先，走到不到二十萬年前才出現的智人（Homo sapiens），中間大約過了兩千五百萬年。

2

對人類語言的觀點

本書最關心的是找出以下問題的答案：「人（腦）是怎麼習得語言？」在本書稍後提出答案之前，我們要先討論語言的成分，以及能怎麼樣來形容語言。

每個人不會說相同的語言

我們每天都會使用語言：從日常招呼到進行對話，從了解他人與世界到改變我們周遭的世界，無一不需要語言。語言在我們對世界的意識中，經常扮演不斷發表評論的角色，幫助我們釐清思緒。語言也是娛樂和資訊的源頭，是從愉快到懲罰性的社交互動都需要的媒介。但是我們如何描述特定語言的特徵？用字典裡的單詞嗎？語源學（Etymology）也許能讓我們對單詞有新的理解，因為它能揭露單詞在其他語言中的根源，或者說明單詞在與當代截然不同的實際環境或社交慣例裡的起源。但是我們也必須弄清楚將這些單詞組合在一起的語法，以及當單詞被組合在一起時代表了什麼意思，又要如何使用？這些種種的考量可能都和我們這一趟的追尋有關，但現在我們先來想想以某種語言來說，一個比較狹隘的答案。

英語是什麼？我們也許能說：「英語是一種日爾曼語，上層語言為法文，過去的九百五十年裡在英格蘭發展，現在已經廣泛使用於世界上許多國家。」然而，很多英語使用者在語彙方面都有顯著的差異，英語各種方

言的句法也各有不同。舉一個詞彙差異的例子來說，下面的文字摘自1999年1月澳洲荷巴特的《水星日報》：「塔斯馬尼亞某人又翻舊帳，攻擊破四輪的老毛病，許多老舊破四輪的主人嚴陣以待。（Someone in Tasmania has been stirring the old banger possum again and it's got owners of old bangers on the back foot.）」本書大多數的英語讀者都無法同時理解這三個詞彙：其實「破四輪」（banger，字面意思為「鞭炮」）指的是「舊車」，「舊帳」（possum，字面意思為「負鼠」）指的是「本來以為已經解決的問題」，「嚴陣以待」（on the back foot，字面意思為「站穩後腳」）就是「採取防衛措施」。除了語彙上的差異，東布羅夫斯卡（Dabrowska, 2011）也檢視了一些證據，顯示同一個母語的使用者其實並沒有共通的心理語法。使用者也許在詞形變化（譯註：inflectional morphology，又稱屈折變化，指單詞或詞根拼法的改變，導致語法功能改變，進而使其代表意義也有所改變）、被動式、量詞，還有比較複雜的從屬子句結構方面都會表現出差異。她的看法支持「語言學習者各自會注意語言輸入中的不同線索，最後各自得出不同語法」的論點。有些語言使用者只會抓出適用於特定物品子集的明確通則，而其他人也許有比較不一樣的語言經驗，導致他們只習得更為一般性的規則。

那麼「英語」到底是什麼？我們必須退一步承認，雖然我們總是會說大家是「講同一種語言」，事實上，每個人都有自己的方言。我們每個人都知道一些別人不知道的字詞，而且我們每個人偶爾都會創造出一些我們自己覺得合於語法，別人卻覺得很刺耳的句子。基本上，語言的觀念其實是統計而來的結果。通常的情況是，當一群說相同語言的人說出來的話語能成功傳達想表達的意義，那麼統計上這些句子組成以及詞彙使用的集合體（社會基模），就定義了這種語言共通的語意與句法結構。用同樣的方式來分析任何一個人，我們就能定義這個人的句法、語意，和詞彙，與統計上的常規相差多遠。

語言不只是存在而已，而是會由每一個世代重新學習，可能也因此稍微受到調整。與其相關的生物特質天生就具有社會性，是父母（或其他照顧

者）與孩童間關係的本質。人類嬰兒依賴期的延長特別顯著，這個特點和人類在照顧階段會提供複雜社交學習條件的社會結構共同演化，使得整體的人類文化（特別是人類語言）得以充滿豐富性。「社會基模」是一個社群使用的語言規律性模式，用以形塑個體創造並理解該語言句子的能力的基礎基模（行動、感知與思想的單位）。兒童大腦的任務之一，就是對該語言的語句以及該語言所浸淫的語境，進行統計上的推論，並發展出自己的「語言基模」，讓自己的語句能更接近常規──所謂「接近」是由溝通的成功度來衡量，而不是以語法正確度的觀念來衡量。在這個任務中，語言和認知、動作和感知，都是交織在一起密不可分的；就像小孩會學著組合句子，表達包括他／她目前的需求、各種物體、他／她的行動，還有周遭行動等目前情況的特徵。當然，兒童不需要對統計學有任何明確的知識就能扮演統計參照引擎的角色；就像雖然我們需要解開以牛頓運動定律為基礎的微分方程式，才能計算出行星的軌道，但行星本身並不需要知道微分方程式就能在軌道上運轉。第十一章會談到更多關於兒童習得語言的細節。

正版的英語（不論是否有「破四輪舊帳」）也會改變，會根據使用語言的社群產生差異，社群內的人會使用各自的方言，但彼此還是能互相理解。如果有兩個處於不同時間的社群，時間較早的社群使用的語言與後來的社群不同，可是他們在語言上的差異，可以透過這連續兩個世代對語言的相互理解而搭起橋梁，那麼我們就可以說這是語言的歷史性改變。如果兩個社群同時存在，抽樣顯示他們可以有某個程度，但不是非常高度的互相理解，那麼我們也許能說，這是同一種語言的不同方言，然後試圖了解導致這些差異的歷史性過程。我們應該會在第十三章〈語言如何不斷改變〉中，多說一些語言在歷史上的改變動態，並且一樣會舉兩個最近興起的新式手語案例研究加以說明。在這樣的說明當中，除了必須注意成人在同一個語言社群與不同語言社群中的社交互動，也不能忽略每個小孩在成為語言群體中的一員時，透過形成自己的「統計規則化」對語言所帶來的改變。

「腦袋裡」到底是什麼東西讓人可以流利地說英語或是任何的人類語言

呢？雖然有些句子是我們會一再重複，比方說「對不起，我遲到了」，後面接著「你一定想不到早上的高速公路有多塞」，但是我們的語言知識不可能只是一組可以重複使用的句子。大量的句子（就像這一組）是完全可以接受的，就算從來沒使用過這些句子也無妨。我們說大腦會為語法和詞彙編碼，所以當我們聽到一個句子時，我們會「應用語法規則」來解析（parse）句子，找出組合詞彙中單詞的語法結構，以收集句子的意義。同樣地，我們在說話的時候會從我們想表達的想法出發，然後思考能表達想法的語法結構。

哈克特（Hockett, 1987）提出的語言「設計特徵」清單，具有重要的影響。哈克特提出的兩個特徵是分離（discreteness）與組合的模式（combinatorial patterning）——單詞是分離的實體（一個單詞不會和別的單詞混在一起），組合在一起會形成片語，片語組合在一起則會形成更大的片語和句子。因此，儘管每種語言的成分和構造系統有限，在系統內所產生表達詞句卻是無限的；在此所謂的句法結構，指的是從單詞層級往上的組合模式，將單詞、語素，以及更大形式的組合，與它們的意義組合連結在一起。

不過必須注意的是（哈克特也會同意），以我們將在後面章節說明的「演化」而言，分離和組合模式的特徵並不限於語言。比如說，青蛙的行為可以是一組分離的基本動作基模（如第一章所述），包括決定方向、跳、撲、攻擊。然而，在動作基模的參數變化裡，有一個關鍵的面向——舉例來說，如果青蛙在決定方向時，沒有判斷出接近獵物正確的角度，就不足以決定要「趨近」。青蛙所缺少的能力，就是以這樣的方式分析並模仿他者行為，或針對行為所採用的特定形式進行溝通。

儘管我已經提出這樣的警告，但在這裡還是有一個關鍵點：當我們檢視語言的設計特徵時，我們必須知道這些特徵反映的大腦機制究竟是特別針對語言，還是只針對比較一般性的能力。

我們之後會再多談一些語言學家如何定義語法，說明我們把單詞放在一起，形成句子的規則。但是就算我們聽到一個符合語法的句子，句子愈長，其意義可能就愈難理解，更遑論要理解這個句子的結構。考量到這一點，我

們必須要分清楚下面兩種東西：（一）**能力**，也就是對於語法的一般性知識，以某種方式編碼在我們的頭腦裡，不一定是我們能反思的；（二）**表現**，也就是使用語言的實際行為，通常以此產生或理解的語句，是與以明確的語法所形成的任何完整句子都不一樣的。既然我們的語句不一定永遠符合語法，那麼定義語法的挑戰就很嚇人了。不論如何，語言學家的任務都不太可能是為某個語法中，個別說話者的個人習慣用語定義其特徵；相反地，他們會想辦法找出同一個方言或語言中，大部分的使用者都有的特質。但是所謂一個語法的「特徵描述」中，究竟包括了哪些東西呢？在後面的章節裡，我們會看到不同的語言學家，各自採用了不同的架構來描述語法。

　　然而，我們說話或聆聽的時候，說出來的東西很多都是不合語法的。我們看看描述下頁圖2-1的逐字稿，有很多的「呃」，表示我們正在找正確的詞，而我們可能會選擇一個詞，然後再多說明一些，增加明確度（「天災」變成「地震」），或是開始的時候說一個詞，後來又選另外一個詞。我們的語言技巧裡，似乎有一部分是過濾掉讓我們分心的東西，只想辦法讓剩下的東西合理化：所以就算這些句子不合語法，句子的核心依舊有一些語法結構存在，支持這個產出與理解的過程。[1] 而且這種情況在我們觀察對話時會更誇張，我要感謝安德魯‧葛蓋特（Andrew Gargett）提供下面的例子。這是兩位共事的列車調度員M和S的對話：

九十一號列車，對話1.2

S：好……說得好

M：+派送+

S：E2……我猜吧……從艾邁拉

M：+噓+……對

S：把它們派過來……

M：到科寧

S：到科寧……好……

M和S在這裡透過混合「等等，我在想」和「對」的這些噪音，建構並且傳達了一個共有的概念性結構：「我們會把E2〔列車〕從艾邁拉派到科寧。」我並不打算解釋這個過程，不過這個例子的確顯示，在語言的基本使用方面（也就是以達到共同目的為目標的對話），「輪流」和「相同的理解」的重要性。在這裡，「好的語法」並非在舞臺中央，而是在後面盤旋不去，過去和現在皆然。關鍵是，共通的單詞和共通的結構，為語言同位（尋

圖2-1：一名觀看者對這個不尋常的婚禮場景有下面的描述：「呃……這看起來應該是一張婚禮照片……不過……呃……看起來好像發生了天災……可能是地震之類的吧……他們周遭的房屋都倒塌了……他們滿身髒汙，呃……新娘看起來呆若木雞……還有……他們的衣服都……毀了〔大笑〕……多多少少沒救了……」（照片可參考：http://cache.boston.com/universal/site_graphics/blogs/bigpicture/ sichuan_05_29/sichuan3.jpg。）

求共通的理解）提供了基礎，但是形成完全符合語法的句子的情況是很有限的；這種情況通常會出現在寫作以及重複講述的故事，而較少出現在日常語言使用的往來。

組合性的優缺點

從兩個方面來說，人類語言是開放的：

1‧語言中能加入新的單詞，讓語言的範圍不斷擴大。

2‧完整的人類語言是可繁殖、有生產力的，由能以多樣的方式組合的單詞和語法標記所組成，建立起基本上不受限於彼此的句庫。因此，當你在讀這個句子的時候，就算你過去沒有看過或聽過這個句子，你還是可以理解這個句子的意義。而我們能以各種方式把單詞放在一起，用舊的東西自由創造出新的意義，就是一種稱為「組合性」（compositionality）的能力。這是語言的關鍵之一，但並非所有的語言都是組合式的。比方說，當我們聽見「他踢了水桶」（He kicked the bucket）這個句子時，「踢」和「水桶」的意義，並不會主導我們的理解——除非我們看見一個翻倒的水桶，灑出來的水，旁邊還站了一個心虛的男孩。

讓我再提供兩個「案例研究」，說明語言的組合性會到什麼程度，以及照亮我們經驗語言的大範圍架構。

帕馬畫作的寓言

我去帕馬的一個朋友家拜訪時，她起居室裡掛的一張畫讓我感到非常驚訝，那張畫裡有著名女詩人「艾蜜莉‧狄金生」（Emily Dickinson）這幾個字，而且還寫著：「當鳥兒放膽高飛，蜂兒盡情網盧（WHERE EVERY BIRD IS BOLD TO GO AND BEES ABASCHLES）」

這句話似乎可以做以下兩種解釋：

當鳥兒放膽高飛並且盡情網羅

（Where every bird is bold to go and be esabaschles）

當鳥兒放膽高飛，蜂兒盡情網盧

（Where every bird is bold to go and bees abaschles）

但是不管是哪一種解釋，「網羅」和「網盧」的出現都是不合理的，就算畫家突然想在句子中使用另外一種語言，看起來也不合理。所以我做了這位女主人沒想過要做的事：我在Google網站搜尋了「當鳥兒放膽高飛」這句話的原文，於是找到了狄金生在1758年寫的這首詩：

當鳥兒放膽高飛
蜂兒盡情玩樂（And bees abashless play），
異鄉遊子在敲門前
必定先將淚水拭乾

雖然「盡情」（abashless）不在我的詞彙裡，但我對英語的知識讓我得以推論，這代表的是「不害臊」（abash的意思是「羞愧」，而字尾less通常代表「缺少」）。[2] 這個畫家顯然是筆誤，多寫了一個c，把abashless寫成了abaschles，可是還有一個s和玩樂（play）到哪裡去了呢？結果我在畫布上找到了最後那個s，只不過因為要裱框，所以那個s就被拉到旁邊去了（女主人完全沒注意到這件事）；後來我發現，我一開始在畫布上忽略的一些記號，其實也扭曲並且部分阻礙了對文字的詮釋。

樓梯的故事

第一個例子的情境可以視語言為組合單詞，安排成句子；第二個例子則

顯示，在人際互動時的語言使用，能夠嵌入**具象化溝通**的較大架構中。我家這裡火車站的軌道高度，比街道的高度還要低很多。為了要到月臺上，乘客不是要搭電梯，或是走下兩層又長又陡的樓梯。有一天早上，電梯壞了。我看到一個年輕的媽媽推著一輛裡頭坐著正在睡覺的兩歲小孩的娃娃車，站在樓梯最高的地方，顯然不知道該怎麼下樓。所以我問她：「你要不要抱著小孩，我幫你拿娃娃車？」她說好，但接著抬起了娃娃車的一端。她並不是組合式地理解整句話的意義，而是只抽取出「我要幫忙」這個部分，然後發出訊號，表示她心目中的「幫忙」可以是幫忙抓著娃娃車的另一端。接收到這個非口語的訊息後，我選擇不要糾正她對我的誤解，因為她已經理解了我的訊息核心，也就是我願意提供幫助。於是我也不使用語言，而是幫忙抬起娃娃車的另一端，表示我同意這個方法，然後和她一起小心地走下樓梯，而沒有把小孩抱起來。

我剛剛提到的「帕馬畫作寓言」，是為了指出三點：

1．推論一種語言的語句意義，不一定只是簡單地直接從「句法形式」翻譯到「語意形式」，可能會是一個主動的過程，需要多元的「知識來源」，才能協調出看起來令人滿意的詮釋。當然，如果我先看過這首詩而不是先看到這幅畫，那就省了很多事，但是在日常語言的使用方面，我們聽見的可能是片段的、被扭曲的訊息，所以還是需要這段完整的過程。除此之外，我們也許能用對一句話整體意義的**評估**，**猜出**裡面新單詞的意義，也許可以利用該單詞的內部結構當作線索。

2．在了解前面提到的那四行詩的時候，就真的用到了所謂的「組合性」：包括把單詞放在一起以及把單詞拆開，以尋找我所沒有的詞彙項目的意義。

3．儘管如此，就算我對每一句詩的意思都清清楚楚，我還是不能說我真的知道狄金生想表達的是什麼。也許她想說的是：「當人第一次來到一個美麗、寧靜的地方時，是無法克制自己的情緒的。」也可能這根本不是她的

意思。不論如何，我們都很清楚我們不可能透過組合式的方法，從這四句詩的組合推論出整首詩的意義。

「樓梯的故事」則又多了四個重點：

4‧說話者的意圖，不一定會被聽者了解。因此，我說「你要不要抱著小孩，我幫你拿娃娃車？」這句話的意義就是組合式的，但那個媽媽的理解並不是組合式的。她對話語的詮釋，大部分確實來自於我在她感到無助的這個情境中所做出的動作和語調，而非來自我說出來的文字本身。儘管如此，語言成功的基礎在於**同位原則**（也就是接收者所理解的意義〔至少大約〕經常是發話者意圖傳達的意義）**通常**是成立的（Liberman & Mattingly, 1989）。這對於語言扮演溝通工具的角色而言，至為關鍵。

5‧在正常的使用下，語言通常嵌入在一個更大的具象化溝通情境中。這樣的嵌入對於小孩習得所屬社群語言的過程非常關鍵，我判斷這對於讓在適當環境中成長的人習得並使用語言的生物與文化演化過程非常關鍵。正常的面對面交談涉及手部、臉部，還有聲音的姿態，而手語則是發展完整的人類語言。的確，這本書的核心理論（在第一章〈鏡像系統假說〉裡已經簡單介紹過，還會在第六章裡講得更多），讓鏡像神經元在手部動作方面獲得最重要的地位，而語言演化則是建立在由腦部機制演化所提供的基礎之上。這裡的腦部機制指的是所謂的實踐模仿（特別是操縱物體的實際技巧），以及建構在實踐模仿之上的示意動作溝通。

6‧意義和語境有很大的關係──將手伸向娃娃車的輪子代表什麼意義？

7‧最後我們看到，意義的理解不見得是在正式的組合式結構裡（不過這可以是分析某些意義的有用工具），而是在由物體、行動、社交關係所構成的世界之中更加廣泛的行為裡。

因此，雖然某些形式的組合性在某種程度上和話語的意義有關，也許還是必須結合伴隨著說話時所出現的身體線索，以及對話雙方當下的實體與心理世界中一些有關的特質。就連我們在閱讀時，如果沒有出現身體或是語調的線索，我們對於句子的詮釋就會根據前文所創造出的「心智世界」，以及我們對於作者書寫時的意圖期望而改變。

句法成分（Syntactic constituency）決定了哪些「片段」建立了整句話——所以「邊那顆」並非「他打到了網邊那顆球」的成分，因為那只是「那顆」球和「網邊」兩個句子成分的片段。一般來說，一個句子之所以會意義模糊，可能是因為句子能以不同方式剖析，或是某些詞有多重意義。像是英語裡的row這個詞，至少就有三種意思，分別是划船、一列（行），還有爭執。所以如果有一個句子是They had a row on the river，那麼在不改變句法結構的情況下，這句話就會有不同的解釋：他們在河上「划船」、他們在河上「爭吵」、他們在河上「排成一列」（不過如果這句話是用說的，可能就只有其中一個或兩個解釋適用）。除此之外，語言一定都是在語境中使用。聽者（如果注意到的話），就會對前述那句話的模糊性有所反應，可能會要求說話的人說清楚，或是利用語境判斷：例如說話的人談到的是不是一群處不好的人。不過在很多情況下，非口語的情境可能是決定詮釋的關鍵。

而從英語有將兩個名詞組合成新名詞的習慣中，也可以看出英語組合性的限制。[3] 想想看「船屋是一艘當作房子用的船」（a houseboat is a boat used as a house）和「船塢是船的屋子」（a boathouse is a house for boats）這兩句話。第一句的定義暗示的規則是：「XY是一個用來當作X的Y」，可是第二句卻是：「XY是給X的Y」。而根據第一句的定義，又可能代換成「家居服是一件當作家用的衣服」（a housecoat is a coat used as a house）。如果不想變成這樣，就會說每一個XY，其實都是XRY的縮寫，而R代表的就是和Y之間的隱藏關係；而透過以組合式的方法理解XRY，就能得到XY的意義。但是這樣還不夠。和小的、可推理的名詞組的關係被隱藏起來時的剖析不同，在這裡被省略的那個R，特別著重人對XY複合詞的先備知識。因此，從這些

例子當中，頂多只能統整出「XY是一個和X有某些關係的Y（可能就隱喻式的意義而言）」這條規則；換句話說，X和Y就像是限制XY意義的搜尋項，而不是能用標準方法組合其意義，以產生XY的意義的個別元素。只有我們對英語使用的經驗可以告訴我們，家居服是一件在家裡穿的衣服，和睡袍不一樣。

那麼一般而言，不論是關於說話者意圖的意義，或是聽話者所擷取的意義，組合性產生出來的都只是一個近似值。在XY的例子中，最多也只有和這個複合名詞一致的「一團」意義，而哪一個才是原本說話者意圖的意義，就要看約定俗成的結果。語言提供很多種工具，例如隱喻和轉喻，因此新的句子能「傳染」新的意義給單詞。[4] 而新的句子能大幅改變單詞的意義，例如，如果一個小孩第一次聽到「鯨魚是哺乳類，不是魚」，就會對他造成很多概念上的改變，因為他在聽見這句話之前，可能已經有了「鯨魚」和「很大的魚」這些概念。但有趣的是，這個對於組合性的一大衝擊（因為如果小孩維持心目中原本的鯨魚定義，那麼「鯨魚是哺乳類，不是魚」這個句子就是錯的）同時也見證了組合性的強大；如果整個句子都被視為真，那麼組合性能重新定義組成成分的意義（在這個例子裡，就是家長的權威）。

還要注意的是以下兩者間的差異：日常互動所使用的語言，和以在不同的時地以被閱讀為目的所寫作時使用的語言。寫作時的語言完全不仰賴姿態輔助，對於語境的依賴程度也大幅降低，因此需要額外增加解釋的段落，修補讀者可能會有的知識斷層，加強組合性。

伴隨著話語的姿態與手語

在進一步討論語法，還有討論語法建構（並實現）語言的開放式使用、自由創造新的語句來表達新的意義之前，我們簡單討論一下手是怎麼被用來輔助話語，還有失聰者會如何使用手和臉，利用完全不需要口語的**手語**進行溝通。這應該可以幫助讀者了解，為什麼本書對於語言的研究方法很大一

部分是受到臉部和手部姿勢的多模式特色所啟發，而非一般認為只有口語上的表達才算是語言的看法。麥尼爾（McNeill, 1992）曾經用錄影帶分析來說明，使用伴隨著人說話所出現的姿態的重要性，也就是那些大家經常用來加強或延伸嘴裡說著的事的姿勢或表情。佩佐托、卡波比安珂與德維斯柯維（Pizzuto, Capobianco, and Devescovi, 2005）強調在語言發展的早期，話語的聲音與姿態之間的互動。指涉手勢（Deictic gestures，例如用手指東西）經常會伴隨著話語出現，甚至會在開口說第一個單詞，或是最早聯想到的兩個單詞之前就已經出現；而且會在人類生活中，隨著伴隨話語出現的人類姿態當中那些具指標性或其他意義的手勢，而變得更加豐富。

失聰的小孩在沒有人教導的情況下，也會發展出「居家手勢」（home sign，在第十二章中會有更多解釋），它是具備非常有限的句法的初級手語（Goldin-Meadow & Mylander, 1984; Goldin-Meadow, 2003）。不管他們各自發展出的居家手勢裡的句法片段有多少變化，只要這些居家手勢的使用者集合在一個社群裡，新的世代就會漸漸發展出一個比較複雜的句法系統，這就是尼加拉瓜失聰兒童（Senghas, Kita, & Özyürek, 2004）與阿薩伊貝都因手語（Sandler, Meir, Padden, & Aronoff, 2005）的情況。我們也會在第十二章裡看到更多的討論，這兩個手語都是出現在一個有人會使用完整人類語言（分別是西班牙語和阿拉伯語）的環境中，這樣的環境提供了失聰者一個可以觀察的複雜溝通模型。我們後面的討論會專注在生物學與文化背景在語言發展過程中的相互作用。

手語在手部動作與語言的開放結構之間，搭起了一座堅固的橋梁。現代手語是表達力完整的人類語言，所以不能和我會在第三章裡介紹的原手語搞混了，因為原手語之後會演化成語言。手語代表「以手部為基礎的語言溝通」，和伴隨著話語出現的手勢有所區別。圖2-2美國手語的例子，清楚表現了手語的表達能力以及手語能利用不同的媒介（打手語的人在周圍空間裡移動手的位置），以和英語非常不同的方法建構出句子。利用手形在手語空間裡建立分類詞，代表一個物體在「實際」空間裡的位置。在這個例子中，

她先比了「房子」的手語，接著再比一個分類詞的手形，把房子「放在」手語空間裡；接著做出「腳踏車」的手語，然後在「房子」附近的手語空間裡再比出一個分類詞手形——這就傳達出了整句話的意思：「腳踏車在房子旁邊。」

除了分離與組合模式之外，哈克特也強調模式的**二重性**（duality of patterning），也就是從較小的**無意義**單元組成**意義**單元。所有口語使用的語言都是由可重複組合、數量有限的部分所組成的；這些部分都是可以加以分類的，不會互相遮掩。英語使用者可能會在這兩個例子中間，一個聲音形成時，聽見a /b/（譯註：後者為音標）或是a /p/。這些分離的聲音，組合起來就變成了單詞。語言的**語音系統**（phonology）指的不只是語言裡的正式音素，還有這些音素可以如何結合。例如「Krk」是克羅埃西亞一座島嶼的名稱，但並不是英語中合理的音素組合。英語裡的字母很接近英語的音素，但是音素的數量顯然多於字母。如果你是初學者，想想看後面這幾個單詞：

| 房子 | 整個實體分類詞+地點 | 腳踏車 | 整個實體分類詞+地點 |
| 房子 | 地點在這裡 | 腳踏車 | 地點在這裡 |

腳踏車在房子旁邊

圖2-2：這個例子說明手語（這裡是美國手語）怎麼利用空間來提供句法線索，這與口語中單詞和語素的線性順序不同。在這個例子裡，「房子」的手語（使用手語者其實只有兩隻手啦……）接下來是一個分類詞的手形，負責「安排」房子在手語空間裡的位置；下一個做出的手語詞彙是「腳踏車」，緊接著的又是另外一個分類詞手形，在手語空間裡房子附近的位置。這就傳達了整體的意義：「腳踏車在房子旁邊」（From Emmorey, 2002）。

bat、father、state，還有eat，每個單詞裡的a的發音都不相同。光是判斷語言裡的音素有哪些，就有相當的難度。除此之外，每種語言都有一些不是由語言中的音素所組成，但卻是約定俗成、有意義的信號。英語裡的這種例子有表達不贊同的清脆聲tsk（嘖）、表示鬆了一口氣的快速吐氣phew（呼），以及表示噁心的yuck（噁）等等。雖然這些聲音沒辦法很準確地用字母拼出來，但是大家都接受它們是有意義的。有些人覺得這種聲音不算是語言，但是傑肯道夫（Jackendoff, 2002）認為這些聲音是語言前身存活在現代語言中的原始化石。

史多克（Stokoe, 1960）和貝魯吉（1980）示範了手語也有模式二重性——無意義的手形、位置，以及動作，組合起來就能形成數量龐大的詞彙。就算手語中沒有聲音的成分，我們還是會討論手語的語音系統，也就是關於手形、位置，以及動作等元素在手語中使用的特徵，以及這些元素可以怎麼組合。然而，阿諾夫等人（Aronoff et al., 2008）發現，阿薩伊貝都因手語（Al-Sayyid Bedouin Sign Language，簡稱ABSL，第十二章會講到更多這個手語的崛起詳情）的使用者之間，出現了意料之外的高度差異性，顯示就算沒有完全接受模式二重性，還是能達到語言學上的熟練度。舉例來說，ABSL使用者的第二代，使用的「樹」的手語還是很接近示意動作，也因此表現方式可以有很大的差異，不過同一個家庭裡不同成員的表現方式可能會比較相近。

為了更仔細地找出美國手語的結構特徵，山德勒和利羅馬丁（Sandler and Lillo-Martin，詳第五章）把分類詞結構和實際的詞彙分開，認為前者並不是真的「單詞」。在分類詞結構裡，每個組成的元素都有意義（是一個語素），組合成複雜述詞（一個這樣種類的物體位在這裡），而同樣的手形、位置，和動作元素就語言中的單詞而言，是沒有意義的。不論你接不接受這種區分，圖2-2其實是一個滿複雜的結構，將「房子」、「腳踏車」的手語與分類詞構造（靜止－物體－位置－這裡，車輛－位置－這裡）結合在一起，甚至為了維持房子在背景中的位置，只用一手比出「腳踏車」的手語，

造成語音的中斷。

在口語和手語裡，我們能辨識出新的語句，這些句子實際上是由（接近）已知動作所組成的，也就是表達出來的單詞（我們可以把很多手語當成「單詞」）還有修飾這些單詞的語素（像是在英文裡，動詞的後面加上ing的例子）。很重要的是，單詞的數量是沒有受到限制的。然而，手語得透過一種和口語非常不同的方式才能達到這點。手語會利用如我們在圖2-2中所看到的，手語者的手臂、手掌，還有臉部表情等豐富技能，透過在這個多面向主題中的變化（沿著拋物線移動一個或兩個手形，到達特定的位置，同時做出適當的臉部姿態），建立起手語的語彙。手部控制隸屬於視覺回饋，使得手部動作非常豐富，就算不是有意圖的溝通，其他人還是可以檢視這些手部動作。相反地，使用臉部和口語的發音和可視線索的關係不大，所以口語的使用會需要很不一樣的一套控制模式。除此之外，口語所使用的發音系統並沒有一套豐富的聲音製造運動行為做為基礎。相反地，口語的文化演化「變得粒子化」，以至於口語的單詞是來自（近似於）特別針對語言的「粒子」庫，例如音素，也就是以一個或多個發音器官的協調運動所定義的動作，但動作的唯一目標是「和其他音素聽起來不一樣」，而非用本身傳達意義。[5] 這就是我們前面提到的模式二重性。

圖2-3的腦部造影顯示手語和口語這兩種非常不同的感官（視覺和聽覺）與運動（手部相對於聲音）系統，然而（如同我們在第一章討論的手語失語症）它們在腦部的中央機制是一樣的。我們接著區分（比出來的）語言和示意動作。「房子」和「腳踏車」的手語（如圖2-2）很清楚是比出樣子的，因為這兩個手語和該物品的形狀（房子）或是動作（腳踏車踏板）很相似。相反地，「藍色」（BLUE）的美國手語就不是比出樣子，而是用手指比出一個簡略的字母B，是法語「藍色」（bleu）的第一個字母。當然，B也是英語的「藍色」的第一個字母，但是美國手語其實是從法國手語演變而來的，因此美國手語和法國手語很像，但與英國手語卻很不同──美國手語中大部分的語源學，都和使用該手語的該國主要口語使用的形式無關。美國

手語中的藍色是一個例外。如圖2-4所示，從腦部活動造影來看，手語動作是不是和原本的動作或外型有關，並不會影響美國手語使用者的腦部活動。除此之外，雖然「腳踏車」和「房子」這種手語的「語源學」是具體的，但是不可以把它們視為是示意動作；相反地，這樣的手語是在失聰團體中約定俗成的符號。現在也確實已經有神經學上的證據顯示，手語手勢的神經元表

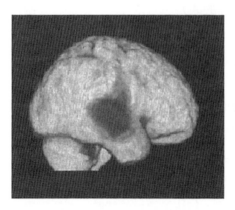 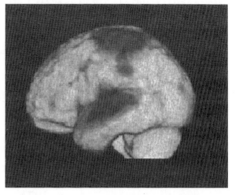

圖2-3：這張圖片是同時精通英語和美國手語者的腦部造影。圖片顯示，和打手語時相比，中間區域在說話時比較活躍；而在打手語時，上方區域會比較活躍。中間區域大部分和聽覺相關，而上方區域大部分和行動的空間結構相關。相反地，像是布洛卡區這類和語言處理比較密切的區域在說話和比手語的時候，進行處理的程度是相似的，因此在比較圖裡就沒有特別標明出來（出自Karen Emmorey製作的投影片，獲原作者同意使用與調整。見Emmorey et al., 2002; Emmorey, McCullough, Mehta, Ponto, & Grabowski, 2011。）

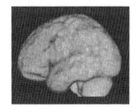 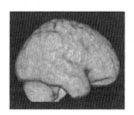  

梳頭　　　閱讀

圖2-4：當示意動作與手語和左腦的損傷無關時，「示意動作式」和非示意動作式的**手語**啟動的腦部區域就沒有差別。（出自Karen Emmorey製作的投影片，獲原作者同意使用與調整。）

現，與手勢是否類似示意動作無關。

克瑞納等人（Corina et al., 1992）透過一位腦部受損的美國手語使用者WL，展現了示意動作和手語截然不同的差異。比方說，WL已經做不出「飛」（FLY）的美國手語，而只能把手臂往外伸，像是飛機的翅膀一樣，示意飛機飛行的動作。同樣地，珍·馬歇爾等人（Jane Marshall et al., 2004）描述一位英國手語（BSL）的使用者，就算在手語和手勢的形式相近時，做出示意動作的能力也會優於做出手語動作的能力。

從片語結構到普世語法

讓我們回頭看看口語。自主句法架構（autonomous syntax framework）把能力語法（competence grammar）和使用它來製造或感知句子的機制分開，接著將說話者對與語法相關的各種判斷間的差異，歸因於這些處理機制的限制——而不去懷疑能力語法是不是真的編碼在「腦袋裡」的假設。信奉這個架構的喬姆斯基（e.g., 1972）堅持，句法是語言的精髓，而語言學家應該要注意的中心資料，就是判斷一串文字的語法是否正確——例如《愛麗絲夢遊仙境》的作者路易士·卡洛爾（Lewis Carroll）在《胡說八道》（*Jabberwocky*）這首詩裡那個沒有實質意義的著名句子「光滑如菱，蜿蜒蠕動，纏繞似藤蘿，轉動裕如」（Twas brillig and the slithy toves did gyre and gimble in the wabe）——而不是去注意這串文字是否或是如何傳達了意義，或者可以如何用於社交情況。從這個角度來看，語言學家分析某種語言的工作可以分成兩個部分：

1·收集資料，了解一種語言的哪些字串（文字順序）是**形態良好的句子**；換句話說，了解哪些句子是該語言的說話者判斷為「結構正確」的句子，而不管這些句子有沒有意義。（在較低的分析階層，每一個單詞都會被分析成音素的順序。）

2・為了發展出正式的語法，需要一組明確的語法規則來說明在這種語言裡，哪些字串真的是該語言中形態良好的句子。例如在英語中，我們可能會尋找下列規則：（a）告訴我們哪一個名詞是動詞的主詞；（b）告訴我們怎麼標示名詞和動詞是單數還是複數；（c）要求我們確認主詞和動詞一致，都是單數或都是複數。

下面的片段是所謂的無語境語法——之所以是「所謂的」，是因為這個片段示範了如何透過把每個語法符號取代成其他符號，產生一種語言的一串文字，而不檢查符號所出現的語境。這樣的片段有下列的產出或重寫規則。

1・第一條規則：S → NP VP
也就是說，一個句子（S）可能是由一個名詞片語（NP）後面接著動詞片語（VP）所組成。當然，英語（或其他語言）完整的語法，還會加上各種其他方式來建立句子，但我們的目標只是藉由僅僅注意單詞的句法種類（例如是這形容詞、動詞、名詞，或是介係詞），建立一個基礎來了解可以建構出句子的自主句法，而不去在意單詞本身的意義。

2・第二條規則：NP → N | (Adj) NP (PP) (S)
垂直線代表「或」，也就是我們可以把左邊的符號換成任何由它所分開的東西，而括號則代表是否要包括某個項目是選擇性的。第二條規則的意思是，一個名詞片語（NP）的組成，可以是單一名詞（N），或是把形容詞（Adj）放在另外一個名詞片語的前面，和／或在任一的名詞片語後面跟著一個介係詞片語（PP，說明如後），和／或某個形態的一個句子（S），例如「戴著很多首飾的穿著長洋裝的女人」（tall women in long dresses who wear lots of jewelry）。

規則二也說明，語言是遞歸的（recursive），用來建立結構成分（constituent）的規則也可以用來建立相同詞類的更大成分，而前面出現的成分，也可以是這個更大成分的一部分。舉例來說，第二條規則顯示在

其他可能的結構裡，名詞片語可以由單一名詞或是一個形容詞加上一個名詞片語所組成。這條規則支持「玫瑰」（rose），變成「藍色玫瑰」（blue rose），然後是「枯萎藍色玫瑰」（wilted blue rose）的形成過程。一個名詞片語（不管只是一個名詞或是已經加上形容詞）可以是一個較大的名詞片語裡的成分，這就是遞歸的基本範例。

3．第三條規則：VP → V | VP (NP) (PP) (S)

同樣地，一個動詞片語（VP）可能只包括一個動詞（V），或者是成分更為複雜的動詞片語。

4．第四條規則：PP → Prep NP

介係詞片語由一個介係詞（Prep）後面加上一個名詞片語所組成。

儘管我們眼前有這麼多產出（production），但我們先說明語言學的一般術語還是很有用的：一個片語的中心詞（head）是決定該片語屬性的關鍵字。所以像是「好吃的生食」（delicious raw food）這個片語，中心詞就是「食（物）」這個名詞，因此這個片語是名詞片語，於是這個片語就能適用前面提到的產出當中的兩個規則：NP → Adj NP → Adj [Adj N]。一個名詞片語可以占據典型和名詞有關的位置，例如「約翰會吃好吃的生食」（John eats delicious raw food）。中心詞的補語是直接和它合併在一起的一個詞句，因此會把中心詞投射在本質上為相同詞類的較大結構中，所以在我們前面的例子裡，「好吃的生」就是「食（物）」的補語。在「關上那扇門」（close the door）裡面，名詞片語「那扇門」，同時也是動詞「關」的補語，是VP → V NP這種產出的例子。中心詞前置（head-first）的結構，是把一句話的中心詞放在補語（單數或複數）的前面；中心詞後置（head-last）的結構，是把一句話的中心詞放在補語（單或複數）的後面。例如「他從來沒懷疑過她會贏」（He never doubted that she would win）這個句子，子句「她會贏」（she would win）就是動詞「懷疑」（doubted）的補語。

回到先前談的簡單語法（我們等一下就知道這太簡單了），我們用最後

幾條規則畫下句點。這些規則明確指出哪一些實際單詞（actual word，也就是所謂的終端詞〔terminals〕）屬於哪一個已知的類別：

名詞 → 門｜食物｜氣球｜……

動詞 → 打｜吃｜關｜……

形容詞 → 生的｜好吃的｜……

介係詞 → 在……裡面（in）｜在……上面（on）｜在……之中（within）｜……

　　這樣一來，不論句子有意義或是（因為選擇的單詞放在一起令人難以理解）無意義，都能平等地產出。圖2-5是透過重複應用「從句子開始，以終端詞結束」的簡單語法規則，導出「約翰會吃好吃的生食」這個句子的階級構造。這個構造像是一棵倒過來的樹，而這些字詞就像是樹上的樹葉。

　　我們在此看到的是生成語法（generative grammar）一個簡單（並且部分）的例子。這個概念可以分成兩層來看：首先，一個句子是由像動詞片語、名詞片語，還有介係詞片語等成分所組成；再者，有一套規則可以產生那些屬於一個成分階級的單詞串。此外，一個特定句子的成分，就是那些可以從剖析樹上的一個符號開始讀，然後以此為根，繼續看次級剖析樹上的樹葉的單詞。

　　在更進一步之前，我們必須深入思考所謂形態良好的句子這個概念。我稍早定義過這個句子，這是該語言的說話者判斷為「結構正確」的句子，句子是否有意義則不列入考慮。前面已經說過，沒有任何兩個人說的語言是相同的，所以如果有兩個英語或是其他廣泛使用的語言的使用者，那麼他們可能會針對某些句子的地位有所爭論，但我在此想提出的是另外一個議題。一個字串可能會因為說話者直覺上認為這是該語言一個「真正」的句子，而被稱為形態良好的句子；然而另外一個人如果從語言的角度來看，可能只會接受一個能根據某些語法規則建構的句子。當然，人們也可能會對一個語法是

否「不夠好」有歧見，但還有另一個異議，一直以來都對現代語言學有深遠的影響。簡單來說，大部分的語法規則都不會限制一個句子的長度。舉例來說，我們在英語中很少在名詞前使用超過兩個形容詞，但是我們並不會想在英語語法裡定一條規則，限制形容詞的使用數量上限。我們也不想規定I hate that bad brown dog（我討厭那隻壞脾氣的棕色的狗）是一個英語句子，但是I hate that noisy bad brown spotted dog（我討厭那隻吵鬧的壞脾氣的棕色的有斑點的狗）就不是英語句子。結果當然就是我們可以寫出很長的句子，長到我們只聽一次，是無法判斷句子的語法是否正確的。

然而，如果我們一次又一次審視這些句子，手上拿著語法書檢查，那我們也許可以做出判決：「對，這是一個語法正確的句子，但這個句子實在太

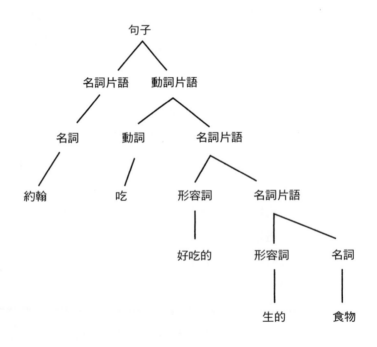

圖2-5：是一棵剖析樹（parse tree），利用我們的簡單語法，顯示「約翰會吃好吃的生食」這個句子裡的成分的階級結構。一般來說，句法會比這裡呈現的還要難以捉摸，而且變異的結構也會增加複雜度。

長了，所以沒有用。」這還滿奇怪的，因為這代表你對於一串單詞到底是不是一個英語句子的即時判斷是沒有用的，你必須把你的直覺放到一旁，聽從理論的指揮，也就是利用英語某個語法所做的「計算」——就算你知道那個語法雖然可以良好地描述大量的英語句子，卻還是可能不完整。換句話說，即時表現的限制可能使得關於「是什麼確實組成了能力」的假設需要進一步檢討。

需要注意的是，「句法自主性」這種說法，暗示了句法只是許多階層之一。我們已經提過**語音系統**——不只讓我們知道音素是怎麼排列成為可發音的順序，還能讓其他的規則更加明確，例如什麼時候要在單詞之前使用a或是an（譯註：英語的冠詞）。**詞法**（Morphology）決定一個單詞在不同的句法語境裡使用時的適當形態，就像是讓主詞和動詞統一一樣，例如eat（吃）在John eats bagels for breakfast（約翰吃貝果當早餐）的句子裡就應該是eats（譯註：簡單現在式第三人稱單數時動詞要加s）。當然還有像《胡說八道》那首詩帶給我們的重點：不論這個句法能多確切地定義一個英語的片段是不是「語法正確」，都無法判斷這個句子是不是有意義。因為這是**語意**（semantics）的工作。

這裡的重點不在於人要定義一種語言的結構時，是否需要考慮語音系統、詞法、句法，和語意，而是這些元素能夠並且應該被自主處理到什麼樣的程度。

用喬姆斯基的方式分析，會把生成語法和所謂句法自主性綁在一起。這樣來說，分析一個句子就是個二遍式過程（two-pass process）：句法這一遍會檢查句子中的單詞是不是由語法規則所產出，如果是，又是怎麼產出的；後續的語意這一遍會應用**組合式語意**（compositional semantics）來衍生出意義（如果有的話），而此意義是以特定方式來組合成分所造成的結果。之後我會提出不同的看法，因為我倡導構式語法，這種語法能讓語意的某些元素整合到句法結構裡。而有問題的元素則是暗示，前一個句子裡用「某些」這個詞的意思。

普世語法或未辨識的小玩意？

對喬姆斯基來說，句法理論的挑戰遠大於為個別的語言一個個寫下語法。更確切地說，他追求的終極目標，可說是他的聖杯，就是「普世語法」。從普世語法中，可以得到任何確實存在或是可能存在的人類語言的語法（e.g., Chomsky, 1981）。這個目標不只是一次只尋找針對單一語言語法特色的各種正式描述（所謂**描述的妥適性**〔descriptive adequacy〕），而是尋找一個**普世法**，專門針對每種語言至少最核心的語法，提出原則性的描述。對於任何語言的各種描述，都可以用這個單一的評價架構互相加以比較。這個概念是，一個語法落入這個普世架構裡的程度，可以決定這個普世語法真的比較好，可以用來解釋該語言被觀察到的結構的程度。喬姆斯基在這裡說的是**詮釋上的妥適性**（explanatory adequacy）。

很多語言學家都全盤或大致接受了這一套。其他像我一樣的人，儘管拒絕句法自主性，還是從這套理論提出的各種形式有所學習。特別是關心神經語言學的人，一定會馬上注意到實際感知並產生語言的腦部機制。

然而，喬姆斯基還不只是追求詮釋上的妥適性而已。他宣稱普世語法不只是對語言學研究有用的試金石，事實上還是固定存在於智人祖先基因體裡的一種**生物性特質**。有些研究者把「普世語法」這個詞當作所有讓小孩能習得語言的機制的同義詞，但是我認為，這個策略使得好的文字也變得沒有意義。讓我們把「語法」這個詞保留給我們組合單詞以傳達或理解意義的能力背後的心智表徵，或是保留給針對一個社群中成員個別語法的共通性的系統性描述。接著，讓我們把天生就有內建語法，以及天生就有能力習得語法這兩件事分開。本書的主旨是，人腦是「語言先備的」（其他物種的腦則不是），所以小孩的確天生就有能力可以習得語法，但是他們的基因體裡並沒有任何預先指定的句法規則（見第十一章）。

喬姆斯基對語言結構的看法，以及因此他認為是什麼組成了普世語法，多年來也有所改變。**句法結構**（Chomsky, 1956）發展出一個語法觀念，可

以用嚴格的數學方法描述其特徵。他提出這樣的語法可以捕捉一些、但不可能是全部的英語句法特色。喬姆斯基早期的研究對於電腦科學的重要性，和他對語言學的重要性不相上下。比方說，他的研究指出「無語境語法」這個重要的詞類，對人類語言並沒有描述的妥適性，然而電腦科學家卻發現，這樣的語法對於電腦語言的正式定義非常有用。

不過喬姆斯基對語言學的重要性，直到《句法理論綱要》（*Aspects of the Theory of Syntax*, 1965）一書出版後，才真正完全為人所知。喬姆斯基在這本書中強調的觀念是，**變形**（transformation）是理解語法的關鍵。舉例來說，在英語中我們看得出來John hit Mary（約翰打了瑪麗）、Mary was hit by John（瑪麗被約翰打了），甚至Did John hit Mary?（約翰打了瑪麗嗎？）是三個就某方面來說相同的句子。以這三個句子為例要說明的，就是它們有共通的「深層結構」（deep structure，簡稱D結構），但是有不同的表面結構（surface structures，簡稱S結構），而它們透過「變形」而產生關連，也就是把主動的句子改成被動，甚至是問句。而這些變形會按照導出樹（derivation tree，也就是剖析圖）來進行，不理會相符的句子原本想傳達的意義，就是句法自主性的一個範例。

相反地，其他語言學家則提出另外一個相對的理論，稱為**生成語意學**（generative semantics）。這個理論起始於**語幹關係**（thematic relations），例如使得「打」變成一個特殊案例的「行動」，表達和在特定句子裡的說法不一樣的意義，並且試著解釋如何衍生出句子，用來表達這類關係的複合物的意義。

喬姆斯基不只是最有影響力的語言學家，也是非常熱中參與論戰的人（很多人之所以認識他，是因為他在政治文章中大力抨擊美國外交政策，但是對他的語言學研究一無所知），而他用這種論戰技巧，將與他相對的研究成果貶得一文不值，例如生成語意學者的研究就是一例。然而，雖然他極力宣揚自己的這種看法就是研究語言的真理，他卻也同時針對普世語法發展出一種也許能更符合描述的妥適性要求。因此，當他出版簡稱LGB

的《管轄與約束講座：比薩講座》（*Lectures on Government and Binding:The Pisa Lectures*, 1981）時，除了最明確的變形（例如被動式和問句型）為了讓位給比較抽象的過程而被丟出了普世語法之外，至今一直被嗤之以鼻的語幹關係，此時卻成了構成語法的關鍵要素。十年後，他打著「最簡方案」（Minimalist Program，又稱「微言主義」）的大旗（1992, 1995）更進一步重新打造普世語法，他以LGB為基礎，但又做了更劇烈的改變，甚至把深層結構和表面結構都移出了語法之外。

「最簡方案」研究語言學能力的方法，是標示出哪些詞彙字串是「語法上正確」的，如圖2-6所示：隨機選擇一組詞彙放到計算系統中，看看能不能建立出合理的衍生物，每一個衍生物都結合了這些元素，並且也只有這些的元素。如果有一個合理的衍生物被選為某個最理想標準的基礎，就會出現拼寫（Spell-Out）。接著計算系統會將結果變形成兩個不同的形式，分別是語音形式（Phonological Form），也就是組成一個語句的實際聲音順序，

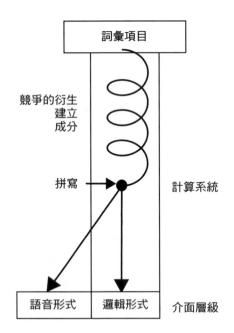

圖2-6：最簡方案裡的衍生與計算系統。衍生過程試著決定有沒有特定的一群單詞是能以符合語法的方式組合的，如果有，又要怎麼組合。如果發現一個成功、可能是最佳的衍生結果，那結果會以兩種方式拼寫出來，提供語音形式與邏輯形式。

以及以數學邏輯的格式提供句子抽象語意的**邏輯形式**（Logical Form）。接著，最簡方案假定有一個「發音－感知介面」（articulatory-perceptual interface）連結語言機能和感知－運動系統，將語意元素重新塑造成連結語言機能和其他人類概念性活動的「概念－意圖介面」（conceptual-intentional interface）。乍看之下，喬姆斯基的最簡方案當中「發音－感知介面」與「概念－意圖介面」這兩個重點，彷彿和更廣大的行動與感知架構下的語言表現（performance）觀點相符。然而，進一步的檢視顯示，最簡方案完全不同於說話者或是聽者使用語言的表現模型。我在此並不打算建立實際句子產生的模型，也就是從意義到表達意義的語句的過程——這個過程起於隨機選擇的單詞，只有到最後我們才會看見這些單詞是不是以某種方式加以安排，使得它們的拼寫產生了一個語意結構。

從某個角度來看，喬姆斯基以語言學的新研究為基礎，大約每十年就建立並提供一個修改後的理論架構，還滿令人欽佩的。新版本的普世語法已經出版了。很多學者嘗試用目前的版本來描述各種語言。為了解釋新資料，需要很多針對性的補丁，所以每過十年就有一個全新版本的普世語法，希望這樣可以增加它的詮釋妥適性。既然普世語法的定義在多年來已經出現大幅改變，那麼顯然喬姆斯基為了支持1960年代版本的普世語法是編碼在基因中所做的一切努力，實際上都與「LGB或是最簡方案形式的普世語法是編碼在基因中」的說法互相抵觸（見第十一章）。但是也許有人會反駁我的理論方向錯誤，因為普世語法一直以來的研究趨勢，難道不是要透過每次的創新，降低對基因編碼的要求以及學習特定語言的複雜性嗎？不過從下面節錄的文字來看，這種說法不怎麼有力。讀者不需要擔心下面文字的技術性名詞，因為整段話隱含的意思非常明確。

X標槓理論方案（LGB研究方法的關鍵要素）的動機之一，就是消除偏愛少數片語結構參數的片語結構語法的強制性，而這些參數的數值能夠在簡單明瞭的證據基礎上取得……LGB系統的優雅似乎已經接近理想，但是……

近年來有愈來愈多的證據顯示，這個理論在許多方面的限制性太高，無法達到描述上的妥適性。功能性主語理論（Functional head theory，最簡方案的關鍵特徵）和新的機制很有希望能夠克服這些困難，但同時也讓人注意到描述性片語結構參數與詮釋妥適性間的緊張局勢……

（關於理解一種語言是否使用了SVO單詞順序的問題。）在片語結構語法中，語言學習者只會把可以填入明顯成分的類別視為理所當然……為了得知各要素的順序，通常只需要不超過兩條的規則就能辦到：S → NP VP（句子→名詞片語　動詞片語），以及VP → V NP（動詞片語→動詞　名詞片語）〔解釋SVO，相對於VP → NP V對SVO的解釋〕最簡主義者的語法裡，必須做出下列決定：

· Agr_s，T. Agr_o 和V在補語之前或之後？
· 這些主語的限定詞在姊妹詞的前面或後面？
· 主語的主特徵是強還是弱？
· 主語的特殊特徵是強還是弱？
· 功能主語的語音形式是顯著還是隱蔽？

新的描述工具也為語言學習者帶來很多需要額外做的決定（Webelhuth, 1995, pp.83–85）。

為求公平，我必須警告讀者，我使用韋伯哈斯（Webelhuth）的評論，看起來可能有種反理智主義（anti-intellectualism）的意味，但我並沒有這個意思。我剛剛說的，其實也可以用以下方式表達：「每個人都能用口語或是手勢表達人類語言，因此，任何關於語言的複雜理論一定是錯的——因為我們在進行對話或是閱讀電子郵件時，一定不會使用很華麗的理論結構。」不過這其實完全不是我想表達的。相較之下，語言學家仔細並清楚地描述語言以及神經科學家仔細並清楚地描述支援語言的腦部機制，和工程師仔細並清楚地列出波音七四七的規格，都一樣會非常複雜，不過前者還是由科學家所

發展，而後者完全是由工程師所發展。波音七四七的設計之所以會成真，都多虧了材料科學、航空動力學、電子學等學科的基本原則，但這些原則是一般搭乘飛機的旅客無法接觸的。同樣地，腦部的功能也立足於主宰大腦解剖學、電流生理學，以及塑性的基本原則。不管是哪一個例子，當中的原則都很微妙且複雜，是以數個世紀以來的科學研究所累積的精闢見解為基礎所建立而成。

然而，一般性的原則只是這個故事的一部分。以七四七為例，那些規格都已經完整而且明確了。但以人類來說，基因體在建立大腦生長及其連結配置與記憶結構的**初始條件**上，扮了至關重要的角色。基因體的關鍵角色是控制發展，而不是直接具體指明成人的身體與大腦構造。成人的系統會反映出基因指示微妙互動的結果，以及由實體世界與社交世界的本質塑造之經驗所帶來的限制。因此，真正的問題不是爭論提供描述人類語言所需所有工具的「普世語法」的複雜度，而在於如何分配以下兩者的複雜程度：哪些屬於基因體所提供，哪些又屬於人類創新的果實，因此是偏向文化而非生理上的產物——比如說七四七大部分的規格。

我的看法是，普世語法最多只能說是人類語言無窮多樣性的敘述性大傘，不是一個「基因上的現實」，或是「神經上的事實」。誰能相信這個東西在胚胎裡就限制了所有可能的語法結構呢？更甚者，在龐大的語言家族中，人究竟能真的找到多少所謂的「核心」，而且一旦針對特定的一些語言，或是特別的語言家族時，還需要更明確的特徵才能補充說明。真正「普世」的，是想要表達的需求，而不是為了達到這些需求的語言學結構選擇。語言從原語言開始的演化，是智人**歷史**的一部分，不是智人生物學的一部分。（第十一章會簡單介紹語言如何改變的研究。）

伊凡斯（Evans, 2003）支持這個論點，因為他調查了一系列的語言學結構，這些結構反映出一些在澳洲文化區域內共通、但其他地方不知道的親屬結構。代名詞反映出嵌入在語法內，而非只透過在詞彙中增加單詞來表達的半詞類分類（moiety-type categories）、次級部分（subsections）、半

母音（moiety lects），以及三角形親屬詞的系統。世界各地其他語言多樣性的例子，可能更加深人對於句法工具的範圍能反映文化演化不同道路的印象。某些語法詞類是所有語言都有的，但會以不同的方式實現（Dixon, 1997, Chapter 9）。先來看看分辨過去、現在、未來的語法。舉例來說，《聖經》的希伯來文沒有時態，但確實區分了完成式（動作後面加上時間的結尾，例如John sang a hymn）與未完成式（動作沒有明確的時間結尾，例如John sang）。斐濟語中有過去式和未來式的標記，不過是選擇性使用的。非洲的布希曼語當中沒有時式或是時態的語法標記，不過還是有時間副詞，例如「現在」、「很久以前」、「昨天」、「最後」、「後來」，以及「即將」。最常見的時態系統只有兩種選擇：過去式和非過去式，這在印度的僧伽羅語（Sinhalese）裡也有，而托勒斯海峽的西群島（Western Islands）則有四種過去式（昨晚、昨天、不遠的過去，以及遙遠的過去）、三種未來式（立刻、不遠的未來、遙遠的未來）。

在廣為使用的口說語言中所缺少的一個很有意思的語法規格，就是「證據性」（evidentiality）。這是一句論述所憑證據的必需語法規格；例如，說話者說出的內容到底是自己觀察到的，還是有人告訴他的，或是他自己推理出來的，還是他自己假設的。在有證據性的語言裡，你不能說「那隻狗吃掉了那條魚」，而是必須加上一個證據性的標記：如果你是看到那隻狗吃掉了那條魚，那就要加上一個**視覺**語言標示；如果你是用其他即時性的感官資料得到這個資訊，例如是聽到（不是看到）那隻狗在廚房裡，或是聞到狗的嘴巴裡有魚的味道，那就要加上**非視覺**的語言標示；如果魚骨頭就在看起來吃飽喝足的狗旁邊地板上，就要加上**顯然**（apparent）的語言標示；如果是有人告訴你那隻狗吃掉了那條魚，那就要加上**報導式**（reported）的語言標示；如果魚本來是生的，而人不會吃生魚，那就要加上**假設**的語言標示，因為這樣推論，一定是那隻狗把魚吃掉的。

語言學家狄克森（Dixon）提出，一個「證據性」語法詞類至少在亞馬遜盆地裡獨立發展了六次；他還表示，如果語言學家沒有去亞馬遜叢林裡

研究這些語言，我們就不會知道人類語言的語法可以有這麼複雜的證據性系統。會在語法中標示出「證據性」的各種語言，可能會以不同的方式做到這一點——就像時態一樣，呈現出來的詞類也有非常多種。

　　這些例子強化了這樣的說法：語言結構是歷史產物，反映出各種「文化挑選」的過程對興起的結構造成的衝擊。沒有任何看來合理的整體環境，是可以把這些特色綁在以基因為基礎的普世語法裡的。如果認為普世語法是天生的現實的那些擁護者，反對例如伊凡斯提出的例子，也就是親屬結構的語法化證明了這些都是澳洲語法的周邊特色，而不是普世語法所能涵蓋的核心語法的一部分，那麼這些擁護者就像踏上了一座陡峭、隨時會崩塌的斜坡，因為有愈來愈多的「語言工具」都能算是不需要普世語法的支持，就能加以學習的文化產物。說到UG（譯註：Universal Grammar和Unidentified Gadgets的縮寫都是UG），我們不應該完全信仰它，而是要想辦法鑑別迄今讓人類得以使用語言的「未辨識的小玩意」（Unidentified Gadgets，這是已故的語音學家尚何傑・威赫努〔JeanRoger Vergnaud〕所創的詞）。

　　我要在這裡說清楚的是，普世語法是一個沒有固定內容的概念，而且認為普世語法是天生就明確存在，可以減少兒童對於使其能精通語言的詞彙、周邊部分，以及傳統用法的學習機制之需求，這樣的看法背後根本沒有任何實質而且有意思的資料支持（第十一章將做討論）。我更進一步反對語言是一種明確地學習而來的東西，是一串抽象符號的形式操縱（例如自主性句法）；語言其實是透過有效地使用原本很簡單的語句，含蓄且反覆學習而來的。儘管如此，句法自主性這個觀念，還是很吸引人。就像我們在卡洛爾的《胡說八道》這首詩裡看到的，我們可以欣賞語言的形式，就算這樣犧牲了意義也無妨，只要它還以某個方式保留了一些語法結構和韻律（prosody）的條理就好；一串隨機的非單詞是無法達到此種境界的。[6] 因此，如果有些語言學家試著了解從有意義的單詞集合變成有意義的語句當中摘要得來的語法結構，一定會有很豐富的成果出現。然而，我不認為句法是演化成心智裡一個自主的部分，或者兒童是不管句法的意義而獨立獲得句法的。在童書中

使用圖片有助於連結單詞的模式和意義，正好展現了語言的精髓。另一方面，歌曲以及哄孩子的旋律對兒童的重要性，暗示了補充句法和語意是語言的根源，只是兩者的方向不同。

行動導向的架構中的語言

將語言能力的特性描述為一組抽象的句法規則是一種有用的抽象化，但是我懷疑這樣是否是大腦支持語言能力的本質。最簡方案（圖2-6）是一個在自主句法架構中的能力模型，試著定義用來決定哪一串單詞和語素屬於或不屬於某種語言的語法。可以用來相比擬的例子，大約是克卜勒（Kepler）用「圓錐截痕」（conic sections）來描述行星運動那樣。相反地，牛頓的運動定律，包括萬有引力的反平方律，則為行星運動提供了**動態的解釋**。我現在的目標，就是脫離最簡主義者的觀點，轉而試圖將語言放在比較由行動、感知，以及社會互動所提供的一般性架構裡。在這樣的架構裡，我們面對的挑戰是要了解我們的大腦是如何執行兩個準逆向過程（quasi-inverse process）：語言中語句的產生與感知。

回想第一章針對基本神經行為學的基模理論的討論，圖1-1說明了受到移動物體所啟動的感知基模，如何引發青蛙腦中趨近或閃避的動作基模。圖1-2則說明數個描述一個物體許多性質的感知基模同時啟動後，如何啟動協調控制伸手及抓取該物體的動作基模。這裡有一個重點，就是被啟動的動作基模可能會隨著協調動作的進展而改變。圖1-4強調視覺感知可能不只會描述單一物體的特徵：該圖說明了視覺輸入如何造成知識在長期記憶中被編碼成一個基模的網絡，創造出一個代表視覺環境各方面基模實例的集合。

圖2-7將這些觀察整合成單一觀點，也就是**動作－感知循環**（action-perception cycle）。不論何時，我們對世界目前的感知都會結合我們目前的目標、計畫，以及動機，來啟動決定我們行動的某些動作基模組合。每一個行動都可能會改變這個世界，和／或我們與世界的關係（如果對比「打開一

扇門」和「轉頭」，後者就只是轉移注意的焦點而已）。因此，我們可取得的與這個世界有關的輸入，隨時都會改變，因為我們的行動會改變，這個世界可能也一直在變。這樣一來，目前活動中的基模組合會更新（也會包括對動作和其他關係的感知，以及物體和它們的特質或參數）。在下圖中，中間靠左的這些循環箭頭代表在更新我們的感知以及行動計畫（和運動以及身體內在狀態有關的更多變數）時會被引發的記憶結構，但是這些箭頭也顯示，每次我們察覺到行動的後果，或者只是觀察到外部世界相關的改變時，我們的工作記憶和長期記憶可能都同時會被修改。

　　圖1-1、1-2、1-4的三個例子都和我們與實體世界的互動有關。但是，和同種動物的溝通，**溝通性動作**的產生和感知又怎麼樣呢？圖2-8在這個擴大的結構裡，創造出一種著手研究語言的架構。最外圈（認知結構→動作控制→外部世界→感知資料→認知結構）符合圖2-7的動作－感知循環。我提出的假設是，當我們打算說出某件事／某句話，我們會從目前的認知結

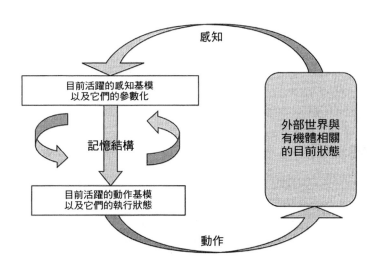

圖2-7：行動－感知循環（The Action-Perception Cycle）。我們目前的計畫和行動會決定我們的感知。

構裡擷取出某個層面來表達。我將這樣的結果稱為「語意結構」（semantic structure）。舉例來說，看到一個運動員在打棒球時，我們可能會察覺到他的位置、制服、臉，以及動作模式，但是我們從中摘要出的只有他的名字，還有他擊球的動作，最後也許會被簡化成「打」（吉姆·高溫奇，球，用力）。雖然這個「動作架構」的神經編碼會和這串字母的順序很不一樣，但重點是編碼在裡面的東西，其實都已經去除了和找到單詞表達無關的細節。

「產出語法」的工作，就是把語意、句法，還有語音處理過程結合在一起，轉換成一串有表達能力姿態的模式，命令動作控制，產生形式上可聽見或是可看見的適當語句。相反地，同種動物的語句會先帶來可辨識的感官資料模

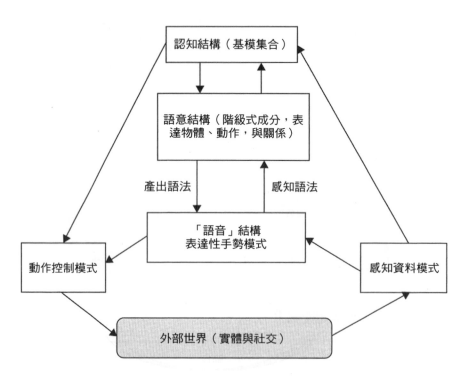

圖2-8：這張圖將語言的產出與感知放在比較一般性的行動與感知架構裡，語言的產出與感知被視為是語意形式和語音形式間的連結，而「語音系統」在此可能涉及聲音或手部的姿態，或只是其中之一，伴隨或缺少臉部姿態。

式，而有表達能力的姿態接著會被「感知語法」利用各種階層的線索「解碼」，以擷取語句的語意結構，接著能修改目前的認知結構，影響工作記憶的狀態，然後可能也會改變長期記憶的結構。

我要警告各位讀者，電腦科學家和語言學家所謂的「語意結構」可能代表了兩種完全不同的東西。所以我要強調，我在這裡說的，並不是「邏輯形式」，而是與世界的知識聯繫在一起的東西。如果舉個例子說明的話，一個感知可能混合了「打」（吉姆·高溫奇，球，用力）比「咬」（吉姆·高溫奇，球，用力）更合理的知識，所以自動刪除了可能因為發音不清楚，而把「打」聽成「咬」的情況（譯註：英語中分別為hit與bit，只差一個字母）。我們對HEARSAY（圖1-5）的討論顯示，這樣的過程如何在一個基模－理論架構裡運作，而這個架構中的基模會在多個層級互相競爭與合作，以對一個語句產生整體的詮釋。

換句話說，我們隨時都可能有很多可以談論的東西，以認知結構呈現出來（**認知形式、基模集合**），從中挑選出一些面向做為可能的表達詞句。大多數產出的語言學模型裡，都假設了某個「內部編碼」裡擁有一個語意結構，而且一定會被翻譯成形態良好的句子。然而，在持續的對話中，我們將說出的下一個句子只能淺嘗我們目前的心智狀態，和我們對聽者心智狀態的理解所創造出的豐富性；而這種句子的產生，雖然在表達當下的意圖是要達到某個溝通目標，但可能也反映了很多改變我們想法的因素。用動作控制的術語來說，一個句子比較不像事先計畫好的軌道，而比較像一個優雅的意圖：想打到一個難以辨識的移動中的目標。從「傳統的」語言學角度來看，Serve the handsome young man on the left（服務左邊那位英俊的年輕人）這句話，可以利用剖析這一串單詞的句法規則加以分析。但是我們不要剖析這個句子的結構，而是來看這個餐廳經理意圖達到下列溝通目標的結果：要服務生去服務經理希望得到服務的顧客（Arbib, 2006a）。他的句子計畫策略重複了加入明確資訊的「圈圈」，直到（他認為）指涉的模糊性解決為止：

1・服務那位年輕人

還是太模糊？

2・服務左邊那位年輕人

還是太模糊？

3・服務左邊那位英俊的年輕人

還是太模糊？顯然不會了。所以經理「執行該計畫」，並且對服務生說出「服務左邊那位英俊的年輕人」。

在這裡，名詞片語NP還可以再擴大，比方說在後面加上介係詞片語PP（就像把1擴大成2），或是在前面加上一個形容詞Adj（像是把2擴大成3）。這顯示英語的句法規則，也就是我用NP → NP PP和NP → Adj NP簡略表示的東西，部分是從減少指涉模糊性、達到溝通目標的流程中被摘要出來。這個例子著重在一個名詞片語上，因此可做為範例，說明達到溝通目標的各種方式（指認正確的人或是物體），也許會以能闡明初現的句法結構的方式，展開單詞的結構。而單詞結構要如何展現，當然會依照經理（或是任何人）可選擇範圍內可能的句法結構有所不同。他不會說handsome the on the left serve man young（英俊那個左邊服務年輕人）。但是我的重點在於（與檢查一堆單詞能如何符合語法組合在一起相反），我們產生句子是為了達到溝通目標，所以認知、語意和句法，是以**一個整合的方式**，各自扮演自己的角色。以圖2-8來看，經理已經察覺到他想要服務生去服務的那個顧客，但是他持續更新要表達的結構的片段，因為他會去評估他即將使用的語意結構是否真的會達到它的目的。如果不會，透過會顧及所使用的語言句法限制的過程，這個語意結構和它的語音詞句會以更大或更小的（見圖2-1）程度加以開展。

當然，名詞片語的句法結構反映出英語的漫長歷史（而且即將有一個不同的歷史，並且在其他語言裡或多或少有不同的形態），所以無庸置疑的是，它已經或多或少「演化」到足以滿足一系列有時會互相衝突的標

準。這就是文化演化，而每個語言社群經歷的文化演化都不相同。Serve the handsome young man on the left這句話也可以被翻譯成日文，而日本的餐廳經理說的話，和使用英語的餐廳經理的溝通目的是一樣的，但是日文的詞彙和語法會產生非常不一樣的語音詞句。而我的立場是，當我們在各種語言間發現共通性時，是因為它們都是在文化中演化，試圖達到共通的溝通目標，而不是因為它們反映了一個單一的、編碼在基因裡的普世語法。

總結來說，我認為一個句子不是一個靜態的結構，而是以下情形的結果：適應與「展開」一個套疊在一起的階級式構造，以擷取出一組達到一個溝通目標的行動。因此，儘管以抽象的觀點來看，句法構造可以有效地被分析並且分類，但是關於某人想說什麼，以及對誰說這個什麼的語用學（pragmatics），會和句法限制結合在一起，推動產生句子或甚至比較簡單的語句的目標導向過程。相反地，聽者有從一串單詞裡揭開多重意義的推論任務（利用選擇性的注意力），並且（可能是無意識地）決定哪些要併入自己的認知狀態與敘述性記憶裡。

認知語言學與構式語法

圖2-8的方法可以視為是認知語言學一般主題的變形。克羅夫特和克魯斯（Croft and Cruse, 2005）曾經摘要認知語言學有三個宗旨：

1．語言不是一個獨立於非語言認知能力的自主性認知模組。
2．語法和概念性表達有所連結。
3．語言知識來自於使用語言，而非存在於一個預先定義好、可能生來就具備的「核心」；這個核心極為抽象且籠統地呈現了語法形式與意義，其「周邊」還伴隨著很多受到指派的語法和語意現象。

對克羅夫特和克魯斯（2005）而言，語言使用的過程和人類在語言領域

之外，例如視覺感知、推理，或是動作活動等地方所使用的認知能力，並沒有基礎上的不同。然而在本書中，我們採用的是一個略有不同但又相關的角度。為了了解只有人類才有的，支持文化演化與使用人類語言的大腦機制的演化，我們確實強調在語言使用、視覺感知，與動作活動認知的認知能力之間，有多少是相通的。儘管如此，我們也試著了解靈長類基本的大腦構造需要有什麼樣的延伸，才能夠支援語言以及似乎需要可比較的認知之推理形式——這種推理形式要高於能在其他動物身上見到的「推理」形式。

在口語上，我們會利用修改內部音素或是加上新的音素等各種語素的改變操縱單詞的變化。在手語中，「單詞」可以透過改變源頭和來源，或是透過兩者間通道的各種修改加以改變。對其他所有東西來說，我們針對一組原已存在於慣用模式庫裡的變形來創造出階級式的結構，似乎就足夠了（對行動和語言都是一樣）。為此，大腦必須提供一個計算媒介，裡面原本就有的元素可以組合成新的元素，不會受到這些元素定義自己在哪些「階級」的限制。當我們用單詞當作元素開始，我們最後可能會得到複合字、片語，或是其他從單詞和片語兩者一起開始建構，最後產出新的片語或句子，以此類推，不斷遞歸。同樣地，我們也許以我們原本已經熟悉的動作技巧為基礎，隨意地學會了很多新的動作技巧。

在圖2-9中，打開有防兒童開啟裝置的阿斯匹靈藥罐的例子，展現了由「動作的『構句形式』」（Motor "Sentential Form"）所呈現的動作和語言的相似性：

人用非主要進行動作的手握住藥罐，用主要進行動作的手抓住蓋子，往下壓，然後轉動蓋子，接著重複（轉鬆瓶蓋、往上拉、轉），直到蓋子鬆掉，然後把蓋子打開。

這個階級式的結構層層揭開在不同場合的不同動作序列，而次級序列會依照是否達到目標和次級目標而定。可是儘管黑猩猩不會組成句子，牠們

還是會打開阿斯匹靈藥罐。本書第二部分的關鍵挑戰就是為這個鴻溝搭起橋梁，同時強調人類和黑猩猩大腦共有的機制所扮演的角色，這樣的機制是人類大腦有如此獨一無二的語言先備特徵的基石。當然，打開阿斯匹靈藥罐和說出一個句子兩者間的關鍵差異，在於罐子的**外部**狀態提供了持續的可視線索（affordance），引導人接下來要做的步驟。當人逐字說出一個句子時，環境中並沒有這樣的引導，而（根據圖2-8的觀點）關於要說什麼的目標，是包含在**內部**的語意結構裡的，而這個結構則抽取出受到產出語法作用的溝通目標。

　　正如認知語言學家能利用關於記憶、感知、注意力，與分類的認知心理學模型，發展出關於語言學知識組織的語言學模型，我們也能借鑑其他相

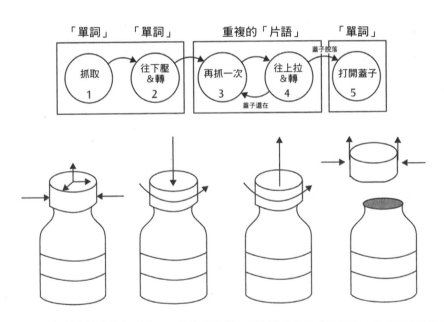

圖2-9：一個動作的「構句形式」。像這樣打開一個有防兒童開啟裝置的阿斯匹靈藥罐的動作，就是一個由「單詞」組成的「句子」；而這些所謂單詞，就相近於「伸手與抓取」的複雜性裡的基本動作：一個階級式的序列，其次級序列的長度不固定，會根據是否達到目標與次級目標而決定。（修改自Michelman & Allen, 1994；原始出處© IEEE 1994）

關的模型，不過我們是把比較多的注意力放在神經科學的資料上，同時從感知與行動延伸基模理論，以符合語言學家的需求。這個基模－理論的研究方法，符合先前提過的第二個假設，也就是以蘭蓋克「語法是概念化的」這句標語為基礎（Langacker, 1986, 1991）。然而，本書的重點比較多是放在「何者奠定了語言的興起？」認知語言學家確實是語言學家，他們關注的重點在於語法的屈折變化與建構，以及包括一詞多義（polysemy）和隱喻在內的各種詞彙語意現象（Lakoff & Johnson, 1980）。

第三個主要的假設當然也符合我們認為語意、句法、詞法，以及語音系統的類別與結構，如何從我們對在特定場合使用的特定語句的認知建立起來。所以挑戰（會在第十一章「習得語言與構造的發展」裡簡短講到）在於說明抽象和基模化的歸納過程，如何產生語法構造和單詞意義的微妙之處，這些都和兒童（或是之後的語言學習者）成長過程中所處特定語言群體內的社會基模裡的溝通有關。

認知語言學家認為句法行為和語意詮釋的微妙變化，必須要有一個不同的語法表現模型，容納語言行為獨特但也非常一般的模式。因此，我們現在轉向構式語法。我們的起點並不是語言的興起，而比較像是每一個現代語言都以慣用語（idioms）的方式，保留了語言的歷史遺跡；就算慣用語的意義和組成慣用語的單詞本身的意義沒有任何顯著的關係，該語言的使用者還是能熟知這些意義。

因此，英語的慣用語he kicked the bucket（他踢了水桶），代表的意思是「他死了」。也許有人能捏造這個慣用語的語源（也許甚至是正確的）來說明這樣的用字，例如說這個意思是有人站在水桶上要上吊，所以必須踢水桶才會成功。但是重點是，這個「語源」對於了解這個片語毫無幫助，所以我們不能應用組合式的語意和一般句法規則來了解這個慣用語。方法之一是不把這樣的片語當成語法的一部分，而只把kick the bucket（字面：踢水桶；意義：死了）、shoot the breeze（字面：對著微風開槍；意義：閒聊）、take the bull by the horns（字面：直接抓住公牛的角；意義：當機立斷）、climb the wall（字面：爬那面牆；意義：焦慮不安）等慣用語說法加入詞彙裡，因為畢竟如果字典裡都只有單詞，沒有任何混成詞（portmanteau），這樣的字典就不算真正完整了。不過這也帶來了一個問題。我們對慣用語的使用是生產性的。我們可以說He kicked the bucket（他死了）或是They'll kick the bucket if they keep messing with the drug gangs（他們如果繼續和毒販搞在一起，就必死無疑），但是我們應該不能說They are kicking the bucket（他們正在死）。所以看來我們似乎需要「慣用語裡」的語法。因此，菲爾莫、凱，與歐康納（Fillmore, Kay, and O'Connor, 1988）不是只把慣用語的意義當成補充句法和語意一般規則的東西，而是提出他們用來分析慣用語的工具，應該可以形成**構式語法**的基礎，做為語法組織的新模型。

這樣來看，從詞彙項目到慣用語到一體適用的規則，都可以算是句法結構（construction）。每種語言的語法多多少少都有限定於該語言的一組句法結構，用以結合**形式**（如何集合單詞）與**意義**（單詞的意義如何限制整體的意義——雖然我等一下必須重新檢視各種進入我們對句子理解的意義或語意）。以慣用語的例子來說，**決定整體意義的是句法結構本身，而不是組成慣用語的那些單詞**。這和那種自主性句法規則只能把單詞以很普通的方式放在一起，而不考慮結果的意義的語法，是大不相同的。

構式語法與認知語法的關係密切，而在構式語法的範疇內研究的語言學家，已經梳理出每一種句法結構家族特有的、受規則主宰的、有生產力的語言行為（Croft & Cruse, 2005）。句法結構就像詞彙裡的項目一樣，結合了句法和語意，甚至在某些情況下還加上了語音資訊。在構式語法中，He kicked the bucket是一句模稜兩可的話，因為這句話有兩種剖析。一種是用一般的公式He X'd the Y（他X了Y），整句話的意義會根據X和Y的意義而改變；另外一種剖析則得到了一個詞，詞裡面kick和bucket不能被替換，而且意義也和kick和bucket兩個單詞的本意無關。如賀福特（Hurford, 2011，見第四章）所指出的，目前沒有證據證明當聽見一個慣用語，整體的意義（例：死亡）和個別部分（例：踢和水桶）是事先可以安排好的，也就是有所謂的冗餘儲存

（redundant storage）。這也符合了我們一般對於基模的競爭與合作的看法，因此在這個例子中，這兩種剖析的初步句法結構分析，可以帶來一種促發效應（priming effect），不過只有一個剖析會在競爭中獲勝，決定我們對使用這個慣用語的句子的理解。

想想看會帶來兩種形式的主動式句法結構和被動式句法結構，兩者間的對比：

主動：John kissed Mary.（約翰親了瑪麗。）
被動：Mary was kissed by John.（瑪麗被約翰親了。）

在這兩個例子中，根本的動作是「親」，約翰是主事者（Agent），瑪麗是動作的受事者（Patient）。但是最基礎的「行動架構」（action-frame）：親（約翰，瑪麗）的兩種形式，使我們注意的焦點轉移了。

主動式讓我們比較會去注意約翰在做什麼；被動式強調了瑪麗身上發生了什麼事。

另一組對比則是與格（Dative）和雙及物（Ditransitive）：

與格：You gave the book to Mary.（你把那本書給了瑪麗。）
雙及物：You gave Mary the book.（你給了瑪麗那本書。）

看起來這兩句話的意思大致上是一樣的。想想看下面的例子：

與格：You gave the slip to Mary.（可為「你把那件襯裙給了瑪麗」或是「你讓瑪麗溜掉了」。）
雙及物：You gave Mary the slip.（你給了瑪麗那件襯裙。）

如果我們把slip做「襯裙」解釋，那這兩句話都是可以接受的。但是在

與格的形式裡，還需要考慮giving the slip是不是當作指「躲開」或是「逃離」的慣用語使用。

因此，雙及物似乎為單詞的意義加上了一層額外意義的殼，但是與格沒有。這符合了對於哪些東西可以填進句法結構空格裡的限制，以及符合句法結構如何把自己的意義加入其應用當中，推往構式語法的需求。

注意下列對一個自主性句法的分析，並不包括我們做上述分析時所需的額外細微差異：

與格[NP [V NP1 [to NP2]]	You gave the book to Mary就像是XWY to Z的意義，也就是X利用W的方法，沿著Z的路徑移動Y。 →「你」利用「給」的方法，沿著「給瑪麗」的路徑移動「書」。
雙及物[NP [V NP2 NP1]	You gave Mary the book就像是XWYZ的意義，也就是X轉移Y給Z，利用的方法是W，附帶的限制是Z可以是一個主動的接受者。 →「你」轉移「書」給「瑪麗」，利用的方法是「給」。

生成語法的規則有「空缺」（slot），可以用範圍廣大的句法詞類中的任何項目加以填滿。相較之下，在句法結構中的填空字（filler）可以由單一的單詞組成（在he kicked the bucket這個慣用語中，bucket〔水桶〕不能被pail〔桶子〕取代，但是he〔他〕可以被任何一個已經過世的人取代），不過可能也會在不同的句法結構中改變，從一個句法結構裡的特定單詞，到一個定義很狹隘的語意詞類，到一個定義廣泛的語意詞類，到一個橫越多個語意詞類的句法詞類都可以，但是也能以特別針對特定語言的方式改變

（Croft, 2001）。因此，構式語法中的詞類可能和生成語法中的詞類很不一樣。在某些情況下，這些詞類可能和一般語法的詞類差不多，像是切開句法結構的名詞或動詞；但在其他情況下，這些詞類的本質可能比較偏向語意。

凱默勒（Kemmerer, 2000a, 2000b）最早明確提出構式語法和神經語言學間的相關性，他使用了構式語法的架構，呈現行動動詞的主要語意性質，以及論元關係（argument structure）的句法結構（e.g., 2006）。他同意名詞、動詞、形容詞這些語法詞是在歷史語言傳遞與改變的數百或數千世代裡漸漸出現的東西，而且這些詞類變得愈來愈複雜，也許是隨著著名的語法化過程（grammaticalization）改變的緣故（Givón, 1998; Heine, Claudi, & Hünnemeyer, 1991; Tomasello, 2003b；見第十三章）。

但是在不同語言當中，組成名詞、動詞，或是形容詞的東西可能有極大的差異。在某些語言裡針對語法詞類的標準，也許完全不會出現在其他語言裡，或者這些標準的使用方式，對於在英語環境中長大的人來說，可能會顯得萬分奇怪。名詞通常是關於格、數量、性別、尺寸、形狀、限定詞，以及擁有／可轉讓性；動詞通常是關於時態、體、心情、形式、及物性和一致性；而形容詞通常是關於比較級、最高級、強度，還有近似的程度。

然而，有些語言是缺乏這些屈折形式的，例如越南語；也有其他語言有這些屈折形式，但是卻以令人意外的方式使用這些形式，例如美國西北部印地安原住民族馬考族的語言，他們不只把時間和情緒的標記放在表達動作（可視為英語中的動詞）的單詞上，還會放在指稱物品和性質（英語中所謂的名詞）的單詞上。

因為這些理由，克羅夫特（e.g., 2001）否定有天生的、普世語法式的詞類的說法，而試著根據個別語言使用的句法結構，找出該語言的語法詞類。這並不排除能跨語言辨識明確指稱物體的原型名詞，以及用以明確指稱動作的原型動詞。但是如果一個單詞在某種語言被分類成原型動詞，它在另外一種語言裡也可能被歸類成不同詞類。這樣說來，人類語言包含一道開放式的光譜，上面有各種以歷史所塑造、以句法結構為基礎、以階級組織而成並

分散學習而來的語法詞類。這和本書所信奉的觀念有很大程度的一致性。本書認為，語言是文化上演化而來，是透過拼貼，也就是一個增加、結合，以及修改句法結構的「東拼西湊」過程，而非單純修改詞彙得來的許多特質的集合。這個過程隨著語言在社群間的擴散，在許多群體中都以多元的方式發生，而不是有一種「唯一的語言」演化成為一個生物學上的統一體（Dixon, 1997; Lass, 1997）。

以視覺為基礎的構式語法版本

在討論Serve the handsome young man on the left（服務左邊那位英俊的年輕人）這個句子的時候，我們提出句子的產生可以被詮釋為涉及如何達到一個溝通目的的計畫。以圖2-8而言，經理的任務可以說還滿精細的：他的認知結構包括目前情況某些相關層面的表現、期望的情況（某位特定的顧客要立刻得到服務）等層面，以及對於服務生「心智狀態」的一些評鑑，例如服務生知道什麼，所以必須被告知什麼（如果顧客是常客，經理可能會說「去服務張先生」，因為他假設服務生知道年輕人的名字）。

在繼續說下去之前，我要先請讀者思考上述這兩個句子的結構和意義。和我在自然說話的場合想要傳達相同意思時說出來的句子相比，這兩個句子的結構都更正式。但是儘管是我自然說出的句子，也需要（非常複雜的）認知結構，結合我對「我想告訴你什麼」的了解，加上我估計「你讀到本書這裡的時候，已經知道了些什麼」，以及「應該在哪裡喚起你的記憶比較適當」。對於如何這麼複雜地達到這一點提出完整的計算式說明，是現在科技還無法達到的，更別說要深入分析當中所涉及的神經機制。所以我要把這部分用來說明一個比較簡單的例子：如何產生描述一個視覺景象的語句。我希望，儘管這個特殊的例子顯然對於說明產生本段落中的句子所涉及的現象幫助有限，但還是能為未來進一步的探索奠定扎實的基礎。

受到使用一組感知基模標示靜態視覺場景中物體的VISIONS系統（第一

章）的啟發，亞畢和李（Arbib and Lee, 2007, 2008）使用了SamRep系統，建立針對靜止或延伸一段時間的動態視覺景象（一個片段）的階級圖象式「語意表現」（semantic representation）。以圖2-8而言，VISIONS的基模集合提供了一個認知結構的例子，而SemRep提供的是語意結構的例子。我們很快會看到，產出語法使用的是模版構式語法（Template Construction Grammar）。

看看圖2-10左邊的這個景象。視覺系統也許一開始會以男性和女性為中心，辨識出他們周遭場景裡的各種層面，而忽視其他的層面——同樣的場景可能會以各種不同方式察覺。這樣的分析可以結合數個基模實例的共同啟動，搭配可以用於支持進一步基模分析的視覺系統活動，不過這進一步的分析尚未開始。SemRep接著從這個基模啟動的模式中，抽取出可能組成目前場景的一個語意結構的一組節點與關係。一個被辨識出的物體的特質，會附著於（attach）該物體實例的節點，而一項行動的語意會附著於另外一個有特定優勢的節點，將它與代表行動中扮演主事者與受事者等特定角色的節點連結。而這裡所謂「附著」的概念，之後會利用語言系統被翻譯成單詞。

然而，SemRep圖不是用單詞做標籤，而是用比較抽象的描述詞，使得同樣的圖可以用指定語言裡的多種方式來表達。因此，「年輕女性」這個概念，可以帶來各種的語音形式，例如「女孩」、「女人」，甚至「小孩」，而「用手打」這個動作概念，可以用「打」、「揍」或是「甩巴掌」來表達。同樣地，關於甲物體的垂直位置高於乙物體的這種視覺配置，也可以用「甲在乙的上面」、「乙在甲的下面」、「甲在乙上」等等方式表達。

這裡提出的是，每個SemRep都表達了語意關係，但是並不堅持單詞的選擇，因此只要使用了適當的語法和詞彙，就可以做為任何語言的描述基礎。（但是SemRep當然反映了觀者在特定社群中的發展，因此也反映了視覺經驗和特定語言的使用，在塑造觀者的感知基模當中的互動。）

一個景象可以有很多個SemRep。每一個SemRep都包含一個捕捉到可能呈現在一個（時間可延長的）視覺場景中的主事者、受事者、動作，以及

它們之間關係的次組合分析結果。舉例來說，對於一個場景的初始感知，也許可以被擴大，納入愈來愈多背景的物體與形體。SemRep可以被當成是取自VISIONS工作記憶裡的基模實例集合的結果，但是有一個關鍵的附加部分，就是在時間中延伸的行動和事件。在此要注意的是，動態場景的分析不只需要對單一影像的分析。如果我們看到一個男性，臉頰上平放著一個女人的手，而且男性的臉上沒有任何表情線索，那麼我們就不能判斷這個景象是「女人在打男人巴掌」，還是「女人在輕撫男人」，我們必須要看到包含這個畫面在內的整段有時間順序的影片才行。

　　一個基模實例也許會和數個參數（這裡指的是對一個物體的特徵描述）有關，有些參數（例如尺寸、形狀、方向、位置）也許會和該基模所代表的物體可能的互動有關（和第一章說明伸手抓取的圖1-2相比較），但沒有被納入關於該物體的語言措辭當中。我們因此假設，SemRep需要很明確地表示出被觀察到的物體和行動的極少參數，而且可以在需要資訊來進行明確認知處理或是語言表達時，引導對視覺工作記憶的需求。在SemRep階層確實

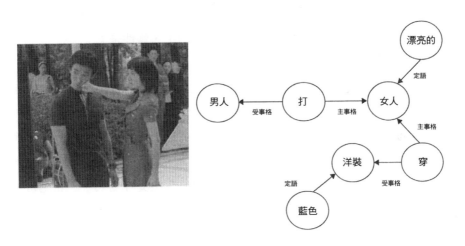

圖2-10：（左）一名女性在打一位男性的照片（原始照片出自Invisible Man Jangsu Choi，韓國電視台）。（右）從這張照片所產出的SemRep圖。亞畢和李（Arbib and Lee, 2007, 2008）描述模版構式語法如何在其上運作，產生「一個穿著藍衣服的漂亮女人打一個男人」。

變得明確的每個參數，都被視為一個定語（attributr），並且得到一個專屬的節點，和參數化的基模節點相連。舉例來說，「藍色」可能會被「無意識地」用來處理視覺場景的分區，將女性的形體和背景分開，但這並不保證「顏色」是有意識地被注意到的。圖2-10表現的例子則是顏色有意識地被注意到的情況，所以「藍色」就是受事者「洋裝」的定語。

再提一個觀察結果。VISIONS會以網絡內的競爭與合作狀態為基礎，透過設定並且更新「自信程度」繼續進行場景分析，暗示一個特定基模實例用來詮釋面前場景某個區域的證據的重要程度。同樣地（不過這兩個值是不一樣的），在SemRep裡，每一個節點都可以被分派一個代表「語段重要性」（discourse importance）的值。因此，如果我們說到約翰，那麼約翰的語段重要性就比瑪麗大，而我們可能會說「約翰愛瑪麗」；但是如果焦點（較高的重要性價值）轉到瑪麗身上，那我們可能就會說「瑪麗被約翰愛著」。

模版構式語法（Arbib & Lee, 2008）採用了傳統構式語法的兩個方針：每一個句法結構都明確指出形式與意義間的內容，而結構的系統性結合會產生整個語法結構。然而，在模版構式語法裡，每個語句的語意結構都有一個SemRep圖（在進一步的研究裡，會有適合的延伸部分〔extension〕）。句法結構的定義分成三個部分（名稱、種類、模版），條件是：

· **名稱**（Name）是句法結構的名字。這和語言過程無關，只是為了指稱方便。

· **種類**（Class）明確指出了應用結構後的結果的「詞類」，會決定應用結構後的結果可以當作哪一個其他結構的輸入。在這裡的例子中，種類就是片語裡的中心詞的傳統句法詞類，例如「名詞」或是「動詞」，在應用句法結構的時候又會回來。不過一般來說，結構的種類必須定義多少都有點微妙的句法和語意資訊組合。

· **模版**（template）定義一個句法結構的形式－意義對，而且包含以下兩個成分。

‧**Sem架構**（Sem-Frame，也就是SemRep架構）定義句法結構的意義部分。這個意義是由SemRep圖中，句法結構會「涵蓋」的部分所定義的。這個圖中的每一個元素都附著在一個概念和一個啟動值上，就像是一個典型的SemRep圖元素。在這之上，Sem架構也會明確指出「中心詞」元素，是在和其他結構形成階級時，整個結構裡代表性的元素。

‧**詞序**（Lex-Seq，詞彙順序）定義該句法結構的形式部分。這是一串單詞、語素，還有尚未填入的空缺。每一個空缺都可以填進其他句法結構的產出。每一個空缺都明確指出要填進的結構種類，以及和空缺相連接的Sem架構元素的關連。

圖2-11上方的詞彙結構說明了概念與SemRep的單一節點產生關連的方式，能為選擇表達該概念的單詞提供基礎。圖2-11下方的構造將詞句的階級往上移，涵蓋SemRep愈來愈大的部分。因此，「穿著洋裝」的句法結構具有很有意思的特質，必須辨識出像是「連衣裙」這樣的節點，但只用這個節點准許產生「穿著藍（衣服）的漂亮女人」的句法結構，而代表「女人」和「漂亮」的節點已經被另外一個結構包括在內，以產生「漂亮女人」這個片語，並將它填入「穿著洋裝」裡面的名詞片語（NP）空缺。

在模版構式語法想辦法用一組「小的」次級圖形「涵蓋」某個SemRep的相關部分時，一個SemRep可能會產生一個或多個語句，而每一個被選上的語句，都是在該語言中可以表達那個次級圖形的句法結構。在生產模式裡，模版的作用是透過疊放在SemRep圖形上，配合選擇適當句法結構的種種限制。每個句法結構的語意限制被視為編碼在模版裡，因為模版會明確指出概念以及一個SemRep圖形的拓樸（topology）。因此，句法結構會遞歸地被應用，從沒有變數的詞彙結構開始（圖2-11上方），接著應用更高層級的句法結構（圖2-11下），讓空缺能符合先前應用句法結構的結果，而這些句法結構的詞類，也和空缺的詞類相符。這樣一來，VISIONS的基模可以被拉高到類似的結構（圖2-12），在這樣的結構裡，針對將句法結構應用於目前

的SemRep狀態的語言工作記憶會提供一個工作空間，進行句法結構挑選與附著，接著提供一個自信程度各異的延伸SemRep動態組。

圖2-12顯示了兩個基本上平行運作的系統。在產生一個描述的過程中，數個句法結構會在層層揭開的SemRep基礎上同時被啟動。句法結構會互相合作和競爭，以產生關於一個場景的口語敘述。發展出語言工作記憶的語言系統，會階級性地將句法結構應用在SemRep上，讀出以此形成的句子或

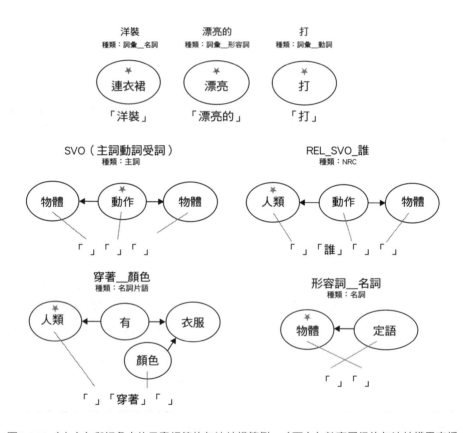

圖2-11：（上方）與詞彙中的元素相符的句法結構範例。（下方）較高層級的句法結構用來編碼語法資訊。每一個句法結構都是一個似SemRep的圖，在邊緣和節點有生成性或是特殊性的標籤，每一個都和單詞或是空缺連結。對每一個空缺而言，可以填進去的東西可能會有限制。星號標記的是每個句法結構裡的中心詞。

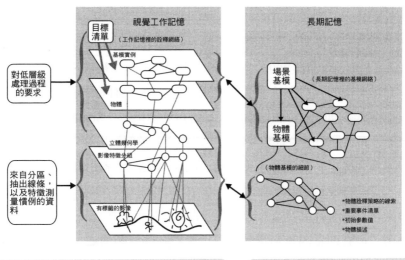

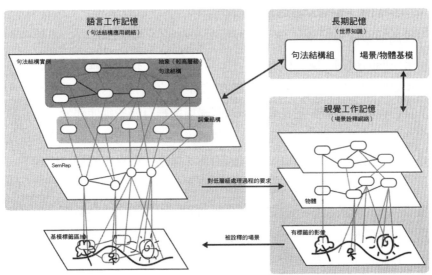

圖2-12：（上）VISIONS系統（同圖1-4）視覺工作記憶提供影像分區，和可涵蓋多樣區域的感知基模實例連結。（下）我們的場景描述模型結構。這個結構和VISIONS裡的視覺工作記憶與長期工作記憶兩者間的互動相呼應，但是在這裡，輸入是由視覺工作記憶所提供的基模實例空間性陣列。基於視覺注意力以及溝通目標，這個系統擷取出一個SemRep，以捕捉該場景的關鍵層面。TCG接著可以應用詞彙結構連結節點與單詞，以及將較高層級的結構應用於下面兩種節點之一：SemRep裡面的節點，或是因為先前應用句法結構所形成的節點。目前的語言工作記憶能透過重複應用來自長期記憶的句法結構，階級式地涵蓋目前的SemRep——長期記憶不只提供句法結構應用所需的工作記憶，還能讓語句隨時很快地讀完。如同VISIONS讓視覺工作記憶得以從低層級處理過程中要求更多資料，當完成一個語句需要對視覺場景有進一步關注的時候，我們的模型也透過視覺工作記憶，將語言工作記憶與視覺系統連結。

是句子片段。視覺系統會同時詮釋場景，並且為SemRep提供更新。如史拜維等人（Spivey et al., 2005）所指出，視覺環境可以被當作外部記憶，而眼部運動是典型的存取方法。有時候語言系統可能會向視覺系統提出要求，請它提供更多細節。句法結構的應用是以「目前的」SemRep以及工作記憶為基礎，而工作記憶中有數個部分（或完全）被創造出的句法結構構造。只要一達到門檻，系統就會產生語句。門檻低的說話者也許會產生「句子片段」，門檻高的人可能會說出完整的句子。形成句子的過程同時是累積式以及階級式的；前者是因為新的結構一直根據目前的概念表現（即SemRep）被應用，後者則是因為句法結構可以應用在其他結構之上，在直接附著於SemRep的結構上形成一個階級式的組織。

　　透過清楚展現以文字描述一個場景的機制，有多麼近似於辨識場景裡有什麼東西的機制，圖2-12說明了稍早的論點：「我們的確強調涉及語言使用、視覺感知，以及動作活動的這些認知能力之間有多大的共通點……〔但是〕我們也試著了解在靈長類大腦的基礎構造裡有哪些延伸部分，是支持語言所必需的。」這裡貫穿的主旨是，語言處理不應該用抽象處理字串或是符號樹的方式來分析（不過以某些目的而言，這是一種有用的抽象處理），而是應該被視為「抬高」更一般的過程，使感官資料的空間－時間模式，能夠轉換成許多可能的行動計畫之一。在目前的例子中，句法結構應用的累積有著自信程度的變化，以及不時被唸出來的單詞序列；而這些單詞序列是來自語言工作記憶中最近的、自信程度最高的句法結構應用的複合物。

3

猴子與人猿的發聲與姿態

所有動物都有和同物種溝通的方法。分泌物和感應化學訊號可以協調生活在社交社會中的螞蟻;蜜蜂在採集過後回到蜂窩時,會跳舞指引其他蜜蜂牠們發現的食物方向與距離;雞有各種不同的叫聲,有些鳴禽學會用自己獨特的歌聲來捍衛領土及吸引異性。而包括類人猿和猴子在內的靈長類,隨著物種的不同,使用叫聲、臉部表情和手部動作溝通的能力也不同。

然而,在這些溝通系統當中,沒有一個是由語言所組成的。這裡所謂的語言是像英語、泰語,或是非洲斯瓦希里語(Swahili)等,同時擁有開放式的語彙或詞彙與句法的東西——這樣的句法支持組合式語意,能夠視場合所需組合詞彙中的單詞,形成新的、有意義的,並且可能滿複雜的句子。[1]

我們在本書第二部的重點是要了解,為什麼其他動物做不到,但是人腦卻能演化得讓我們得以學習並使用語言。

為了不失焦,我們在鳥的部分會講得多一點點,[2] 完全不談蜜蜂,重點放在猴子和人猿的溝通系統。這能讓人了解人類和猴子,以及人類和人猿最後共同祖先的一些狀態。有人估計,人類大約在兩千五百萬年前從猴子的演化支系分支出來,大約七百萬年前從大猩猩的支系分支出來,大約在五百到七百萬年前,才從現存最親近的非人類近親——黑猩猩的支系分支出來。[3]圖3-1讓我們看到猴子和人猿(包括人類!)的群像,這些都是我們在後面會看到的。

發聲

　　非人類靈長類（包括類人猿和猴子）某種程度上都和人類有相同的整體身體樣貌，但我們沒有尾巴，而且也還有其他的差異，例如我們的靈巧程度、腦部，以及行為都有不同。人類比較靈巧，可以學習說話，用雙腳行走的能力也遠優於其他靈長類。猴子的溝通系統可以說是**封閉的**，因為這套系統受限於一個範圍很小的慣用模式庫。相反地，人類語言是**開放式的**，因為

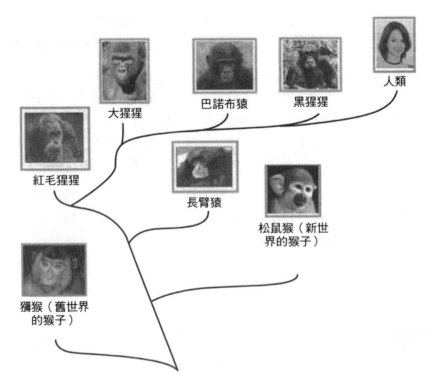

　　大猩猩　　　　　巴諾布猿　　　　黑猩猩　　　　　人類

　　紅毛猩猩

　　　　　　　　　　長臂猿　　　　松鼠猴（新世界的猴子）

　　獼猴（舊世界的猴子）

圖3-1：包括人類在內的靈長類演化群像。（照片由Katja Liebal提供；延伸自Arbib, Liebal, & Pika, 2008。）

可以創造新的語彙，也有能力以各種方式結合單詞和語法標記，產生本質上無窮盡的句庫，而且這些句子的意義雖然新，但卻是可理解的。

「鳥會飛」（Birds fly）是一個很有用的概括性說法，但是這個描述卻不適用於特定種類的鳥——例如企鵝、奇威鳥，還有鴕鳥。同樣地，猴子也有很多種，牠們都有不同一套的溝通用姿勢。因此，當我說「猴子」的時候，我提供的是一個大範圍的概括性說法，有時候是根據特定物種的資料而成立。特別當我們在下一章說到腦部機制時，我們主要會專注於獼猴以及松鼠猴，不過著重於後者的程度會小一點。猴子表現出一套叫聲系統（特定物種所使用數量有限的叫聲）和口顎臉部（orofacial，嘴巴和臉）的姿態系統，其中有些可以用來表達情緒，有些則會根據社會階級有所不同（Maestripieri, 1999）。臉部和聲音之間的關連讓我們想起，溝通本來就是多重模組的——最少也同時需要聽覺和視覺感知，還有控制各種不同受動器系統的能力。

最有名的猴子叫聲，應該是長尾黑顎猴（vervet monkey）的三種警報聲——個別針對獵豹、老鷹，還有蛇（Cheney & Seyfarth, 1990）。獵豹警報聲的意義，用文字表示大約是：「附近有一隻獵豹，危險！危險！重複叫聲，快逃到樹上。」第一隻看到獵豹的猴子會發出這個叫聲，這個叫聲有傳染力（某種程度而言是取決於語境），其他猴子會一邊跟著發出這個叫聲，一邊急忙爬到樹上逃命。

接下來舉例說明，有一種針對猴子的研究顯示，儘管這個警告聲和掠食者實際的叫聲或吼聲有很大的不同，但對猴子的行為衝擊卻是一樣的。而如果針對老鷹的警告聲一再被播放，但實際上卻沒有老鷹出現，那麼猴子就會習慣這個聲音——也就是說，牠們對這個聲音的反應會逐次變少。如果重複播放老鷹的叫聲，也會有一樣的結果。關鍵的觀察結果是，如果猴子習慣了老鷹警報叫聲，接著播放老鷹的叫聲，習慣會勝過躲避老鷹的反應，但是警告叫聲和老鷹叫聲就聽覺上來說，是兩種截然不同的聲音。換句話說，猴子已經習慣了這個叫聲的語意，而不是叫聲本身的聲音（Zuberbühler, Cheney,

& Seyfarth, 1999）。

　　靈長類的叫聲確實表現出**聽眾效果**——長尾黑顎猴的警告聲，通常在有會對聲音產生反應的同種生物在場的情況下才會出現（Cheney & Seyfarth, 1990, Chapter 5）。舉例來說，長尾黑顎猴不一定每次掠食者出現都會叫，但是當近親在場時，牠們發出叫聲的可能性會隨之增加。在獲得這些叫聲的聲音模式的過程裡，「學習」似乎並沒有扮演任何角色；不過明確了解什麼時候要使用這些叫聲，以及別的猴子發出這些叫聲時該怎麼反應的過程，就是一種「學習」（Seyfarth & Cheney, 2002）。剛出生的長尾黑顎猴經常在空中飛過的不是老鷹，而是別的東西的時候，錯誤地發出老鷹警報聲。牠們後來才學會像成猴一樣，只在相似情境時才發出這種叫聲。

　　發聲似乎不會刻意被用來影響特定他者的行為。比方說，黑猩猩似乎不會壓抑吞嚥食物的咕嚕聲，但是這些聲音可能會讓階級較高的團體成員知道有食物存在，因此發出咕嚕聲的黑猩猩，反而失去吃到食物的機會（Goodall, 1986）。這種溝通暗示動物的感覺，或是動物想要什麼東西。對於非人類的靈長類來說，牠們的溝通主題包括玩耍、養育、梳毛、旅行、交配的意願（贊成或反對）、捍衛領土、對同種成員的攻擊或姑息、和團體內其他成員保持接觸，或是提出有掠食者出現的警告。

　　因此，非人類靈長類的聲音溝通可能不涉及發聲者對接受者的知識所做的評估，而只和接受者是否在場有關。然而，伯恩與懷特恩（Byrne and Whiten, 1988）提出研究結果，發現猴子在受其他猴子攻擊，或是想要為自己保留一點食物時，也會發出警告叫聲。如果後者確實是真正「欺騙」的例子，那麼也許當中的確含有自願的成分。

　　靈長類溝通系統的單元幾乎永遠不會組合在一起，形成額外的意義。這和人類的語言相反，人類語言的基礎就是單詞和其他單元的組合。大多數猴子發出的叫聲不會有特定的順序，而是會根據情境發聲，而且有些證據顯示，猴子的聲音產出組合數量有限。坎貝里公猴（Campbell monkey）針對獵豹和冠鷹鵰（crowned-hawk eagle）所發出的警告聲聽起來有很顯著的差

異。在比較不危險的情況下，坎貝里猴會在警告聲之前，加上兩聲低沈、響亮的「砰」。在一次的重播實驗中，祖柏貝勒（Zuberbühler, 2002）證明了野生的黛安娜長尾猴（Diana monkey）會對坎貝里猴的警告叫聲有反應，發出牠們自己相應的警告聲。但是如果他重播的叫聲，是坎貝里猴先發出兩聲低沈的吼聲，然後再發出警告聲的話，那麼黛安娜長尾猴就不再會被引誘，發出警告聲。這顯示那兩聲「砰」對於後續警告聲的語意明確性有影響——警告聲的意義被其他叫聲改變了，其他叫聲的作用就像是修飾語（modifier）。有趣的是，如果在黛安娜長尾猴（而不是坎貝里猴）的警告聲前面先出現了「砰」的聲音，就不會有「語意修飾語」的效果了。

不過我們來試著推測一下當中的語意是什麼。我們可以把「砰」的聲音當成一個明確的訊息；「我（坎貝里猴）接著要發出的警告聲不是認真的。」如果這個「別擔心」的訊息是坎貝里猴發出的，那把這個訊息放在一隻黛安娜長尾猴發出的警告聲前面，就沒有效果了。接著很有意思的是，這個實驗裡有一隻黛安娜長尾猴不只對這串叫聲有反應，而且還認出了叫聲的源頭，並且加以呼應。

在後來的實驗裡，阿諾得和祖柏貝勒（Arnold and Zuberbühler, 2006a, 2006b）發現，白鼻長尾猴（putty-nosed monkey）的公猴會規律地結合「漂」和「喝」的音，形成「漂喝」的順序，通常會有一個、兩個，或是三個「漂」，後面接著最多四個「喝」。他們進一步展示，這個組合和特定的外部事件有關，比方說這個團體即將移動。他們認為，「組合現有的叫聲，形成有意義的聲音順序，增加了可產生訊息的多樣性。」這是真的，但是阿諾得和祖柏貝勒（2006b）的主張似乎不止如此。他們的摘要第一句寫著：「句法讓人類的語言和其他自然溝通系統有所差異，不過句法的演化源頭還是很不清楚。」就算他們沒有在文章的主體中提到「句法」或是「演化」，但值得爭議的是，這個「漂喝」是不是應該被視為句法的前身。

人類語言有兩項關鍵特質：（一）將單詞和語素組合成開放式的一套新語句的句法，以及（二）句法是和**組合式的**語意連結的，而這樣的語意（在

大部分的情況下）會利用語句的結構，以各單元的意義為基礎，推論出整體的意義。一組具單一意義的序列，並不代表它就是有組合式語意的句法前身。差異在於，一個新的組合是被當成不一樣的東西來理解，或者這個組合是根據某些一般性句法結構所形成的組合之一來理解；而根據一般性句法結構，就算一個是新的組合，只要它落在已經共有的句法結構範疇內，其意義就能被理解。如果一個剛到澳洲的人，可以正確地使用Good（好）這個單詞來表達贊成，以及使用打招呼的Good morning（早安）這個片語，但除此之外沒有使用其他的英語單詞或片語，那麼就很難判斷這個新來的人到底是不是正在練習把英語當作一種語言來使用，還是受到一組數量很少、有用，但卻刻板的發聲所限制。

鳥叫提供了一個很有用的比較點。我們經常會說，學唱歌的鳥必須學會「音節」（syllable）以及如何組合這些音節，可能是有階級地組合，才能夠重現一首歌。有些鳥可能只能學會一首歌，而夜鶯卻可能有兩百首歌可以輪替。有些研究人員認為，把音節和片語放在一起就是「句法」。比方說岡谷（Okanoya, 2004）在孟加拉磧鵐（Bengalese finches）身上發現，鳥類腦中高等級歌曲控制核NIf的損傷，會使得這隻鳥的歌曲出現簡化的「句法」。除此之外，他發現受到複雜歌曲刺激的母鳥，雌激素比較高；和受到比較簡單的歌曲刺激的母鳥相比，牠們搬運的築巢材料也比較多。然而，鳥叫聲的模式沒有任何相伴的組合式語意，使人能從集合當中的各部分推論出意義，而這對於語言來說是關鍵。

就像雞叫聲的本質就和鳴禽的歌聲不同，而且也缺少語言的組合式語意，靈長類的叫聲在本質上就和人類的話語不同。舉例來說，松鼠猴、獼猴，和人類分別發出的叫聲，以及人類嬰兒正常的哭泣模式，都遵守了一般的靈長類形式。不過很有意思的是，菲力浦‧利伯曼（Philip Lieberman, 1991）曾經提出，人類哭泣的模式已經因為語言而有所改變，只不過和語言的句法和語意沒有關係。相反地，他認為哭泣提供吸氣和吐氣的模式，可以將話語切斷成不同的句子。[4] 這種說法支持了以下觀點：人類語言涉及合作

控制的「舊」區域（見第四章「聽覺系統和發聲」），以及專門在使用語言時整合語音系統、句法，和語意的「新」區域。

臉部表情

臉部表情有時候也被當成一種姿態。如果我們要強調猴子牙齒和咂嘴唇的特定嘴部動作，可以談談口顎臉部運動（Ferrari, Gallese, Rizzolatti, & Fogassi, 2003）。有些臉部表情和發聲有很密切的關係，比方說黑猩猩水平噘起的嘴（和啜泣有關）或是完全露齒的咧嘴（和尖叫有關，Goodall, 1986）。這些表情是很難測量的，不過最近的研究開發了針對黑猩猩（Vick, Waller, Parr, Smith Pasqualini, & Bard, 2007）、獼猴（Parr, Waller, Burrows, Gothard, & Vick, 2010）以及其他靈長類的「臉部動作編碼方案」（Facial Action Coding Schemes，簡稱FACS）。相反地，不同的感情狀態，例如性愉悅或是痛苦，可能會造成類似的臉部表情。「瞪」就是一個既不是口顎臉部運動也和發聲無關的臉部姿態的例子。[5]

就像發聲的例子那樣，很多臉部表情都和情緒狀態的感情表達有密切關係。但是有些的確看起來像是可以隨意控制的，因此可以被定義為有意圖的訊號。像紅毛猩猩和黑猩猩這些類人猿，在接近對方時會先做出一個「玩耍臉」，以確定對方能察覺牠做出「打」或是「摔角」的動作，是邀請對方一起來玩，而不是一個攻擊性的舉動；而大長臂猿（長臂猿的一種）在獨自玩耍時會頻繁出現「玩耍臉」，但並不會對特定對象做出這個表情。譚納和伯恩（Tanner and Byrne, 1993）描述一隻母的大猩猩試著用手遮住自己的臉，隱藏牠的玩耍臉，這是很明顯地試圖控制一種非隨意呈現的臉部表情。彼得斯和普魯格（Peters and Ploog, 1973）提出，有些腦部受損的人類患者會出現反應他們情緒狀態的臉部表情，但是無法隨意控制臉部表情。這顯示控制臉部感受表情的動作系統，和控制隨意臉部運動的動作系統不同。

諸如獼猴和狒狒等舊世界猴子的各種臉部表情已經被描述過了。因為在

與外界隔絕的情況下長大的獼猴，還是會產生該物種特定的臉部表情，所以以非人類的臉部表情來說，可能有非常強大的基因成分。某些臉部表情會同時出現在猴子和人猿的臉上，會被用在各種不同的功能性情境中，例如攻擊性的相遇、屈從性的行為、梳毛，還有母親和幼兒的互動。物種間的差異可能不只在於有哪些慣用的臉部表情，還在於牠們使用這些表情的頻率。舉例來說，雖然紅毛猩猩和大長臂猿都會有幾種臉部表情，但是紅毛猩猩表現得沒有大長臂猿那麼頻繁（Liebal, Pika, & Tomasello, 2004, 2006）。然而，目前只有少數研究讓我們能概括類人猿、長臂猿，以及猴子之間使用臉部表情的系統化差異。

手部姿勢

皮爾士（C.S. Peirce）提出很有名的符號三分法：圖象（icons）、指示符號（indexes）、象徵符號（symbols，或稱抽象符號），這些是符號最基礎的分類。他以下列方式區分這三者：

……所有符號都由其物體所決定，決定的方式有三種，一是採用該物體的特質，此時我稱這個符號是「圖象」；第二種方法是該物體的個別存在與該物體本身確實連結在一起，此時我稱這個符號為「指示符號」；第三種方法是或多或少約略肯定這個符號將會因為習慣而導致其被詮釋成代表該物體……此時我稱這符號為「象徵符號」。（Peirce, 1931–58, volume 4, p.531）

舉例來說，☼這個符號是太陽的「圖象」，口語上發出的聲音「汪汪」，是狗的「指示符號」，但是「馬」這個字，就不是針對其所代表的這種四腳動物的圖象，也不是指示符號。然而，如果把「象徵符號」這個詞，用在使用方式已受到習俗認可的任何符號上，接受圖象化符號的概念，會

讓我們方便很多。[6] 這樣之所以會合理是因為，就語言來說，如果因為一個單詞和其所代表的東西類似就說它不是一個符號，是沒有幫助的（例如描述溪水流動聲的「潺潺」），或者如果因為手語的一個手勢是眾所接受的一個示意動作，就說它不是一個符號，也是沒有幫助的（想想看第二章的圖2-4）。

我們可以將符號這個詞，延伸成為某些動物叫聲和動作——不過如果這些叫聲和動作是天生的，我們就不會稱它們為符號，不過還是可以試著判斷它們代表的是什麼，或是它們對發出與察覺這些聲音或動作的動物具有什麼意義。警告聲不是圖象式的，因為它們和相關的掠食者發出的聲音形式並不相同。然而，當我們從叫聲轉而看人猿的動作時，我們發現後者通常是圖象式的。低下頭或是露出臀部可能代表了服從，而拔高的尖叫聲可能也表示服從，低沉刺耳的聲音則可能表示主導地位。不論如何，叫聲的長度、高低音或是溝通性動作的強度，都會隨著表達的情緒強度而改變。

人猿會在各種不同的功能性情境中，彈性地使用牠們的動作，並且隨著接受者的行為加以調整動作。這些特色是有意圖的溝通的特質——發出者會透過擴大、增加或是取代訊號來調整牠們的溝通手段，直到達到社交目的為止（Bates, Benigni, Bretherton, Camaioni, & Volterra, 1979）。人猿與同種生物互動時所表現出的動作，大部分都是雙積式的（dyadically），而且具有緊急的目的，例如吸引其他人的注意力，或是要求牠們採取行動等等（Pika, Liebal, Call, & Tomasello, 2005）。所謂的**雙積**（兩者間），在此僅指兩隻人猿（一對）間直接的互動。

然而，有些動作（例如長尾黑顎猴的警告聲）是三件組的，也就是牠們會把溝通主事者和某些外部的物體或主事者相連。我們可能會把這類動作稱為「指示性的」，因為這樣的動作指涉到第三者（物體或動物），不過就像警告聲的例子那樣，動作會獲得和動作相關的意義，而不是來自指示對象的標籤。的確，關於人猿指示性地使用動作的證據有限。舉例來說，雖然野生黑猩猩用來「指示抓癢」的動作（Pika & Mitani, 2006, 2009），在本質上和

人類小孩使用的象徵動作不同，但是這些動作可以透過社會學習傳遞，並且做為證明黑猩猩了解這個動作意圖表達什麼的證據。

大部分人猿使用的姿態都是命令式的動作，「用以得到其他個體的幫助以達到一個目的」（Pika, Liebal, Call et al., 2005）。這些姿態由牠們的軀幹、雙手、頭，還有嘴巴所組成，而且一般會發生在玩耍、與食物有關的情境裡，或是發生在梳毛、性行為、撫育，還有屈從行為等爭鬥的情境中。

非人類靈長類的叫聲似乎是有明確的基因特性，而人猿所使用的姿態種類卻會隨著不同團體而有不同。有些動作似乎展現出基因影響力的關鍵成分；例如從來沒見過同種生物、由人類養大的大猩猩，還是會敲打胸膛（Redshaw & Locke, 1976）。然而，類人猿也曾表現出一些特殊的動作。有些動作是團體內數個成員都會做的，有些動作則是只有個別個體會使用的（看起來不太可能是基因決定或是在社會中所學習到的），而且這些動作會用來達到某些社交目標，例如玩耍，而且經常會引發接收者的反應（Pika, Liebal, & Tomasello, 2003）。

托馬塞洛和寇爾（Tomasello and Call, 1997）認為，這種團體特定的姿態是透過個別的學習過程，也就是**內生儀式**（ontogenetic ritualization）所學會的；在這個過程裡，兩個個體創造出一個溝通性的訊號，在重複的互動實例中，塑造兩者的行為。這種學習的一般形式如下：

· 個體A表現出行為X。

· 個體B持續以行為Y回應。

· 隨後，B在觀察到X行為的初期部分行為，稱為X'時，就預期A會完整表現X行為，所以先表現出了Y。

· 最後，A預期B的預測，以儀式化的形式X^R，做出起初的步驟（等待回應）以刺激Y行為出現。

下面用一個照顧者和會行動的人類嬰兒間的互動為例。首先，為了讓小

孩接近一點，成人會抓住這個小孩，輕輕把她往自己這邊靠，讓小孩開始接近的動作。隨著時間過去，可以開始把手往小孩伸過去，讓小孩接近一點。最後，「伸手拉過來」這樣的動作，可以縮短成為簡單地用食指呼喚對方。這個例子帶來兩個啟示：首先，和托馬塞洛與寇爾（1997）的看法一致，這個動作可以從**內生儀式過程**中出現。不過，他們主要的重點是兩個個體創造出形成彼此行為的「訊號」，但我們認為這個例子是照顧者已經知道呼喚的動作，以及其所代表的意義，所以內生儀式過程本身是由社會學習所塑造的，控制它的則是一個在社群中已共通的姿態形式——照顧者在預演小孩的經驗，使小孩最後也能了解照顧者早就知道的、存在於照顧者動作庫中的動作的意義。

回到人猿身上：假裝打架的遊戲是黑猩猩混戰玩耍很重要的一個部分，很多個體會習慣使用一種形式化的「舉起手臂」，暗示牠們要打對方了，然後開始玩遊戲（Goodall, 1986）。因此，一個本來不是溝通訊號的行為，也會隨著時間過去而成為溝通訊號。紅毛猩猩的幼兒會在媽媽吃東西的時候吸媽媽的嘴唇，試圖得到一些食物（Bard, 1990）。等到長大一點，大約兩歲半的時候，紅毛猩猩寶寶才會開始做出一些姿態，例如接近媽媽的臉，請求得到食物，而不會真的碰到媽媽的嘴唇（Liebal et al., 2006）。

內生儀式過程雖然可以建立兩個個體間的慣例訊號，但如果要讓這個訊號散布到社群裡的其他地方，或是幫助推動整個社群系統的演化，那就需要其他的機制了。而且的確，「有些」動作是特定於某些群體的，由一群黑猩猩中大部分的個體使用，但其他團體並沒有使用（Goodall, 1986），這顯然和內生儀式是獲得姿態的唯一過程的看法有所出入。舉例來說，在兩個動物園的兩個紅毛猩猩團體中，只有其中一個被觀察到有「伸出手臂提供食物」的動作，而只有特定的一個大猩猩團體會使用「揮舞手臂」和「嘔吐」的動作（Liebal et al., 2006）。除此之外，黑猩猩彈樹葉、梳毛握手的動作，還有巴諾布猿翻筋斗這類示意動作的訊號，都提供了更多的證據，說明社交學習對於野外或豢養的類人猿習得某些動作，可能扮演了重要的角色（Nishida,

1980; Pika, Liebal, Call et al., 2005; Whiten et al., 2001）。

　　如果一個動作很有可能是透過內生儀式所形成，那麼每個團體成員可能都是獨立地和一個對象互動所習得。然而，一旦這個動作建立起來後，除了因獨立互動而形成動作的雙方，「重新發現」這個動作之外，這個動作也可能會透過社交學習，在團體間散布開來。[7]

　　托馬塞洛和寇爾（1997）認為，社交學習不是人猿獲得動作的主要過程。他們認為，如果社交學習在團體中廣為散布，那麼團體的動作庫就會比較一致，和過去的觀察結果相比，與其他團體的動作庫也有更顯著的差異。然而，社交學習並不表示團體的所有成員都一定會學習同樣的動作，也不代表人類家庭裡的父母和青少年可以了解對方使用的每個字。不論如何，資料提供的證據顯示，至少某些人猿的姿態並非受到基因所決定，而且多面向的指示性動作庫的發展，也會依照社會與實體環境以及團體成員間的交流有所不同。

　　組成人類溝通性動作中，很重要的一個種類就是指引注意力的動作（所謂的指示動作，deictic gesture）。黑猩猩可能會利用眼神接觸、肢體接觸，甚至聲音來引起觀眾的注意。然而，指這個人類最基本的指示動作，也就是用食指或是伸長的手表現，只會在黑猩猩和人類實驗者的互動中（e.g., Leavens, Hopkins, & Bard, 1996; 2005），以及在人類撫養的黑猩猩，或是受過語言訓練的黑猩猩身上出現（e.g., Gardner & Gardner, 1969; Patterson, 1978; Woodruff & Premack, 1979），但在黑猩猩的同種生物之間出現的情況極為少見（Vea & Sabater-Pi, 1998）。

　　李文斯等人（Leavens et al., 2005）認為，既然人類豢養的和野生黑猩猩的基因池是一樣的，「指」這個動作之所以會在豢養的黑猩猩身上出現，就是環境對牠們溝通發展造成的影響。另外一個有關的說法認為，人猿不會和同種生物使用「指」的動作，是因為在做觀察的人猿，不會因此有動機去幫助或是通知其他成員，或是分享注意力與資訊（Liebal & Call, 2011; Tomasello, Carpenter, Call, Behne, & Moll, 2005）。我認為很有意思的一個假

設如下：黑猩猩把手伸出柵欄外，想要拿香蕉，但是拿不到。但是人類做了其他黑猩猩不會做的事（辨識出人猿的意圖），因此照顧者就給了牠香蕉。因此，人猿很快學會「指」（也就是拿不到的動作）就足以讓牠得到被指的物體，而不需要真的嘗試完成這個不成功的伸手動作。這是內生儀式過程的一種變化，依靠的是人類提供一個遠比野外的同種生物更有回應性的環境。

・個體A試著表現出行為X，以達到目標G，但是失敗了——只達成前綴的X'部分。

・個體B，一個人類，推論這個行為的目標G，然後執行一項行動，替A達到目標G。

・經過一段適當的時間後，A以儀式化的形式X^R產生X'，以使B為A執行達到目標G的行動。

這個過程的關鍵在於，B的行為是人類很常見的，但在黑猩猩身上卻極為稀有。我想把這稱為**人類支持的儀式化**（human-supported ritualization）。很有意思的是，這種情況非常廣泛，不只有人猿會表現出來。我家的貓已經發展出一個豐富系統，用來和我們夫妻溝通；「站在門外喵喵叫」代表「讓我進來」，「站在門裡」會根據牠的姿態，分別代表「我只是在看外面」或是「讓我出去」；叼著飼料盤，從走廊往房間徘徊的動作，代表「我要吃東西」等等。所以一般來說，溝通的主要形式是吸引注意力的聲音，以及「動作的前綴部分」（motion prefixes），也就是貓開始有意圖地做出表現，人類辨識出這個前綴部分，做出讓行動能進行到完成所需的動作。這樣的表現只會在人類，而不是貓，已經演化出一種會回應這種訊號的合作行為模式後才會成功。因此，野生與人類豢養的黑猩猩的行為不一致，也許能用被豢養的黑猩猩無法直接拿到想要的物體來解釋，因而必須要發展出指示性的「指」的動作，向比較接近物體或是可向物體移動的中間人（人類或是類似的對象）表達牠們的需求。人類的寶寶主要都在目標顯然在他拿不到的地方

時，才會做出「指」的動作（Butterworth, 2003），這種現象支持了上述假設。人類出生時的移動系統特別不成熟，這樣的狀態可能促使了這個物種發展出指示性的「指」的行為。被豢養的人猿（不是猴子）有能力產生類似行為，顯示牠們的腦在某種形式上也準備好了，能進行超越牠們在野外所表現的溝通性動作。這與本書所發展的一般觀點有關，也就是生物基質和「文化機會」互相纏繞在一起，使人類能準備好使用語言。

結論是，我們應該要特別註明，關於猴子使用動作的記載沒有很多。這可能有兩個意義，一是牠們很少使用動作，二是牠們沒有像人猿那樣被人類深入研究。但還是有些例外，像是雷德瑞（Laidre, 2011）的報告就指出，在北美、非洲，以及歐洲所研究的十九個山魈（Mandrillus sphinx，一種大型狒狒）社群中，有一個動作是只有其中一群山魈會使用的。這群山魈會用手遮住眼睛一段時間，可能長達三十幾分鐘，有時候還會同時把手肘顯著抬高在半空中。這個姿態的作用，可能是要讓遠方的同種生物也看得到，制止牠們的干擾，像是「請勿打擾」的標誌。不論如何，目前為止，證據確實顯示手部動作的彈性與聲音的固有性兩者間的對比，是非人類靈長類溝通模式庫中關鍵的部分。

教導人猿「語言」

既然我們和最親近的近親黑猩猩有98.8%的DNA相同（Sakaki et al., 2002），我們自然很想知道人猿到底表現出多少程度的語言能力。本節標題的「語言」之所以加上引號，是為了強調非人類靈長類的溝通其實和人類語言有很大的不同。就算是人類養大的人猿，也只能發展出少量的語彙，而且似乎沒有能力順利使用句法。不過在進一步討論之前，讓我們先注意，這個98.8%還是足以讓兩個物種間有很大的差異。

想想看手。要明確指出怎麼讓皮膚、骨頭，還有肌肉與肌腱的配置能以一種堪稱靈巧的方式移動手指，對我來說是需要非常大量的基因機械的，

遠超過只是分辨人類和黑猩猩手指的整體形狀和相關位置，以及對生拇指這些差異。同樣地，我們會在下一章看到，人類大腦整體配置的很多特徵，在獼猴的腦中也都有（而且很多都是所有脊椎動物所共有的，甚至有更多是所有哺乳類都有的），因此只要在腦部結構的基因規格出現相對少數的改變，可能就足以讓猴子、人猿，和人類大腦至少在粗略的特徵上出現差異。儘管如此，這些大腦顯著的差異不只在於尺寸，還在於腦部區域的範圍和相對尺寸，甚至在於細胞功能的細節。

儘管想教導人猿說話的企圖再三失敗，但人猿已經表現出對口語單詞的理解了。結論是，人猿缺乏控制發聲器官的機制，所以連要發出略微接近自主控制的母音和子音的能力都沒有。然而，人猿的確有相當的靈巧度，而黑猩猩和巴諾布猿（是一種類人猿，不是猴子）可以接受訓練，學會使用新的手部動作，獲得以類似手語中的那些手勢為基礎的溝通形式。[8] 「類似手語中的那些手勢」這個詞是要強調有些人猿已經有一套手勢，但沒有組合這些手勢的句法，但真正的人類手語是有這樣的特徵的。

另外一種教導人猿的溝通形式，就是挑選並且放置稱為符號字（lexigrams）的視覺符號，類似在冰箱門上移動有磁性的符號那樣。由此所得到的系統，複雜度接近人類兩歲小孩的語句。在這些語句中，「訊息」一般是由一到兩個「詞彙單位」（lexeme）所組成，但幾乎沒有或是只有相當少的句法。巴諾布猿坎茲（Kanzi）能在牠的符號字板上，熟練地使用256個詞彙單位，並且將幾個符號字排出新的組合──但是光是組合並沒有形成句法，而且以「使用豐富的句法以及組合性的語意，組合開放式詞彙中的元素，形成開放式的語句組，表達新的意義」的標準來說，坎茲的產出也沒有形成語言。[9]

坎茲擁有數百個口語單詞裡與感知有關的語彙。薩維奇朗博等人（Savage-Rumbaugh et al., 1998）的報告指出，坎茲和一個兩歲半的小女孩接受理解660個提出簡單要求的口語句子（只出現一次）測試。坎茲正確執行任務的比例是72%，而同樣的句子和任務，小女孩的達成率只有66%。但

是沒有證據證明，在接收到「請你拿那根吸管好嗎？」這個句子時，坎茲在回應時有注意到「請」、「好嗎？」、「那根」這些單詞。除此之外，既然坎茲可以拿吸管，而吸管不能拿坎茲，看起來就像坎茲可以把物體和行動「以適當的方式」組合在一起。這似乎標示了坎茲能力的極限，但卻只是人類小孩語言能力的開始而已。

沒有任何非人類的靈長類曾經表現出足以區分人類成人與兩歲小孩（或者，甚至一般三歲大的小孩）的人類語言豐富性。這顯示人類和其他靈長類的大腦在「語言準備」的部分有生理上的差異。除了稍早提過的，人類的腦和說話器官共同支援了對發聲的隨意控制，這是巴諾布猿做不到的——因此人猿使用的，是手語或是其他以手部為基礎的符號。

非人類靈長類不曾「在野外」被發現像坎茲學會的那樣使用符號，是因為坎茲暴露在人類的文化中，所以牠才學會使用符號字來溝通，但是牠所習得的，只是豐富的人類語言中小小的片段。雖然沒有證據顯示人猿可以達到人類三歲小孩的語言能力，但是坎茲超群的能力的確強調了有「被賦予語言」（有內建語法規則的）的大腦，以及人類小孩語言**先備**的大腦間的差異——但是只有當小孩處於一個語言豐富的文化中，才能反映數千年來人類文化累積的發明。坎茲是「準備好」獲得兩歲小孩程度的語言，但沒辦法更好了——而且牠只有在暴露於以人類為中心的環境時，才能表現出這樣的預備性。當然，人類的小孩也只能在現有的語言環境中發展語言，不過等到我們在第十二章裡談到新式手語的發展時，會進一步做深入的探討。

4

人腦、猴腦，與實踐

我跟南加州大學的學生介紹研究所等級的神經科學核心課程時，向他們指出一個驚人的事實，那就是神經科學學會年度會議，每年會有三萬多人來參加。「如果我們假設每個與會者都有某些值得學習的東西，那我們就得在三十堂課的每一堂課中，談到其中一千人的研究。」當然，我們的課程實際上只能挑選出很少數的內容。可是，知道我們排除了很多有意思的主題，總是會讓人有點挫折。同樣地，在寫這一章的時候，要決定應包括哪些內容，捨棄哪一些，也是一大挑戰。最後，我決定除了那些支持「鏡像系統假說」的理論之外，還要多講一些別的，讓讀者更清楚本書中以大腦為中心的研究，所處的整體環境。這一章會介紹獼猴和人類的腦在實踐（操縱物體的實際技巧）方面的基本事實，[1] 特別是在視覺引導手部動作這方面；另外會討論牽涉到情緒、聽覺，以及發聲的腦部機制。

除了介紹獼猴大腦以及人腦的整體解剖架構之外，本章也會以第一章提到的對基模合作性計算的了解為基礎，介紹一些腦部運作的一般原則，其背後的機制是連結不同區域大量神經元的複雜刺激與抑制模式。雖然解剖學提供了這些計算的架構，不過透過經驗的學習（部分由連結神經元的突觸之可塑性所調節）才會決定神經線路的細節，使這些互動得以實現，同時又受到限制。從突觸的微觀層級開始，隨著我們進入巨觀的、與社會基模（由基因與社會所繼承的一切所混合而成的）有關的社會認知神經科學這個主題。不過這些都只是點到為止而已，只是提供一些在後續章節外的額外資訊，如果

對神經科學有濃厚興趣的讀者，可以以此為方向再去了解更多細節。

我們的指導原則是，各種哺乳類大腦的整體規畫具有很多共通的重要特徵，而且人類、人猿，還有猴子的腦當中，這些共通特徵又更多。就像所有的哺乳類一樣（不過鳥類、魚類、青蛙和鱷魚也是），我們都是**脊椎動物**，脊椎裡有大量神經元，組成所謂脊髓。所有來自身體和四肢的皮膚、關節，還有肌肉的感官資訊，會透過**脊髓**進入神經系統，所有以突觸控制軀幹肌肉的運動神經元，細胞本體都在脊髓裡。這和**腦**神經有顯著差異：腦神經負責控制頭部，以及接收來自頭部受器的資訊，而這些資訊會透過腦幹進入神經系統[2]。

儘管如此，各物種的腦還是有所差異，不只是整體大小不同，腦中各區域的相對大小，還有特定核是否出現特化都有差別。既然我們遠古祖先的腦並沒有變成化石，我們就不能透過比較他們的腦和我們的腦，說明腦的演化。相反地，我們必須訴諸**比較神經生物學**（Comparative Neurobiology），拿我們的腦和其他生物的腦比較——特別是獼猴和松鼠猴這些靈長類。我們會採用這個看似合理的假設，也就是人腦和獼猴腦所共有的特徵，可能是我們和獼猴最後的共同祖先就有的，因此創造了一個演化改變的平台，將這個古老的腦，轉變成我們和黑猩猩最後共同的祖先擁有的那種腦，然後才演化成現代的腦。圖4-1會說明這個能達成此一包羅萬象任務的腦部解剖構造。

若把腦部切開，可以讓我們檢視並辨識出不同區域，並貼上不同的標籤，讓我們能輕鬆指稱這些部位。利用顯微鏡與化學及電子技術的進一步詳細分析，使我們能更加細分這些區域。腦的各部分有不同的功能，但任何一個外部定義的行為或是心理功能，都可能會牽涉到腦部不同區域的互動。因此，當涉及任一功能的區域受損，其他區域間的合作可能會使功能（部分）回復。從演化的觀點來看，我們發現了腦部很多繼承自非常古老祖先的「舊」區域，但是較新的中心會增加自己新的功能，透過新的連結，新的功能也能受惠於舊的區域。我們會在第五章裡看到很重要的一個比較基準：獼猴的前運動皮質區中，包含負責抓取的鏡像神經元的F5區，和人腦與產生手

語和語言有關連的布洛卡區是同源的（homologous，演化上的近親）。[3]

　　神經生理學家已經知道如何將微電極放入動物腦中，以觀察單一神經元的電子活動。尤其是他們可以觀察單一神經元的「放電」——測量神經元沿著產出路線，也就是軸索（axon）發送電擊活動「高峰」的模式。軸索可以一再分支，讓單一神經元的放電足以影響成千上百的其他神經元。相反地，單一神經元也會被成千上萬的其他神經元放電所影響。整體網絡的輸入來自於在我們體內，持續監督我們外部與內部環境改變的上百萬個**受器**或**感應器**。稱為**運動神經元**的數十萬個細胞會瀏覽神經網絡的活動，控制我們的肌肉運動與腺體分泌。在這之中，由數十億神經元所組成的複雜網絡，將來自受器的訊號與將過去經驗編碼的訊號組合起來，用訊號密集轟炸運動神經元，產生與環境的適應性互動。這個網絡稱為**中樞神經系統**，而腦組成了這個系統朝向頭部的大部分，不過當我們提到「腦」的時候，通常指的是整個

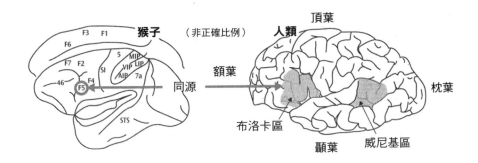

圖4-1：猴腦和人腦圖（人腦相對來說應該大很多）。不論是人腦還是猴腦，本圖的左方都是腦的前方，右方則是腦的後方，所以我們現在看的是左半邊的腦。重點有幾個：（一）猴子的額葉有一個稱為F5的區域（圖4-8將解釋其中一些標籤的意義），這裡有負責抓取的鏡像神經元；（二）人腦的額葉有一個稱為「布洛卡區」的區域，傳統上是和產生語言有關；（三）這兩個區域是同源的，換句話說，就是從共同祖先的相同腦部區域演化而來。這兩個腦的圖片並沒有按照實際比例呈現，人腦皮質大約是獼猴視覺皮質的十倍（Van Essen, 2005）。如圖所示，人腦皮質的折疊程度大過猴腦，而且在構造上與功能上都有比較精細、可區別的區域。（左圖修改自Jeannerod, Arbib, Rizzolatti, & Sakata, 1995；右圖修改自Williams, White, & Mace, 2007。）

中樞神經系統（腦加上脊髓）。

　　腦並不提供從受器到作用器的單純刺激─反應鏈（不過脊髓就有這種反射性路徑）──想想看第二章圖2-7的動作─感知循環。數十億的神經元所組成的龐大網絡，會以一圈圈纏繞的反應鏈互相連結，這樣一來，從受器進入這張網的訊號，會與已經在系統中來回的數十億個訊號互動，在系統中修改活動與連結性，並產生控制作用器的訊號。這樣一來，中樞神經系統就能讓有機體目前的活動，根據目前的刺激以及過去經驗殘餘物而調整，而此過去經驗的殘餘物是透過活動與其改變的網絡構造所表現。這一切編碼了一個**內在的世界模型**，同時存在於網絡內的活動，以及連結神經元的目前連結模式。

向比較神經生物學取經

　　從十九世紀中開始，我們對人類大腦各區域的理解，很多都是靠中風、腫瘤，或是神經手術對腦部造成損傷的神經學研究而來。然而，對腦部造成傷害的中風、腫瘤以及其他不幸事件，都是大自然殘酷且罕見的「實驗」。還好在過去十幾年裡的一場革命，使我們有了新的非侵入式腦部造影技術，能大範圍地觀察沒有受傷的腦的活動。

　　這些技術讓我們能了解當人類進行某些任務時，腦部的哪些區域會比其他區域活躍。腦部造影主要使用正子放射造影或是功能性磁振造影（fMRI）這兩種技術，利用物理學和運算，以統計的方式比較受試者進行A任務和B任務時，腦中血流的立體分布有何差異。原理是，如果受試者在進行A任務時，腦中有一個區域會比進行B任務時活躍（可能是以突觸活動的程度來衡量），那麼這個區域就必須從血液中取得更多的氧，以支援A任務所需要的腦部活動；反之亦然。而記錄下來這些差異後，比較的結果就會形成一張立體圖，呈現出腦袋裡的重大統計學特徵，相對於單一神經元的活動，這張圖的空間與時間解析度都比較低。因此，和動物的神經生理學測量

結果相比，這種方法讓我們對人腦的活動理解失去很多的細節，因為在測量動物時，我們是以毫秒為單位記錄每個單一細胞的活動的。不過人腦造影的好處是，我們可以「看到」整個大腦──只是解析度很低而已。造影成像上的一個點，就是數十萬個神經元在一秒鐘上下裡平均的活動。

如果只是看腦部造影的資料，但不知道單一神經元的資料，就像是只看美國五十州最後的投票結果，卻不去考慮各州選民極大的差異：是民主黨或共和黨，是年長者還是年輕人，是病患還是健康人士，是獄中投票還是自由之身，是貧是富，是什麼樣的宗教信仰等等。腦部造影的突破，讓我們能以實驗室的角度，來觀察人類在進行日常任務時，腦部的整體活動，而且這些日常任務大多是猴子和其他動物做不到的：會使用語言的那些任務就是一個例子。然而，腦部造影雖然能讓我們看到腦部相關區域在執行任務（我們能以討論個人經驗時使用的語言來描述這些任務）時的活動情形，卻無法告訴我們細部迴路裡的活動情形。我們必須更了解怎麼把「個人層級」的結果，與分子和微觀神經科學的成就整合在一起。在這一章中，我們會從更高層級的角度，來看人腦某些區域扮演的角色，接著進一步了解獼猴大腦的某些神經機制。我們會使用人類抓取物體的FARS模型（圖4-11）當作例子，說明在我們有理由相信其他生物（這裡指的是獼猴）的腦有能力以和人類相似的方式執行任務時，我們如何繼續研究。

解剖學家可以用顯微鏡研究已死的人和猴子的大腦切片，了解獼猴的腦是怎麼「變成」人腦的。我們很有信心，如果兩個區域的神經元形狀與以及在兩個區域間傳送化學訊息的神經傳送物質具有類似的化學特徵，那麼這兩個區域就是相對應的；另外這兩個區域整體的形狀變化，能讓我們在觀察兩個相對應的區域時，看見類似的連結模式。但是獼猴和人類的身體變化，並不足以讓雙方把前肢和後肢的相對應，延伸到人類也有尾巴的地步；同樣地，人腦和猴腦之間的對應關係，也僅限於額葉、頂葉、顳葉、小腦這些兩個物種都有的部分，無法多加延伸。尺寸較大的人腦中，也有些不會直接和猴腦的區域對應的區域。但就算是這樣，描繪出區域的變化對我們還是有幫

助，因為這樣能讓我們看到人腦裡有幾個區域，是和猴腦中的單一區域相對應的。結果就是，我們對猴腦的這個區域在迴路與神經化學上的了解，都有助於讓我們對人腦中該區域的狀況，有非常好的、接近實際情況的理解。換句話說，本書很多內容會採用**比較神經生物學**的資料，比較人類和其他物種（特別是**獼猴和黑猩猩**）的行為、生物學，還有大腦的差異，讓我們針對每個物種得以發展出自己獨特特徵的演化改變的假設，有更扎實的基礎。

人腦介紹

圖4-2（左）是如果我們把頭從中間切開來會看到的樣子。哺乳類的腦和其他物種最大的差異，在於新皮質（neocortex）的「爆炸」增量，而當中又以人類最為顯著——新皮質是人腦中主導的部位，從圖4-2（右）人腦的

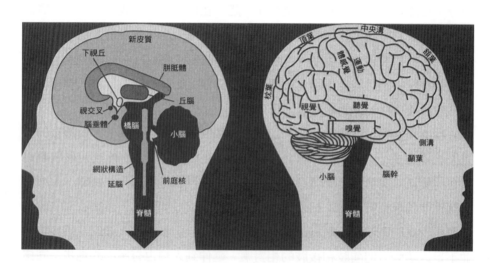

圖4-2：從兩個角度看人腦在頭當中的位置。左邊的圖是從頭中間切開的樣子。右邊的是側面的樣子，也就是移開頭骨以後，從外面看到的腦的樣子。脊髓通過脊椎，接收來自四肢與軀幹的訊號，裡面含有運動神經元，控制四肢和軀幹的肌肉。脊髓會通往腦幹，後面則是小腦的凸出部分。而覆蓋一切的，就是層層疊疊的大腦新皮質。左圖讓我們從側面看到被新皮質遮蔽的結構。（修改自Arbib, 1972）

側面圖來看，新皮質的層層疊疊，顯然完全把中腦蓋住了。人類的腦皮質厚度大約只有三公釐（大約是五十到一百個神經元），但面積大約有兩千四百平方公分，所以必須一再折疊才能放得進頭骨裡。皮質上的溝槽稱為「溝」（fissure或sulcus），而兩道溝中間隆起的組織稱為「回」（gyrus）。演化導致的前腦大幅擴張，使得腦幹與脊髓出現劇烈的改變。

大腦被切成四個葉，**額葉**（frontal lobe）在額頭區域，**顳葉**（Temporal lobe）在太陽穴旁邊，**頂葉**（Parietal lobe）在頭頂，頭骨形成顱頂骨的部分，而**枕葉**（occipital）的英文字源來自拉丁文的occipitus，意思就是頭後方。連接左右腦各區域的通道稱為**連合**（commissure）。最大的連合稱為**胼胝體**（corpus callosum），直接連接左右腦。

腦部皮質的某些區域可以稱為感官區，因為它們主要處理來自一個形式的資訊。感官區不只包括圖4-2中，負責接收來自四肢體表、關節，與肌肉透過脊髓所傳遞的訊息的體感覺區，還包括接收來自距離較遠的頭部受器傳遞的訊息的**視覺**、**聽覺**、和**嗅覺**區（最後這區在圖上是被切掉的，因為從外層表面是看不見這區的）。**運動皮質**是控制肌肉活動的纖維源頭。就動植物種類史而言，體感覺區和運動皮質形成了一個緊密的系統，而至少在人類的腦中，不只是運動皮質裡有代表感官的部分（很容易理解吧，控制運動的細胞應該會對適當的外界刺激有所反應），體感覺皮質區的軸索也和運動皮質裡的神經元一樣，會投射到運動神經元與脊髓的中間神經元（形成通道），繼而透過最多兩個互相干預的突觸影響動作。所以我們通常把緊鄰中央溝（central fissure）的額葉皮質和頂葉皮質區域稱為**體感覺皮質**。

其餘的皮質稱為**聯合皮質**（association cortex）。但這其實是個誤稱，反映了十九世紀的錯誤觀點：當時認為這些區域只是用來「聯繫」不同的感官輸入，讓適當的指示透過運動皮質傳送。以為百分之九十的腦都「沒有用到」的想法完全錯誤，可能來自外行人的誤解，因為直到幾十年前，我們對於「聯合區域」很多部分的確實功能都所知甚少。

十九世紀人腦研究的經典成果，還包括區域化功能與**失語症**關係的基

本研究（語言缺陷與腦部損傷的關連性）。布洛卡（1861;見Grodzinsky & Amunts，英語版於2006年出版）描述了一位病患，他的腦部前方區域有受傷，在圖4-3中以(b)標示；而為了紀念他，這個區域之後被命名為「布洛卡區」。布洛卡所研究的失語症本質上似乎是**運動型**的，因為他可以理解語言，但需要努力才能說話，而且只能以「電報式」的方法說出短短的話語，省略大部分的文法詞。相反地，威尼基（Wernicke, 1874）描述的一名病患是腦部後方區域受損，如圖4-3標示(a)的部分，現在這裡被稱為「威尼基區」。威尼基所研究的失語症則基本上是**感官式**的，病患似乎無法理解語言（但並非對其他聽覺刺激無感），可以很流暢地說話，但通常都只是無意義的一連串音節。

　　還要補充說明的是，後來的研究證明，大部分的人（包括百分之九十的左撇子，這些人的主要手是由右邊的運動皮質控制）都是由左半腦主導語言相關的能力，右半腦的損傷，只會導致輕微或完全不會有失語症的症狀，而是出現其他方面的語言能力受損，例如影響他們說話的韻律。我們也要強調，如果說「威尼基區理解語言」、「布洛卡區產生語言」，這樣的觀念是錯誤的。兩者在腦部區域互動的較大系統中，分別扮演了不同的角色，而且出現布洛卡失語症症狀的人，腦部受損的情況通常遠超過布洛卡區的範圍。

　　針對視覺的研究顯示，腦中其實沒有單一的「視覺系統」，而是有「許多視覺系統」共同計算深度、動作、顏色等因子，不過我們只會意識到看到

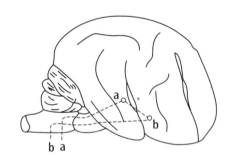

圖4-3：威尼基在1864年利用他和布洛卡研究語言的資料，畫出大腦中語言主要通道的圖：(a)周邊聽覺通道→單詞的聲音中心；(b)單詞的運動中心→話語的周邊運動通道。威尼基區(a)位於後方，和感覺比較相關，布洛卡區(b)位於前方，和運動比較相關。很奇怪的是，威尼基畫的是右腦的圖，可是大部分的人都是左腦主導語言。

單一整合的視覺影像的經驗。以我們對手部使用的理解來說（請參考第一章的圖1-2），令人驚訝的是利用物體的大小決定手預先做出的姿勢的能力，不會受到腦部有意識地辨識並描述該物尺寸的能力受損所影響。

克瑞納等人（Corina et al., 1991）研究了一名代號為DF的病患。一氧化碳中毒的她，腦部視覺皮質區大部分的損傷顯然不在17區（V1），而是在相鄰的18和19視覺皮質區兩邊都受損。這種損傷還是能讓訊號從V1傳遞到後頂葉皮質（PP），但是不能從V1傳送到下顳葉皮質（IT），以圖4-4來看，V1 → PP的通道是從枕葉後面往上到達頂葉，而V1 → IT這條通道則是從枕葉後方往下到達顳葉較低的那一端。當研究人員要求DF用她的食指和大拇指比出一塊積木的寬度時，DF手指間的距離和物體的尺寸完全無關，相當明顯地展現出每次嘗試結果都不一樣的變異性。然而，當研究人員要求DF伸手拿起積木，DF的手指接觸到積木之前，兩指間最大的距離會系統性地隨著物體的尺寸改變而改變，彷彿一切的控制都很正常。兩種能力不會互相影響的另外一個例子，是她對刺激方位的反應。換句話說，DF在準備抓取一個物體的過程中，可以準確地預先形成手部形狀，但她看起來並非有意識地在評估（也就是能以口語或動作來表達）引導這個手部預先成形動作的視覺參數。

江樂候等人（Jeannerod et al., 1994）提出一份研究，主題是一名代號為AT的病患抓取動作受損的情況。AT頂葉後方兩側產生血管的部位都有損傷，使得IT和V1 → IT的通道相對於大幅受損的V1 → PP通道是很完整的。該病患的情況和病患DF恰恰「相反」，她能用手比出一個圓柱體的尺寸，而且可以毫無困難地把手伸到物體的位置，但要抓取物體時，手部卻無法適當地預先比出物體形狀。她不能調整預先形成的手部形狀，而是會把手張開到最大，然後開始把手往內收，直到圓柱體恰好符合她食指和大拇指間的距離為止。但還有一個令人驚訝的發現！當刺激抓取動作的物體不是圓柱體（因為這個名詞的「語意」並沒有任何與預期大小有關的資訊），而是一個病患熟悉的物體，例如一卷線或是一根口紅，這類物體的「正常」尺寸是受

試者知識的一部分，此時AT就能預先做出相對適當的手部形狀。這就如同圖4-4左下箭頭所顯示的，從下顳葉皮質出發的通道，會提供頂葉與動作有關的參數「預設值」，也就是可以做為真正感知資料的數值，例如代表已知物體的約略尺寸，幫助頂葉額葉系統運作。

圖4-4畫出大腦後方的初級視覺皮質V1兩條傳送資訊的通道。一條是背側通道，通過的是後頂葉皮質，一條是腹側通道，通過的是下顳葉皮質。這裡使用的神經解剖學定位（所謂的背側和腹側）指的是以標準的脊椎來看的腦和脊髓位置：「背側」就是上面（想像鯊魚的背鰭），「腹側」指的是接近動物肚腹位置的結構。

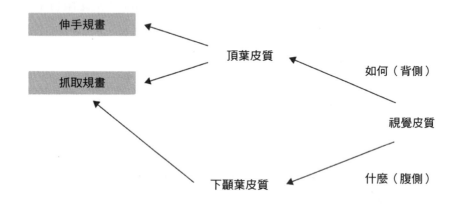

圖4-4：關於視覺資訊中，「什麼」和「如何」的通道，牽涉到成功的抓取或是操縱一個物體。昂格雷德與密許金（Ungerleider and Mishkin, 1982）用猴子進行了數個實驗，他們證明腹側的損傷會造成和藏起來的食物有關的模式的記憶受損，而背側的損傷造成和食物被藏在哪裡有關的記憶受損，因此提出所謂「什麼」與「哪裡」的通道。然而，我們透過觀察人腦中關於伸手與抓取的部位受損的影響，推論出一個不同的典範。這張圖顯示，腹側的損傷會影響描述物體特質的能力（「什麼」），而背側的損傷會影響預先形成抓取的手部動作的能力，或是使用該物體的能力（「如何」）。當然要注意的是，知道物體在哪裡，只提供了一部分與物體互動所需的資訊（參考圖1-2），所以「如何」是比「哪裡」還重要的。另外還要補充，頂葉和額葉皮質都涉及很多其他的次區域，所以控制手部動作的頂葉額葉迴路，和負責控制掃視（把注意力轉向某物體的眼部運動）的頂葉額葉迴路，牽涉到不同的區域，後者比較適合稱為「哪裡」的通道。

我們把**實踐**行動和**溝通**行動視為兩種不同的動作；前者指的是用手實質上去和物體或其他生物互動，後者則是包括了手部和聲音行動。揮手說再見和把蒼蠅揮開用到的動作可能是一樣的，但是它們是兩種不同的行動，第一個是溝通性的，第二個是實踐性的。因此我們從觀察AT和DF的頂葉通道和下顳葉通道脫鉤的現象中得知，頂葉通道會將尺寸資訊用於實踐用途（這就是為什麼我們把背側通道稱為「如何」通道），下顳葉通道則將資訊以口語或動作的方式用於溝通性的「宣告」（所以我們將這條通道稱為「什麼」通道）。

初級視覺皮質V1也稱為17區，或是布羅德曼17區（Brodmann），簡稱BA17。我們在這邊談到的17區、18區與19區，或是後面提到組成44區和45區的布洛卡區，指的是布羅德曼（1905）所提出的解剖學命名法，把人類（圖4-5）、猴子，還有其他物種的腦皮質加以細分。如果是對神經科學稍有研究的讀者，看到這些數字會有助於想像這些區域位在皮質的哪些地方。如果是完全不了解神經科學的讀者，就只要把這些數字或是V1、IT，還有PP這些字母縮寫當成了解與我們的研究相關的腦部區域標籤。雖然在後面我們只會用到一點點布羅德曼分區的數字，但我還是要說明幾個值得記住的數字：

・視覺：初級視覺皮質（BA17）會把資訊送到次級視覺皮質（BA18及BA19）。
・負責調節觸感與身體感覺的初級體感覺皮質（BA1），會將資訊送到次級區域（BA2及BA3）。
・語言區包括BA22、威尼基區（BA40），以及布洛卡區（BA44及BA45）。
・額葉眼動區（BA8）提供負責控制眼睛運動的皮質基地。

然而，每一個區域都牽涉到競爭與合作的複雜模式，可能會隨著任務的

不同而改變，而且每一個區域都包括和次皮質區的互動，所以不需要太過死板地硬記圖4-5上標示的各區功能。

　　圖4-6（左）顯示人腦有些區域是和我們下個段落會討論到的獼猴腦是同源的。下額葉迴（inferior frontal gyrus，簡稱IFG）也包括布洛卡區在內，但可能比傳統定義中由布羅德曼區BA44和BA45所組成的區域還要大（見圖4-5）。IFG有三個部分：眶部和IFG前方的皮質區是相連的，這區的後方部分（以及BA44）則可能和語言的產生有密切關係，而其他的迴路則是主宰執行功能的前額葉皮質網絡的一部分。接下來是三角部，是腦迴結構三角形的部分。最前方的部分稱為蓋部。上顳葉溝（superior temporal sulcus，簡稱STS）是在顳葉側表面的溝，在溝裡的組織兩側有很多重要的迴路（例如負責視覺處理的迴路）。當然，下頂葉（inferior parietal lobe，簡稱IPL）是頂葉下方的部分。（圖中未畫出的）威尼基區（大約）是STS上方顳葉的區域，並從這裡延伸到後方，和初級聽覺皮質的下方相連。

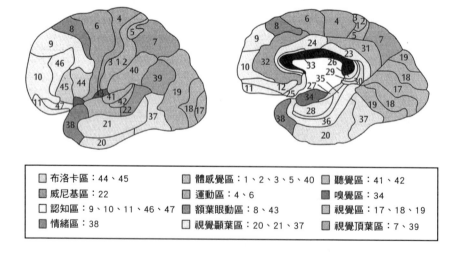

□ 布洛卡區：44、45	■ 體感覺區：1、2、3、5、40	■ 聽覺區：41、42
■ 威尼基區：22	■ 運動區：4、6	■ 嗅覺區：34
□ 認知區：9、10、11、46、47	■ 額葉眼動區：8、43	■ 視覺區：17、18、19
■ 情緒區：38	□ 視覺顳葉區：20、21、37	■ 視覺頂葉區：7、39

圖4-5：布羅德曼的人腦分區。這些都是腦皮質的區域，還有很多其他區域是很重要的，包括小腦、基底核（basal ganglia），還有海馬迴（hippocampus）。

圖4-6（右）則是哈古特（Hagoort, 2005）在說明語言處理時將相關區域視覺化呈現的圖象。左下額葉回包括典型的布洛卡區（BA44和BA45）加上相鄰的語言相關皮質（包括BA47）以及前運動皮質的一部分（也就是在初級運動皮質前面的那一區），也就是側面的BA6區。哈古特用「語意合一」（semantic unification）這個詞來描述在進行交談時，挑選每個單詞適當的意義，以達到連貫的詮釋結果的過程。他表示，相對於正確控制的句子（「荷蘭的火車是黃色的而且很擁擠」），當人聽見訊息錯誤的句子（「荷蘭的火車是白色的而且很擁擠」）或是語意有異的句子（「荷蘭的火車是酸的而且很擁擠」），會在左下額葉回區（BA47和45）產生特別「顯著」的反應，而這個特別顯著的訊號，正是fMRI腦部造影的基礎。除此之外，相對於低層級的基礎，這裡在聽見正確句子時也會有更多的活化作用，顯示這個區域會自動加入語意合一的過程。

因此哈古特認為，BA47和BA45區都涉及語意處理過程。一般認為，BA45區和BA44區都和句法處理有關，而BA44區和BA6的部分區域則與語音

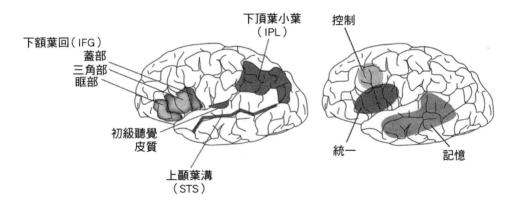

圖4-6：（左）這裡列出人腦與獼猴腦比較時相關的一些腦部區域（修改自Williams et al., 2007的研究）。（右）記憶、統一、控制（三者合稱MUC）的模型中，記憶位在左顳葉皮質，統一位在左下額葉回（簡稱LIFG），控制位在背外側前額葉皮質。圖中沒有顯示屬於控制單元之一的前扣帶皮質（anterior cingulate cortex，簡稱ACC）。（修改自Hagoort,2005）

處理有關。儘管如此，處理這三種不同類型資訊時活化作用的重疊（根據進行不同任務時的腦部造影顯示）是很重要的發現，暗示了互動性處理的可能性——不過根據我們在第二章中強調過的形式與意義在構式語法的結構裡的整合，這也不是很令人驚訝的推論。

哈古特把語言處理分為三個功能性要素：記憶、統一，以及控制。

　　·記憶的部分位在左顳葉皮質，將各種語言資訊組成一套規格，儲存在長期記憶裡，也負責取用這些規格。

　　·統一的部分在左下額葉回這區，指的是取出詞彙資訊，整合到以多重單詞組成的話語表現的過程。

　　·控制的部分在背外側前額葉皮質裡，但也包括前扣帶皮質，但本圖中沒有畫出來。這個部分負責將語言和動作連結；舉例來說，在選擇到正確的目標語言時（對雙語人士來說），或是在處理輪流的對話時，這一區就會發揮作用。

這個理論絕對不是人腦語言處理的總結，但至少讓我們有方向，將現代結合新觀念的研究，與大腦造影的結果相結合，幫助我們跳脫經典的布洛卡與威尼基分析結果（圖4-3）。

動機與情緒：行為的原動力

情緒可以在兩個標題底下加以分析：

情緒的「外部」層面：在溝通與社交協調時的情緒表現。如果我們看到有人生氣了，我們會比本來更小心地和對方互動，或根本不跟他打交道。

情緒的「內部」層面：這些情緒通常是組織行為的源頭（安排優先順序、選擇行動、注意力、社交協調，以及學習）。舉例來說，一個人有極大

可能會採取的行動，會根據他到底是生氣還是悲傷有很大的差別。

這兩個層面已經一起演化了。動物必須求生，並且在牠們的生態利基中有效率地表現，而在這兩種情況中，協調模式會大幅影響整套的相關情緒（如果確實需要這些情緒的話），以及溝通這些情緒的方式。情緒狀態建立了人類（有意識或無意識地）選擇要採取哪種行動的架構。但是情緒也是行動—感知循環內的一環，所以情緒可能會隨著行動所帶來的後果變得顯著而改變——我們對這些後果的感知，可能也是根據他人對我們行為的情緒反應所決定。

形成「延伸部位」的各區域環繞著丘腦（hypothalamus），形成所謂的**邊緣系統**（譯註：limbic system，其中的limbic與四肢的英文limb相近），基本上就是下頁圖4-7上的那些區域（和控制手腳沒有任何直接關係）。卡爾・皮布蘭（Karl Pribram, 1960）巧妙地比喻邊緣系統負責了四個F：餵食（feeding）、打鬥（fighting）、逃跑（fleeing）以及繁殖（譯註：繁殖reproduction的粗俗用語為fuck）。很有趣的是，這四項裡面有三項都具有強烈的社交要素。不論如何，在這個部分要發展的觀念是，動物有很多基本的「本能需求」需要滿足（飢、渴、性、保留自己的後代），它們都是行為的基本「原動力」，也就是動機。[4] 受到驅動的行為不只有身體上的行為（像是餵食和逃跑、口顎臉部反應、防禦與交配活動），還有自律的產出（例如心跳與血壓），以及臟器間的內分泌（例如腎上腺素、性荷爾蒙的分泌）。這些都是我們各種情緒反應的核心。然而，我們談論以及從他人身上感知到的情緒都比這些還要有限（有多少人能感知到其他人的皮質醇濃度？），但是也更加細微，交織著這些基本動機與我們對社會角色與互動的複雜認知，就像嫉妒與驕傲這兩種情緒一樣。

為了**簡單**想想支援動機與情緒的數個腦部區域所扮演的角色，我們來看看圖4-7的腦部區域。動機系統的核心是大腦裡位置很深層的核，稱為下視丘。這些核心專門發揮與控制生存所必需的特定行為，包括自發的移動、

探索、接受、防禦，以及繁殖等行為。基本上，丘腦「對下」控制基本的行為，「對上」則和負責決定哪些是適當行為的皮質有關。很多受動機驅使的行為（飲、食、梳毛、攻擊、睡覺、母性表現、囤積食物、交配），的確都是因為丘腦直接受到電子或化學刺激所導致。丘腦與皮質的連結被切斷的動物，還是可以飲食、繁殖，也有防禦行為，可是牠們做出這些行為時並沒有展現任何細膩之處。然而，如果丘腦下方的大腦被切掉，動物只會因為腦幹的運動模式，表現出這些行為的片段。還有些腦核是和吸收與社交（繁殖與防禦）行為有關的，例如性二形性行為（譯註：sexually dimorphic，同物種會因為性別不同而在體型上出現兩種特徵）、防禦性的反應，或是控制攝取的食物和水。更靠近尾端的核則與一般的採集／探索行為有關。丘腦側面的重要性發揮在覺醒、控制行為狀態，以及尋求獎賞的行為。這裡還包括吉姆·歐茲（Jim Olds, 1969）稱為「愉快中心」的地方，因為老鼠為了讓這區

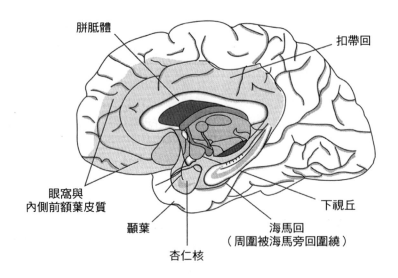

胼胝體

扣帶回

眼窩與
內側前額葉皮質

下視丘

顳葉

海馬回
（周圍被海馬旁回圍繞）

杏仁核

圖4-7：邊緣系統（在丘腦周圍「延伸出去」的腦部區域）的圖示。這幾個區域在人腦中的相對位置：杏仁核（因其形狀命名）、海馬回（因為橫切面看起來像一隻海馬）、扣帶回、內側前額葉皮質與顳葉。（修改自Williams et al., 2007）

接受電流刺激，會在一小時內壓拉桿好幾千次。

　　喬瑟夫・雷杜克（Joseph LeDoux, 2000）認為，情緒系統是慢慢演化成解決生存問題的感覺運動方案。他把情緒和「感覺」分成兩件事。他認為，「有意識的情緒」並不是情緒系統演化後要表現出來的功能。他特別專注研究老鼠的恐懼制約，定義出有意義的動物實驗，並且特別注意杏仁核在恐懼中所扮演的角色（見圖4-7）。隨著動物學會某些情況可能會帶來危險後，他特別研究了杏仁核在建立恐懼行為的制約時所扮演的角色。在實驗室裡要讓老鼠學會的等式是，如果牠接近籠子裡某個特定地方，就會遭到電擊。雷杜克強調，我們不會知道老鼠有什麼感覺，不知道牠是不是害怕或是牠究竟有沒有所謂「害怕」這種感覺。儘管如此，牠確實會表現出恐懼的行為，試著逃脫，或者只是待在原地不動，這種表現在雷杜克的很多實驗中都曾出現。「原地不動」，也就是中斷正常的移動，是面對掠食者的典型反應（如果你不動，掠食者可能不會看見你），所以這種行為被假設成是因為太害怕所以不能動的例子。

　　在圖4-7裡，我們看見杏仁狀的杏仁核就在海馬回旁邊，周圍被顳葉環繞。HM的研究（詳情後述）認為，人腦海馬回的重要功能是定義事件的空間與時間，並將資訊儲存在情節記憶（episodic memory）中。針對老鼠空間感的研究認為，老鼠的海馬回會發揮「你在這裡」的功能。因此，海馬回在老鼠的恐懼制約裡扮演了一個角色，讓老鼠會利用情境中的線索，了解自己身在一個「會發生壞事」的地方，因而有恐懼的反應。

　　不論老鼠有沒有情緒上的感覺以及情緒性的行為，我們都不能否認人類是有感覺的。「行為上的恐懼」和恐懼或焦慮的感覺有什麼關連呢？如果從演化的角度來看，一個關鍵的要素可能是杏仁核與大腦皮質之間的互惠互動。人類的情緒會受到社會環境的強烈影響，在某個文化裡令人尷尬的行為（例如裸體），在另一個文化裡可能是司空見慣的。杏仁核可以透過將來自本體感受、內臟的訊號，或是荷爾蒙的反饋，投射到各種的「覺醒」網絡，以及與內側前額葉皮質的互動，影響皮質區域（圖4-7）。這個區域對認知

與行為有非常廣泛的影響，也會傳送連結到許多杏仁核區域，讓認知功能在前額葉區域組織起來，調節杏仁核與其恐懼的反應。杏仁核與海馬迴以及大腦皮質的連結，可能就是情節記憶與認知狀態使「行為性的情緒」變得豐富的基礎。

菲洛斯與雷杜克（Fellous and LeDoux, 2005）認為，內側前額葉皮質讓前額葉皮質處理的認知資訊可以調節杏仁核處理情緒的過程，而杏仁核處理情緒的過程，可能會影響前額葉皮質的決策與其他認知功能。於是他們再提出，前額葉與杏仁核的互動可能涉及恐懼的意識感覺。然而，掌管認知的皮質與掌管情緒的杏仁核兩者是分開的，這件事讓我感到很驚訝，因為用這來解釋大腦整合了極為分散的功能實在太簡單了——一是因為不是所有的皮質都會產生有意識的感覺，二是因為人類的情緒似乎和「皮質的纖細」脫不了關係。

內側前額葉皮質緊鄰著眼窩額葉皮質（這個名稱由來是因為它就位在大腦前側，頭骨的眼窩位置上方）。而眼窩額葉皮質也是情緒系統的一部分。羅斯（Rolls, 2005）記載了眼窩額葉皮質的末端若受損會對情緒改變產生什麼影響，包括做出不適當反應的傾向，還有無法抑制對無獎賞的刺激做出反應的傾向。羅斯認為，眼窩額葉神經元屬於評估會不會有獎賞可預期，以及在預期有獎賞後卻沒有獲得時產生落差感（非獎賞神經元放電就是明確的例子）的機制的一部分。我們在第五章會簡短回顧關於情緒的考量，到時候會強調情緒在社交互動中扮演的角色，它不只涉及透過臉部表情表達特定情緒，還有比較微妙的部分，也就是推論他人的心智狀態；以及辨識他人的情緒狀態的程度，是否牽涉到同理心的感受。

此時此地以外

我在這個部分會用兩個案例研究，說明腦部某些區域會讓我們的想法「脫離此時此地」，回想過去的情節與計畫未來，這些能力在人性裡占了很

大一部分。第一個案例是在神經學文獻中以HM代稱的一名男子，他失去了形成新的「情節記憶」的能力——自從他動了重大的神經手術後，他就再也無法記得任何他參與其中的事件或是情節。接著我們會從回想過去跳到計畫未來，在第二個案例裡，費尼斯‧蓋吉在從事鐵路工作時發生了很古怪的意外，導致他失去了計畫未來的能力，也無法抑制反社會行為。這兩個故事分別強調了海馬回和前額葉皮質所扮演的角色。

HM失落的情節

HM（1926–2008）[5] 從十六歲開始出現癲癇大發作的情況，到了1953年，他的癲癇發作已經太過頻繁，使他無法穩定工作。因此他的家人向一名神經外科醫生求助。威廉‧斯柯維爾（William Scoville）醫生推論，如果他把HM受損的腦部組織移除，就能治好HM的情況；因為受損的組織正是他的癲癇發作時，在他腦中掀起劇烈「電子風暴」的源頭。而因為HM的癲癇看起來是從左右腦的顳葉開始的，所以斯柯維爾選擇了一種很激烈的手術方式：將HM大部分的顳葉都切除，其中包括了海馬回、杏仁核、內嗅皮質（entorhinal cortex）與鼻周圍皮質（perirhinal cortex，圖4-7中海馬旁回的一部分）。手術的結果對HM來說是個悲劇，但對於人類記憶的腦部機制卻帶來了重大的新發現。HM變得再也無法為他的生命創造新記憶。[6]

我在史丹佛大學時期的同僚皮布蘭描述過他和HM見面的情況，紀錄如下（有些文字可能略有出入）：「我和他談了很多事，並且進行了一、兩個心理學測試，我有點困惑，因為他看起來一切正常。後來我被叫去接電話，幾分鐘後我回來了，並且為剛才離席向他致歉，結果HM對我的有禮表達感謝之意，但他完全不記得我們曾經見過面。」

要了解這段話，我們必須建立一個很關鍵的概念：**情節記憶**是我們記住生活中先前發生的事件的能力，例如某人第一次認識情人的時候，或是某人在派對上出糗的事。但是HM只能記得在神經手術之前，他的生命中發生過的事件，至於在他手術後的生命裡發生的任何事件，都無法讓他形成新的記

憶。我們將他的情形稱為**順向失憶症**（anterograde amnesia），也就是從手術後開始往前的時間裡，失去形成新記憶的能力。大部分在病患身上比較常見的失憶是**逆向失憶症**（retrograde amnesia），也就是在車禍或戰爭等情況裡，遭受嚴重的頭部創傷之後，失去了在此事發生**之前**的記憶。此外，HM顯然擁有**工作記憶**，也就是能夠保存與目前的行動方向有關的資訊，但在不需要此資訊時便將之拋棄的能力。典型的工作記憶例子就像在第一章中提過的，先記住電話號碼，等到撥號後（或者應該說「滑」手機）之後，就把號碼忘記了。

因此，HM看來除了工作記憶之外，無法形成新的記憶。令人驚訝的是，這好像又不是真的。下面的例子是推翻前述說法的事例之一。有人讓HM看了一個複雜程度中等的遊戲，他表現出對這個新奇遊戲的興趣，當他專注於遊戲時，他便把規則記在工作記憶裡，然後就像所有的新手一樣開始玩遊戲。隔天，HM又看到了同一個遊戲。他不記得自己看過這個遊戲，於是他對這個新奇的遊戲再度表現出興趣，然後可以把規則記在工作記憶裡，在專注於遊戲時根據規則玩遊戲。隔天HM再一次看到同樣的遊戲，他還是不記得曾經看過它，如此週而復始，日復一日，每天HM看到這款遊戲的時候，對他來說都是個全新的東西，因為他完全不記得曾經玩過這個遊戲。但是，令人驚訝的部分來了。雖然HM從來不記得先前曾看過這個遊戲，但他玩遊戲的技巧卻變好了。換句話說，儘管他無法增加他的情節記憶，但他卻能學會新的技能，延伸他的**程序記憶**（procedural memory）。程序記憶包括了像是怎麼說英語，或是怎麼進行日常生活慣例等程序的記憶。

因此，HM不只能保留過去的事件記憶（根據他去世的時間計算，有些記憶是五十多年前發生的），也能形成並拋棄工作記憶，還可以形成新的**程序記憶**。所以我們可以這樣解釋皮布蘭的經驗：當皮布蘭在和HM講話時，HM把相關的項目儲存在他的工作記憶裡，並且使用他程序記憶的技巧，在對話與行動中做出適當的回應。然而，我們大部分的人可以不斷地將目前情況的資料（無意識地）從工作記憶轉移到情節記憶，但是HM做不到這件

事。因此當皮布蘭離開房間後，與皮布蘭在場時有關的工作記憶就不再有用，於是被拋棄了——這些記憶全都沒有進入情節記憶中。等到皮布蘭回來，他對HM來說就是個陌生人。

在說下去之前，我想針對我在最後一段裡的用詞作一些提醒。我的說法彷彿表示工作記憶和情節記憶是兩組寫在紙上的筆記，情節記憶就像是這張紙被放在文件櫃裡，工作記憶就像會被丟掉的那張紙。另一方面，程序記憶就像是裝滿各種食譜或說明書的抽屜，需要的時候再去拿就好。或者也可以用別的方式比喻，每種記憶就像是存在電腦中的不同「記憶位置」裡，各自進行處理程序。不管是哪種描述都可以說是近似值，但卻並非真正的情況。因為大腦絕對不是收集了很多寫滿筆記的紙張，或是像電腦那樣，「記憶儲存」與「處理單元」壁壘分明，以高度秩序化的方式儲存資訊。相反地，記憶是透過改變神經元的性質以及神經元之間的突觸連結而儲存的，而儲存記憶的神經網絡，和處理記憶的神經網絡是一樣的，因為神經元形成、散布、擴散，以及重新形成的放電模式，會將動作和感知與我們的各種記憶連結。

影迷也許會發現，2000年的電影《記憶拼圖》（Memento）靈感來源就是HM。裡面的主角藍納（蓋·皮爾斯飾演）是一位保險調查員，他在妻子死亡後的事件裡，因頭部受傷失去了記憶，他的症狀與HM很相似。藍納不知怎麼學會了用刺青在身上記下注意事項的技巧，還會利用拍立得照片取代自己的情節記憶。劇情的轉折讓人發現，這樣的「記憶」比起人類的記憶還要不可靠許多。這部電影非常有戲劇張力，透過將情節倒過來播放，讓觀眾因為藍納的困境感到不安。因此當我們在觀看藍納生命中的事件發展時，我們和他一樣對於先前發生的事沒有情節記憶，只能靠他身上的刺青和照片去建構當下的情況。

根據HM失去記憶的模式，以及後續對記憶的研究，研究人員形成了下列的假設：

1‧工作記憶和情節記憶所牽涉到的機制，分別位在大腦的不同部分。

2．海馬回對於形成情節記憶是必需的。（注意，這已經超出我們對HM的了解，因為斯柯維爾移除了很多相鄰的區域，當中也包括海馬回。）

3．然而，因為在手術前的情節記憶還是存在，顯示海馬回並不是長期儲存情節記憶所必需的。因此我們說的是一個強化的過程，讓海馬回所形塑的情節記憶最後能以永久的形式，儲存在別的地方。

4．海馬回對於形成程序記憶來說不是必需的。（事實上，我們現在覺得程序記憶牽涉到額葉皮質與基底核以及小腦的合作。）

對於我們之後的研究很重要的是，知道腦的各種部位會牽涉到各種類型的學習，但在本書裡，我們不需要知道得太詳細，什麼樣的神經活動與突觸可塑性會使神經元特質以及連結發生長期或短期的改變，以產生不同類型的學習與記憶。

費尼斯・蓋吉失序的先後順序

現在我們看看過去的案例，了解大腦是怎麼規畫未來的。費尼斯・蓋吉是鐵路建設工程的工頭，在魯特蘭與伯靈頓鐵路公司工作；1848年9月13日，他在點燃火藥時發生意外爆炸，一根扎實的鐵條因而穿過他的頭。[7] 這根鐵條長約一公尺，而且是椎狀的，所以一端的直徑約六公釐，而在後面〇・九公尺的地方，直徑則大約有三公分。這根鐵條從蓋吉的左臉頰骨穿過去，從頭頂飛出來，掉落在他身後二十七公尺左右的地方。他的左腦前端大部分都受損了。約翰・哈洛（John Harlow）醫生成功治好了蓋吉，十週後他出院回家。在哈洛醫生前來治療之前，負責檢查蓋吉的艾德華・威廉斯（Edward Williams）醫生曾提到：「頭骨和骨膜的傷口直徑接近四公分，而且傷口邊緣外翻，看起來就像是椎狀物從裡面穿出來的樣子。」神奇的是，在威廉斯檢查傷口的時候，蓋吉「表現得彷彿受傷的是別人一樣，他可以理性地說話，願意回答所有問題，使得我覺得直接問他比問意外當時在場的旁觀者還適合。不論是當時或是在後續的場合，我總是覺得他非常理智。」

在意外發生之前，蓋吉是一個能力很強、效率很高的工頭。可是哈洛在蓋吉復原後的報告中提到，蓋吉現在「情緒反覆無常，沒禮貌，而且幾乎髒話不離口，這是他過去從來沒有過的情況；他對工作伙伴毫不尊重，沒有耐心，也不聽人家的意見，事情不合他的意就生氣。而且變得頑固，可是又善變，猶豫不決，無法做出未來行動的計畫，才安排好計畫又會馬上推翻。」他已經不是「他自己」了。

在勉強保住幾份穩定、責任不如他當工頭的時候那麼重的工作後（他因為意外也失去了當時展現的負責能力），蓋吉在舊金山安定了下來。1860年2月，他開始出現癲癇大發作的現象，在1860年5月21日過世。蓋吉死後，腦部沒有接受任何研究。在1867年底，研究人員挖出他的遺體，他的頭骨和穿過頭的那根鐵條都被送到哈洛醫師那裡。後來哈洛醫師在1868年的《麻州醫學會會議紀錄》（*Proceedings of the Massachusetts Medical Society*）中，發表了他對這種腦部損傷的評估報告。他的頭骨和鐵條現在還展示於哈佛醫學院圖書館中。

但是蓋吉的腦到底受了什麼損傷？問題有兩個：從蓋吉的頭骨，能不能判斷出這根鐵條穿過蓋吉頭部的確實路徑？以及蓋吉的腦損傷能不能用來推論這條路徑？蓋吉的頭骨有三個地方受損：鐵條穿進去的頰骨下方，眼窩後方，也就是頭骨基底部位的眼窩骨，還有鐵條飛出去的那個大傷口。頭骨頂部的傷口主要是在中線往左的範圍，還有左下方的位置。這兩個傷口中間還垂著一片額骨，主要的受傷區域後面則垂了一片頂骨。哈洛把這兩片垂下來的骨頭重新定位。頂骨順利歸位，從頭骨外面根本看不出異狀。在推論鐵條穿過頭骨的軌跡時，主要的問題在於確知：鐵條實際上到底穿過了這些區域上的哪些位置？

漢娜‧達馬吉歐等人（Hanna Damasio et al., 1994）找到一個可能是鐵條穿出頭骨的地方，在其周圍也指出了幾個可能的點。這些點與傷口邊緣的距離都在鐵條直徑的二分之一以內，傷口所在的位置是他們稱為「骨頭完全受損」的位置，不過頭骨後面的那片骨頭就沒算進去了。接著他們開始判斷鐵

條可能的軌跡,從主要在右前方的這些點出發,穿過頭骨基底的洞中央,到頰骨下方鐵條入口處的區域。得到的所有結果都在頭骨中線以右的地方,鐵條穿出頭骨的位置,就是重新被裝回去的額骨位置。

十年後,拉圖等人(Ratiu et al., 2004)用薄層電腦斷層(CAT)掃瞄蓋吉頭骨,以電腦立體繪圖重現他的頭骨,再與他實際的頭骨做比較。他們觀察到蓋吉的頭骨有一條骨折的線,從上方少了骨頭的那個地方後面開始,延伸到顎骨左下方的位置。他們也發現,鐵條插進頭骨的入口以及眼窩的地方,骨頭破損的面積比鐵條的最大直徑還小了大約百分之五十。因此他們相信,這個頭骨其實曾經因為鐵條穿過而裂開,但等到鐵條穿過那個洞以後,頭部的軟組織便使傷口密合;而鐵條離開頭骨的位置,就是頭骨頂部沒有癒合的地方。

這些對於鐵條穿過頭部軌跡的不同看法,使得各方對於蓋吉腦部確切受損部位的看法出現分歧。達馬吉歐與同僚估計的損傷部位其實很接近右前側,並集中在右方;拉圖與同僚的研究則認為受傷部位僅限於左額葉。更麻煩的是,就算對鐵條穿過頭部的路徑沒有任何爭議,除了鐵條經過的路徑以外的部位也因為出血而受到很大的傷害,而且一些骨頭碎片也受到鐵條推擠刺進了大腦中。因為有這麼多不確定性,麥克米蘭(Macmillan)的結論是,「蓋吉案例的重要性在於它能帶來的資訊,而不是我們從中能知道哪些大腦與行為間關連的細節。」對安東尼歐‧達馬吉歐(Antonio Damasio, 1994)來說,蓋吉案例的重要性在於,原本遵守過去所習得的社交慣例與道德規則的情況,是會因為腦部受傷而改變的,而且依舊保留基本的智力,語言能力也沒有受損。蓋吉的例子無意間顯示,腦中有某個東西是特別與在複雜的社會環境中,預測未來並且根據預測做出計畫有關;(以及)與對自己和他人的責任感有關。

我沒有打算進一步討論這個論點,或是評價達馬吉歐所發展出的這個情緒與決策理論。我們之所以討論HM和蓋吉的例子,是希望能幫助讀者了解,當我們想讓自己在過去的經驗裡找到定位(不論是透過情節記憶或是精

通新技能）會需要用到某些系統；這些系統也是我們透過預見自己的生理與社會行動可能導致的長期後果，調整或抑制我們短期的傾向（動機與情緒）的基礎。

獼猴腦介紹

我們現在要以剛剛對人腦的簡單介紹為基礎，了解怎麼看圖4-8這個獼猴腦的圖，並且熟悉一些神經解剖學家常用的基本專有名詞，來指稱腦中的不同構造與通道。一開始看起來可能有點嚇人，不過就把這當成第一次去一座城市的情況：你得先知道主要街道的名稱，還有一些重要的地標，加上幾個外語詞句，你才能自在地在城市裡行走。

圖4-8（左）是獼猴（恆河猴）左半腦的腦部皮質，腦的前方朝左，後方朝右（和圖4-1的左圖一樣）。腦部有很多重要的區域都被腦皮質保護

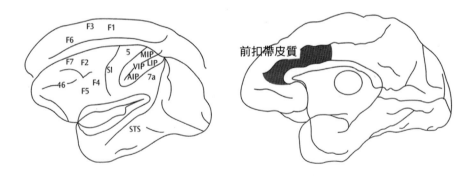

圖4-8：（左）這主要是從側面看獼猴左半腦的樣子。中間的裂縫就是把SI區（初級體感覺皮質）與MI（初級運動皮質，在此標為F1）分開的腦溝。額葉皮質就位在中央腦溝的前面（圖上的腦溝左方），枕葉就在中央腦溝的後面。前運動皮質的F5區和抓取及其他動作的「抽象動作指令」（動作基模的一部分）有關。頂葉皮質正中央的腦溝稱為頂葉內側溝（intraparietal sulcus），圖中特別把這個區域畫成開放的，才能看到其他的區域。AIP（頂葉內側溝前區），處理的是「抓取可視線索」，也就是和控制手部接觸這些物體有關的物體可視線索。AIP和F5互有連結（修改自Williams et al., 1995的研究）。（右）這是右半腦從中間切開的樣子，可以看到與猴子發聲有關的前扣帶皮質（ACC）。

著，所以腦中有各種通道與處理站，讓皮質能透過中腦連接感官系統及頭部肌肉，透過腦幹連結內含身體與四肢的感覺與運動神經元的脊髓。猴腦也像人腦一樣，左右邊都能分成四個腦葉。額葉位在前方，枕葉就在後方（裡面有初級視覺皮質，這是處理進入皮質的視覺訊號的主要位置），頂葉在腦的上方、額葉皮質和枕葉皮質中間，而顳葉則位在枕葉前方。圖4-8（右）則是右半腦從中間切開的樣子，這樣可以看到前扣帶皮質（ACC），等一下我們就知道這裡與猴子的發聲有關。

我已經標示出數個解剖學家檢查區域間的連結、細胞構造，以及化學特徵所辨識出來的區域。不過就目前來說，我們只需要注意額葉皮質的F5區，以及頂葉皮質的AIP區就夠了。我們不需要知道這些區域的解剖學細節，就能了解「鏡像系統假說」；不過我們還是需要稍微了解這些區域內的神經元放電與感知或行為間的關連性，以及了解一下讓這些區域互相連結以及與腦部其他區域連結的通道。F5之所以有這個名稱是因為，在帕馬大學里佐拉蒂的實驗室裡，解剖學家馬希摩・馬德利（Massimo Matelli）和葛薩皮・路皮諾（Giuseppe Luppino）在為獼猴的額葉編號時，這裡就是第五個區域。這個編號和布羅德曼的標記不一樣（他也標記過獼猴腦的分區）。F5區位在前運動皮質的側面，**前運動皮質**這個名字的由來，是因為這裡是初級運動皮質（圖4-8中標示的F1，通常用MI表示）「前面」的皮質的一部分。動作資訊會從F5傳送到F5直接連結的初級運動皮質，也會送到許多執行動作的次皮質中心。

神經生理學家已經證實，F5區裡的很多神經元在猴子抓取物體的時候都會放電。重要的是，這些神經元的放電和猴子在進行的動作有相關性。舉例來說，有些神經元會在猴子用大拇指和食指「精準捏取」小型物品時放電（圖4-9），有些則是在猴子「用力抓取」，而不是使用精細手指動作時會強烈放電（di Pellegrino et al., 1994; Gallese et al., 1996; Rizzolatti et al., 1996）。除了「用手抓取」神經元之外，F5區裡還有「用手和嘴巴抓取」的神經元、「握住」神經元、「操縱」神經元、「撕裂」神經元等等。隨著猴

子學會新的技能，例如撕紙或是剝開花生殼，神經元就會調整成符合這些動作的情況。在第五章裡，我們會介紹F5區的**鏡像神經元**，它們不只會在猴子自己進行動作時放電，在猴子觀察到人類或其他猴子進行類似動作時也會放

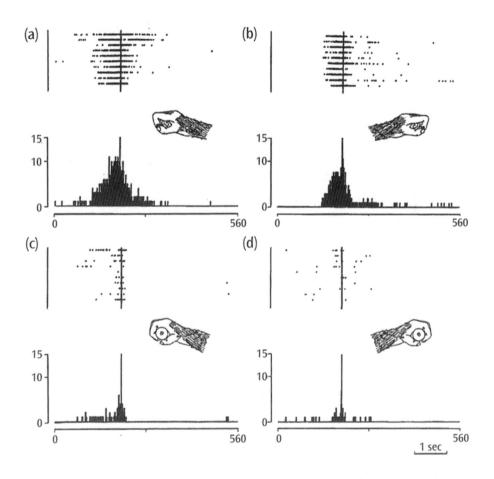

圖4-9：這是F5區單一神經元放電的活動紀錄，神經元會在猴子執行精準捏取的動作時放電，但是在用力抓取時就不會。每一塊各自顯示猴子執行的抓取動作，當猴子進行意圖的抓取動作時，會出現以十次神經元高峰模式為一組的圖形，加總這些高峰紀錄後，以統計學的方式用長條圖顯示細胞在這四種情況下的反應。令人驚訝的是，雖然細胞會「在意」抓取的類型，左手或右手執行動作卻沒有差別。（From Rizzolatti et al., 1988. © Springer）

電。相反地，**標準神經元**指的就是那些只有在猴子執行手部動作時會放電，但在猴子觀察到其他人／猴子進行相同動作時不會有反應。

頂葉區的AIP接近頂葉內側溝的前方區域，圖4-8將這條腦溝攤開以利理解。AIP的意思就是「頂葉內側溝前區」。AIP和F5裡的標準神經元互有連結。泰拉等人（Taira et al., 1990）確立AIP會從視覺資訊流中，擷取「可視線索」的神經元編碼，送到F5區。更一般性地說，**可視線索**（Gibson, 1979）指的是與動作相關的物體或是環境特徵，而不是關於辨識物體特性的資訊；在這裡的「動作」就是「抓取」。物體特性的資訊似乎是由顳葉下前方的下顳葉皮質（IT）負責擷取。舉例來說，要拿起螺絲起子可以從手把拿，也可以從金屬部分拿，但是你不需要先確認這是一把螺絲起子，也可以辨識出這些不同的可視線索。可是如果你想要**使用**這把螺絲起子，那麼就會從相關的視覺資訊中，讓你辨識出手把的位置，並且選擇握住這個位置。讀者也許可以利用圖4-4的「什麼」和「如何」通道加以理解。

建立抓取腦的模型

在這個部分，我會大致說明抓取計算模型的概念基礎，但是省略計算上的細節，重點是讓讀者可以更了解，在猴子腦中流通的資訊是如何造成不同形式的神經反應。FARS模型（圖4-10和4-11，名稱來自建立此模型的安迪·法格〔Andy Fagg〕、亞畢、神經生理學家里佐拉蒂與酒田英夫四個人的姓氏縮寫）說明了腦的各個區域怎麼互相合作，讓人類或猴子可以看著一個物體，了解怎麼抓取這個物體，然後使運動皮質發出訊號給肌肉，促成抓取動作的執行。[8] 這個模型用計算的方式說明F5區的標準神經元是怎麼轉換AIP可視線索，以明確指出適當的抓取動作，並且提出背側（「如何」）和腹側（「什麼」）這兩條資訊流之間的互動的明確假設。

這個模型已經非常詳細並且在電腦上執行，產生了很多有意思的模擬結果（第五章中會描述的鏡像神經元系統模型也是一樣）。但是因為這不是

我們的目標，所以我們可以省略這些技術上的細節，只要了解模型的概念就好。這個模型的目標是，讓人對於模型內的腦部區域活動模式有充分的了解，讓我們有詞彙可以在後面的章節裡，討論人類語言先備的大腦在演化過程中的關鍵改變。

FARS模型（圖4-10）的**背側資訊流**（從初級視覺皮質到頂葉皮質）會處理關於物體的視覺輸入，以取得可視線索。如果猴子的目標只是拿起某個東西，與東西的用途無關，那麼這部分的腦可以在沒有「外界知識」的情況下運作。此時，腦不會管那個物體是什麼，而是關心怎麼拿起那個身分不明

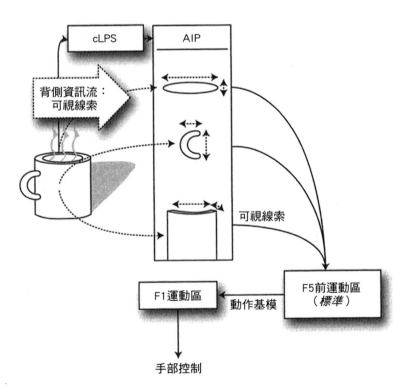

圖4-10：背側資訊流是FARS模型的一部分，從初級視覺皮質獲得輸入，並且特別透過頂葉皮質的AIP區域加以處理。重點是AIP並不「知道」物體的特徵，只能擷取可視線索（抓取被視為身分不明的固體的機會多寡），在這裡以物體可抓取部分的百分比來表示。

的固體，為你（或是猴子）提供拿起「那個東西」所需要的機制。背側資訊流的cIPS區（頂葉內側溝前區的另外一區）觀察物體表面不同區塊的方位與位置，並提供資訊。這些資訊會由AIP加以處理，以辨識出物體能夠以不同方式抓取的各個部分，為抓取系統擷取可視線索，接著（根據模型）就會被送到F5區。

FARS模型在這部分的重要貢獻包括：（一）強調這個系統中逐階段的群體編碼所扮演的角色，在與物體互動的不同階段中，會有不同的神經元啟動；（二）指出視覺輸入可能會啟動AIP為一個以上的可視線索編碼，而一個可視線索可能會啟動F5區中一種以上的抓取動作編碼，使得整個迴路必須包含「贏者全取」的機制，以挑選AIP中編碼的一個可視線索，和／或唯一一個與挑選出的可視線索相容的動作基模。這個過程會使得F5區將挑選出的動作基模編碼送到初級運動皮質F1區，讓網絡運作，猴子就能進行單一的行動步驟。因此目標是從「抓住這個（不知道是什麼的）東西」，縮減成「用這個特定的抓取動作，抓住這個東西的這個部分」。F1的工作是和腦部其他區域合作，命令手臂和手使用適當的協調動作模式達成這個目標。

完整的模型（圖4-11）把腹側資訊流也加了進來（見圖4-4）。現在這個模型處理的就是主事者有比較明確的目標時的狀況，例如想從馬克杯喝咖啡。和背側資訊流相反，從初級視覺皮質到下顳葉皮質（IT）的腹側資訊流可以辨識出物體是什麼。這個資訊會傳給前額葉皮質（PFC），然後以有機體目前的目標以及對物體本質的辨識結果為基礎，引導AIP選擇適合目前任務的可視線索。舉例來說，如果我們把馬克杯當成擋住我們拿下面雜誌的東西，我們可能會抓住馬克杯的邊緣，把它移開；但是如果我們打算從馬克杯喝咖啡，我們可能就會抓住它的把手。雖然關於前額葉會影響的是AIP → F5的通道的AIP端、F5端，或是兩者皆會受到影響（Rizzolatti & Luppino, 2001, 2003），到現在還有爭議，但無庸置疑的是，在F5區裡的標準神經元活動，不只是AIP → F5通道的結果，還受到前額葉皮質與下顳葉皮質（腹側資訊流）的活動調節。

布斯包姆等人（Buxbaum et al, 2006）則提出了相關的人類資料。他們研究的是人類伸手抓取物體的情況。他們認為，手部在準備使用一個物體前先形成形狀（使用情況）和在抓取物體之前手部先形成形狀（抓取情況）兩者是不一樣的。他們提出了證據，表示使用物體需要啟動語意系統，但是抓取物體不用，而使用和抓取分別有不一樣的反應啟動時間流程。使用物體的啟動流程相對來說會比較稍後才出現，時間也比較長。除此之外，相對於抓取和使用的動作相同時（例如物體是杯子，抓取和使用的手部姿勢都是「握

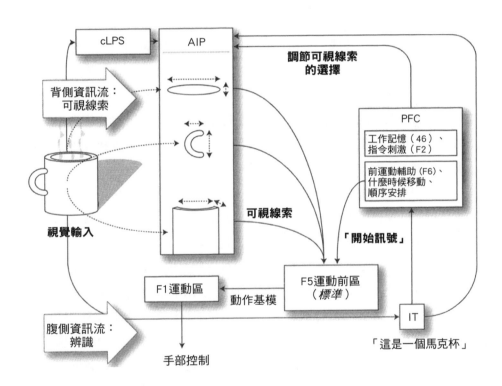

圖4-11：將把腹側資訊流加進FARS模型加以延伸。我們看到背側資訊流透過下顳葉皮質（IT），整合到腹側資訊流中。前額葉皮質使用IT對物體身分的資訊，配合任務分析與工作記憶，幫助AIP從「菜單」上挑選出適合的可視線索。有了這樣的可視線索，F5可以挑選適當的動作基模並且指示初級運動皮質執行。（注意，這個圖只是顯示下顳葉皮質會提供輸入給前額葉皮質，並沒有明確指出IT與前額葉皮質次區域之間的連結模式。）

緊」），如果抓取和使用的動作互相衝突（例如物品是電腦鍵盤，抓取姿勢＝握緊，使用姿勢＝敲敲），則形成使用物體的手部姿勢的速度會慢很多。換句話說，面對「衝突」的物體，抓取姿勢和使用姿勢兩者間處於競爭狀態。我們再度看到，在讓有機體做出動作時，腦部的不同區域與不同通道間會出現競爭與合作的關係。

完整的FARS模型（Fagg & Arbib, 1998）裡包含更深入的腦部處理過程，必須要和選擇抓取動作的機制互相協調，這部分我們在解釋圖4-11時已經描述得很多了。關於你最後把馬克杯放在哪裡的工作記憶，會編碼在額葉皮質的一個區域，並且也許能讓你不用看都能再把杯子拿起來。更重要的是，這個行為牽涉到達成一個目標的動作排序。繼續用剛剛的馬克杯為例，伸手抓取把手，只是達到「從馬克杯喝水」這個目標的過程之一而已。你抓穩把手以後，接著會想把馬克杯拿到嘴邊，然後喝東西。同樣地，抓住葡萄乾的猴子，一般來說接下來的動作就是要吃葡萄乾。個別的動作組合起來會形成完整的行為，但當中這些動作的每個「動作基模」都需要接受到各自的「開始訊號」，而這個訊號來自前額葉皮質的另外一個區域。

從酒田英夫的實驗室中得到的資料，是在實驗室的環境中所觀察到的受到良好控制的連續動作範例。在我們所謂的酒田規則中，猴子先接受訓練，在接收到指示牠伸手抓住物體的「開始訊號」之前，只能看著物體，不能行動。接著猴子必須一直抓著物體，直到另外一個要求牠放開的訊號出現，牠才能放手。在記錄接受酒田規則訓練的猴子的AIP細胞與可視線索相關的活動時，泰拉等人（1990）特別著重在分析AIP細胞活動和物體可視線索相關的部分。然而，法格和我可以取得尚未發表的紀錄，內容是AIP和F5區細胞的各種反應（我們分別要向酒田英夫與里佐拉蒂表示感謝）。紀錄顯示，不只因為可視線索被擷取，也因為整體行為所在的階段，會導致不同的神經元被優先啟動。接著我們發展出FARS模型，利用圖4-11中所畫出來的腦部區域，處理的不只是以可視線索為基礎的單一行動選擇，還加上了更多的細節，來處理這些神經元所展現出的多種時間模式。

圖4-12讓我們**初步**了解FARS模型是怎麼處理連續的動作，不過我們等一下就會覺得這個看法太簡單了。AIP裡的細胞會指示F5區裡面的預備細胞準備執行酒田規則下的動作——在這個例子中，是辨識到的可視線索讓猴子準備好用**精準捏取**的方式做出抓取動作。這裡顯示了三種AIP細胞：與視覺相關以及與動作相關的細胞會辨識精準捏取所需的可視線索，另一個與視覺相關的細胞則會負責用力抓取的可視線索。F5區的五個細胞單元會參與一個

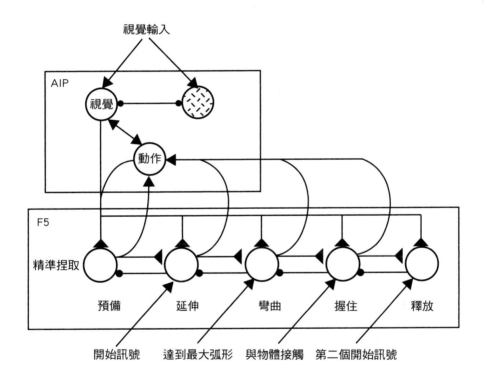

圖4-12：酒田任務中AIP與F5區之間的互動。這裡顯示三個AIP細胞：與視覺相關以及與動作相關的細胞會辨識「精準捏取」所需的可視線索，另一個與視覺相關的細胞則會負責用力抓取的可視線索。F5區的五個細胞單元會參與一個共同計畫（在這個例子中，就是「精準捏取」），但是每一個細胞會在計畫中的不同階段放電，一方面會往前建立連結，讓下一個動作做好準備，一方面也會向後建立連結，抑制先前的行動。（在這裡呈現的每一個細胞都代表了在真正的大腦中，相關神經元的群體。）

共同計畫（在這個例子中，就是「精準捏取」），但是每一個細胞會在計畫中的不同階段放電。F5區每一群細胞的啟動，不只會指示動作器官執行適當的活動（圖4-12未標示出這些連結），也讓F5區的下一群神經元做好準備（也就是將這些神經元帶到門檻前，好讓它們一接收到屬於它們的「開始訊號」，就能馬上快速反應），並且抑制負責活動前一個階段的F5區神經元。從左到右的神經元群如下：

· **預備**神經元因「讓延伸神經元做好準備」這個目標而啟動。

· 控制手部形成抓取物體動作**延伸**階段的神經元，是因為預備神經元而做好準備，當它們接收到第一次的「**開始訊號**」時，就會達到啟動門檻，此時它們也會抑制預備神經元，並且讓彎曲神經元做好準備。

· **彎曲**神經元接受到「手已經達到最大弧形」的訊號，通過啟動門檻。

· **握持**神經元一做好準備，就會在接收到「已接觸到物體」的訊號後啟動。

· 而做好準備的**釋放**神經元，會在接收到第二次開始訊號的編碼時，命令手放開。

然而，圖4-12的問題在於，從圖上看起來，F5神經元所編碼的每一個動作，都已經內建好要決定接下來的是哪一個動作——這對於適應性行為來說一點都不恰當。在酒田規則裡，猴子會抓取物體、握住，然後放開。但是在「真實生活」中，猴子抓取物體可能是進食的前奏，或是打算把物體移到另外一個地方。或者你可以想想自己抓住一個蘋果之後，後續可能會做的所有動作。因此，一個特定動作可能是學習而來的連續動作裡的一部分，也可能是很多自發性行為的一部分。所以我們並沒有預期某一個動作的前運動神經元，會讓單一可能的後續動作做好準備，因此我們必須否定圖4-12內顯示的「固定內建」連續動作。

行為主義者認為，每一個動作都必須由某個外界刺激所引發，但賴胥利

（Karl Lashley, 1951）對此有所批評，提出了**行為中的連續順序**的問題。如果我們想透過反射鏈（reflex chaining）學會A → B → A → C 這樣的順序，也就是每一個動作會引發下一個動作，那麼是什麼能阻止每次A引發B，產生A → B → A → B → A →……的表現？

一種解決方法（圖4-13）就是把「行動編碼」：（動作基模）A、B、C……儲存在腦中的一個地方，然後另外一個地方負責記住「抽象順序」，接著學習將正確的動作與抽象順序中的每一個元素配對。這樣一來，A → B → A → C會被編碼成下面的樣子：一組神經元會有編碼了「抽象順序」的連結：x1 → x2 → x3 → x4，透過順序學習，然後會學習到x1的啟動會引發A動作的神經元，x2動作會引發B，x3又引發A，x4引發C這樣的順序。

法格與我假定，F5區存有抓取的「動作編碼」（動作基模），而補充運動區有一個部分稱為前運動輔助區（pre-SMA）[9]，這裡存有抽象順序x1 → x2 → x3 → x4的編碼。於是基底核會管理這個順序（抑制無關的行動，準備下一個行動），而它與前運動輔助區的互動，正是它負責管理這個順序（抑制無關的行動，準備下一個行動）的基礎。[10] 讀者對基底核最熟悉的部分，應該是這個地方在多巴胺耗盡時會引發帕金森氏症，而帕金森氏症帶來的缺陷之一（會依照患病的嚴重程度而定），就是缺乏或完全喪失以「內在計畫」而非外部線索為基礎進行連續動作的能力。舉例來說，帕金森氏重症患者可能需要在地上畫線，才能從房間的一頭走到另外一頭，因為這樣他才有外部線索，知道接下來的腳步要放在什麼位置。

如先前所提到的，必須強調的一點是，電腦已經執行過FARS模型以及將在第五章所描述的鏡像神經元系統模型，而且得到了很有意思的模擬結果。另外值得強調的一點是，儘管這些還不是「最終結論」，而是在我們尋求理解的過程中的中途站，但它們依舊提供了許多關鍵概念，是我們發展本書提出的語言以及大腦演化假設時所需的。關於稍早提出的包括基底核在內的所有次系統，現在都有許多的模型，而這些模型建立者以及實驗人員間依舊不斷互動，以期能夠更了解合作式計算的過程（支持多元基模間的競爭與

合作），神經迴路也是藉此支持各式各樣複雜的行為。

　　最後值得強調的是，表現出排練多時的熟練順序，只是行為的一種形式，這適用於各種類型的行為，而不只是我們在這裡考慮的手部動作而已。在打開阿斯匹靈罐的例子裡（圖2-8），實際上所執行的順序，會根據目前已執行的動作是否已經達成某些次目標的評估結果而決定。我們當時使用的類比，是餐廳經理為了達到「讓服務生去服務某位客人」的**溝通目標**，會計畫要說出不同的句子。

　　以這些例子來看，行動是階級式地形成「次級日常工作」，以達成不同的次級目標。然而，在開阿斯匹靈罐的例子裡，每一個步驟都是由某些外部條件所引發，但是在圖4-13比較一般的基模，以及階級式行為比較一般性的基模當中，或是我們在說出句子的時候，我們都是依照著一個內部計畫而行動，不需要外界刺激告訴我們接下來要說哪一個字。圖4-12的例子牽涉到的是同時有內部也有外部觸發機制的一個中間案例。在每一個例子中（包括動作實踐以及語言使用），我們都有基底核和其他腦部區域互動的重要證據（Crosson et al., 2003; Dominey & Inui, 2009; Doupe, Perkel, Reiner, & Stern, 2005; Jarvis, 2004; Kotz, Schwartze, & Schmidt-Kassow, 2009）。

　　最後，圖4-14代表一個概念性的架構（大部分取自Graybiel, 1997），是關於基底核（有輸入核、紋狀體，以及其他核）根據意圖、大腦皮質所規

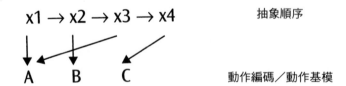

圖4-13：解決行為的連續順序問題：儲存A、B、C的「動作編碼」……在腦中的一個地方，然後另外一個地方負責記住「抽象順序」，接著學習將正確的動作與抽象順序中的每一個元素配對。

畫的行動計畫、邊緣系統所提供的生物性動機（圖4-7）以及持續動作的回饋，選擇要啟動的動作基模架構。動作基模的啟動，會透過丘腦更新紋狀體以及大腦皮質的狀態。另外也會啟動認知行動與實踐行動的運動模式產生器，腦幹與脊髓的活動也會受到來自運動皮質以及（圖上未顯示的）小腦的動作參數影響。黑質致密部（substantia nigra pars reticulata，簡稱SNc）是另外一個核，負責提供多巴胺的輸入，影響紋狀體的學習。

最近的研究顯示，不像紋狀體會測量任何預測中的錯誤，SNc並不會直接測量回饋，而是測量根據目前選擇的行動所預期的未來回饋（Schultz, 2006; Sutton, 1988）。

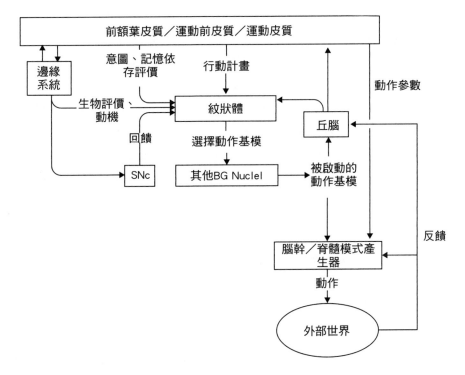

圖4-14：關於基底核涉及認知控制與運動模式產生器的架構。（修改自Graybiel, 1997）

聽覺系統和發聲

雖然視覺是控制手部動作與姿態最主要的感官形式，不過猴子、人猿，還有人類以及大部分的其他生物，都依靠聽覺獲得生存所必需的各種關鍵資訊。不管是人類的話語、靈長類的叫聲，鳥的鳴叫，以及許多動物溝通的系統，聽覺系統都在當中都扮演了中心的角色。但是一般的共識認為，動物的叫聲與人類的話語是不一樣的現象。兩者間在很多層面上都不相同，例如動物的叫聲與情緒及直覺行為間的嚴謹關係（但人類的話語就不是如此），而且我們很快就會看到，製造這兩種行為的解剖學構造也有顯著的差異。動物叫聲主要是由扣帶皮質（人類的扣帶皮質請見圖4-7，獼猴的請見圖4-8）、許多次皮質構造，還有連接大腦與脊髓的腦幹所調節。人類的話語（就像是一般所說的語言）則是由以典型的威尼基區與布洛卡區等主要節點所組成的迴路所調節。我們現在的目標是要簡單地介紹人腦聽覺與發聲的機制。

我們已經看到，視覺系統可以用兩種互補但又互有關連的通道（圖4-4，負責「哪裡」的背側通道，以及負責「什麼」的腹側通道）來分析，這兩條通道是從枕葉內的初級視覺皮質出發。我們也提到，視覺牽涉到多重的背側資訊流，所以雖然什麼／哪裡的分別對某種工作記憶任務來說是適合的，卻更適合分析由視覺引導的抓取，也就是圖4-11裡提到的那種任務。

聽覺系統也必須同時分析其偵測到的刺激的種類與位置。只要利用一隻耳朵的輸入為基礎就能辨識出「什麼」，但是要在立體空間中精確地評估出在「哪裡」，就需要腦幹裡的專門構造來比對兩隻耳朵所得到的輸入。在訊號到達聽覺皮質之前，處理「什麼」以及「哪裡」就已經牽涉到不一樣的構造與通道了。但是皮質處理在兩個任務中都一樣重要。針對聽覺系統的研究（Rauschecker, 1998; Romanski et al., 1999）顯示，人類與非人類靈長類從位在顳葉皮質的初級聽覺皮質出發的聽覺通道有兩條，都是負責處理聽覺輸入的（圖4-15）。一條是背側聽覺流，處理的是空間資訊，腹側聽覺流處理的則是聽覺模式與對象資訊。前上顳葉皮質會辨識包括話語聲音在內的聽覺對

象，並且直接投射到下額葉區。最後這兩條都會投射到額葉皮質，將聽覺空間與對象資訊，與視覺及其他感官整合在一起。獼猴的初級聽覺皮質是丘腦傳遞過來的聽覺訊號最先抵達的腦部皮質，這裡有一個拓撲組織（tonotopic organization，也就是可以用細胞有反應的主要聲音頻率畫出來），而非初級聽覺皮質則對複雜的聲音有反應。[11]

人類的新皮質和語言的自主控制有關（見圖4-16），但是其他靈長類就不是這樣了。非人類靈長類的發聲雖然很複雜，而且令人驚訝地成熟，但依舊和情緒驅動力有密切關係，很少受到意志嚴格控制。例如，就算猴子的新皮質接受到電流刺激也不會影響牠們的發聲。可是刺激前扣帶皮質卻會激發牠們發出有意志元素在內的聲音，例如隔離叫聲；刺激中腦的許多地方，則會激發牠們固定的情緒反應中的某些吼叫聲。如果在實驗中，切除研究人員假設中與人類的布洛卡區同源的區域，對於猴子或黑猩猩該物種專屬的典型叫聲並沒有任何顯著的影響。人類的運動臉部皮質損傷，通常會導致聲帶的

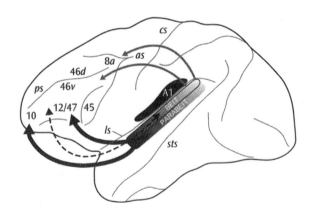

圖4-15：這是獼猴的腦，圖上標示從側帶（lateral belt，圖中箭頭的源頭，位在顳葉皮質內）這個區域出發的兩個聽覺系統。側帶會處理來自初級聽覺皮質，也就是A1的聽覺資訊：上顳葉回（上顳葉溝上方的區域）的尾端區域提供資訊給頂葉區，使得處理聽覺空間資訊的背側資訊流得以出現；而上顳葉回的前端區域，則將資訊提供給上顳葉回的吻狀部位，形成腹側流，處理聽覺模式與對象資訊。最後這兩條都會投射到額葉皮質，將聽覺空間與對象資訊，與視覺及其他感官整合在一起。（From Romanski, 2007. © Oxford University Press）

癱瘓；相反地，切除獼猴新皮質上的臉部區域，對於溝通性的發聲卻不會有任何影響。這顯示人類語言和靈長類的溝通，連基礎的運動控制神經系統都不是同源的。[12]

尤爾根（Jürgens, 2002）研究與靈長類有關的物種特有的溝通神經機制，主要研究對象是松鼠猴而不是獼猴。他發現，猴子開始或抑制發聲的自主控制，靠的是中額葉皮質（mediofrontal cortex），其中包括前扣帶回（anterior cingulate gyrus）。誘發發聲的基質是一個廣泛的系統，從前腦延伸到延腦，此外還包括有代表初級刺激反應的神經元構造，以及那些似乎會

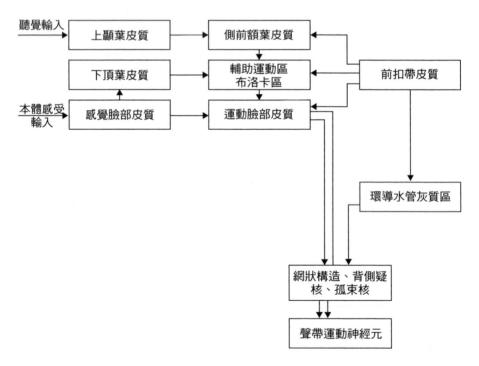

圖4-16：和話語產生有關的最重要構造的摘要迴路圖。箭頭是在解剖學上已經證實的直接連結。如果框框裡有超過一個的構造，那箭頭至少和其中一個有關，但不一定和裡面的所有構造都有關。同一個框框裡的構造都直接和彼此相連。（此圖擷取自Jürgens, 2002）

因為刺激而被誘發發聲，做為對刺激引發的動機改變的次級反應構造。尤爾根將前邊緣皮質與靈長類的發聲連結在一起，前扣帶回是在受到刺激時製造發聲的關鍵區域。破壞前扣帶回皮質，不會影響自發性的發聲，但會對受到制約、必須發聲以取得食物獎賞或拖延電擊的猴子，造成嚴重缺陷。尤爾根對這些發現的解釋是，前扣帶皮質和出自本身意志而開始的發聲有關。但是要注意，控制猴子單一叫聲的誘發或是非誘發，與人類產生可調整、表達無窮語意的多元發聲模式，兩者之間有極大的差異。尤爾根認為，相對於疼痛時的尖叫等這種完全天生的聲音反應，開始或是抑制聲音語句的自主控制需要的是包括前扣帶回、輔助運動區以及前輔助運動區在內的中額葉皮質。自主控制發聲的次皮質運動模式產生器，是由運動皮質透過椎狀／皮質延髓（pyramidal/corticobulbar），以及椎體外通道所執行的。班加（Benga, 2005）認為，聲音話語的演化涉及控制的轉移，從前扣帶皮質轉換到布洛卡區，將有意圖的溝通的聲音要素包括在內。她傾向同意前扣帶皮質涉及挑選行動、壓抑自動／常態行為，以及矯正錯誤的策略性觀點；然而，她也提出有某些研究人員（Paus, 2001）認為，前扣帶皮質有偵測錯誤與監控衝突的評估性功能。

拉舍克爾（Rauschecker, 1998）指出，人類能利用頻率的微小區別、FM頻率、頻寬，以及計時，做為感知話語基礎的能力；這暗示了相對於其他靈長類物種，這些部位在人類演化的過程中發生了強化，並且是建立在所有動物都有的原有聽覺溝通系統機制上。以此為基礎，話語的感知被視為是可能的，因為它結合了記憶機制更有效率的高解析度語音解碼系統以及抽象思考的能力，兩者都存在於高度發展並且擴張的額葉皮質。

有了這些關於猴腦和人腦的背景知識，我們就能進入下一章，了解透過記錄獼猴腦中單一神經元所揭露的鏡像神經元特質，以及透過人類腦部造影所揭露的鏡像系統特質。

5

鏡像神經元與鏡像系統

鏡像神經元介紹

獼猴的腦會取得針對抓取的「可視線索」的神經編碼，為F5運動前區提供關鍵輸入（見第四章圖4-8）。為鏡像系統假說建立基礎的突破性研究，來自帕馬大學的研究團隊（di Pellegrino, Fadiga, Fogassi, Gallese, & Rizzolatti, 1992; Rizzolatti, Fadiga, Gallese, & Fogassi, 1996）。研究發現，在F5區與手部相關的運動神經元當中，有一群神經元擁有一種驚人的特質，不只會在猴子自己執行動作時放電，在猴子觀察到人類或其他猴子進行類似動作時，也會放電（圖5-1）。帕馬團隊把這些神經元稱為**鏡像神經元**，說明「動作」與「觀察到動作」彼此間如照鏡子一樣的關係。

鏡像神經元引發了科學期刊與一般媒體的強烈興趣，因為這些神經元暗

圖5-1：鏡像神經元的例子。兩個表格的上半部：行為情況。下半部：神經元的反應。在這兩個連續實驗中，神經元放電的模式顯示在長條圖的上方，總結了所有實驗的反應結果。這些線條與食物被實驗者抓住的時間相符（垂直線）。這些線條的每一個標記，都符合神經元沿著軸索將訊號送到其他神經元時產生的高峰。(a)從左至右：剩下的神經元的有限放電；當實驗者用手抓住一塊食物，然後往猴子移過去時的放電；到了實驗的最後，猴子抓住食物的時候的放電。神經元在觀察實驗者抓住物體時會放電，在食物往猴子移動時停止放電，然後在猴子抓住物體時再次放電。(b)當實驗者用不熟悉的工具抓住食物時，神經元不會有反應，但是神經元會在猴子自己抓住食物時再度放電。最近的研究（Umilt et al., 2008）顯示，猴子在長期訓練後可以學會使用工具，並且辨識出工具的用途。（From Rizzolatti, Fadiga, Gallese, & Fogassi, 1996 © Elsevier）

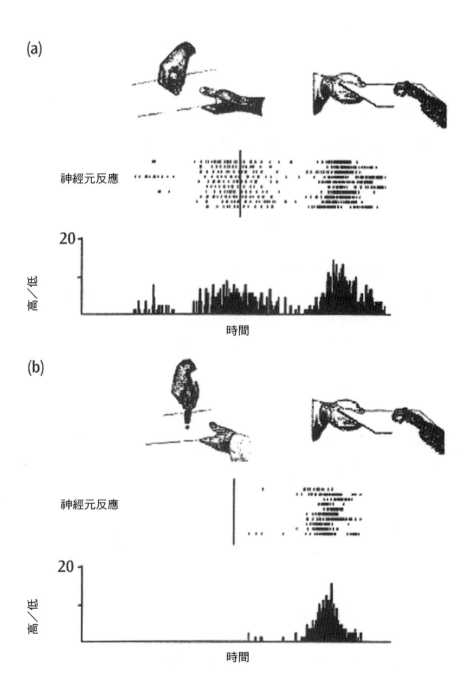

示了有針對社交互動的神經機制存在。如果一隻猴子自己腦中的神經元會對應他人的行動，而且這些神經元在猴子自己進行類似動作時會啟動，那麼猴子也許就能獲得可以引導牠對該動作做出回應的知識。如果只是看見物體，或是實驗者只是握住一個物體，鏡像神經元並不會放電。它們需要一個特定的行動才會被啟動——不管是觀察到他人或是自己執行都可以。除此之外，鏡像神經元不會在猴子看到手部動作時就放電，而是要牠同時看見物體才會放電；更仔細地說，如果猴子沒有看到物體，但是牠曾經看過這個物體，因此物體適當地「位於」牠的**工作記憶**中，不過現在物體是被遮蔽的，那麼鏡像神經元就會放電（Umiltà et al., 2001）。不論是哪一種情況，手部動作的軌跡以及手的形狀，都必須要符合該物體的可視線索。

所有的鏡像神經元都有視覺概括性的特徵。不管進行被觀察到的行動工具（通常是手）是大還是小，距離猴子是遠還是近，鏡像神經元都會放電。而且不管做動作的是人的手還是猴子的手，它們一樣都會放電。有些鏡像神經元甚至在物體被嘴巴咬住時也會有反應。在鏡像神經元研究中，很重要的觀念是**一致**（congruence）。大部分的鏡像神經元都會選擇性地對某一種動作有反應。有些鏡像神經元是**嚴格一致**，也就是說，若被觀察到的以及實際執行的動作，都是神經元會強烈放電的動作，那麼這些動作必須和看到就會誘發神經元放電的有效運動動作（例如精準捏取）非常相似。另外一種鏡像神經元是**粗略一致**。它們對運動的要求（例如精準捏取）通常比對視覺要求（例如看到手的任何抓取動作有反應，但其他動作沒有反應）更嚴格。

一般認為這些資料通常和鏡像神經元為單一行動所做的編碼相符。然而，如果考慮到鏡像神經元和行動之間的相關性之高，比較合理的理解應該是它們做的是群體編碼：換句話說，單一神經元的放電不是簡單的「是／否」編碼，判斷一個非常特定的行動到底是否執行或是被觀察到。相反地，每一個神經元都會針對目前的行動中，一個可能行動的某些特徵表達一個「自信程度」（放電頻率愈高，自信程度愈高）——例如拇指和食指間的關係，或是手腕和物體的相對關係。我們可以想成每一個神經元，就像是堅持

「投票」給有著自己「最喜歡的特徵」的行動，讓這些行動存在──但是神經元群體才能編碼目前的行動。除此之外，神經元活動的各種變化，可以在行動中寫入各種差異，例如手形成的弧形空間、伸手抓取的角度，還有這個動作是精準捏取、用力握住，或是其他的手部動作。因此從演化的角度來說，可以合理地說鏡像系統一開始的演化是要監督行動的反饋以及支援學習，在社交互動中扮演的角色只是次要的。

　　總結而言，每一個鏡像神經元都有一個行動特徵的編碼（可能和行動的目標和／或行動的移動相關）。因為獮猴鏡像神經元的實驗只用到少數的行動，所以前面提到的結果可以用下面的方式重新描述：如果單一的鏡像神經元所編碼的特徵，只和特定的一個行動以及整組行動中相似的行動有關，那麼這個鏡像神經元和一組行動嚴格一致；如果神經元的編碼是和一組行動內的大範圍行動都有關的特徵，就是和一組行動粗略一致。

　　連結抓取行動的鏡像神經元組成了猴子的抓取鏡像系統，我們認為這些神經元提供的神經編碼，讓手部動作的執行和觀察相符。里佐拉蒂（私人通訊，2011）曾經寫到：

　　我也使用「鏡像系統」這個詞很多年了，但我擔心這個詞會有所誤導。其實根本沒有所謂「鏡像系統」這個東西。在鳥類、猴子，還有人類的腦中，有很多個中心各自負責一種機制（鏡像機制），將感官表現轉換成相對應的運動動作。舉例來說，猴子的下頂葉有兩個，說不定是三個，不同功能的區域，都負責鏡像機制。「機制」這個詞可以讓人免於把鏡像神經元想成有特定的行為功能。在興奮性突觸後電位（excitatory postsynaptic potential，簡稱EPSP）的例子中，鏡像機制就有多元的功能（從了解情緒到鳥類學習鳴叫都有）。（可以參考）我們最近的報告（Rizzolatti & Sinigaglia, 2010），裡面有討論到這一點。

　　然而，我不認為改變用詞就能解決問題。沒錯，我們可以強調沒有一個

統一的系統──所以我在前面才會用針對抓取的鏡像系統，而不是**鏡像系統**這個詞。此外，在之後「人類的鏡像系統」章節裡，我強調在人類腦部造影中辨識出來的每一個「鏡像系統」都有很多的腦部活動，這些活動可能是依賴鏡像神經元的，但也可能不是，所以將之稱為「鏡像機制」是會讓人誤會的。也許可以稱為「包含鏡像機制的區域」，但是這麼說感覺有點冗長，所以我還是會用「鏡像系統」做為簡稱。

鏡像神經元是相對於所謂的**標準神經元**的，如我們在第四章所見，標準神經元會在猴子執行動作時放電，但是觀察到他人執行相同動作時就不會放電。說得更詳細一點，標準神經元可能會在猴子面前出現可以抓取的物體時放電，和猴子本身有沒有進行抓取動作無關。猴子必須要靠額外的（推論的）條件，不只要看到物體，就某方面來說，還要意識到這個物體可能可以被抓取（就算到了最後牠不伸手去抓也是一樣）。如果不是有終止的功能，標準神經元也會在猴子觀察到物體被其他人抓取時放電。一個必要的實驗是同時記錄在一般情況下（猴子觀察到其他人對物體採取動作，但是自己沒有要對物體採取行動）以及在觀察者有機會和物體互動的情況下（例如試著抓取別人要拿的食物）的鏡像神經元活動。我預測，在後者的情況下，因為觀察到其他人的動作，在此也能讓觀察者自己做好行動的準備，所以標準神經元也會被啟動。

派瑞特等人（Carey, Perrett, & Oram, 1997; Perrett, Mistlin, Harries, & Chitty, 1990）發現，上顳葉溝（STS，見圖5-2，顳葉的一部分）的吻狀部位，有神經元會在猴子觀察到像是行走、轉頭、彎曲身體、移動手臂等生物動作時放電。和我們最相關的，是有少數這些神經元，會在猴子觀察到抓取物體等目標導向的手部動作時放電（Perrett et al., 1990）。然而，STS神經元和鏡像神經元不同，似乎只會在觀察運動時放電，在執行動作時不會放電。

另外一個在頂葉皮質內、頂葉內側溝外的腦部區域，稱為PF（也就是布羅德曼標示的7b區，在圖5-2中位在AIP的下面），這裡也有會對看見目標導向的手部／手臂動作時有反應的神經元，而且似乎為F5鏡像神經元提供了關

鍵的輸入。在PF內會對視覺輸入有反應的神經元，大約40％會在觀察到握持、放置、伸手、抓取，以及雙手互動的動作時有反應。除此之外，這些觀察動作的神經元，大部分也會在執行類似它們扮演「觀察者」角色時的動作時啟動，因此稱為「頂葉（或PF）鏡像神經元」（Fogassi, Gallese, Fadiga, & Rizzolatti, 1998）。的確，STS和F5可能透過7b/PF區而間接相連。

佛格西等人（Fogassi et al., 2001）反過來，抑制受過訓練，能抓取不同形狀、大小，還有方向的猴子的F5區的啟動。在抑制含有標準神經元（埋藏在弓狀溝側）的F5區的啟動過程中，手在抓取前形成形狀的動作顯然受到很大的負面影響，手部的姿勢也不適合該物體的大小與形狀。這些猴子必須接觸物體，經過多次觸覺控制的修正後，最後才能真正成功抓取物體。抑制F5區的啟動（此區有位在皮質凸起處的鏡像神經元），會看到動作變慢的情

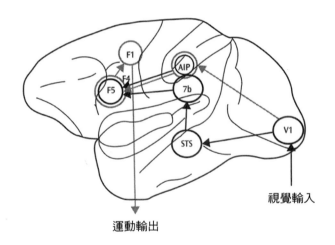

視覺輸入

運動輸出

圖5-2：圖上顯示兩條背側通道，從視覺輸入到初級視覺皮質V1，到運動前區F5。標準通道（灰色）會通過視覺皮質內的各種區域，到達AIP，接著到達F5區的標準神經元，這是猴子在抓取時會啟動，但觀察他人抓取時不會啟動的神經元。F5標準通道連結初級運動皮質F1，協助控制手部動作。鏡像通道（黑色）則是從視覺皮質的其他區域通往STS，然後到7b（也稱為PF），接著到達在F5區的鏡像神經元，這是在猴子抓取時以及觀察到他人抓取時都會啟動的神經元。

況，但是手部還是會預先形成形狀。抑制初級運動皮質（F1 =, M1）中的手部區域，會造成對側（contralateral）手指運動的嚴重癱瘓。

我的看法是，標準神經元會透過F1，為所執行的手部動作做好準備，而在本身運動時，鏡像神經元則會提供重要的觀察性功能。這似乎和佛格西等人（2001）的觀察結果相矛盾。他們的觀察認為，儘管鏡像神經元的啟動受到抑制，手部還是會形成形狀。然而，我的假設是，在自己進行動作時，如果成功完成了多次練習熟練的動作，那麼這種神經元活動就不是必要的。（進一步的討論請見「從鏡像神經元到理解」的章節。）

自然的行動通常同時涉及視覺與聽覺元素。而且在獼猴的運動前區皮質的F5區裡，的確有些神經元是聽視覺鏡像神經元（audiovisual mirror neurons）。這些神經元不只會對伴隨著特殊聲響的行動（例如剝花生殼或是撕紙）的視覺觀察結果有反應，也對於這些動作的聲音有反應（Kohler et al., 2002），而且它們組成了科勒（Kohler）等人在F5的手部區研究中15%的鏡像神經元。

但是也有針對抓取以外動作的鏡像系統，其中之一和口顎臉部神經元有關，這些神經元位在緊鄰著獼猴F5區的區域，甚至有些部分還重疊。在猴子執行嘴部動作時會放電的F5區運動神經元當中，有三分之一也會在猴子觀察到別人進行嘴部動作時放電。這些口顎臉部鏡像神經元（也稱為嘴部鏡像神經元），絕大部分都會在執行與觀察和吸收功能有關的嘴部動作時啟動，例如用嘴巴擷取、吸吮食物，或是破壞食物等動作。另外一群口顎臉部鏡像神經元也會在執行吸收型動作時啟動，不過要誘發它們最有效的視覺刺激，是溝通式的嘴部動作（例如咂嘴唇）。

這符合了先前的假設：神經元是透過學習來連結相關的感官資料模式，而不是一個蘿蔔一個坑地去學習規定好的模式種類。因此，嚴格來說，鏡像神經元的後補神經元不可能是本來就被規定要成為鏡像神經元，只是比較有可能成為鏡像神經元。被觀察到的溝通式行動（針對不同的「鏡像神經元」有效執行的行動）包括咂嘴（吸、咂嘴唇）、嘟嘴（用嘴唇取物、嘴唇突

出、咂嘴、用嘴巴咬起東西然後咀嚼）、伸舌頭（用舌頭取物）、咬牙（用嘴巴取物），還有嘴唇／舌頭突出（用嘴唇取物，用舌頭伸取，抓取）。

總結來說：獼猴腦中針對手部和口顎臉部動作的鏡像神經元，已經被確認位在F5的運動前區皮質以及在頂葉皮質的PF區（還有附近的PFG，Fogassi et al., 1998; Gallese, Fogassi, Fadiga, & Rizzolatti, 2002）。到達頂葉這區的視覺輸入似乎是來自顳葉的STS區域（Perrett et al., 1990）。因此獼猴鏡像神經元的活動可以歸結到這個通道：STS → PF → F5（Rizzolatti & Craighero, 2004）。

因此我們得到關於獼猴F5區神經元的四個觀察結果：

1.F5區有很多不是標準神經元也不是鏡像神經元的神經元。

2.標準神經元位在F5區的腦溝邊側，鏡像神經元則位在凸起處。

3.鏡像神經元和標準神經元兩者向外傳送資訊的過程差異，至今尚未確定。

4.在F5區內，使得標準神經元、鏡像神經元，以及其他神經元互相影響的迴路，目前尚屬未知。

當猴子觀察到與自己固定的一套動作中相似的行動時，F5和PF裡的一組次級鏡像神經元會被啟動，並且在猴子本身執行類似動作時放電。最重要的是要記得圖5-2中的兩條通道：

V1 → AIP → F5標準神經元→ F1 →運動輸出

V1 → STS → 7b/PF → F5鏡像神經元

我們特別要強調，頂葉皮質（圖4-8〔左〕中猴子腦皮質的「右上方」，以及圖4-2〔右〕中人腦皮質的「左上方」）還可以再細分成很多區域，而不同的頂葉區域會為標準神經元與鏡像神經元提供不同輸入。有一個

區域（AIP）負責物體的可視線索，另外一個區域（7b/PF）負責物體和要伸出去抓取物體的手之間的關係。

建立鏡像神經元如何學習與作用的模型

以動作導向（具體化）的計算的一般精神而言，必須強調鏡像神經元在感知與運動方面同等重要。比如說，從視覺觀察辨識出手部動作，一般來說需要辨識出執行動作的對象物體，以及手部動作相對於該物體的時空模式。接下來要講的，是我們這個團隊針對鏡像系統抓取所發展出的計算模型。模型顯示，神經元如何在一個以物體為中心，並且是自己執行動作的參考架構中，透過學習辨識手部的運動軌跡過程，成為鏡像神經元。這使得個體得以在他人執行動作時有能力辨識出這個動作，並且在很多情況下，可以在手部往物體移動的過程中，及早達到對該動作的自信辨識。我們的模型表現出，F5區鏡像神經元位於以下顳葉與頂葉計算為基礎的複雜處理過程末端。

FARS標準系統模型（第四章圖4-11）顯示辨識物體（下顳葉皮質，簡稱IT）以及「計畫」（前額葉皮質〔PFC〕）在選擇可視線索以判斷行動當中所扮演的重要性。但是現在我們要深入細節，了解腦部的各區域如何互相合作，支援鏡像神經元的活動。因此，我們引用了奧茲拓普和亞畢（Oztop and Arbib, 2002）的「鏡像神經系統」（Mirror Neuron System，簡稱MNS）模型，這個模型舉例說明了大腦是怎麼學會評估手部接近一個物體，是不是某種類型的抓取。很重要的是，這個模型並不是內建在人腦中的，人不是天生就會辨識各種特定的抓取。相反地，這個模型的重點是鏡像神經元的**學習能力**，使得我們能帶入神經可塑性的角色，並且討論如何將這個特點用在自我組織與學習的模型中。

如圖5-3所示，MNS模型可以分成下列幾個部分：

1‧首先我們看到的是涉及下列過程的要素：猴子自己伸手拿物體時，

腦部各區域會處理物體的位置和可視線索，形成伸手抓取的參數，然後由運動皮質M1轉換這些參數，用以控制手部和手臂。

1-1‧我們看到皮質指示手部肌肉如何抓取的通道。頂葉的cIPS區域會計算物體特徵，然後由AIP處理，取得和抓取有關的可視線索。這些線索會送到F5區的標準神經元，由它們選擇特定的抓取方式。這符合了FARS模型中，AIP → F5標準神經元→ M1（初級運動皮質）這條背側通

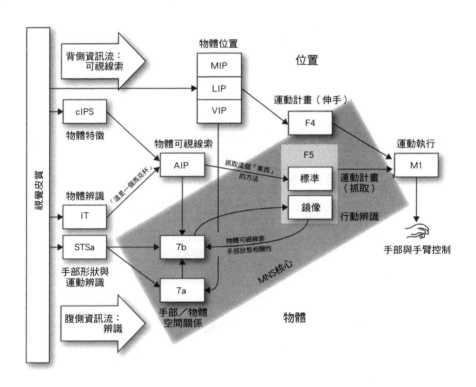

圖5-3：用基模的方式來分析抓取鏡像系統的鏡像神經系統模型。注意，視覺輸入會在不同的資訊流中處理，以取得物體的可視線索以及手的形狀與運動。這個模型描述的機制，是特定的鏡像神經元辨識出以可視線索為中心、符合明確抓取類型的手部軌跡。如果這個軌跡牽涉到自己的手或是他人的手，也能同樣啟動適當的鏡像神經元。不過要注意的是，這個模型並不會處理注意力怎麼轉到特定的手以及特定的物體。（圖表詳解請參照本書正文，摘自Arbib & Mundhenk, 2005；修改自Oztop & Arbib, 2002的原始系統圖。）

道，但是圖5-3並不包括PFC在選擇行動時扮演的重要角色，不過FARS模型中就強調了這個部分。

　　1-2‧我們也看到皮質指示手臂肌肉如何伸手接近物體的通道。頂葉區MIP／LIP／VIP提供輸入給緊鄰運動前皮質F5區的F4區，完成MNS模型的「標準」部分。辨識物體的位置，提供負責計算如何伸手的F4區做運動規畫時的參數。

　　2‧這張圖的其他部分顯示訓練鏡像系統的關鍵要素，並且用圖中央的陰影區加以強調。這些區域提供的各種要素，是啟動鏡像神經元所能學習與應用的關鍵條件，肯定了：

　　2-1‧猴子看到的手部預備動作，符合鏡像神經元編碼的抓取動作；

　　2-2‧被觀察者的手部正在執行的預備動作，符合猴子看到的物體的形狀；

　　2-3‧手會在可以抓取到物體的軌道上移動。

　　在MNS模型中，**手部狀態**是由一組向量所定義，而這組向量的內容代表了手腕相對於物體位置的運動，還有手部形狀相對於物體可視線索的運動。因此編碼了手的各部分與物體間關係所形成的軌跡，而不是手在視野中所呈現的視覺外觀，並且為F5區的鏡像神經元提供輸入。

　　奧茲拓普和亞畢（2002）提出一組符合PF和F5區的鏡像神經元的人造神經網絡，在訓練後能透過**手部狀態的軌跡**，辨識出抓取的種類，而且通常在**手確實接觸到物體之前**，就做出正確的分類。建立模型時假設，與猴子固定動作之一的抓取動作相等的神經元活動，就是要在命令該抓取動作的F5區標準神經元裡有一個活動模式。

　　當「猴子」主動進行這個動作時，**訓練就發生了**。針對該動作的標準神經元啟動會有兩個結果：

　　1‧將產生對應標準神經元編碼的抓取動作的手－物體軌跡。

2．F5區標準神經元的產出為猴子當時執行的抓取動作提供編碼，將成為它們所啟動的F5區鏡像神經元的訓練訊號。

這樣的組合使得被啟動的鏡像神經元，對軌跡中最符合標準編碼的抓取部分，有更好的反應。[1] 因為這樣的訓練，就算軌跡沒有相伴的F5區標準神經元放電，適當的鏡像神經元還是會對適當的軌跡做出放電反應。

因為F5區鏡像神經元獲得來自PF區域的輸入，編碼了手各部分與物體關係的軌跡，而不是手在視野內的外觀，這樣的訓練便讓F5區的鏡像神經元就算在手不是「自己的」，而是「別人的」情況下，也能準備好回應手—物體的關係軌跡。這個模型建立之所以有其價值，是因為這個受過訓練的網絡，不只會對訓練內容中的手部狀態軌跡有反應，同時還對新的手—物體關係表現出有意思的反應。這樣的學習模型以及其所處理的資料，都明確顯示**鏡像神經元並不只會辨識內建的一組動作，而是可以用來辨識出新的動作，並且為愈來愈多的新動作編碼**。這個模型建立也顯示這個受過訓練的網絡，不只會對訓練內容中的手部狀態軌跡有反應，同時還對新的手—物體關係表現出有意思的反應。然而，這個模型接受的輸入僅限於一個時間點的一隻手以及一個物體的資訊，所以對於將行動的主事者以及該行動「結合」，沒有任何貢獻。

鏡像神經元的嚴格定義是：在有機體執行某個範圍內的動作，以及觀察到一組嚴格一致或粗略一致的動作時，都會啟動的神經元。但是如果鏡像神經元是因為學習而獲得這樣的特質，那麼在F5區的神經元如果在辨識到動物本身無法執行的動作時也會放電，還能稱做鏡像神經元嗎？我認為它們當然是鏡像神經元，因為訓練只是擴展了它們的「一致」範圍而已。

然而，這裡還有更深入的問題，是文獻中沒有討論到的。在這兩個情況中，我們有一組神經元，它們完全做好準備，所以可以在觀察與執行動作的兩種情況下都啟動。了解這些神經元實質與潛在的能力，看來是一個合理的科學目標。如果就算在適應了之後，這些神經元當中還是有些不會在執行與

觀察到類似的運動時都啟動，那麼你就要在用詞上做出選擇，決定要不要將它們稱為「鏡像神經元」。接著讓我們來介紹一下這些專有名詞。

後補鏡像神經元（potential mirror neuron）指的是我們找到、並且適用這些學習規則的神經元，在有機體經歷適當的經驗後，能成為一個鏡像神經元。根據學習歷程的不同，後補鏡像神經元也許會在有機體執行動作時啟動，但在觀察到動作時卻不放電（以MNS模式的情況來說），或者在有機體觀察到一項動作，但自己還在學習如何執行該動作時啟動（這似乎對於鏡像神經元透過觀察進行模仿來說是必要的）。

準鏡像神經元（quasi-mirror neuron）則以非常明確的方式，將動作觀察的範圍擴大到有機體的慣有動作以外。這種神經元會將這種觀察，與在某方面與其相關、能支持示意動作的運動連結在一起。舉例來說，我揮舞手臂表現出鳥在飛的樣子，這個動作牽涉到的鏡像神經元，也許只有在執行揮舞手臂時才會生效，在觀察揮舞手臂以及觀察鳥飛行時都不會啟動。我認為，準鏡像神經元對於語言演化至為關鍵，因為它提供了一個過渡階段，是在有能力做出抽象手勢，以及做出純象徵性手勢之前的一個階段；純象徵性手勢的鏡像模仿，和與要象徵的動作及物體有比較具象關係的動作不同。

也許我們應該把這些神經元視為**粗略一致鏡像神經元**的延伸形式，它們會不會啟動，是根據比較一般性的技巧：在自己的身體基模上比對另外一個物種的身體基模（進一步的說明請見第八章）。我們在下一個段落會看到，在**鏡像系統之外也有動作辨識神經元**。舉例來說，我們不需要啟動鏡像系統，就能辨識出狗在叫；但是如果我們準備模仿狗叫，那麼觀察到狗在叫時，口顎臉部運動的鏡像系統就應該會啟動。

現在讓我們回到模型建立的部分。MNS模型的一個重要成就在於，它顯示了大腦如何在進行手部動作的過程中，學會「早期」辨識與手和物體有關的軌跡。MNS2（Bonaiuto, Rosta, & Arbib, 2007）是更近期的一個模型，在學習模型的部分有些不同，使得MNS模型在生物學上比MSN2更站得住腳，不過我們就不多費唇舌解釋這些技術上的細節了。重要的是，MNS2模型擴

大了MNS模型的基礎結構，提供了將聽覺元素納入其中的迴路。在獼猴運動前皮質F5區的某些鏡像神經元是所謂的**聽覺視覺鏡像神經元**，對於特定動作的視覺以及聽覺觀察結果都會有反應，例如剝花生或是撕紙就是同時會產生特殊聲響的動作（見下頁圖5-4，左）。

MNS2模型呈現了聽覺皮質在抽象層面的處理過程。這個模型學著在聲音與行動間存在夠強的相關性的情況下，將不同的行動與聽覺輸入單元的活動模式聯繫在一起。這樣一來，在執行動作的過程中能一直感知到的聲音，會和該動作形成聯繫，並且成為該動作的表徵之一。這種聽覺資訊本質上就不會隨著行動者而改變，使得猴子在聽見與動作有聯繫的聲音時，就能辨識出其他個體正在進行該動作。顯然對剝花生觀察結果的聽覺反應，只有在花生真的被剝開了，並且發出典型的剝花生聲音時才會真的開始，但是視覺反應就能較早開始。

恩米塔等人（Umiltà et al., 2001，見下頁圖5-5左）提出，當一項行動的最後一部分被隱藏起來時，獼猴的鏡像神經元能「推論」出結果。在這些實驗裡，猴子看到一個被銀幕擋住的物體。當猴子觀察到實驗者把手伸到銀幕後面抓取物體時，在看得見的情況下抓取同樣物體時會有反應的鏡像神經元，此時也會有反應。相反地，這種神經元對於沒有可見物體時的抓取是不會有反應的，或是如果人類把手伸到銀幕後面拿物體，但是遮蔽物體的這個銀幕先前並沒有出現，這種鏡像神經元也不會有反應。

為了解釋這一點，MNS2模型把工作記憶納入模型裡：工作記憶可以保存與目前行動相關的資訊。一旦物體和手都被銀幕遮蔽了，那麼工作記憶中必定儲存了「手和物體的存在」這樣的資訊。然而，關鍵的差異在於關於物體的工作記憶是靜止的，可是關於手的工作記憶卻要不停更新，才能在手朝著物體成功（或失敗）移動的過程中，推斷手的位置。

這個不斷更新估計手部位置與抓取動作的過程，稱為**動態重測**（dynamic remapping）。MNS2利用沒有被遮蔽的手肘位置，以及前臂是固定的身體部位這兩項資訊，更新手腕位置表現的工作記憶。在被遮蔽之前，

物體的位置以及其可視線索，都儲存在工作記憶當中。這樣一來，如果猴子觀察到被銀幕遮蔽的物體，然後觀察到實驗者在銀幕後面抓住消失的東西，那麼就能推斷出手腕的軌跡會結束在牠所記得的物體所在的位置，這個抓取

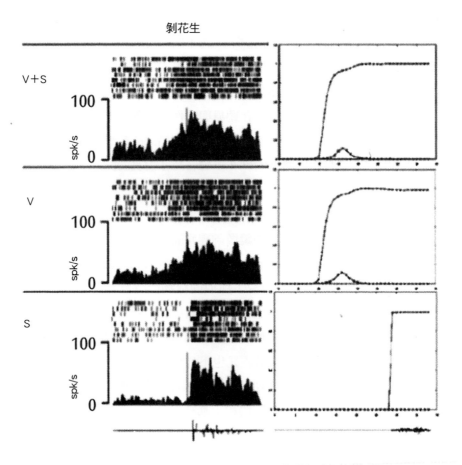

圖5-4：（左）聽覺視覺鏡像神經元的啟動反應，由上至下分別為：對剝花生動作的視覺與聽覺元素反應、只對剝花生動作的視覺元素反應、只對剝花生動作的聽覺元素反應。下方是剝花生聲音的波形圖（From Kohler et al.2002. © Springer）。（右）MNS2模型的模擬結果，顯示在面對精準捏取的連續動作時模型外部輸出層的啟動，由上至下分別是有視覺和聽覺資訊，只有視覺資訊，以及只有聽覺資訊。下方是與精準捏取有關的聲音的波狀圖。實驗資料與模型輸出顯示，在只有視覺以及聽覺視覺的條件下預測的鏡像神經元活動，但是這個活動僅限於在只有聽覺資訊的條件下，動作聲音所延續的那段時間。（From Bonaiuto et al., 2007）

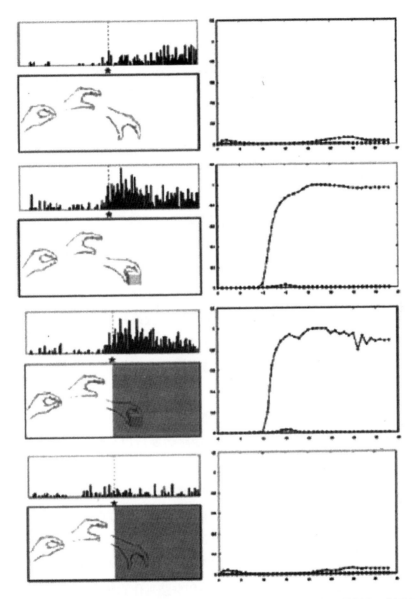

圖5-5：（左）鏡像神經元在可見的抓取示意動作、可見的抓取、不可見的抓取，以及不可見的抓取示意動作等不同情況中的啟動（摘自Umilt　et al., 2001；已取得Elsevier同意）。（右）MNS2模型在同樣條件下輸出層的啟動狀況。模型的產出結果相當符合在正確指認可見與不可見抓取時的實驗資料，而可見和不可見的抓取示意動作引發的反應不是很小，就是根本沒有。（From Bonaiuto et al., 2007）

的動作也會被F5區的鏡像神經元辨識出來。

　　不過對於接下來的論點來說，是不需要回想FARS模型與MNS模型的細節的。重要的是了解，很多不同的神經群必須要一起合作，才能成功控制手部的動作，並且讓獼猴的抓取鏡像系統能成功運作；我們在圖5-3中看到，這個鏡像系統牽涉到不只一個的獨立「鏡像機制」。

人類的鏡像系統

　　人腦中也有鏡像神經元嗎？我們不能在人類接受神經手術時，測量並保留單一神經元的活動，等到測試需要時再使用。[2] 但是我們可以在人類執行某項任務時，收集相關的血液流過腦部區域的資料（這樣可能也能了解該區的神經元活動）。我們利用正子放射造影或是功能性磁振造影等腦部造影方式，來測試人腦是否有針對某些X型動作的**鏡像系統**，也就是和其他基礎任務相比，是不是有一個區域在人類執行與觀察X類型的動作時都會啟動。[3] 如同我們在獼猴的討論中強調過的，針對在大腦的不同位置的X，都有不同的鏡像系統。

　　腦部造影顯示，人腦也有針對抓取的鏡像系統（還有其他鏡像系統），和單純看著某物體相比，這些區域在受試者執行以及觀察到各種抓取動作時都會有高度的活動（Grafton, Arbib, Fadiga, & Rizzolatti, 1996; Rizzolatti, Fadiga, Matelli et al., 1996）。很顯著的一點是，執行與觀察到抓取動作時的啟動，都發生在人腦的額葉，在布洛卡區內或是附近的區域；而大部分人類的布洛卡區都在左腦，傳統上與話語的產生有關（圖4-1右）。然而，我們在第一章的最後看到，如果我們把布洛卡區視為負責產生包括口語和手語在內的語言區，那就更合理了——這些都和實踐動作的產生，以及辨識較廣義的架構有關連。這些腦部造影的結果，支持了人類抓取的鏡像系統位在下頂葉（簡稱IPL，和猴子的PF區同源）以及下額葉回（IFG，包括布洛卡區，與獼猴的F5區同源）的說法，而我們也許能假設出一條相對應的通道：STS

→ IPL → IFG（圖5-2）。人類的IPL在左腦有部分發展出語言的特化，不過人類的IPL以及獼猴的同源區域，都支援左右腦的空間認知。

在早期的研究成果發表之後，就很少有探討獼猴和其他動物的鏡像神經元的研究，[4] 後續的研究主要都是來自帕馬大學的研究團隊以及其同僚，但是對於各種推測是人類鏡像系統的造影結果，卻有大量的研究報告。然而，腦部造影無法確認一個區域是否含有個別的鏡像神經元，但這似乎是合理的假設。更令人困擾的是，這些區域的啟動在腦部造影中被視覺化得太大了，以至於我們也許能（根據獼猴的資料）得到一個結論，也就是如果這些區域裡真的有鏡像神經元，那麼這裡也同時有標準神經元，以及兩者皆非的神經元。的確，這不只是fMRI解析度的問題，也是大部分相關區域天生的組織問題。舉例來說，你可以在相鄰的微電擊穿透（microelectrode penetrations）中，在獼猴的IPL區域發現具有相當不同特質的神經元。

因此，雖然一個區域在一種條件下的啟動，也許會展現出鏡像系統的特質，但該區域在其他條件下相對活躍的啟動，並不保證這主要是因為鏡像神經元放電的結果。

換句話說，如果我們只用一個區可能展現的一種功能模式來為這個區域命名，可能會讓人誤會；因為這種命名方法，會讓人容易把其他模式也合併在一起了。[5] 然而，如果我們了解這件事，我們就能避免落入使用**鏡像系統**這個詞的許多陷阱。可惜大多數針對人類鏡像系統的研究，都忽略了這個基本事實。一旦我們發現一個區域的啟動和觀察與執行一個種類的動作有相關性，那麼這個區域就會被稱為是**那個（一個）鏡像神經元系統**，而且接下來所有和這個區域活動有關的行為，都會被稱為涉及，甚至依靠，鏡像神經元的活動。

我必須再三強調的是，就算一個腦部區域的特徵是針對某些類型的行動有鏡像系統，但是並不能在沒有進一步資料的情況下，就得出以下的結論：在某個研究中所看到的這個區域的啟動，就是因為鏡像神經元的活動所造成的。無法在腦部造影研究中分析腦部區域啟動時相關的神經迴路，還因

為「組織構造學」（boxology）在腦部造影資料分析中的主導地位而雪上加霜。如果腦部區域X在任務A的時候比在任務B的時候活躍，那麼X通常會被視為是與任務A相關的「組織構造」（box），而不是任務B的組織構造。然而，X可能在兩個任務中都扮演關鍵角色，只是因為要完成任務A時，所需要的突觸活動比B劇烈。只有透過針對細部神經元迴路的可測試計算模型，例如FARS和MNS模型，我們才能判斷在任務A的成功，是否涉及該區域主要因有鏡像神經元存在而成立的所謂鏡像神經系統的啟動，或是受到非鏡像神經元迴路的調節影響。

但這似乎引發了一個似非而是的論點：如果幾乎沒有任何單一細胞的紀錄，怎麼可能會有詳細的人腦神經迴路的模型出現？解決方法可能是應用所謂的綜合腦部造影（synthetic brain imaging），讓人可以計算神經網絡模型中神經元突觸活動所占部分的平均值，藉此預測在實際腦部造影研究中，腦中各區域可能會發生的活動。因此，未來的模型必須要採取下列的策略：

對於獼猴腦與人腦中高度相似的迴路，利用獼猴模型和綜合腦部造影，直接預測人腦造影的結果，然後用實證結果來校正模型。

對於高度認知性的處理過程和語言，利用腦部機制的演化假設，說明人腦的架構是如何以獼猴的迴路為基礎修改並且擴張，接著利用研究結果的模型來預測人腦造影的結果（圖5-6）。

不過細節就超過本書的範圍了。

從鏡像神經元到了解

當神經生理學家研究獼猴的鏡像神經元時（取得如圖5-1的資料），猴子會注意實驗者的動作，但不會有明顯反應。透過微電極所觀察的猴子「反應」，顯示有哪些在觀察動作時活躍的神經元，在猴子自身執行類似動作

時也會活躍。猴子不會模仿。那麼鏡像神經元活動的適應性價值是什麼呢？大部分的研究者都曾在文獻中提過這類系統對於社交互動可能有的適應性價值，讓猴子可以「了解」其他猴子的動作，並且讓自己更有效地與牠們競爭或合作。可惜的是，目前沒有猴子進行自然社交互動時的神經元紀錄資料，所以還需要更多努力，才能確認獼猴的腦是不是確實支持「動作理解」。

不論如何，我假設鏡像神經元一開始演化的適應性壓力，並非來自於社交互動。相反地，我認為最早的抓取鏡像神經元，是因應愈來愈靈巧的手部控制所發展的反饋系統的一部分，因此使得手－物體關係被單獨抽出，置於MNS模型中，為鏡像神經元提供關鍵的輸入。可是一旦有能抽出這種關係的神經元表現存在，隨之而來的就是「社交迴路」演化的機會，以充分利用這個資訊，更仔細地描繪出同種生物的行為。我認為，從鏡像神經元做為運動控制的反饋系統的一部分，到它們成為傳達理解的迴路的一部分，需要更進一步的演化。

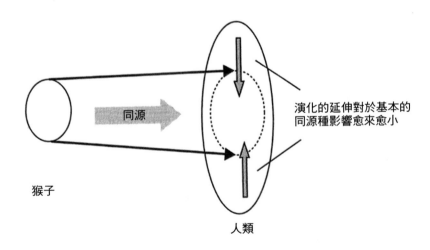

圖5-6：建立人腦模型的策略。利用獼猴腦中已知的迴路，獲得人腦中同源區域的迴路細節資訊。利用腦部演化的假設，延伸這些模型。利用綜合腦部造影，再次以人腦造影研究測試結果。

確實，亞畢和里佐拉蒂（1997）聲稱一項運動之所以會成為一個行動，原因在於：（一）這個運動和目標有關連，以及（二）運動的起始伴隨著目標得以達成的期望出現（行動=運動+目標）。一直到動作的展開背離了預期的程度，到偵測到錯誤，然後修正動作的程度。換句話說，執行行動的個體的大腦可以預測後果，因此動作表現及其後果是相連的。因此，「抓取」牽涉到的不只是手部預先形成形狀，以及包含手部動作的特定皮質啟動模式，還有和特定物體做出適當接觸的期望。達成這個目標的期望也許會在運動開始前就出現，但是重點是，這個期望的神經元編碼使得大腦能在適當的時候判斷（這個「判斷」不需要涉及有意識的覺知）這個意圖的行動是否成功。這和在運動控制時詳細使用反饋的情況不一樣；在運動控制時，利用反饋能在所有錯誤發生時加以監督，並且提供矯正的力量，最後也許還是能成功完成該行動。

儘管在自我行動的過程早期就討論到了「期望」，但是在文獻裡，幾乎所有關於鏡像系統可能扮演的角色的討論，都集中在對其他人的行動做出反應。為了探索在自我行動中，鏡像神經元活躍的用途，我的研究團隊最近提出了新的假設，認為鏡像系統也許不只有助於監督自我行動的成功與否，可能還會透過辨識自己**顯著的**行動以及來自自己意圖的行動的副本（efference copy）而啟動（Bonaiuto & Arbib, 2010）。我們為一個連續行動的模型提供了一個計算式的示範，稱為**增加競爭性排序**（augmented competitive queuing，簡稱ACQ模型），行動選擇在這個模型中是以對可執行動作的渴望程度為基礎。基本概念是：當我們在某個情境中開始執行一個意圖中的行動，鏡像神經元可以創造出達到該行動目標的期望。如果該期望沒有被滿足，那麼大腦可能會減少對該行動預估的可執行度——也就是在這個情境中，這件事情成功的機率有多大。但是如果我們無法執行一個行動，我們在某些情況下也許還是能完成一個動作，並且達到我們想要的目標（或是接近這個目標一步）。如果是這樣，那麼鏡像系統可能會「認得」這個動作和已經存在於常用動作庫當中的一個動作是類似的。因此，當動物意圖在某個情

境中達到目標時，學習過程可以增加神經元估計執行該動作的渴望程度的能力。利用可以在電腦上模擬的形式表達這些想法，我們呈現出鏡像神經元「我剛剛做了什麼？」的功能，如何對學習可執行度與渴望度都同時有所貢獻，以及在某些情況下，這種功能如何在行動遭打斷時，支援對運動計畫的快速辨識。

里佐拉蒂和西尼卡格利亞（Sinigaglia）在2008年出版的書中，對獼猴腦中鏡像神經元以及人腦中的鏡像系統，做出了絕對是最好的文獻回顧。他們的說明引人入勝，容易閱讀，而且有廣大的哲學架構，讓內容更加豐富。這本書在未來的許多年裡，都一定會是想了解鏡像系統的人使用的標準參考資料。儘管如此，他們對資料詮釋涉及的一些重點，在鏡像系統對人腦功能的貢獻方面，可能有些誤解之處。他們表示，鏡像神經元**主要涉及理解『運動事件』的意義，也就是關於他人執行的動作的意義**。我已經說過鏡像神經元在自我行動中可能扮演的角色了。然而，不要誤會上述的說法，以為：「『運動事件』的意義，也就是他人執行的動作的意義，主要是由鏡像神經元的活動所達成的。」這樣的行動**本身**，可能缺乏了通常伴隨著人類對一項行動或情況的辨識而來的豐富主觀面向。

注意，我**不是**在否認猴子對行動的辨識可能很豐富。[6] 我要說的是，光靠F5區的鏡像神經元活動，不足以提供該行動的豐富性，或組成對該行動的「理解」。但是另外一個較不具說服力的說法呢？也就是認為這些神經元的輸出，會觸發一個複雜的運動與感官網絡，類似個體在思考（運動意象）或甚至執行該運動動作所啟動的網絡，而這樣的相似性使得人能將其他人的運動行動，與自己的行動表現配對？如果你接受這個「思想相關的網絡」可以透過不是與鏡像神經元有關的方法啟動，那麼我想這個說法是可以接受的，但還是要注意，這當中缺少標準神經元活動的敘述。

想像一個辨識模式的裝置，可以經過訓練，將照相機的像素模式分類成像是用線畫圈的模式，以及不像的模式（而相似程度是由某個一翻兩瞪眼的門檻所決定）。那麼我會認為，儘管這個裝置和一個能畫圓圈的裝置相連

（就像鏡像神經元），但這個裝置本身並不**了解**圓圈。然而，如果到了這個辨識功能可以和迴路相連，形成像是「太陽的輪廓，或是圓錐形的正交也能產生適當的刺激」的程度時，你也許就能說這個模式辨識器所身處的較大系統的確表現出理解能力。因此，理解並不是個二元的觀念，而比較像是不同程度的感覺；有些東西也許可以適當地編碼，但根本不被理解，也有些東西可以被豐富地理解，因為它們的神經元編碼和很多其他行為與感知相連。

圖5-7強調，F5區（可能還有所有人類腦中被標示為「鏡像系統」的所有同源區域）包含了非鏡像神經元（在此我們把標準神經元另外提出來講），但是只有在其他腦部區域提供的較大情境中，為了在第一章的VISIONS系統所舉例的較大情景詮釋架構下理解並計畫行動，這個區域才會發揮功能。面對同樣的行動，從鏡像神經元直接通往標準神經元的通道（e），可能會造成對被觀察行動的「鏡像」，但是通常會受到控制而被抑制。在某些社交情況下，某種程度的鏡像模仿是恰當的，但如果人完全缺乏抑制能力，表現出屬於疾病類型的**模仿動作**（echopraxia）與**模仿語言**（echolalia, Roberts, 1989），也就是強迫性地重複自己觀察到的動作或聽見

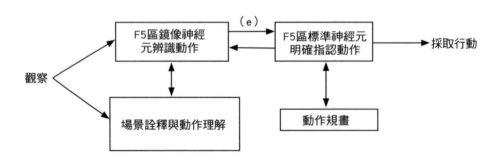

圖5-7：猴子的F5區對手部動作的觀察與執行的知覺動作編碼（perceptuomotor coding），和在場景詮釋的較大架構中理解並規畫此類動作的「概念系統」相連結。詮釋與規畫系統本身，並沒有透過與實質鏡像系統的連結所保存的鏡像特質。

的話語，同時可能也罹患自閉症。雖然鏡像神經元活動的確和**觀察**一個動作相關，但我才說過，這種啟動對於**理解**一項運動是不夠的——因此，圖5-7指出有其他的系統負責詮釋與計畫。一種可能的類比可能是觀察一種外語的身體姿態：你也許能辨識出組成該姿態的相關頭部、身體、手臂，還有手部的動作，但還是無法理解這個姿態在該文化中的意義。

里佐拉蒂和西尼卡格利亞（2008, p.137）宣稱，曾有無數的研究（e.g., Calvo-Merino, Glaser, Grezes, Passingham, & Haggard, 2005）「確認了運動知識在理解他人行動的意義中所扮演的決定性角色」。書中所引用的研究是讓古典芭蕾者、巴西卡波艾拉舞的舞蹈家組成專業組，以及由業餘人士組成控制組，兩組一邊觀看芭蕾舞或卡波艾拉舞影片，一邊利用fMRI進行腦部造影掃瞄。他們發現，和觀看沒有受過訓練的舞蹈動作相比，專業舞蹈家觀看他們曾受訓表演的舞蹈動作時，腦中有各種區域都出現很強烈的雙邊啟動，其中也包括「鏡像系統」。卡維－麥利諾等人（Calvo-Merino et al.）表示，「他們的結果顯示，這個『鏡像系統』會將觀察到的他人動作，與個體的個人運動習慣整合，暗示了人腦會透過運動模擬理解行動。」然而，這個研究並未顯示專業能力的影響完全處在鏡像系統當中。他們提出的整合可能其實和來自前額葉皮質的「間接」影響關係比較大，就像我們在MNS模型中針對標準神經元的研究一樣。

里佐拉蒂和西尼卡格利亞（2008, p.137）的確接著提出，運動知識所扮演的角色，並不妨礙這些動作「透過其他方式被理解」。布西諾等人（Buccino et al., 2004）利用fMRI研究觀賞沒有聲音的影片的受試者，影片中有不同物種的個體（人、猴子、狗）在進行吸收式（咬東西）或是溝通式（說話、呸嘴、汪汪叫）的動作。看見人、猴子，還有狗做出咬的動作時，腦部皮質明顯的重複區域會啟動，當中包括一般認為是鏡像系統的區域。然而，雖然看見人動嘴唇，彷彿在說話的樣子，會引發和布洛卡區相符的區域的「鏡像系統」強烈活動，但是受試者看見猴子呸嘴時，這樣的活動就很弱；看見狗汪汪叫的時候，就完全沒有這樣的活動。布西諾的結論是，屬於

觀察者本身習慣的運動動作的行動（例如咬和理解話語），會透過鏡像神經元，在觀察者的運動系統中被配對；但是那些不屬於這套習慣動作的行動（例如汪汪叫），雖然會被辨識，但不會在觀察者的運動系統中被配對。

然而，如果從大腦功能的分散性本質來看，我會認為所有動作的理解都牽涉到一般性的機制，不一定與鏡像系統有密切關係；不過對於那些屬於觀察者本身習慣動作的行動來說，這些一般機制也許能透過鏡像系統的活動加以補充，藉由使用和觀察者自己對此類動作的表現有關的連結網絡，豐富對此動作的理解。

里佐拉蒂和西尼卡格利亞（2008, p.125）表示，「看到他人進行的動作會造成運動區立即啟動，授權這些動作的組織與執行。透過這次啟動，就能解讀所觀察到的『運動事件』的意義，也就是從以目標為中心的運動的角度來理解這些事件。這種理解完全缺乏任何反身的（reflexive）、概念的，和／或語言的中介。」（我想這裡用的「反身的」這個詞，指的是「需要反思的」，而不是「涉及反射的」意思。）但是想想我們對布西諾等人（2004）研究的重新評估，經過延伸的觀點可參照圖5-7，以及腹側流以及前額葉皮質在FARS模型中所扮演的角色，增加了鏡像神經元被背側通道（7b/PF → F5鏡像）直接啟動的情況。他們把概念處理也加了進來，在人類的部分，則加進了語言及反身思考影響的範圍——所謂反身思考的例子：你看見別人笑了，會自問：「他是在對我笑，還是和我一起笑？」

在追蹤獼猴的鏡像系統的神經生理學時（見圖5-2），我們看到，如同派瑞特等人的研究，在上顳葉溝（STS）的神經元會在觀察動作時啟動，但也許不會在執行動作時啟動，而STS和F5區可能透過PF區間接相連，而PF區和F5區一樣，都有鏡像神經元。如里佐拉蒂等人（2001）所觀察的，STS也是包括了杏仁核與眼窩額葉皮質在內的迴路的一部分，這兩者都是腦中調節情緒的關鍵元素（見第四章，圖4-7），因此可能涉及社會行為情感層面的細節部分。

雖然鏡像神經元與情緒的關係，以本書的重點來說是枝微末節（不過對

於強調語言轉換到社交互動的其他層面來說，卻是個重要的題目），但我們還是稍微提一下，人類情緒是如何大幅度地受到我們對他人行為產生同理心的能力的影響。我們都曾有過這種經驗：看見他人悲痛時，心中也湧起一股哀傷；或是看見他人微笑時，臉上也跟著有了笑意。在查爾斯‧達爾文（Charles Darwin, 1872/1965）所著的《人類與動物的情緒表達》（*In The Expression of the Emotions in Man and Animals*）書中，作者觀察到我們和很多其他動物，有一些生理情緒表現是相同的。我們傾向感覺他人的情緒，而且某些情緒是舉世皆然的，所以其他哺乳類也會有，這使得很多研究者認為，除了手部動作的鏡像系統，我們也有產生並辨識情緒性生理表現的鏡像系統。事實上，關於不同類型的情緒，似乎有相對應的多重系統。

意思是，這些系統讓我們不是只透過辨識他人的情緒，而是透過經歷這些情緒，對他人產生同理心。這和**模擬理論**有關（Gallese & Goldman, 1998）。這個理論認為，鏡像神經元透過「設身處地」，以及利用我們自己的心智，模擬他人可能經歷的心智過程，支援我們理解他人心思的能力。其他的發現則暗示，辨識一個人行動中的聽覺與視覺細節的能力，可能是形成同理心的要素之一（Gazzola, Aziz-Zadeh, & Keysers, 2006）。

腦島（insula）在大腦的憎惡鏡像系統（Wicker et al., 2003）中扮演的角色，暗示了情緒溝通可能牽涉到多元的鏡像系統。然而，「情緒辨識」不只是關於同理心而已。如果我看到有人拿著刀子向我走過來，我會辨識出他的憤怒，但同時也會覺得恐懼。我不會在想辦法保護自己的時候，還發揮同理心。而且很多關於鏡像神經元的文獻，確實都沒有把低層級的視覺運動反應，與對他人情緒更全面性的理解區分開來。

我們在第四章看到動機與情緒是行為的原動力，而在第一章裡，我們提出了一個基模理論的觀點，將「自我」視為「基模百科全書」，我們個人的基模庫會在實體與社交世界中，引導我們的感知與互動。社交互動中的一個關鍵層面是我們對他人的觀點。「心智推理」（Theory of Mind）這個詞已經受到廣泛採用，用來說明人類理解他人也許和自己相似，但可能有不同

的知識與觀點的能力。蓋雷斯（Gallese）與高德曼（Goldman）認為，觀察到的動作順序在觀察者這裡，是以「離線」的方式呈現，以免觀察者自動複製這些動作，同時也促進對這種高層級社交資訊的進一步處理。然而，如圖5-7所示，光靠鏡像神經元是無法成為理解媒介的。理解反而是靠腦中分散的各區域所連結而成的網絡。

這提醒了我們，不要相信針對「那個」鏡像系統的討論，而是要了解手部鏡像系統、臉部鏡像系統，以及人類所擁有的語言鏡像系統等等多個鏡像系統所扮演的角色，以及它們之間的互動。本書的主要重點放在鏡像系統演化過程中的中間階段，以及支持這些階段的網絡，從和獼猴相似的抓取鏡像系統，到支持語言的鏡像系統都有。而我認為在支援情緒與同理心的腦部機制演化過程中，也同樣有數個階段的介入。這帶來的挑戰是，透過評估我們體驗他人情緒的能力如何影響了語言先備的大腦的演化，將同理心與語言演化連結在一起，但是這個挑戰超出了本書的範圍。

達派瑞托等人（Dapretto et al., 2006）研究兒童模仿臉部情緒表情的情況，發現在模仿任務中，在自閉症光譜（autism spectrum disorder，簡稱ASD）上得分愈高的兒童，鏡像系統的啟動程度愈低，兩者間呈現出相關性。然而，有自閉症障礙的兒童，還是可以成功模仿臉部表情！這顯示，正常發展的兒童可以辨識情緒，並且自己表現出情緒；但是有自閉症障礙的兒童重現表情，只是一種無意義的臉部運動累積，缺乏情緒性的意義，就像我們會模仿無意義的鬼臉那樣。

另外一個問題則是：和我們自己的行動有關連的鏡像神經元活動，如何脫離涉及辨識他人行動或情緒狀態的活動呢？「綑綁問題」（binding problem）的經典版本就是在視覺研究中討論的主題。我們每個人都誤以為我們的意識是統一的，然而組成意識的資訊，其實是分散在腦中許多區域的。我們感知經驗的不同面向會各自被處理。舉例來說（圖5-8），形狀和顏色在哺乳類的視覺系統中是分開被處理的，所以當人看見一個藍色的三角形，還有紅色的正方形時，形狀系統會辨識出這是一個「三角形」，那是一

個「正方形」，而顏色系統則會辨識出這是「紅色」，那是「藍色」。**綑綁問題**就是要確保正確的特徵被綁在一起（三角形和藍色一組，紅色和正方形一組），才不會弄錯，以為自己看見藍色正方形與紅色三角形。

我們看見「模擬理論」提出，我們會模擬他人可能正在進行的心智過程，藉此「閱讀」他人的心。然而，人必須要建立的觀念是，別人就是別人──換句話說，這個「模擬」必須使用人來描述自己的許多不同「變數」。這是**鏡像神經元的綑綁問題**：如果鏡像神經元要在社交互動中發揮適當的作用，它們不只必須在多種動作與情緒發生時同步啟動，大腦也必須把每一個動作與情緒（不論是自己或是他人的）的編碼，和目前正在經歷，或看起來在經歷，該動作或情緒的主事者綁在一起。

當兩個人在互動時，不論這樣的互動是否涉及語言，兩者都會（有意識或無意識地）利用自己的信念或是渴望等內在線索，在腦中同時建立自己意圖進行的動作，以及對方可能會做的動作的表現。而這種自己和他人動作表現的部分一致性（包括鏡像神經元），會被每一個主事者用來預測與估計這些動作表現如果真的執行了，會有什麼樣的社交後果。一個重點是，每個主

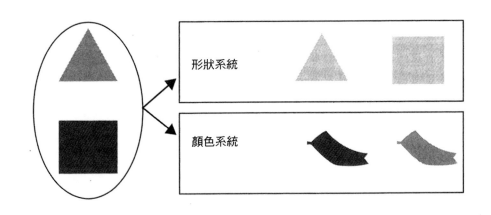

圖5-8：典型的視覺綑綁問題：哪一個顏色應該和哪一個形狀綁在一起？

事者一定不能只是登錄自己的行動，還要登錄他人的行動，這樣一來，他的腦就必須解決連結每組被啟動的鏡像神經元所編碼的行動、該行動適當的主事者，以及被執行動作的物體之間的「網綁問題」。

總結我們對鏡像神經元與鏡像系統的介紹：鏡像神經元也許在自我行動與理解他人行動中，都扮演了關鍵角色。但是如圖5-3概略所述（以及更概略的圖5-7），鏡像神經元本身並不提供理解能力，只是一個更大的「鏡像之外」系統的一部分。然而，它們透過與運動系統的連結，豐富了人的理解，在能夠被整合到主體本人的運動經驗中的情況下，超越單純的感知分類，提供對於他人行動進行短迴路分析的方法。更明確地說，MNS和ACQ模型能一起幫助我們理解，學習是如何使得各種行動都發展出鏡像特質，並且不只應用這些特質辨識其他行動，還能（也許在演化上來說，這一點是比較早發展出來的）以發自個人意圖形成的期望為標準，評估個人行動，並加以調整。

有了這種扎實的理解，我們現在可以重新更仔細地描述鏡像系統假說，並且大致說明這個假說在本書後面的部分會如何發展。

第二部　發展假說

6

路標：揭露本書論點

　　第一部提供了基本知識，讓我們有基礎能為語言先備的大腦的演化，建立特定形式的「鏡像系統假說」。這一章要從生物演化及文化演化的角度，建立思考語言演化的一般性架構。我們要看的是我的假說的基本概念，並解釋這些基本概念如何發展為後續的章節。

前情提要

　　第一章說到啟發我將語言和大腦連起來的那些「路燈」，介紹了將大腦功能分類的基模理論，補充只用神經元、大腦區域，以及中度複雜的構造來描述大腦構造的理論。接著我提出基模理論與研究動物行為的神經行為學的基本相關性，然後指出基模理論可以用來研究視覺與靈巧度，讓我們知道如何將合作式計算視為統一的感知，以及動作基模如何調節我們與世界的實際互動。社會基模接著表達了社交現實的模式，以及像是使用同樣語言的人所表現出的集體表徵。由一個社群所表現出的這些行為模式提供了外部現實，塑造孩童或其他新來者腦中新基模的發展，當孩童或新來者成為社群的一員時，其本身的行為也會對這個社會基模有所貢獻。

　　既然我們的目標是了解語言如何演化，第二章就必須評估研究人類語言的各種架構。現代的人類語言必須將單詞（或是單詞與各種修飾語）組合成片語，再用片語組成句子。每一種語言都有支援組合式語意的豐富句法；同

時，我們可以藉此從單詞的意義和組合單詞的結構，推論出整個片語或句子的意義。這是我們創造及理解一連串無止境的新語句的能力基礎，但是組織單詞的意義並不一定有用——「踢」和「水桶」的意義，並無法帶出英語慣用語he kicked the bucket代表的「他死了」的意義。除此之外，遞迴也扮演了關鍵角色，透過應用某些規則或構造所形成的結構，接著也可以是應用同樣的規則或構造的單位。

儘管已經對自主語法如何組合文字有些理解，我們還是認為了解語言的最佳環境，就是在第一章裡約略提到的動作－感知循環架構，並且認為構式語法，也就是單詞的組合涉及同時處理形式與意義的結構，可以提供更恰當的架構，將語言置於演化架構中。另外一個重點是，我們要脫離「語言（language）等於話語（speech）」的觀點。人類的手語是能完整表達意義的人類語言，只要利用適當的語彙，就能和口說的語言表達出一樣的意思。我們也提到，伴隨著說話者的話語出現的姿態，雖然沒有形成手語，卻還是能增加對話中話語元素的豐富程度。

我們利用第三章討論了猴子與人猿的發聲和姿態，藉此比較非人類靈長類的溝通形式以及人類豐富的溝通形式，也就是所謂的語言。每個種的猴子都有一套規模不大、屬於牠們的天生叫聲，而每一群的類人猿（巴諾布猿、黑猩猩、大猩猩還有紅毛猩猩）可能會有一套有限的溝通姿態，而且不同群體的姿態可能只有部分的差異。因此這些姿態有一些是「被發明的」、被學習的，和猴子的叫聲不一樣。儘管如此，這套姿態還是很有限，也沒有任何句法存在的證據。除此之外，當人類教導被關起來的人猿使用「語言」時，通常牠們也不是真的在使用語言，因為牠們的「語彙」有限，而且牠們沒有句法。

在我們確立非人類靈長類的溝通系統與人類語言之間有著（非常有限的）關係後，我們進行到第四章，了解獼猴和人類的腦部機制，讓我們有基礎能在後續章節中，描述「鏡像系統假說」在語言先備的大腦演化的各個階段所扮演的角色。我們介紹了人腦以及其主要的次區域，我們也回顧了兩個

著名的腦傷病例，分別是讓我們了解支援情節記憶（關於過去事件的記憶）的海馬回的HM，以及顯示前額葉皮質在規畫未來所扮演的角色的蓋吉。他們所失去的腦部機制是使「心智時間旅行」變得可能的能力，也就是「超越此時此地」的認知能力，對於人類的狀態極為重要。接著我們看到一段關於獼猴大腦的敘述，重點特別放在手部行為的視覺與動作關連，簡短說明FARS計算模型，藉此解釋腦的不同部分如何一起合作，引導行動計畫。我們也看到控制獼猴發聲的猴類聽覺系統以及神經機制，並和產生話語及手語有關的人腦皮質區相對比。

到這裡，我們已經為第五章〈鏡像神經元與鏡像系統〉建立好基礎。我們接著仔細介紹了鏡像神經元，不只說明與抓取有關的鏡像神經元，還有能導致口顎臉部表情以及聲音行動的鏡像系統延伸。我們利用鏡像神經元系統（MNS）的計算模型概念，增加我們對於鏡像神經元如何在神經元系統互動的廣義環境中運作及學習的理解。

接著我們將獼猴的鏡像神經元和人腦的鏡像系統連結在一起，同時強調所謂的「鏡像神經元系統」會包含很多其他的神經元，而且這些神經元有時候可能會主導整體的活動。除此之外，我們很小心地區分鏡像神經元活動的特色，以及範圍較大的其他神經元活動的概念。**增加競爭性排序**（augmented competitive queuing，簡稱ACQ）模型顯示，鏡像神經元在規範一個人自己的行動時，能扮演非常珍貴的角色——以演化上來說，這個角色的出現，可能早於辨識他人行動的功能。

最後，我們探討了鏡像神經元在同理心方面的角色，指出挑戰大腦連結自己與他人情緒的綑綁問題，並且呼應稍早提出的警告：鏡像神經元活動的特徵是有別於了解他人情緒的較廣義概念。

這樣一來，我們就準備好在腦部造影、同源，以及人類抓取的鏡像系統所組成的討論脈絡中，重新說明「鏡像系統假說」。不過，我們先來看看人類演化研究提出的一些一般性問題，接著我們就能介紹原語言的概念——這是我們遠古的祖先在擁有語言的許久之前，就已經發展出的一項能力。

演化是微妙的

　　達爾文告訴我們，**天擇**是演化的開始，後代可以和父母有隨機的差異，有些改變也許能讓牠們更能發揮生態上的利基，繁殖更成功；而這樣的改變也許會世世代代累積，使新的物種誕生。新的物種也許會取代祖先，或是兩個物種都存活下來，因為兩者都有能力生存：可能是在相同的環境中使用不同的資源，或者遷徙到不同的環境，端看哪一種有利於棲息其中的物種生存與繁殖。後續的研究讓這個論點更加豐富，也加上了更多細微的層次。特別在基因與突變的發現之後，確立了基因型（genotype）是發生改變的部分，而顯型（phenotyp）則是天擇之所在。

　　生物學家很早就區分出個體的**基因型**和**顯型**的差別。**基因型**（身體內每個細胞內的基因組，在不同的細胞群內會有不同的表現方式）會決定有機體的發展，並且建立細胞機制的功能；**顯型**（我們現在知道不只包括腦和身體，還包括有機體與自己的世界，以及其所建立的物理與社交環境的互動行為）則是以撫養後代的標準來說，成功生活的基礎。所謂「演化發育生物學」（Eco-Devo，Evolutionary Developmental Biology）[1] 強調的是，基因不會直接創造出顯型，而是幫助疏導有機體的發展（並對環境互動做出反應）。除此之外，基因也在成人體內扮演關鍵的角色，身體內的每一個細胞隨時都只表現出部分的基因（也就是理解某些基因的指示）。因此，基因型會決定哪些基因是可使用的，並包含了限制基因怎麼編碼、怎麼被打開或關上的控制基因。一些特定的細胞注定會成為大腦的一部分，我們知道對於建立一個語言先備的大腦來說，人類的基因型是獨一無二的。

　　然而，我們現在知道學習會改變神經元裡的基因表現模式，而內部或外部環境的其他層面，也能比較籠統地改變細胞內的基因表現。因此，成人大腦裡的細胞構造不只反映了基礎的基因型，還有透過個人經驗所反射出的社會與物理環境；而這樣的構造也不只包括個體細胞的形狀與連結，以及個別細胞所形成的較大結構，還有特定細胞間的化學作用（這類化學作用是發生

在不同經驗改變了所表現出的基因模式）。

　　靈長類的崛起牽涉到很多的改變，包括靈巧度的增加，使得牠們和其他哺乳類有所不同。同樣地，人類在數百萬年的時間裡，隨著身體與大腦的許多改變，逐漸與其他靈長類漸行漸遠。身體的改變包括比較細微的，在生物化學、雙足移動，以及隨之而來的雙手自由使用，使得雙手在實作技巧與溝通方面有更大的靈巧度等；還有從毛皮變成頭髮，幼齡延長（neoteny）等等。在本書中，我會將某些身體改變視為理所當然，但我會特別注意靈巧度增加所代表的意義，專注在五百到七百萬年前從類人猿分支演化而成的人科動物的大腦演化，還有現代人類所屬的智人（唯一存活下來的人科動物）的腦部演化。[2]

　　身體的改變（包括感覺組織與運動器官）與大腦的改變之間會有微妙的相互影響，有些可能會反映出自我組織現有的機制，但也提供讓天擇有不同作用、產生演化改變的差異。必須在此反覆提到的是，基因體不是整整齊齊包裝成一組一組的基因，提供給腦或身體各部位的個別細胞核使用，而各個腦核也不是各自負責控制一套行為。（注意：生物學家用的「核」這個字有兩個意思：細胞核是基因型的DNA儲存的位置；腦核指的是一組互相緊密連結的腦細胞，是神經解剖學分析的一個單位。）

　　天擇會在各層面發揮作用，包括形成細胞的大分子、關鍵的細胞次系統、細胞本身的形態、這些細胞間的連結，以及細胞如何形成多元腦核。當我們看到腦中變化數量驚人的神經形態與神經連結時，我們再也不能把天擇當成解釋形態與功能的直接關鍵。一個次系統被挑選了哪些東西，也許會對較大的系統或是較小的細節造成一些改變，而不是直接影響次系統本身。雖然有部分的基因碼會控制成人腦細胞中的化學過程，但並不會決定成人腦的形態，受到比較大影響的，反而是讓在正常環境中長大的成人腦部產生「正常」連結度的細胞群自我組織過程（這也屬於演化發育生物學）。

　　修林斯·傑克森（Hughlings Jackson）是十九世紀的英國神經學家，他從演化複雜度增加的層面來觀察頭腦。腦的「較高」層級受損，會無法阻止

「較老」的腦部區域控制後來演化出的區域，讓人展現出演化上較為原始的舉動。演化不只會讓新的腦部區域和舊的腦部區域連結，還會建立交互連結，修改那些較舊的區域。在增加了新的「階級層級」後，回頭的通道也許會提供讓「較早」的層級出現的新環境，而在某些損害這些「回頭通道」的損傷出現後，可能會出現演化的回歸。

最後，扶植適應性自我組織的環境，在本質上可能會同時兼具社會性與物理性。因此舉例來說，一個識字者的大腦和從來沒學過閱讀的人相比，一定不一樣（Petersson, Reis, Askelof, CastroCaldas, & Ingvar, 2000）。

如同畢克頓（Bickerton, 2009）及入來與田岡（Iriki & Taoka, 2012）等人的研究所強調的，**利基建構理論**（OdlingSmee, Laland, & Feldman,, 2003）和語言演化高度相關，著重的是基因與行為間的演化反饋循環。基本概念是，動物會改變牠們所生活的環境，而這些被改過的環境反過來也會選擇進一步的基因變異，因此產生了一個持續的反饋過程，使動物發展出自己的利基，而利基又塑造了該物種的發展。

歐丁斯密等人（Odling-Smee et al., 2003）列出了數百個或多或少都設計出自己利基的物種，包括海狸、蚯蚓，以及切葉蟻等幾種會建立地下蕈類農場的螞蟻等等。有機體也許會創造出一些利基，改變其他物種或是自己的選擇性壓力。所有的動物至少在原則上都能適應原先已存在的利基，或是建構出新的利基。語言很關鍵的一個層面是，它大幅擴張了我們祖先的合作範圍，讓他們能共同合作，建立社會或物理上的新利基。

人類演化：生物演化與文化演化

我們在前面看到獼猴在兩千五百萬年前，脫離後來演化成人類與人猿的這條分支；而後來演化成現代黑猩猩的這條分支，是在五百到七百萬年前脫離後來演化成現代人類的人科動物分支（見圖3-1）。我關心的是要假設我們的祖先在每一個抉擇點上的情況。為了做到這一點，我強調語言（和其

他形態的溝通完全不同）在猴子與人猿，或是我們與牠們共同的祖先的演化過程中，沒有扮演任何角色。在人科動物分支出現之前（也許還有人科動物這個分支發展的過程裡），我們所描述的任何改變之所以會被挑選出來，一定是因為它們都和這些遠古物種的生命有關，而不會是因為它們是語言的前身；不過我們會很想知道，語言先備的大腦演化，是如何以這些較早出現的適應性改變為基礎而建立起來。

人科動物的家族樹上，在巧人（*Homo habilis*）之前有南方古猿（*australopithecine*，又稱更新世靈長類），巧人之後演化成直立猿人（*Homo erectus*，圖6-1）；一般認為直立猿人就是智人（*Homo sapiens*）的前身。在2009年的新發現顯示，我們可以把人類出現前的歷史，再前推到「露西」（Lucy）出現前一百萬年（露西是阿法南猿，參考2009年10月2日出版的《科學》特刊），因為我們發現了更早的阿法南猿「阿爾迪」（Ardi）大部分的骨骸。

一般都同意，直立人猿在非洲演化，接著散布到歐洲與亞洲。另外大家也同意，直立人猿並沒有個別在非洲、歐洲，以及亞洲演化成智人，而是在非洲演化，接著從非洲往外遷徙，形成二次擴張（Stringer, 2003）。然而，雖然化石遺跡能告訴我們關於這些人科動物的一些行為，卻沒辦法告訴我們太多關於他們的腦的事；化石只能顯示他們腦的整體大小，也許還能透過頭骨的內表面積，推論出主要次區域的相對大小。在本書中，我不會研究化石，而是會專注於比較各種活的靈長類的腦與行為，建構評估語言先備的腦的演化架構。

顯型不只與構造有關，還與行為有關。青蛙不只是舌頭很長，還會用舌頭捕獵物；蜜蜂不只會採集花粉，還會跳舞溝通花粉與蜂窩的相對位置。儘管行為顯型可能是「大腦基因」在相對中性的環境中運作所造成的結果，但是很多行為顯型都同時表現出大腦固有的組織，以及大腦透過個別有機體在成長的社會或物理環境中，因學習而來的狀態。對於很多物種來說，所謂「社會環境」是很難與生物學分割的。但是對於靈長類來說，我們可以分辨

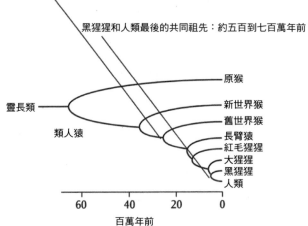

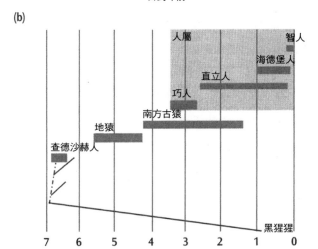

圖6-1：（a）靈長類家族樹簡圖，呈現類人猿脫離原猴類，進一步分支成為猴子、人猿，以及人類。獼猴與人類最後的共同祖先大約存在於兩千五百萬年前，黑猩猩與人類的最後共同祖先大約存在於五百到七百萬年前。（b）人類脫離我們與黑猩猩最後的共同祖先後，演化的巨大分歧發生在南方古猿和各種人屬動物支系之間，但是這張圖也標示出了一些更早的形態，包括查德沙赫人與地猿。這張圖也根據化石證據，標出了人屬動物裡一些關鍵的物種，以及我們自己這個物種：人屬智人種。我在這裡沒有放樹狀分枝圖，因為那樣看不清楚一個較古老的物種，到底是不是較新的物種的祖先。在下方的時間軸是以距今百萬年為單位，灰色的條狀是根據有限的化石證據所得知該物種的存在期間，資料來自2009年10月2日出版的《科學》阿法南猿發現特刊（第38頁）。

各種「儀式」、「慣例」，以及「部落習俗」，它們組成的文化主體雖然受到社會團體中個體的生物組成所限制，但這些生物組成並不會決定文化。舉例來說，在不同的人猿群體間，會有不同的使用工具模式，這就能說是一種「文化」（Whiten et al., 2001; Whiten, Hinde, Laland, & Stringer, 2011）。因此，當我們要分析人科動物的演化時，就算是討論生物演化，文化還是會扮演一個重要的角色，而且文化本身也會受到改變與天擇的影響。當我們說到人類與其祖先的「利基建構」時，我們會看到文化與物理環境不可分割的融合──如同狩獵採集者、農夫，還有都市居民間（以及這些較大的類型中很多的細節）的不同。

另外一個機制稱為**鮑德溫演化**（Baldwin, 1896）──這個概念是，一旦一個群體透過社會手段發展出一個有用的技巧，那麼執行這個技巧的能力本身，可能就會成為天擇的對象，造成一群人的後代子孫愈來愈熟練這項技巧。然而，我們不應該因此就認為每一種人類的技巧都有生理基礎。把上網當成一個例子吧，這項技能在一群人之間變得愈來愈熟練，但是這群人並沒有出現生理上的改變。此外，就算需要生理上的改變，你也必須考慮這個獲得的新能力本身，是不是選擇改變的「主要推動者」，或者有其他的改變促使這個新能力在被發現之後，可以透過學習而獲得。舉例來說，有很多例子是提高視覺的專注力，或是改善工作記憶的能力；這些例子都能提供不特定的動力，使得技術經歷數個世代後，愈來愈精良。

在歷史語言學上，**原語言在人類的語言家族中位在祖先語言的位置**。人類語言家族中的所有語言，都被假設是從過去流傳到現在，透過文化演化的過程出現各種變化與調整，但不涉及任何人腦與身體形態的基因改變。[3]舉例來說，原始印歐語（proto-Indo-European）是印歐語家族的原語言，而這個家族的範圍從印度語到希臘語與到英語都有（見第十三章，圖13-1的討論）。然而在本書大部分的篇幅中，**原語言**（沒有進一步的資格描述）可以是任何一個我們能辨識的（前提是我們有資料）特定人科動物群體（可能也包括早期人類的部落）所使用的語句系統，它雖然可以被視為人類語言的前

驅，但是其本身並不是「真正的」語言（Hewes, 1973）。

我所謂**真正的語言**，指的是像第二章所描述的一個能持續創造出新意義的系統，意義的創造可以是透過發明新的單詞，或是透過根據某種形式的語法，「忙碌地」組合不同的單詞，以至於就算語句或單詞組合是新的，人還是可以推論最終語句應該是什麼意義。而這第二個過程稱為**組合式語意**。我們人科動物的祖先演化出和猴子或人猿的腦不一樣的腦，可以支持原語言，而原語言是一種開放的溝通形式，比起非人類靈長類的叫聲和姿態系統更為強大，但是缺乏現代人類語言的完整豐富性。

然而，關於原語言到底是什麼樣子，至今依舊爭論不休，我會在第十一章多做討論。就算對於原語言的本質已經達到共識，還是有另外一個未解決的問題：從原語言轉換到語言，是否需要重大的腦部結構生理演化的支援呢？或者這個轉換（就像從口說語言到書寫語言那樣）只需要廣為接受的創新所累積而成的歷史，不需要改變人腦的基因計畫呢？

觀察五萬多到十萬多年前的人類考古紀錄，常會發現這段時間裡鮮少出現關於藝術、埋葬儀式，以及其他人類文化的「現代」發展痕跡（相對來說，狩獵、製造工具、用火等等發展痕跡就相當明顯）；有些人認為，這個顯著的差異可能是因為「發現」了語言才出現的（Noble & Davidson, 1996）。

舉例來說，德埃里克、韓薛伍德與尼爾森（D'Errico, Henshilwood, & Nilssen, 2001）曾在南非布隆伯斯洞窟（Blombos Cave）發現大約七萬年前，也就是石器時代中期有刻痕的骨骸碎片，他們也討論了這對於符號使用及語言所代表的意義。這個地方也發現了製骨技巧的證據，而他們認為骨頭上的刻痕是刻意製造出來的。由於他們注意到布隆伯斯洞窟的赭石碎片上也有刻痕，因此他們認為這樣的刻痕其實帶有符號意義的象徵行動。當然我們還是不知道，這到底是已經有語言的人所創造出的刻痕，或者暗示了當時對符號的意識逐漸增強，而這種意識在接下來的數千年之中漸漸以文化的方式演化成語言？

要確認人類第一次使用語言（有開放的詞彙、豐富的語法）的時間依舊是不可能的，但是這裡的問題是，語言是不是最早的現代人（智人）基因組成的一部分？或者早期智人的腦是「語言先備」的，但需要數萬年的文化演化，才能形成語言？我來更完整地解釋一下這兩者間的關鍵差異。沒有人能說在十幾萬年前塑造人腦的生理選擇那個部分，就是讓我們能玩電動的天擇優勢。儘管如此，人腦還是「玩電動先備」（video-gameready）的：一旦歷史透過累積與散布許多聰明的做法，帶來適當技術的發明，人腦就能夠獲得善用這項技術所需要的技巧。[4] 真正的語言出現的正確時間到底是五萬年或是十萬年前也不是重點，本書要強調的是，原語言和語言之間是有確實的差異的，而最早的智人擁有部分生理演化的頭腦，使得他們能支援原語言，但是他們當時並沒有現代定義中的語言。

現在我們建立起了「語言先備」這個概念，我要用下面三個中肯的問題來說明人類語言演化的研究：

生理問題（「**生理演化**」）：人類怎麼演化出「語言先備」的大腦（與身體）？這引發了一個需要補充的問題：人腦和身體是哪一個部分讓人類可以獲得語言？為什麼它們會變成這個樣子？人類的兒童能習得複雜程度讓非人類的靈長類望塵莫及的語言；然而，讓這一切變得可能的特質，也許不是直接和與不同於原語言的語言有關。舉例來說，現在的兒童可以輕易獲得上網和玩電動的技巧，但是沒有基因是特別為了這些技巧而被挑選的。

歷史問題（「**文化演化**」）：是什麼樣的歷史發展導致人類社會以及語言有現在這麼多的樣貌？如果你接受我在後面會反駁的這個看法：最早的智人有原語言，但沒有現代定義中的語言，那麼你就必須要分析語言是怎麼從早期的眾多原語言中，經由文化（而非生理的演化）出現。

發展的問題：是什麼社會結構讓兒童進入使用特定語言的社群？兒童以及照顧者的腦又需要什麼樣的神經能力，才能夠支援這樣的過程？

最後一個問題讓我們回到演化發育生物學的想法。「先天還是後天」已經不再是爭議，腦部和身體的發展，是基因與環境要素不可分割的互動帶來的結果，而這些環境要素非常多樣，從營養到運動到教養到社會互動都包含在內。對我們來說特別重要的是，人腦在基本結構之外到底有什麼特別的地方，可以強調塑造腦發展的自我組織與學習的過程（我們合稱為「神經可塑性」）不只在胚胎成長時期，而是在人的一生中都會發生。因此，腦的構造會反應個體的經驗，不過哪些經驗能塑造一個腦到什麼程度，就會根據腦的「天生本質」，也就是決定大腦的神經線路、生長、新陳代謝以及可塑性的那些基因機制。因此，在發展問題中，合併了生理和歷史的問題。

在這個段落的最後，讓我們回到文化演化的部分。義大利語和西班牙語、加泰隆尼亞語和羅馬尼亞語一樣，都是羅曼語系（又稱拉丁語系），源自於羅曼人，從拉丁文發展而來。羅曼語系大約花了一千年的時間，才脫離拉丁文。英語是諾曼法語和其他羅曼語系層層疊疊重新架構後的產物，屬於日耳曼語系。所有羅曼和日耳曼語系都被視為印歐語系，大約在六千年前從「原始印歐語」發展而來（Dixon, 1997）。印歐語系的分支，透過歷史變遷的過程以及許多人與民族之間的互動，形成了種類豐富的印度語、德語、義大利語、英語等語言。在短短的六千年裡就出現這麼多改變，那我們要怎麼想像從智人在二十萬年前出現之後，到底出現了多少的改變呢？或者在更早之前，人科動物演化的五百萬年裡，又有多少改變？

三大關鍵假說

圖6-2總結了本書的論點：直到十萬或二十萬年前的生理演化，塑造了早期智人祖先的大腦和身體，因此他們能有彈性地用手和聲音互相溝通，但並沒有出現「真正的」語言。接著過了數萬年，大約在五萬到十萬年前（大約有幾萬年的誤差），我們的祖先才將**原語言**（非歷史性的說法）發展成類似真語言的東西。更明確地說，本書發展了三個假說：

假說一：沒有天生的普世語法。人類的基因體提供語言先備性（也就是兒童如果在已經有語言的社群中成長，可以習得及使用語言的能力），而不是在一套普世語法中，編碼了詳細的句法知識。

我們在第二章中看過，喬姆斯基是二十世紀最具影響力的語言學家，他

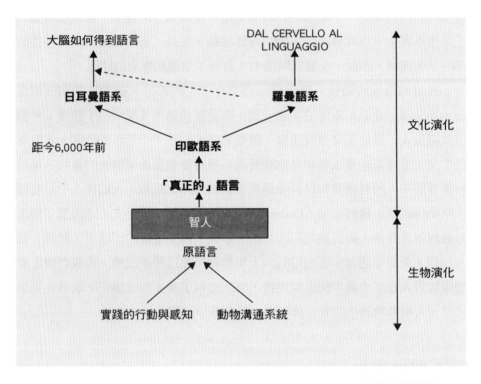

圖6-2：我幾年前在義大利的費拉拉進行演講，不過演講的文宣上不只用了英語的標題「大腦如何得到語言」（How the Brain Got Language），也用了義大利文的標題「從大腦到語言」（Dal Cervello al Linguaggio），這樣的翻譯不是直譯而是意譯。不過這張語言分支樹狀圖的重點不在於翻譯，而是要指出從生物演化到文化演化的轉變。生物演化使得語言先備的腦以及擁有原語言的早期智人得以出現，不過根據在本書第二部所發展出的假設，大約過了數萬年的文化演化，真正的語言才得以出現，而更近一步的歷史改變則使得原始印歐語大約在六千年前出現，這是羅曼語系、日耳曼語系，以及許多其他語言群的祖先。當然也可以用其他的語言家族來表現這個結構，例如漢藏語系、尼日－剛果語系、亞非語系、南島語系、德拉威語系等任何較小的語系家族。

曾提出，如果單獨研究句法，而不強調句法與語意或語言使用的關連性，會對人類語言有更深刻的了解。[5] 結果就是，在一系列的架構（幾乎每十年都會大改一次）中的每個架構似乎都提供了所謂豐富的「普世語法」，讓我們在比較許多不同的人類語言時，足以描述我們所能找到的所有句法結構的關鍵差異。然而，我和喬姆斯基分道揚鑣的點在這裡：他不只把每個版本的普世語法，都當成句法研究裡的描述性架構，還斷言這個機制是編碼在每個嬰兒的大腦基因當中，而且在他所謂「語言習得裝置」（Language Acquisition Device）的運作中，扮演了關鍵角色。這樣的說法完全沒有提到習得語言的實證資料，但是喬姆斯基由於身為語言學大師，讓他對習得語言的看法得到毫無根據的可信度；因此如果有人要真正了解人類基因體對於人類發展出一個語言先備的大腦，究竟扮演什麼樣的角色，就必須面對喬姆斯基提出的這些看法，而我們在第十一章也會這麼做。

更概括性地說，我要再度重申人腦有潛力做到很多了不起的事，從書寫歷史到建造城市到使用電腦都包括在內，但是這些了不起的事，對於生理演化完全沒有作用，而是與創造出能發展並傳遞這些技能的社會歷史發展有關。接著可能有人會問，讓我們具有語言先備能力的那套「大腦運作原則」，是不是也會讓我們預先具備了創造歷史、城市，或是電腦的能力呢？或者是在「未文明化」的人腦中，針對上面這些能力都有著不同的先備特質組合呢？但是這個討論就超出了本書的範圍。我要說的是，我們的生物演化先讓我們的祖先擁有具備複雜動作辨識與模仿能力的大腦，接著讓這個大腦有能力使用溝通技巧與實際動作，這個大腦適應的是「原語言」，而非有豐富句法與語意的語言。其他的就是歷史了。

假說二：語言先備的能力，是多模組的。語言先備的能力演化成多重模組的手部／臉部／聲音系統，搭配原手語（以手為基礎的原語言），為原話語（以聲音為基礎的原語言）提供骨架，達到「神經元臨界質量」，讓語言能在智人的歷史中成為文化創新的結果，從原語言中誕生。

既然大部分的人類都是先以話語的形式習得語言，一般也很自然會認為

演化出「語言先備」的大腦，和演化出一個「話語先備」的大腦是一樣的。不過我們在說話的時候經常會用雙手做動作[6]，還會改變我們的臉部表情。失聰者有手語，連失明者在說話時都會有手勢，這顯示手和語言之間有著古老的連結。支援語言的那些大腦機制，不一定只給予聽覺輸入與聲音輸出特別待遇。

失聰者一直都知道這件事，但語言學家直到1960年代才開始發現（Klima & Bellugi, 1979; Stokoe, 1960）：手語是完整的人類語言，有豐富的詞彙、句法，以及語意。除此之外，使用手語的不只有失聰者。有些北美的原住民族（Farnell, 1995）以及澳洲的原住民部落（Kendon, 1988）都會使用手語。這些研究顯示，語言先備的能力應該屬於**話語—手部—口顎動作**的複合物。在習得語言的過程中，大部分的人會把語言所附載的大部分資訊（絕對不是全部）轉移到話語的領域裡，但是對於失聰者來說，大部分的資訊是由手和口顎動作所承載的。這些都為「鏡像系統假說」建立了基礎。

前面所提到的兩個假說，並不否認人類演化會使得基因編碼中，出現一些**支持**語言的構造。人類有雙手、說話的器官（喉頭、舌頭、嘴唇、下顎）、臉部的移動性，還有多個大腦機制，是學習如何產生及感知能在語言中使用、快速產生的一連串姿態所必需的。然而，這樣的確讓語言脫離話語的純聲音—聽覺領域，並且將**生理演化**（塑造語言先備的大腦〔與身體〕的基因體）與**文化演化**分開，讓我們從有語言先備的腦以及初級手部—聲音溝通（原語言）的人科動物，變成有完整語言能力的人類。我會在後面的章節裡說明，在人科動物變成智人之前，雖然原語言的要求對於人腦演化有其貢獻，但是讓語言和原語言有所差異的那些特質，則對人腦演化沒有貢獻。因此，一些大哉問出現了：「『語言先備』和『擁有語言』有什麼不一樣？」「原語言和語言有什麼不一樣？」第十章會提供部分答案。

人類可以，而且正常來說都會習得語言，猴子和黑猩猩則不會。不過像第三章中提到的，黑猩猩和巴諾布猿可以透過訓練習得使用符號的能力，複雜程度相近於兩歲人類兒童的語言前驅物的表現。人類生理演化的關鍵，是

能夠產生話語的聲音器官與控制系統的出現。但是這些機制是否直接來自於靈長類的發聲？本書的論點是，這些機制其實是透過原手語的形式發展而來的，所以是間接的。

假說三：鏡像系統假說。人腦中支援語言的機制，是以一開始與溝通無關的機制為基礎所發展的。相反地，針對抓取的鏡像系統，以及這個系統產生並辨識一組動作的能力，為語言同位提供了演化基礎。語言同位指的是「語句的意義對講者和聽者來說約略是相同的」這個特質。

我會在本章的後半解釋這個假說以及其論點如何在本書中發展。不過現在我要多解釋一下會在後面出現的「原語言」及「語言」的關鍵特徵。

原語言及語言

在這個部分，我會提出十一項讓人得以使用語言的特質，這份清單絕對不是最詳細的，但是我認為前七項是由生物演化所建立的，產生了智人大腦的基因體，並且讓早期的人類能使用原語言；後四項則不需要任何新的腦部機制，而是文化演化對語言先備的腦發揮作用的結果，使得確實擁有語言的人類社會得以誕生。然而，不論我等一下能不能說服你原語言和語言位在生物學與文化間鴻溝的兩端，這裡的主要目標是鼓勵你同意兩者間的確有差別，並且討論差別到底在哪裡。接下來是「語言先備性」的前七項特質，我認為這些是原語言以及語言所必需的。

特質一：辨識複雜動作與複雜模仿。辨識複雜動作的能力是：能辨識出他人的表現，是以達到特定次目標為目的的一套熟練運動。**複雜模仿**的能力是：利用上述的辨識能力為基礎，彈性模仿自己所觀察到的行為。這可以延伸到另外一項能力，也就是辨識出這樣的表現結合的新動作，是近似於（也就是或多或少能大致被模仿）已經存在於既有動作當中的變化型。

要注意的是，這項特質完全是在實踐的部分，不只需要獼猴腦中的鏡像神經元特質：在猴子執行特定動作以及猴子看到人類或其他猴子表現出類

似的動作時都會放電，但不足以支援複雜動作的模仿。這裡的重點是，辨識他人進行複雜動作的能力，對於了解他人意圖來說非常關鍵；這樣的能力如果能用在「複雜模仿」又特別有用，因為能讓我們將新的技能轉移給其他人（第七章）。演化理論就是這樣，不過這種能力之所以會演化，是因為能在技能分享方面發揮作用，建立了後來可以適應語言的腦部機制。一個在學說話的兒童必須要能夠辨識聲音如何組裝在一起，也要能在自己的語彙中加入新的單詞。成人比較不會模仿自己聽到的東西，不過我們三不五時都會記住新的單詞或常用的標語。事實上，每次我們了解一個句子時，我們都表現出辨識複雜行動的能力，了解整個語句的意義是由組成語句的單詞所形成的。

因此，我們的第一項特質是屬於**實踐**的部分，也就是與世界中的物體實際互動的領域，還包括特殊的操作。然而，要從實踐到原語言，我們的祖先就必須從為了達到實際目標的語彙行動，轉移到有溝通目標的語彙行動——兩者間的差異相當於把你拉近自己身邊，以及示意要你過來的差別。

特質二：蓄意的溝通。這裡所謂的溝通，指的是說話者蓄意對聽者造成某種影響的行動，而不是實踐動作無意造成的影響或副作用。

長尾黑顎猴的示警叫聲是一種自動反應，而不是為了警告其他猴子有天敵出現的蓄意行動。同樣地，如果一隻猴子看見另一隻猴子在洗馬鈴薯，牠可能會接收到洗馬鈴薯有某種自己還沒發現的好處這個「訊息」，但是洗馬鈴薯的猴子並沒有蓄意發出這個訊息，牠只是想在吃馬鈴薯之前，把上面的土給弄掉而已。一個蓄意的溝通行動就不是非自主性的，也不是一個實踐行動的副作用，而是蓄意要影響他人的行為或意圖。這個行動變成了一個符號。當然，如果沒有人了解這個符號，那它就沒有什麼用了。這裡的重點是，要讓下面兩項特質——符號表現與同位，進入龐大的符號系統中，就一定要有複雜行動的辨識與模仿。

特質三：符號表現。將符號（溝通性質的行動）與一個開放階級的事件、物體，或是實踐行動連結的能力。

在第三章的「手部動作」段落裡，我們看到皮爾士提出的三分法：圖

象、指示符號、象徵符號（或稱抽象符號）。這是最基礎的符號分類。然而，皮爾士定義的象徵符號有別於圖象及指示符號，可是我選擇使用「符號」這個詞來指稱所有透過習俗所認可的記號，因此我把圖象符號的概念也包括在內，因為如果我們接下來要討論語言，那麼當單詞與其所代表的東西相似時，卻要說它不是一個符號，似乎並沒有幫助。

至於以人類語言為形態的符號，我們都很習慣使用名詞來指稱物體，用動詞來指稱行動（還有其他的指示對象）。但是乍看之下，語言似乎不會對事件使用單詞，而是把單詞放在一起來描述事件，所以是X對B做了A，等等。可是如果我們把「吃」定義為「將生存所必需攝取的物質放入嘴裡，咀嚼後吞下」，那麼說「吃」是對一個事件的描述也是正確的。我在第十一章裡會大篇幅地解釋，描述事件的原語言符號（我稱之為**原單詞**〔protowords〕），在很多情況下都是先出現的，之後才有關於概念的符號的「蒸餾萃取」，讓一種語言的使用者能用來定義這些符號。

雖然很難劃清界線，不過我把「示警掠食者」這種叫聲排除在「符號」之外。這種聲音會**造成群體大規模的逃離行動**，但是我們不清楚猴子是不是有意造成這個結果。除此之外，這種聲音是預先編碼在基因裡的，不是應用下述能力所造成的成果：創造新溝通行動，並且將這些行動與新的指示對象連結在一起。示警叫聲與天性的關連、人猿在姿態中「加一點」的能力，以及人類符號表現的開放式語意三者之間是有不同的。這指出了我們試圖了解的部分演化順序。我會在後面特質八的「符號表現與組合性」裡，說明「原語言符號主義」和「語言符號主義」是不一樣的，在第十章裡我也會探討這樣的轉變可能是如何發生的。

特質四：同位。若能被視為是一個或多個符號的生產者，經常也必定被視為是這些符號的接收者。

溝通性行動的同位原則延伸了抓取的鏡像神經元的角色，還有在獼猴腦中所發現的其他行動，因為它們只適用於實踐的行動。這個原則可以將複雜模仿從實踐「提升」到溝通。本書主要的論點是，鏡像神經元為支持同位

原則的大腦機制提供遠古的基礎，所以我們也能將同位原則稱為「鏡像特質」，是共享符號的基礎。同位不只限於符號表現，還確保了符號不只能由個體所創造，還能共同擁有。

前三項原語言／語言先備的特質都是比較概括的，不限於最後終於找到語言表達的數個過程背後的認知能力，而是據推測，在我們的老祖宗得到語言之前就已經有了的能力。

特質五：從階級結構到時間順序。動物能察覺場景、物體，還有行動都有次部分，並且藉此判斷要執行哪些行動，以及什麼時候執行行動，才能達到與有階級構造的場景有關的目標。

這種能力出現的時間比人科動物，甚至比靈長類還要早許多，而且是許多動物都有的能力。舉例來說，一隻青蛙可能會認得一個障礙物，還有在障礙物之後的獵物，並且繞過障礙物，接近並捕捉獵物。因此，語言的一項基本特質（將概念性的結構轉換成有時間順序構造的行動）實際上並非語言所獨有，而是只要動物考慮到周圍環境的本質，採取適當的行動，就會顯現出這個特質。然而，只有人類有能力以反映這些結構的方式溝通，而且能依自己的需求鉅細靡遺地描述。

後面兩項特質我只會簡短帶過，之後才會解釋它們和語言的關係（特質十與特質十一）。

特質六：此時此地之外之一。能回想過去事件或想像未來事件的能力。

關於這項特質是否是原語言所必需的可能有爭議，不過擁有能描述過去特定事件，並且評估各種未來計畫的腦部構造，顯然是語言的前提。就算記憶和計畫不能訴諸文字，這種衡量過去和現在的能力，顯然也具有獨立的演化優勢。海馬回能建立情節記憶，也就是對過去事件情節的記憶（O'Keefe & Nadel, 1978），而做計畫的基礎則是由前額葉皮質所提供（Fuster, 2004）。我們在第四章裡簡單看過這些人腦機制，而情節記憶的某些層面也會發生在其他物種身上。

舉例來說，克萊頓與狄克森（Clayton and Dickinson, 1998）曾提出，會

儲藏食物的鳥能記得糧倉的空間位置與儲存內容，而且牠們會根據存糧的易腐程度，調整儲糧與取食的策略。明確地說，對於叢鳥（scrub jay）來說，如果有儲存在不同視覺空間位置的兩種糧食：容易腐壞的蠟螟幼蟲，以及先前儲存但不會腐壞的花生，在儲存後短期就可以取出食用的情況下，牠們比較會選擇新鮮的蠟螟幼蟲，這也是牠們比較喜歡的食物。然而，如果儲存的時間變長，牠們很快就學會不要去找蠟螟幼蟲，因為這時幼蟲已經腐敗了。不過這邊要注意的是，叢鳥和人類的情節記憶是不一樣的：叢鳥有的是針對儲存食物這種「特別目的」的情節記憶，人類則是針對「一般目的」的情節記憶，使得人類能記得各式各樣過去發生的事件，做為當下決策的基礎。

特質七：幼態與群居性。幼態（Paedomorphy）是嬰孩依賴時期的延長，在人類身上特別顯著。這結合了成人願意扮演照顧者的角色，以及社會結構隨後的發展，得以提供複雜社會學習的條件。

這裡要說的是，在沒有慈愛的父母或是朋友、手足等其他親戚的幫助，兒童要精通一項語言是很困難的。因此探討語言的這些「社會前提」，對於補充我們一開始對於支持人類語言的大腦機制的討論來說相當重要。人類演化的方式，不只讓孩童能獲得各式各樣的技能，成人也樂於幫助他們獲得那些技能。

後面的章節會提出，複雜模仿加上複雜溝通，如何配合鏡像特質，演化出一個語言先備的腦。讓我再度重申：我的假設是，早期的智人已經擁有現代人學習語言所需的腦部機制，就這方面來說，腦早就是語言先備的了，但是在那之後還需要數萬年的時間，人類才能發明出語言。

接著我們要看後四項特質，我認為這些是產生語言（不論是口語、手語，或者兩者兼具）所必需的，而這些特質所基於的大腦能力，則是語言先備性的基礎，包括複雜行動辨識、複雜模仿、符號表現、語言同位、階級構造，以及時間順序。我的論點是，只要大腦的「主人」在一個擁有定義中的語言，並且在能幫助兒童習得語言的社會中成長，那麼支援這些特質的大腦，也會支援後面這些其他的「語言特質」。我們在第十章裡的任務，就是

大致描述在這麼多個世代之後，只有原語言的那些社會如何發展愈來愈複雜的溝通系統，直到它們終於擁有我們所謂的「語言」為止。這樣一來，每一個世代都能提供愈來愈多樣的溝通環境，使得下一個世代的發展更加豐碩。

總的來說，我認為語言先備性的基礎機制，受到大腦與身體的基因編碼以及後續進行社交互動的空間所支持；但除此之外，基因體並沒有為後面四項語言特質特地建立額外的構造。

特質八：符號表現與組合性。符號成為現代觀念中的單詞，在表達意義時能互相交換與組合。

然而，如同我們將在第十一章中所看到的，對於是什麼組成了單詞，不同語言都有不同的看法。

特質九：句法、語意、遞歸。句法結構和語意結構的配對愈來愈複雜，而次結構的套疊也使得某種形式的遞歸變得無法避免。

如我們在第二章所看到的，語言是可繁殖、有生產力的，由單詞和語法標記所組成，組合的方式非常多樣，以此產生了基本上不受任何限制的句庫。一種語言的句法會決定該語言的單詞如何組合成句子。那麼意義呢？很多我們使用的英語單詞，例如「玫瑰」（rose，名詞）、「藍色」（blue，形容詞）等，其組成的字母並不具任何意義。在英語裡，這些字母只是讓我們知道怎麼發音，本身並沒有任何意義。

然而，英語的句法讓我們知道要把形容詞放在名詞片語前面，利用每片「拼圖」的意義，推論出整體的意義。因此，如果有人要我們找到「藍色玫瑰」，那麼就算你從來沒看過藍色玫瑰，你可能還是會去做。句法明確規定怎麼把單詞放在一起，組成結構成分（constituent），再把這些結構成分組合成更大的結構成分，變成一個句子或無數個句子。這種利用句法結構與單詞意義來推論句子意義的能力（如「請幫我拿我忘在餐桌上的藍色玫瑰」），就是我們所謂的**組合式語意**。當然，語言的力量部分來自於我們有各種表達方式，可以傳達我們的意義。例如：「那裡有一朵枯萎的藍色玫瑰」，跟「嗯，我從沒——一朵藍色玫瑰。反正那鬼東西已經枯掉了」。

我們前面也看過語言是遞歸的，因此建立結構成分的規則，也能用來建立相同類型、更大的結構成分，而前面的結構成分可以是這個更大結構成分的一部分。最有名的遞歸句例子如下：

[This is [the maiden all forlorn that milked [the cow with the crumpled horn that tossed [the dog that worried [the cat that killed [the rat that ate [the malt that lay in [the house that Jack built.]]]]]]]（原文出自英語童謠）

（此句大意是：寂寞的農家女在傑克蓋的房子裡替有彎角的乳牛擠奶，而狗害怕會被牛的彎角給甩出去，而放在傑克蓋的房子裡的麥芽被老鼠偷吃了，貓咪又咬死了偷吃麥芽的老鼠。）

而且我們知道可以這樣不斷延長這個句子。

符號表現與組合性，和句法、語意，以及遞歸互相交織，密不可分。關鍵的轉折是讓認知結構可以反映在符號結構上的組合性，就像感知（不一定限於人類）是語言描述（限於人類）的基礎一樣。例如描述物體外觀的名詞片語，可能會選擇性地形成更詳細地描述該物體的較大名詞片語的一部分：我們先看到玫瑰的外型，然後才是顏色，然後才發現它枯萎了。這樣來看，**遞歸是來自語言先備性這個特質，也來自時間順序的階級結構，是跟著符號表現與組合性出現的。**[7]

遞歸不是演化必須加在組合性上的東西，是組合性一旦能開始重複，建立起更大的溝通結構之後，馬上會產生的副產品。因此，這與所謂「狹義的語言機能」（the faculty of language in a narrow sense，簡稱FLN）只包括遞歸，並且只是人類語言機能獨有的要素的說法（Hauser, Chomsky, & Fitch, 2002）大相逕庭。雖然差異可能很細微，但是我的想法可以用剛剛枯萎的藍玫瑰的例子來說明。一個突破性的發現是，世界上藍色的東西，都可以用代表「藍色」的符號，結合任何描述該東西所需要的符號來描述。同樣地，世界上枯萎的東西，都可以用代表「枯萎」的符號，結合任何描述該東西所需

要的符號來描述。因此，如果有人看到一朵枯萎的玫瑰，就可以產生遠古版本的「枯萎的玫瑰」，但是如果已經有人選擇使用「藍色玫瑰」的符號來代表「玫瑰」，那就不需要花費額外的腦力來說「枯萎的（藍色玫瑰）」——括弧內的文字會被省略。

這樣來看，可以自由組合兩個符號，以創造出可能帶有新意義的新符號的能力，對我們的文化演化來說是關鍵的進步——而遞歸就是這種能力必然的結果。而之所以會有這個必然的結果，是因為我們在看到一個物體時，隨著我們愈看愈仔細，我們的視覺注意力會有階級性地專注在物體的各種特質上——這是一種形式的遞歸，並且應該能合理假設這是在語言能力之前就出現的，是讓我們能溝通這些視覺感知結果的工具。換句話說，句法中的遞歸是我們想溝通的事物的概念結構所必然導致的結果。當然，一旦語言開始獲得表達的力量，就會出現一種良性循環：我們談論概念的能力讓我們延伸概念，增加其豐富性；而隨著我們愈來愈能掌握自己的想法，也增加了我們對新單詞的需求，還需要新的語法工具，才能更精細地表達內容。

我們接著要看的，是和語言先備性條件中的特質六（**此時此地以外**）和特質七（**幼態與群居性**），在語言學上相對的兩項特質。

特質十：此時此地之外之二。表達回憶過去事件或想像未來事件能力的動詞時態或其他工具。

確實，語言涉及很多能延伸溝通範圍的有力機制。在這裡提到的動詞時態，取代的是語言為了溝通與其他「可能的世界」有關的內容所發展出的工具；這些可能的世界也包括想像的世界，是與我們目前的經驗與行動完全無關的世界。如果你把一種人類語言裡所有和時間有關的詞都拿走，也許還是可以稱它是語言而不是原語言，不過你應該會同意它是一個非常貧乏的語言。同樣地，語言中的數字系統也是有用，但並非必要的「輔助功能」。不過，**此時此地之外之二**這項特質還是暗示了談論過去與未來的這種能力，對於我們了解人類語言還是扮演了重要的角色。

然而，如果沒有特質六（「此時此地之外之一」）當中所暗示的基礎認

知機制，那麼這些語言的特徵可能是毫無意義的（就字面上而言）。因此，神經語言學家不能只從句法學家那邊了解不同語言如何表達時間關係，還要想辦法了解，這些文字結構是如何與賦予文字意義的認知結構連結，並因此建立了它們（文化）演化的基礎——和句法結構與伴隨著溝通而出現的種種情況切割之後，可能會擁有的自主性無關。

特質十一：可學習性。要符合人類語言的資格，人類語言的很多句法和語意都必須是人類兒童可以學習的。

我說「很多」是因為兒童不會在五歲或七歲的時候，就能精通所有語彙或是句法的細微之處。和以成人為對象寫的書相比，寫給六歲兒童的書使用的語彙與句法都有限。習得語言的過程會持續到青少年時期（對於有些人來說，可能會更久），我們會學到更細膩的句法表達方式，以及應用在這些句法上的更豐富的語彙，讓我們達到愈來愈豐富的溝通與表達目的。[8]

前面提到的這些特質，以及「鏡像系統假說」處理這些特質的方法，絕對無法涵蓋研究語言演化的學者所討論的所有議題。舉例來說，我提出一個理論，將大腦針對社會學習的機制與語言使用連結在一起，但是不解釋人類為什麼想要透過參與頻繁又冗長的對話來溝通，也不討論兒童為什麼喜歡分享他們對世界愈來愈多的了解。

溝通對於社交生物來說是生存所必需的，因此代表了相當重要的選擇壓力，但是語言是一種特殊形式的溝通，其特色是必須要強調的。語言依靠的是對各種情況的共同理解、以符號表現環境中無盡的物體與行動的能力，以及透過彈性地使用符號，讓面對新情況的群體成員能夠共同調整與合作的能力；這種彈性的使用超越了動物叫聲的系統，也可以用來講八卦或是欺騙。社交性的梳毛可能也對語言有所貢獻（Dunbar, 1993）。達爾文（1871）發現，有些人科動物認知的演化一定是發生在「開始使用形式最不完美的話語之前」。他支持社交溝通在語言中所扮演的角色，並且認為其起源於追求的技巧。在使用工具的社群內的社交，可能也是由姿態與發聲的社會與指涉功能所交織成的基礎的一部分，而姿態與發聲都結合了感知－動作技巧與文

化學習。托馬塞洛等人（1993）認為，這可以和社會認知的發展改變綁在一起，在動植物種類史上可能有相對應的東西（Donald, 1991, 1993）；然而蓋博（Gamble, 1994）認為，增加的社會結構在處理氣候與食物資源的長期變化時，牽涉到愈來愈細微的感知動作技巧的共同演化，而這種動作技巧則與工作記憶、心智推理、規畫以及語言有關。但是讓我們以此為基礎，簡單看看我們接下來在本書中會完成什麼。接著在第七章裡，我們再來探討細節。

路・標：延伸鏡像系統假說

如同我們已經看到的，手部「伴隨話語的手勢」會自然地和話語一同出現。伴隨話語的手勢，和形成失聰社群所使用的手語元素的那些手勢不一樣，後者顯著地表現出，支援語言的大腦機制並不只偏好聽覺輸入與聲音輸出。失明的人也會使用伴隨話語的手勢，強調了手和語言之間古老的連結。因此，語言的使用是多重模組的。問題不只是「語言機制如何演化」，而是「大腦如何演化出支援整合雙手、臉部，以及聲音的語言機制？」在我們再次預習鏡像系統假說所提供的答案之前，值得一提的是：利用身體溝通是遠超過語言的。

因此，我們也許能在這樣一個（比詞彙與語法的出現還廣大的）架構中追尋語言的「祕密」，這個架構指出了下面的轉移：從（一）觀察他人的動作做為判斷後續行動的線索（例如一隻狗看見其他狗在挖地，可能也會去找骨頭）；在這種情況下，行動者對觀察者的「溝通」意圖，只是為了實際目的所採取行動的副作用，到（二）直接針對觀察者的明確溝通行動，不是對實體世界裡的物體採取動作。因此，語言和實踐之間的二重性可以加以延伸，納入溝通性動作這第三個元素，廣義來說指的是所有的肢體溝通，狹義來說指的是手部動作，和語言與實踐有很重要、但相對來說算小的重疊部分。

我們已經看過類人猿表現出上述其中一種形式（第三章），但是由於野外的類人猿群體使用的姿態種類都非常有限，顯示牠們無法有意識地自行

配合需要，創造出新的動作。類人猿當然有些非學習而來的姿態，顯示至少某些物種會做出特定的姿態是基因所造成的，會透過相同公開的個體學習條件而引發，不過使用這些姿態的場合還是需要學習，就像猴子的發聲一樣（Seyfarth & Cheney, 1997）。然而有很強烈的證據顯示，類人猿也會發明或是各自學習新的姿態。以此為基礎，我提出三種肢體溝通的類型：

肢體鏡像（Body mirroring）會（無意識地）建立一個共同的溝通空間，空間本身並沒有意義，但是在這個空間裡可以進行輪流的溝通（e.g., Oberzaucher & Grammer, 2008）。這就像是模仿語言／模仿動作（見第五章圖5-8上標示出的通道e），但如果僅限於不違背社交習慣的「基本肢體鏡像」，就不算是病態的（也就是下屬不會模仿上司的動作，但可以模仿熟人的動作）。

情緒性溝通：我們已經演化出表達情緒的臉部姿態（Darwin, 1872/1965），而已經有人提出，這種表達的鏡像系統也負責同理心，因為圖5-8（見第五章）裡的e通道會引發我們出現該情緒的運動狀態。然而，如同第五章中討論到的，「情緒認知」不是一組鏡像系統中單一的部分。如果我看到有人拿著刀子向我走過來，我會辨識出他的憤怒，但同時也會覺得恐懼。我想辦法保護自己的時候，並不會發揮同理心。而且很多關於鏡像神經元的文獻，確實都沒有把低層級的視覺運動反應，與對他人情緒更全面性的理解區分開來。

有意圖的溝通：大多數時候，肢體鏡像是自然發生的，就和情緒互動一樣。相反地，姿態（就像語言）在使用時，可能是有意圖的溝通的一部分，而「溝通者」的行動或多或少，是根據這些行動對於「溝通對象」會造成的效果而被挑選。以第三章中討論的類人猿或貓的例子來說，這種蓄意的溝通似乎主要是一種工具，試圖在此時此地引發一些立即的反應。相反地，人類可以在範圍廣大的話語（以及姿態和手語）行動中應用有意圖的溝通。這些行動包括分享興趣、說故事、表現禮貌的程度，還有問問題等等。在這

當中，關於語言演化最具挑戰性的問題是語言支援「心智時間旅行」的能力（Suddendorf & Corballis, 1997, 2007），也就是能回憶過去，計畫並討論未來可能發生的結果的能力。當然，這必定涉及整合人類語言系統、情節記憶的「此時此地之外」的系統，以及我們在特質六中看到的規畫未來行動計畫的能力；不過這個主題已經脫離我們此時此地這本書裡能討論的部分了。

我們已經看過一個動作之所以會成為一個行動，是因為這個動作和一個目標有關，因此相伴著這個動作的起始的，是對目標得以達成的期望。舉例來說，把蒼蠅從一個人的外套上揮開，和把外套撫平的手部動作可能是一樣的，但是兩者的目標不同，因此它們就是兩個不同的行動。獼猴的手部動作通常是實踐用途的。鏡像系統讓其他獼猴能夠辨識出這些行動，以思考後的理解為基礎再採取行動。同樣地，獼猴的口顎臉部姿態會表達情緒狀態，靈長類的發聲也能傳達獼猴當下情況裡的某些東西。我們也看到，獼猴的鏡像系統和人類的布洛卡區同源，而且在人腦的布洛卡區附近也有抓取的鏡像系統。我們的目標是追蹤鏡像系統在兩千五百萬年中，同時涉及執行與觀察抓取動作的演化路徑，這個演化為語言的共通意義提供了基礎，也就是所謂的語言同位：語句對於聽者與講者所代表的意義大致上是相同的。里佐拉蒂和亞畢[9]發展出了鏡像系統假說（我們在第一章的結尾處已經「預習」過了）。

鏡像系統假說：人腦中支援語言的機制，是以一開始與溝通無關的機制**為基礎所演化的**。可是針對抓取的鏡像系統，以及這個系統產生並辨識一組動作的能力，為**語言同位**提供了演化基礎——語言同位指的是「語句的意義對講者和聽者來說約略相同」的這個特質。特別是人類的布洛卡區包含（但不限於）一組針對抓取的鏡像系統，和獼猴腦中的F5區鏡像系統是同源的。

鏡像系統假說認為，溝通中的話語根源於手部活動。有些批評者曾經對鏡像系統假說嗤之以鼻。他們的論點是，猴子沒有語言，所以僅僅擁有抓取的鏡像系統是不足以發展語言的。但是鏡像系統假說的關鍵詞是「為基礎

所演化的」——隨著人腦的演化，鏡像系統的角色也和大腦其他區域一同擴張。經常被重複的論點是：人科動物在擁有口語之前，就已經有以手部動作為主要基礎的（原）語言出現，而鏡像系統假說為這個論點提供了神經學基礎。[10]

在第四章「聽覺系統和發聲」的段落中，我們看到（圖4-8的解剖圖）涉及自主控制模仿與抑制猴子發聲的神經機制，靠的是包括前扣帶皮質（ACC）在內的中額葉皮質，而不是靠包括額葉的鏡像系統在內的F5區，而這個區域一直是我們很感興趣的地方。我們的神經系統假說解釋了，為什麼人類和語言有關的額葉基質是和F5區同源，而不是和獼猴的發聲有關的扣帶區域同源：因為我們的假說堅稱，有一個**特定的**鏡像系統（靈長類抓取的鏡像系統）經過演化，成為表現人腦的語言先備性機制當中的關鍵要素。就是這個特定的系統，讓我們能在本書中解釋為什麼語言是多重模組的，語言的演化為什麼根植於執行與觀察手部的動作，以及會延伸成為話語。但是我們也看到，F5區中包含負責抓取的鏡像神經元的區塊，與F5區中的「嘴部鏡像神經元」區重疊，後者的神經元會在執行吸收動作時放電，在觀察到溝通性的嘴部動作時也會被啟動。所謂溝通性的嘴部動作包括咂嘴、嘟嘴、伸舌頭、咬牙，還有嘴唇／舌頭突出（Ferrari, Gallese, Rizzolatti, & Fogassi, 2003）。這樣一來，攝食動作就是關於餵食的溝通基礎。嘴巴的溝通動作可以補充，但不會取代獼猴的手部溝通技巧。

有一個顯然「似非而是」的論點很輕鬆就解決了：行動通常由語言中的動詞所表達，但大部分的單詞都不是動詞。然而，鏡像系統假說並不宣稱語言的演化是透過將表現行動的神經機制，立刻轉換成以符號表現這些行動的神經機制所達成的。相反地，這個假說提供了一個關鍵的演化轉折，讓示意動作（第八章）能透過傳達物體的外型，或是模仿這類物體最有特色的動作或使用的方式，來表達物體到底是什麼。也因此才會有之後從示意動作變成傳統的手勢，成為之後抽象表達的漫長道路的起點。一段時間過後，和實踐動作無關，而是和說話或用手勢表示單詞或更長的語句有關的鏡像系統就出

現了。

「開放性」與「傳承創新」在某些人眼中是語言的特徵（也就是語言能夠接受新的構造，不同於只有一套固定幾種叫聲的猴子發聲），而它們也同樣出現在手部行為裡。因此，重要的是要了解將這種能力從實踐行動提升為溝通行動的演化改變。

原本的鏡像系統假說（Arbib & Rizzolatti, 1997; Rizzolatti & Arbib, 1998）本來只是在說明，讓我們了解布洛卡區在語言中所扮演角色的機制，其實非常仰賴為了支援抓取鏡像系統所建立的機制。表6-1總結了我假設的各階段，藉此讓假說更加完善，並且是以我從與里佐拉蒂發表論文後十二年來的研究為基礎。我相信整體的架構很健全，但是還有很多細節需要釐清，而且愈來愈多新的及相關的資料與模型建立，也會為未來的研究帶來方向。第七章到第十章會解釋這些細節，而最後三章則會指出，語言先備的大腦裡，使語言變得可能的那些機制是如何開始運作，並且在兒童習得語言的過程中、在最近新式手語的崛起過程中，以及在語言改變的歷史過程中持續運作。在這一章的結尾，我們要簡短地預告後面章節裡會討論的那些論述。

簡單模仿與複雜模仿

第七章：梅林・唐諾（Merlin Donald, 1991, 1998, 1999）的文化與認知演化理論提出了三個階段，將現代人的心智與我們和黑猩猩共同祖先的心智區分開來：

1・出現一個超管道（supramodal）、塑造運動模型的能力，他稱之為**擬態**（mimesis），以及利用這個能力創造出具有「自主可取回性」（voluntary retrievability）這個關鍵特質的表現。

2・增加了發明詞彙的能力，以及有高速語音能力的器官，這種器官是專門用來模仿的次系統。

3・出現了**外部記憶**儲存與擷取的方法，以及有新的工作記憶架構。

　　鏡像系統假說大致上和這個一般性架構相符，但是特別重視擬態的形式與對手部動作的視覺控制，這兩者為演化出語言先備的大腦提供了基礎。

　　第七章會討論早期哪些關鍵的演化階段，將抓取的鏡像系統加以延伸，成為能支援模仿的系統（表6-1的第二與第三階段）。我會提出複雜模仿是區分人類與其他靈長類的關鍵能力。這裡我要指出下面兩種模仿的差別：透過長期的觀察，並且在錯誤中找到正確的方法，最終獲得一個觀察到的行動計畫，是我所謂的**簡單模仿**，類人猿似乎做得到這種模仿；另外一種則是只要觀察一個行為就能獲得這個行動計畫，這是我所謂**複雜模仿**的能力。複雜模仿結合了辨識出他人表現是一組熟悉動作的能力，以及藉此重複這個表現的能力。要做到這一點的前提是**複雜動作分析**的能力，也就是能辨識出他

前人科動物

1・針對抓取的鏡像系統：將行動觀察與執行抓取配對。人類和猴子的共同祖先都擁有。
2・簡單的抓取模仿系統：人類和類人猿的共同祖先都擁有。

人科動物演化

3・複雜模仿系統：複雜模仿結合了辨識出他人的表現是一組熟悉動作的能力，以及藉此重複這個表現的能力，以及（更一般而言）辨識出他人的表現結合了其他的動作，而這些動作是透過改變常用動作就能至少粗略模仿的，是愈練習愈熟練的技巧。

4・原手語：以手部為基礎的溝通系統，打破固定的靈長類常用發聲種類，產生一套開放的常用庫存。
5・原話語與多重模組的原語言：來自聲音器官被以F5／布洛卡區為基礎的溝通系統旁支所「入侵」。

智人的文化演化

6・語言：從「行動－物體架構」轉換到用「動詞－論點結構」表達行動與物體；句法和組合式語意：認知與語言複雜度的共同演化。

表6-1：鏡像系統假說提出的幾個關鍵階段。

人表現是下面兩者的組合：一是透過改變常用動作，就能大約粗略模仿的動作，二是以此為基礎，利用愈練習愈熟練的技巧，想做出近似表現的意圖。

複雜模仿對於分享獲得的實踐技巧來說是很大的優勢，因此讓原始人類（protohumans）能獨立適應溝通的任何暗示。然而，對於現代人類來說，複雜模仿是支持兒童習得語言的基礎力量，而複雜動作分析則是讓成人理解新的「發音姿態」組合的關鍵。如同我們將在第七章中看到，猴子的模仿能力極弱，接近沒有，而人猿則有我所謂簡單模仿的能力。不過講到複雜模仿，人猿和人類相比根本是相形見絀。人猿利用所謂行為剖析（behavior parsing）的機制學會模仿簡單的行為。但就算利用這個方法，人猿也還是需要好幾個月的時間才能熟悉一些需要特殊策略的行為結構，例如吃蕁麻這種全新而且麻煩的食物。人類只需要嘗試幾次，就能理解組成相對複雜的行為的各種動作，以及為了達到最終的成功，這些動作必須達到的各種中程目標。有意思的是，就連新生的嬰兒都能表現出一些模仿動作，不過這種看到大人吐舌頭就跟著吐舌頭的新生兒模仿能力，和複雜模仿的程度相比還是天差地遠。

為了模仿新行為，人必須注意被模仿的東西或人。共同的注意力對於模仿的演化發展又更為重要：辨識他人注意的物體，並且分享這種辨識，也許能為受模仿的行為中最錯綜複雜的部分提供關鍵資訊。猴子、人猿與人類的模仿能力之間的巨大差異，顯示一定曾發生過什麼重要的事，讓猴子所擁有的針對抓取的鏡像系統得以擴大，支持了人猿簡單模仿的能力，並且接著延伸鏡像系統與腦部各種區域的互動，最後超越基本鏡像系統的能力，得以支援人類進行更複雜的模仿的能力。過度模仿（over-imitation）的觀念以及模仿的直接和間接路徑之間的合作，將會在第七章的討論中扮演關鍵的角色。

從示意動作到原手語

第八章：如我們在第三章中討論「猴子和人猿的發聲與手勢」時，講到

非人類靈長類的常用叫聲數量很少，而且是封閉、由基因體所固定的；而人猿的常用手勢雖然也很少，但是是開放式的，群體可以學習並採用新的手勢。這顯示通往人類語言的路途可能需要透過手部姿勢的進步才能前進。但是要怎麼做呢？第八章會說明，關鍵的突破出現在示意動作（pantomime）的發展。類人猿可能已經意外發現，牠們的某些手勢在和他者溝通方面特別有用，但是新的手勢卻很少被整個群體所採用。

我所謂的「示意動作」指的是有能力使用精簡的動作，傳達其他動作、物體、情緒或感受的模樣，也就是透過單純地展現一個動作，來表現這個動作本身或是與其相關的東西。我說的並不是馬歇・馬叟（Marcel Marceau）那種高超的默劇動作，也不是英國人每年聖誕節看的誇張話劇表演；我指的也不是像是比手畫腳遊戲那樣結構嚴謹的溝通方式，因為那是用各種深思熟慮後的策略來傳達意義，比方說用一個常見的動作比出「聽起來像」，然後熟練地試圖傳達一個單詞的聲音（這也是一個約定俗成的符號），而不是表現出它的意義。

如果要把水從罐子裡倒出來，我必須抓住瓶子，然後對準位置，倒轉瓶子，讓水流到我的杯子裡。而用示意動作的意思，是我把手擺成好像握住一個直立的圓柱體，然後移動它，在我的杯子上方倒過來，這個動作就是一個不及物的、概略的動作，而且不是對物體（瓶子）做動作，所以這個動作也不再受限於要配合物體的可視線索。觀察者能夠辨識這個概略動作是來自哪一個實際動作，接著的反應也許就是把一瓶水遞給我，或是在我的杯子裡倒水。揮動手臂表現出「像翅膀」的樣子，可以代表一個物體（鳥）、一個動作（飛翔），或是兩者兼具（飛翔的鳥）。和感受或情緒相關的例子可以包括嘴角下垂，或是模仿擦眼淚來假裝難過的樣子。

這樣一來，示意動作可以把各種的動作行為，轉換成關於動作等更多東西的溝通——藉此就能利用像是表現物體的形狀或模仿其用途，表現一個不在場的物體。示意動作的力量（一旦大腦機制與社會對它們的理解都已經就位），在於讓一個群體有意識地溝通關於新要求與情況的資訊，而如果沒有

示意動作就做不到這點。

　　示意動作的缺點是有可能會模糊不清。舉例來說，一種特定的動作可能暗示了很多不一樣的意思：「鳥」、「飛翔」、「飛翔的鳥」等等。如果示意動作在利用手勢的溝通裡會引發過多的語意，那麼這種太容易造成曖昧不清的情況，似乎就需要發展出規範化的、約定俗成的手勢，讓這個或多個示意動作不再曖昧不清。這代表當這種曖昧不清或是示意動作的「代價」已經被證明會造成限制，符號便隨之出現。結果就是原手語系統，這套系統只有新加入者才能完整理解，但同時達到了廣度與精簡的表達。

原手語與原話語：擴張的螺旋

　　第九章：原手語為原話語的出現提供了骨架，而原手語和原話語之後發展成一個擴張的螺旋（見表6-1第四與第五階段左）。在這裡我使用「原手語」和「原話語」稱呼原語言的手部和聲音元素，指的是一個還沒有達到人類語言能力的開放溝通系統。這裡的說法是，人科動物至少有某些方面的原手語，也就是主要以手勢為基礎的（原）語言，然後才發展出主要以聲音表示為基礎的語言。這觀點目前還有爭議，也許有人會比較兩種極端的看法：

　　1.語言是直接從話語這種發聲所演化而來的（MacNeilage, 1998）。
　　2.語言先演化出手語（是完整的語言，不是原語言），接著話語才以手部溝通為基礎而出現（Stokoe, 2001）。

　　我的看法比較接近2，但是我必須解釋一下**擴張螺旋學說**（Doctrine of the Expanding Spiral）：

　　（a）我們遠古的祖先（從巧人到早期的智人）最先擁有（可能是很有限的）原語言，主要基礎是手勢（「原手語」）——與1相反——而且這種

手勢為主要以聲音表示為基礎的原語言（「原話語」）的崛起，提供了關鍵骨架，但是

（b）人科動物這個支系看見原手語和原話語以擴張螺旋的方式互相滋養成長，因此——與2相反——原手語並沒有在原話語的早期形式出現之前，就先達到完整語言的地位。

我的看法是，最早的智人的「語言先備的大腦」，支援了手勢與聲音溝通的基本形式（原手語和原話語），但是沒有豐富的句法和組合式語意，也沒有隨之而來的，成為現代人類語言基礎的概念性結構。

我想在此進一步強調的是，鏡像系統關鍵的可塑性。鏡像系統並不是預先針對某組抓取動作所設計的（回想第五章的MNS模型），而是會擴張系統內的動作庫，適應性地將主事者的經驗加以編碼。這對於手部動作愈來愈靈巧的發展至為重要，而且這對於語音發音的鏡像系統在大腦語言先備性的核心所扮演的角色而言，也變得非常關鍵。

在人類語言的演化中將原手語視為一個步驟，賦予了原手語一個關鍵的角色，也因此與以下假設有所對立：從猴子的發聲到人類話語的演化，僅僅與聲音－聽覺領域有關，沒有手勢的容身之處。

這種「話語唯一」的看法如果是真的，那麼就會更難解釋失聰者的手語或是失明者說話時的手勢。但是如果我們反對這種「話語唯一」的看法，我們就必須解釋為什麼話語會出現，並且成為大部分人類的主要語言。我們會提出一旦原手語建立起來，這些約定俗成的手勢可能會強化，甚至取代原本的示意動作，提供具有高度彈性的語意；接著原話語可能就會以約定俗成的發聲形態「起飛」，對這場大混戰做出更大的貢獻。最後，我們會簡單看看對口語上愈來愈多的原始語彙（protovocabulary）的需求，如何造成了演化壓力，使得發聲器官與相對應的神經元控制能支持人類快速產生音素與連音的能力，鞏固了我們現在所知話語的基礎。

語言如何開始

第十章：我們回到語言如何從原語言中崛起的這個問題。這一章首先會介紹德瑞克‧畢克頓（Derek Bickerton）以及我和語言學家艾利森‧衛瑞（Alison Wray）所同意的看法之間的爭議。畢克頓（1995）認為，**原語言是一種溝通系統**，內容是由幾個單詞所組成的語句，這些單詞很像是現代語言中比較基本的實體字（content word），例如名詞和動詞，而且這些單詞的組合是沒有句法結構的。舉例來說，我們不需要語法來解釋「蘋果男孩吃」（apple boy eat），但是我們需要基本的語法（就算只是眾所同意的單詞順序常規）來告訴我們在「約翰比爾撞」（John Bill hit）這個句子裡，到底是誰撞到誰。除此之外，畢克頓也主張所謂的原語言，其實比做為真正語言的前驅還要廣得多。對他來說，嬰兒的溝通、洋涇濱（pidgins），以及教導人猿的「語言」都是可以算是原語言。畢克頓的假設是，直立人（在智人出現之前的人類物種）的溝通，用的就是他所謂的原語言，而我們的語言只是「加上了句法」。[11]

衛瑞（1998, 2000）反對上述的論點，提出大部分的原語言都有一個完整的溝通動作，涉及**一個單一的語句**或是以單一的符號形成連續動作的**全句字**（holophrase），而其中的動作（不論是手部或是聲音的）都沒有獨立的意義。這個論點可以用一個「剛好這樣」（Just So）的故事[12]來解釋。像是grooflook或koomzash這種單一語句所編碼的，可能是很複雜的敘述，例如「那個風雲人物殺了一隻能拿來當主食的動物，讓整個部落的人有機會飽餐一頓。真好吃！」或者描述了一道命令：「拿起你的矛，繞到那隻動物的另外一邊，這樣我們比較有機會一起殺掉牠。」

重點是這種全句字被發明並傳播，是因為**它們示意了一個頻繁發生並且具有重要性的事件**，或是雖然很少見、但非常重要的事件。以同樣的精神來看，我會認為第一個智人擁有的「語言先備性」確實同時包括用手和用聲音溝通的能力——也就是原手語和原話語，這裡的詞頭「原始」（proto-）和

畢克頓的說法並不相同，是代表這種原語言最早主要是由「單一語句」所組成的。

我也認為單詞和句法是透過去蕪存菁（蒸餾）的過程，共同經歷文化演化。下面是非常簡化的一個例子，但也許能說明我的想法。[13] 想像有一個部落有兩個和「火」有關的單一語句——我們可以說是不同的「原單詞」（protoword），用我們的話來解釋，這兩個單一語句的意思分別是「火燒」與「火會煮熟肉」。而這兩個單一語句恰好包含了相同的子字串，後來這個子字串的意義被規定下來，因此就出現了第一個代表「火」的符號。也許原本的語句是reboofalik、balikiwert，而falik這些現代語言無法辨識的字詞，後來變成了眾所同意代表「火」的字，所以這個語句變成了reboofalik和falikiwert。最後，某些部落成員為第一個字串裡與falik相搭配的示意符號reboo建立起規則，讓這個符號代表「燒」。接著，其他人則讓第二個字串裡與faik搭配的符號成為示意「煮熟肉」的符號。然而，因為代表「火」的符號一開始就是隨意決定的，所以後來代表了「燒」的示意符號相對於「火」的位置安排，和「煮熟肉」相對於「火」的位置安排有很大的差別。於是出現發明規則的需求，好讓這些示意符號在兩個語句中的位置都能有規則可循，因此這些語句開始轉型成非單一的語句，或是形成所謂「原句」（protosentence），像是reboo falik，以及iwert falik。

因此，隨著單詞被切割成更長的示意符號字串，結合這些字串的原句法（protosyntax）也開始出現。當然，我們在第十章裡也會看到，這只是語言從原語言中開始崛起的機制之一。

兒童如何習得語言

第十一章：喬姆斯基的理論中，具有重要影響力的（但不是最新的）版本認為，我們用少少的幾個參數，就能抓住這些原則應用於不同語言的關鍵差異，描述主宰所有人類語言的句法原則。結果就是「普世語法」，只要

適當地設定這些參數，就能建立描述所有語言句法的架構。但是我不同意包括喬姆斯基在內的這些人的看法，他們認為普世語法是經由基因明確地編碼在所有正常人類兒童的大腦中，而且在這個以原則與參數為基準的理論版本中，還認為學習一種語言的句法，就只要將一個「開關」丟進兒童腦中，並且設定符合兒童周遭所使用句子結構的參數就可以了。

我沒有要在這幾頁裡解釋我反對天生普世語法的論點，不過我要介紹希爾用來解釋兩歲兒童習得語言過程的一個特定計算模型，這個模型現在可以被視為是研究兒童語言的綜合性方法的前身，而這個方法是由托馬塞洛與同僚在構式語法的一般性架構中所發展出來。這個模型表現出，聽人說話的兒童如何讓自己重複愈來愈長的話語片段，然後一週又一週，擴大這個把單詞組合在一起的構造（希爾稱為「模版」）的數量與一般性。關鍵在於，像是要牛奶（want-milk）這樣的全句字（兒童還不會把「要」和「牛奶」當成兩個詞使用）過了一段時間後，會產生一個很特定的構造：要X，而X可以填入任何描述兒童想要的東西的單詞。填進去的那個詞，就形成了一個很特別的語意種類。但是隨著兒童發展出更一般性的構造，例如X對Y做了A，那要填進去的詞就會定義一個種類，而這個種類已經失去了和語意大部分的聯繫，所以可以被視為是一個更單純的句法種類。

語言如何興起

第十二章：我們會研究尼加拉瓜手語（NSL）以及以色列的阿薩伊貝都因手語（Al-Sayyid Bedouin Sign Language，簡稱ABSL），這兩種新的手語是出自一群失聰者，而且並不是以現有的手語變化而來。NSL當中動作描述模式的出現，正說明了去蕪存菁以及後續形成新結構的過程，這是我們視為語言開始的關鍵。我們還會看看社交互動對於NSL出現所扮演的關鍵角色，以及NSL在尼加拉瓜失聰社群興起的過程中扮演的關鍵角色。ABSL的單詞順序，和阿薩依貝都因人口說的阿拉伯文是一樣的。深入研究單詞的順序，

讓我們針對人如何學會語言的研究獲得一般性的觀念，說明原始的語言句法可能根植於行動的結構裡。ABSL也為我們在語音系統上的研究開了一扇窗。

最後，在第十二章也討論了一個讓人聞之卻步的問題：如果NSL和ABSL都可以在短短幾十年裡就出現，那我們真的可以說早期的智人只有原語言，而最早真正的語言是在過去的十萬年裡才出現的嗎？

語言如何不斷改變

第十三章：最後一章會達到兩個目標。第一個目標，是為鏡像系統假說所假定在語言出現之前的改變，指出一條時間軸。做法是把表6-1裡列出的相關階段，與據信由早於智人的人類在石造工具上留下的考古紀錄連結起來。目前已知最早的石造工具是來自奧杜韋文化（Oldowan Industry，約在兩百四十萬到一百四十萬年前），我們認為他們已經表現出接近現在野外黑猩猩製造工具的複雜度的能力。早期阿舍利人（Acheulean，約在一百六十萬到九十萬年前）特徵是能製造精緻的薄片，並且有大型切割工具的出現；但是人科動物在這個時候還是只有簡單模仿的能力，顯示他們只能使用數量有限的常用聲音與手部示意溝通，類似現代的類人猿一樣。晚期阿舍利人（約在七十萬到二十五萬年前）將空白石版視為是可以用來製作樣貌更為精緻的不同工具的基礎。我們認為複雜模仿出現在這段時間裡，溝通透過有意識地使用示意動作，獲得了開放式的語意。智人是最早擁有複雜模仿以及語言先備的大腦的人科動物。

第二個目標是提出在一開始從原語言轉換到語言的時候運作的那些機制，是怎麼樣在語言改變的過程中，依舊發揮運作能力。注意這個關鍵的差異。在第十章和第十二章裡，我們研究了語言如何從像是原語言的東西中興起，而在歷史語言學裡，我們研究已經擁有語言的人類是怎麼發展出新的語言的。我們的討論專注在兩個主題上：（一）洋涇濱是怎麼發展成

混雜語（creoles）的，也就是將一種語言的語彙元素和另外一種語言的一些語法融合，為多世代的語法豐富化過程建立基礎，以及（二）語法化（grammaticalization）的過程，也就是隨著時間過去，在一個字串或是補充句裡所表達的資訊，會轉變成語法裡的一部分——這是語言改變的重要動力。最後我們會看到，語言會不斷繼續演化。

7

簡單模仿與複雜模仿

　　從最廣義的角度來說，模仿是以別人的行為當作範本採取行動。這樣來說，模仿可能是立即重複觀察到的動作，而這樣的動作可能是觀察者原本就擁有的常用動作，也可以是根據觀察他人的動作所學習到的新技能。同樣地，模仿也可能涉及複製觀察到的動作中有限的一些特質，或者是重新製造出被觀察到的行動的次目標，以及為了達到這些目標所進行的動作（可能很詳細或者只是大略地重現）。我們討論的重點是模仿在人類兒童學習中所扮演的主要角色，模仿就包括複製一個新的或者不太可能的動作，或是超出模仿者原本常用動作的某種動作；模仿者以觀察（可能是重複的觀察）為基礎，藉此將這個動作加入他的常用動作項目。

　　在這一章裡，我們會看靈長類所表現出的不同形式模仿，不過特別著重在人猿和人類上。現在關於猴子或人猿的聲音模仿證據很少[1]，不管是模仿已知的發聲或者是獲得新的發聲都一樣，所以我們會把重點放在模仿以實體世界裡的物體為對象的實踐動作，看看哪些是猴子表現出來的，哪些是人猿表現出來的，哪些是人類表現出來的。我會使用「複雜模仿」這個詞表示人類可以做到的模仿範圍，用「簡單模仿」來表示人猿的模仿。然而，我們不能被這些詞給蒙蔽了，而對人猿所實際擁有的模仿技能有所誤解。我們對複雜模仿的了解是一個基礎，讓我們能在下一章分析模仿中的實踐技巧如何支持手部溝通技巧的發展，使得一群人猿之間出現數量有限的常用共通手勢，帶來原手語，也就是早期人類手部形式的原語言。

人猿與猴子的模仿

探討模仿的文獻很多，不同的作者都會把不同的行為納入這把大傘之下。茱蒂‧卡麥隆（Judy Cameron）從奧勒岡地區靈長類研究中心提供下列的觀察：「中心的研究員很辛苦地教導猴子在跑步機上跑步，做為他們想進行的測試的基礎。他們花了五個月的時間訓練第一批猴子做到這件事。但接著他們發現，如果他們讓其他猴子觀察受訓的猴子在跑步機上跑步的樣子，那麼原本未經訓練的猴子，第一次被放到跑步機上面時，就可以成功地跑步。」這是模仿嗎？或者只是猴子透過觀察，把跑步和跑步機連結在一起？

沃克和胡伯（Voelkl and Huber, 2000）讓狨猿（marmoset monkey）觀察示範者把裝著麵包蟲的塑膠罐蓋子打開。等到狨猿自己可以接近這些罐子時，觀察過示範者使用嘴巴的一隻狨猿，也用嘴巴把蓋子打開，而在測試之前沒有看過嘴巴示範的狨猿幾乎全部都用手開蓋子。沃克和胡伯（2000）認為，這可能是狨猿真正模仿的例子，但我會認為這是**作用器強化**（effector enhancement）的例子，將觀察者的注意力導向特定物體，或是身體或環境的某個部分。這和**仿效**（emulation，觀察並且試圖重現他人行動的結果，但不會注意他人行為的細節）不一樣。

如同伯恩與羅森（Byrne and Russon, 1998）所指出的，在這樣的例子中，觀察者對強化刺激的反應方式，或者是達到目標的方式，都與個體學習或是先備知識有關，不會直接受到被觀察的技巧所影響。他們將這些以及相關的現象統一，做為**觀察促發**（observational priming）的例子。維沙伯希與佛拉格西（Visalberghi and Fragaszy, 2001）回顧過去觀察猴子模仿的研究資料，以及他們自己對捲尾猴（capuchin monkey）的研究。他們得到的結論是，模仿在人類兒童的學習中扮演重要的角色，但是在猴子的社交學習中，就算真的有，也只扮演了很有限的角色，因此兩者有極大的差異。

觀察促發可以增加一個已知行為在新的情境中使用的機率，但是並不符合我們先前對真正模仿的標準，也就是被模仿的動作不應該是動物原有的常

用動作之一，而且這個動作的成功與否，是根據這個動作的詳情是否如同被觀察到的他人所執行的一樣來決定。唯一能測試這種模仿的情況，需要觀察者以某種方式朝著一個目標行動，而且使用的動作是我們事先不會預期到觀察者一般會／能使用的，但就算我們離開了觀察促發的範疇，這也不是我們會考慮的唯一一種模仿。

那麼人猿呢？明和與松澤（Myowa-Yamakoshi and Matsuzawa, 1999）在實驗室的環境中觀察了黑猩猩。黑猩猩通常需要十二次的嘗試後，才能學會「模仿」一個行為；但是為了這麼做，牠們必須花更多的精神注意被使用的物體被拿到哪裡，而不是注意示範者真正的動作。黑猩猩的注意力會放在使用一隻還是兩隻手讓兩個物體產生關係，或者讓一個物體和身體建立關係，而不是注意做這件事的確實動作。舉例來說，看見人類示範者用一隻手拿起一個鍋子，然後蓋住地上的一顆球，黑猩猩最後會「模仿」這個動作：用一隻手把鍋子拿起來，另一隻手把球拿起來，在半空中把球放進鍋子裡。換句話說，黑猩猩觀察到的是物體之間的關係（但不是物體和地板之間的關係），而且無法分辨示範者為了達到觀察中的目的所使用的實際動作。

在野外的黑猩猩的確會使用並且製作工具，而且在不同地方生活的黑猩猩群體，各自會找到不一樣的常用工具。伯斯與柏斯（Boesch and Boesch, 1982）觀察到，在象牙海岸塔依國家公園的黑猩猩會使用石頭敲破堅果的殼，不過珍・古德（Jane Goodall）從來沒有在坦尚尼亞的岡貝看過黑猩猩這麼做。塔依的黑猩猩會用石頭的榔頭與砧板把堅果的硬殼敲開，牠們居住在很濃密的森林裡，所以很難找到適合的石頭。因此黑猩猩會把這種石頭砧板儲存在特定的地方，也一直會把砧板放回原位。如果要打開軟殼的堅果，黑猩猩會用粗棍子當作榔頭，木頭當作砧板。黑猩猩要到成年才能精通敲開外殼的技巧，年輕的黑猩猩會在大約三歲時第一次開始嘗試敲開堅果，至少需要四年的練習才能真的有所收穫。

而在類人猿身上，則從來沒有觀察到「教導」的行為（Caro & Hauser, 1992）。母黑猩猩幾乎不會糾正或是指導小猩猩。托馬塞洛（1999）指出，

經過多年觀察，伯斯只觀察到兩次母黑猩猩似乎主動試著想要指導小猩猩的例子；而且就算是在這些事件中，研究者也不清楚母黑猩猩到底有沒有要幫助小猩猩學會使用工具的目標。我們也許可以把獲得敲堅果技巧的漫長辛苦過程，與照顧者協助兒童增進模仿的技能（至少在某些社會裡）這兩者加以比較。

人猿的模仿可以延伸到其他的複雜行為。舉例來說，大猩猩會學習收集蕁麻葉的複雜策略，蕁麻是富含蛋白質的植物，但是採集時如果沒有使用適當的方法，就很容易會受傷（Byrne & Byrne, 1993）。所以有技巧的大猩猩會先穩穩抓住莖，剝下葉子，用兩隻手拔掉柄，再把葉子折疊在大拇指上，整把放進嘴巴裡吃掉。但是像這樣複雜的進食技巧，顯然不是「認真看你就會」的那種技巧，年輕的大猩猩似乎只會看著食物，而不會觀察處理食物的過程（Corp & Byrne, 2002）。

最後的技巧有兩個部分——學會一組新的基本動作，例如用雙手摘掉葉柄，以及學會怎麼組合這些動作。學習怎麼組合這些動作的挑戰是，每一次嘗試這些基本動作的順序都有很大的差異（回想我們在第二章，圖2-8關於打開阿斯匹靈藥罐安全蓋的例子）。

伯恩（2003）指出，他所謂透過行為剖析的模仿，是一種統計式的學習：進食過程的某些狀態會在重複的觀察中變得顯著，因為是大部分表現中所共通的（例如把蕁麻葉折疊到拇指上）；於是這些狀態成了次目標，使透過在錯誤中嘗試學習達到這些次目標的動作模式有所依據，逐漸將整體任務的複雜度降低。顯然小猩猩經過許多個月之後，可能會透過了解相關的次目標，並且在犯錯與嘗試的過程中，發展出達到這些次目標的策略，最後完整獲得這個技巧——每一隻動物都有自己偏好的一套方法，由可達成相同功能的各種變化形所組成。然而，證據顯示一旦達到相同的整體功能的低階元素進入各種階級，大猩猩就能有效地複製目標與次目標的階級，提供了根據動作與這些次目標的關係來組織動作的方法。關於這些狀態的更多資訊是來自停頓的分布，選擇性地省略順序中的某些部分，以及順利地從被中斷的地方

恢復。就像伯恩與羅森（1998）觀察的，短期記憶能力可能會對大猩猩或是人類的心智階級，能在「不陷入混亂」的情況下擴張多少造成限制。大猩猩準備食物的過程，似乎組織成很粗淺的階級制度，也許大猩猩只能記住兩個內部隱藏的目標，甚至還需要在實際任務中的「外部記憶」協助。

在伯恩與柏恩（1993）研究的進食策略中，基本動作似乎是透過不斷嘗試與失敗的過程所學到，而不是透過模仿；也就是說，牠們並沒有注意到自己觀察的動作的細節。每一隻動物都有自己偏好的一套方法，由可達成相同功能的各種變化形所組成。伯恩與羅森（1998）比較了**透過行為剖析的模仿**，與**動作層級的模仿**。後者牽涉到或多或少是精準地重現他人手部動作的細節；換句話說，動作層級的模仿，是觀察者可以注意被觀察的動作，更快地學會怎麼達到一個次目標。

複雜模仿：鏡像神經元是不夠的

很多研究鏡像神經元的人似乎都贊成一個「迷思」：擁有鏡像神經元就足以從事模仿了。但是要辨識出自己能從事的一個動作是一回事，看到別人做一個新的動作，並且讓這個動作成為你能使用的動作之一，又是另外一回事。關於鏡像神經元的文章，很受歡迎的一個標題是「猴子看見，猴子做」，但這不是真的。獼猴大腦F5區的鏡像神經元的神經生理學資料告訴我們：「如果動作已經屬於猴子的常用動作之一，那麼觀察到別人進行這個動作，會啟動適當的鏡像神經元。」可是模仿不只是觀察到進行該動作的動作而已。MNS模型（見第五章圖5-3）讓我們看到，後補鏡像神經元是如何成為鏡像神經元的：針對特定抓取動作的F5區標準神經元的活動，可以被當成一個訓練訊號，讓這些「製造中的鏡像神經元」學會手接近物體的哪幾條軌道，是這個抓取動作的例子。模仿牽涉到逆向的過程，是在觀察到其他人怎麼使用一個動作達到某些目標後，將這個新動作加到自己的常用動作之中。

我們稍早的討論提到，猴子的模仿受限於觀察促發，所以我們必然的結

論是，擁有和猴子一樣的抓取鏡像系統不足以達到模仿。我的假設是，超越這個限制就是「延伸的」鏡像系統的關鍵演化改變之一，配合其他的腦部區域，產生人類這種特別的腦袋。進一步的假設是，人類擁有我所謂的**複雜模仿**，而其他的靈長類沒有（Arbib, 2002）。在很多實踐的例子中（例如與物體有技巧地互動），如果構成的動作是熟悉的，而且這些動作必須達到的次目標是立即可辨識的，那麼人類只需要幾次的嘗試，就能明白相對複雜的行為，而且可以在變動的情況下使用這種感知重複這個行為。

複雜模仿的定義結合了三種能力：

1．**複雜模仿辨識**，辨識他人的表現是熟悉動作的集合的感知能力。
2．**實際的模仿**，以複雜動作辨識為基礎，重複動作的集合。[2]
3．更仔細地說，辨識出他人的表現**相似於**熟悉的動作集合，能讓模仿者進一步注意到新的動作是如何不同於其相似的動作，為表現這些改變的動作的能力建立基礎。

後面的過程也許有助於理解被觀察動作（大部分）的整體構造。然而，這個新的動作基模可能需要大量的學習與練習，才能調整到可以做出真正技巧純熟的行為。

在這個基礎上，**複雜模仿**相似於**動作層級的模仿**。然而，前面提到的想法，很清楚地指出了複雜動作辨識背後的能力，並隱含著辨識一個動作集合的形式可能會被用在認知過程而不是模仿過程。此外也提供了一個策略，讓觀察者辨識新行動或動作在哪些方面是自己已知動作的變異，藉此「多多少少精準重現他人使用的手部動作的細節」。

接著相反地，我會使用**簡單模仿**這個詞來描述人猿的能力，但其實牠們的模仿並不是那麼簡單。我們已經看過這包括透過行為剖析的模仿，在後面我們會看到這種模仿還會避開過度的模仿陷阱（但是也會錯過它的好處）。

江樂侯（1994）曾經指出，人類的心智排練以及「運動意象」能增進他

們運動或是彈鋼琴之類的技能。在這種情況下,「動作剖析」會先在內部進行,但不會有形成模仿的明顯動作。相反地,人類會調整:(一)對動作的期望,所以會愈來愈「了解」(不一定是有意識地了解);(二)自己的動作中有哪些變異能符合原主人的動作;以及(三)必須考慮哪些線索才能順利從一個次動作轉換到下一個次動作。

在第二章的圖2-8當中,我們看到像是打開阿斯匹靈藥罐的安全瓶蓋這種動作,可以類比為(但不是)一個由「單詞」組成的「句子」,而這些「單詞」的複雜度,類似「伸手去抓取」這種基本動作:這是一個階級式的序列,次級序列的長度不定,而是會根據是否達到目標與次級目標而決定。根據實際的瓶蓋,會有:

(抓 向下__壓並且__轉)(再抓 向上__拉__並且__轉)(開瓶蓋)
    或是
(抓 向下__壓並且__轉)(再抓 向上__拉__並且__轉)(再抓 向上__拉並且__轉)(開瓶蓋)

兩者都可以是一樣恰當的「動作句子」。如果在所有場合都只模仿這兩個動作順序的其中之一,就算不上是學會怎麼開瓶蓋。因此,模仿**單一**動作的能力只是通往複雜模仿的第一步。完整的能力包括:(一)將複雜動作剖析成或多或少熟悉的片段,然後進行相符的熟悉動作中(變異)的成分,還有(二)擴大常用的基本動作內容,以及(三)彈性地以可視線索與次目標再度組合這些動作。

我們對於複雜模仿的觀念,也融合了沃許雷格、蓋提斯與貝克林(Wohlschläger, Gattis, and Bekkering, 2003)以**目標為導向**的模仿。他們發現人類模仿的系統性錯誤,據此提出模仿者並不是完全照本宣科模仿被觀察到的動作,而是會將動作的各個面向加以分解。這些面向具有階級順序,階級最高的面向就是模仿者的主要目標。這個次目標的階級結構可能是不完整

的，也許是錯誤的。但是透過將愈來愈多的注意力放在次目標上，模仿者也許能將被觀察到的動作做出更細部的分解，透過後續的相似度，使得執行的動作更加一致。

如同人猿在程序層級的模仿一樣，在這裡，成功的模仿需要學習的不只是必須達到哪些次目標才能達成整體的目標，還有能夠辨別當前最重要的次目標的能力，以及必須進行哪些特定的動作（有些是新的）才能達成每個次目標。因此，當我在這裡說到「模仿」時，我說的不只是模仿一個動作，還有模仿動作與意圖達成的目標之間的連結。因此根據目標的參數變化，動作可能也會隨著場合而不同。我們也能拿這裡關於複雜模仿的完整觀念和**仿效**相比：仿效是不注意他人動作的細節，僅觀察他人行動的目標，並試圖達到相同的目標。

我們知道，支持複雜模仿的大腦，擁有的必定不只是鏡像神經元而已：

1·為了能夠模仿已經是常用動作之一的動作，我們需要從辨識該動作的鏡像神經元到支持執行觀察到的動作的標準神經元之間的連結。

2·對模仿者來說，更大挑戰是利用觀察結果獲得一個並非原本就持有的常用動作。這牽涉到辨識出動作的目標，以及用來達到這個目標的方式，但是也許也能透過辨識出目標以及使用在犯錯中學習的方法，找到達到這個目標的方法。

這兩者間的差異可以用組裝IKEA的家具來舉例說明。很多時候，我們只是看了組裝步驟完成後的圖片就開始組裝，而沒有真正地去看組裝細節。如果我們成功地達到「和圖片相符」這個目標，那一切都沒事。但是如果我們失敗了，我們就有兩個選擇：（一）拆掉我們組好的東西，嘗試另外一種方法，直到我們剛好成功為止；（二）我們可以好好看清楚說明書，如果內容寫得好，我們就能一步一步照著做，達到我們的目標。

這背後的意義是，儘管鏡像系統是模仿系統中很重要的一部分，但還是

要有其他的次系統輔助。除此之外，不同的系統也許也能共同參與，達到不同的策略，共同組成人類整體的模仿能力。舉例來說，特沙利與路米亞帝（Tessari and Rumiati, 2004）就討論過，在策略間的「切換」是認知負擔與任務需求的一種功能。他們的研究目標是在雙軌模型（two-route model）的背景中，提出模仿過程的策略性使用：（a）直接模仿，用於重現新的、無意義的動作，以及（b）根據已儲存的，關於熟悉的、有意義的動作的語意知識進行模仿。所謂「直接」與「間接」模仿的問題，會在本章「模仿的直接與間接路徑」段落中，提到洛提等人（Rothi et al., 1991）的肢體實踐的認知心理學模型時再討論。我們將提出這個模型的重要調整——顯示這兩條路徑是如何共同合作，修正觀察者對動作的了解。

總結來說：除了觀察促發之外，猴子幾乎沒有，或只有一點點模仿能力；而獼猴和人類大約在兩千五百萬年前還是有共同祖先的。人猿有透過行為剖析的模仿能力，和人類大約在五百到七百萬年前還有共同祖先。這些事實讓我們似乎能把透過行為剖析的模仿能力的出現，定位在我們的演化路徑上大約七百萬年前的地方，而複雜模仿則是人科動物演化過程中的突現能力。

演化不是直接通往某個遙遠的終點的。如果基因體的改變會遺傳給後續的許多世代（除了某些意外消除擁有更具優勢的基因才能的大災難之外），那麼改變一定是中立的，或者提供某些天擇優勢。複雜模仿背後的基因改變，幾乎不太可能是因為**最後**能被證明有助於語言而被挑選。相反地，我的假設是，手部動作複雜模仿的演化是因為這種模仿具有適應性價值，能支援手部技巧更多的轉移，並且為任何形式的原語言鋪路。這是所謂**離應**（exaptation）的例子，也就是原本為了一個功能而被挑選的生理性適應，後來反而適合另外一種功能的過程。[3] 離應提供了一個機制，可以解釋複雜結構如何隨著時間而演化。舉例來說，如果鳥的前肢「有翅膀的樣子」但不會飛，沒有任何適應性價值，那麼怎麼會演化出翅膀？一個答案是，被阻擋空氣的羽毛包覆的前肢可能是有效的絕緣體。因此「有翅膀樣子的前肢」得到

了天擇優勢，後來就因為「離應」而獲得飛行的能力。

簡單來說，這裡的主張是，在人類的演化中，支持透過行為剖析的模仿以及複雜模仿的大腦機制的出現是具有適應性的，因為它們能在語言出現之前，協助實際技巧的社會分享。這就是人類演化以及我們在運用技巧方面愈來愈純熟的重要性。這顯然和支持各種物種的鳥類、鯨魚和海豚的聲音學習演化道路不同。我們似乎可以合理地懷疑（雖然除了會鳴唱的鳥之外，我們沒有其他的資料），海豚和鸚鵡以及某些鳥類的確有鏡像神經元，而且這些鏡像神經元是形成支援模仿的神經系統所必須外加的。

有些批評鏡像系統假說的人認為，這會對鏡像神經元在人類發展中扮演的重要性帶來問題。但我不認為這種「批評」有任何影響力。我們的假設不認為擁有鏡像神經元就能讓你擁有語言，也不主張針對抓取的鏡像神經元是模仿能力的唯一基礎。海豚和鳥都沒有手，所以牠們都沒有手部的靈巧度。我們在意的是，追蹤人類從與現存的非人類靈長類的共同祖先發展而來的演化。鏡像系統假說試著解釋人類語言先備的大腦演化特點，並且支持下列觀點：手部動作複雜模仿的能力是示意動作的基礎（第八章），反過來支持了原手語的出現，為原話語的崛起提供骨架（第九章）。

總結來說，人類的模仿和類人猿的模仿有三個不同之處：

1・我們能透過程序層級的模仿，比人猿學得更快。我們能察覺（或多或少是立即的，而且多多少少也帶有準確度）新的動作能透過已知動作的合成物來模擬，而那些已知動作都與適當的次目標有所連結。

2・我們學到的階級制度比人猿還要深入。

3・我們進行動作層級的模仿的能力更好——我們也許能根據不同的情況發展出自己達到次目標的方法，也可能失敗；我們也許會更注意示範者的動作細節，據此調整我們的動作。

不論如何，要注意的是這些人猿研究都是以手部模仿為基礎。人猿沒有

形態學上正確的聲帶，也沒有足夠的神經控制能力，所以無法產生人類說話時使用的豐富音節。除此之外，年輕人猿在模仿成年人猿進食的某些方面時，成年人猿的行為目的並不在於跟年輕人猿溝通其受模仿行為的方法或實際目標（這些溝通上的可能性，會被視為是無意的「副作用」）。

然而，如我們在第四章中所看到的，人猿可以在有限的手勢溝通中應用這些技巧。在《人猿與壽司師傅》（*The Ape and the Sushi Master*）這本書裡，法藍斯・德瓦爾（Frans de Waal, 2001）提出，西方人強調模仿與教學是人類文化的基礎，而且太輕易地否定人類和動物之間共有的特徵了。德瓦爾提出這種西方觀點的反例：日本的壽司師傅不會教導也不會指導學徒。學徒必須觀察師傅工作的樣子許多年，而且還不可以自己練習。在這之後，學徒卻能成功地以相當厲害的技術，做出第一個壽司。可是當我和我家鄉壽司店的日本老闆講到這件事時，他否認了德瓦爾的說法。他的壽司師傅一直都很嚴格地訓練他，甚至在他犯錯的時候會狠狠地揍他！

重點不是要否定德瓦爾認為我們和我們的人猿近親有很多相似點的這個說法，但是我們必須要抗拒他想透過詳細的擬人論來解決所有差異的企圖。所有的人類當然都是透過觀察來學習的，但是這會帶來複雜模仿，不是只有簡單模仿，人類可以透過清楚的指示得到好處，而且只有人類可以提供清楚的指示。

新生兒的模仿

現在讓我們在關於模仿的討論中，把人類的發展加入比較靈長類動物學理。梅特佐夫與摩爾（Meltzoff and Moore, 1977）發現，十二天到二十一天大的嬰兒會「模仿」成人的四種姿態：嘟嘴、張嘴、伸舌頭，還有動手指（圖7-1）。（後續的研究顯示，剛出生四十二分鐘的嬰兒就會有臉部「模仿」。）值得強調的是，新生兒看到臉部姿態的第一反應，是啟動相對應的身體部位。嬰兒看見有人伸舌頭，一開始可能不會伸舌頭，但是可能會動自

己的舌頭，而不是其他的身體部位。梅特佐夫與摩爾稱此為**器官確認**（organ identification）——回想一下我們稍早提到的「作用器強化」。因此「器官確認」可能在出生時就存在了，並且是**新生兒「模仿」**的基礎。[4] 這麼說來，我們應該回想MNS模型提到，從辨識自己的常用動作裡的抓取動作，轉變成辨識他人常用動作中的抓取動作，是因為鏡像神經系統把他人的手當成自己的手一樣。關於是誰的手在抓取的問題，對於鏡像系統來說一點都不重要——但當然對於區分**自己**與他人的腦部區域來說很重要。

但是我在上一段裡為什麼要把「模仿」加上引號呢？這是因為有很強大的證據顯示，新生兒的模仿和兒童學習新表現或新動作的模仿很不一樣。這種必要的能力，似乎只有在九到十二個月大的兒童身上才會開始出現。除此之外，新生兒的模仿是以移動單一器官為基礎，因此和複雜的目標導向模仿

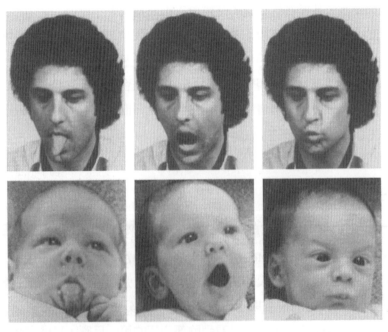

圖7-1：十二到二十一天大的嬰兒模仿成人臉部表情的照片。模仿是人類天生的能力，讓他們可以和「像我」的主事者有相同的行為狀態。（From Meltzoff & Moore, 1977。）

不一樣。[5]

　　新生兒模仿中的身體相對應性，也許對於複雜模仿來說是必要的前驅物，但是生理演化挑選了新生兒的「模仿」，可能和比較一般性的模仿是不一樣的。猴子的神經生理學顯示，辨識臉部和手部是神經元所支持的，否則我們不會有第五章提到的那些專門對手部動作有反應的鏡像神經元，也不會有那些對口顎臉部動作有反應的鏡像神經元。很有意思的是，現在有證據顯示，剛出生的猴子就有新生兒模仿能力（Ferrari et al., 2006），但是沒有證據顯示年紀較長的猴子有模仿能力。

　　除此之外，明和等人（2004）也觀察到兩隻不到七天大的黑猩猩，就能夠辨別並且模仿人類伸舌頭和張嘴的動作。然而等到牠們大約兩個月大時，牠們就不會模仿這些動作了。相反地，牠們會經常張開嘴巴，回應牠們觀察到的所有臉部動作。這暗示利用新生兒器官識別的大腦機制，可能是隨著人科動物的演化而跟著擴大。舉例來說，人類有話語，但是黑猩猩沒有。可是司徒德－甘迺迪（Studdert-Kennedy, 2002）所討論的資料，符合人類嬰兒一開始只會一次移動一個發音器官（例如舌頭、下巴或是嘴唇）「模仿」聲音，後來才會協調所有發音器官的情況。新生兒模仿類似作用器配對與打哈欠或微笑的「傳染力」，可以延伸到情緒傳染，也就是人類會自動重複他人的姿勢與情緒的情況。因為情緒狀態和某些臉部表情密切相關，觀察一個臉部表情通常會導致觀察者相映的（但通常會抑制）運動前區啟動，以及相對應的「反測」（retrodict）情緒狀態。但是這距離透過行為剖析的模仿與複雜模仿都還很遙遠。

過度模仿

　　人類和黑猩猩之間另外一個對比，是來自**過度模仿**的研究。相對於非人類的靈長類，當人類兒童透過模仿學習時，他們會比較專注於重現被使用過的特定動作，而不會著重所達成的結果。我們在這裡看到的是立即模仿，但

是前提是「立即模仿新行為」這樣的策略，對於增加觀察者長期的常用動作技巧來說，是關鍵的前驅物。

在霍納與懷特恩（2005）的研究裡，在野外出生的小黑猩猩與三到四歲的人類兒童一起觀察人類示範者使用工具，從一個機關盒裡拿出獎品的過程。這個示範牽涉到有因果關係與無因果關係的動作，而且機關盒以兩種條件呈現：不透明與透明的。

黑猩猩看到不透明的盒子時，會重複相關與不相關的動作，也就是模仿取出獎品的完整過程。當黑猩猩看到透明的盒子，牠們就會省略不相關的動作，偏好比較有效率的技巧，也就是只執行那些可以達到「改變機制」這個清楚的次目標的動作，朝取得獎賞的狀態進行。這些結果顯示黑猩猩偏好的策略是**仿效**，也就是在取得足夠的因果關係資訊後，觀察並且試圖重現他人動作的結果（次目標），而不去注意其他人的實際行為。然而，如果牠們沒有這樣的資訊，那麼黑猩猩會傾向比較全面複製觀察到的所有動作。

相對於黑猩猩，兒童在兩個情況下都會模仿所有示範的動作來解開機關，犧牲了效率。的確，從大約十八個月大開始，兒童在複製行動時的過度模仿可能同時包括了隨心所欲與非必要的行動。但是黑猩猩不會。黑猩猩在這方面是不是比人類聰明呢？

霍納與懷特恩認為，黑猩猩和兒童有不同的表現，也許是因為兒童對文化習慣比較敏感，可能還加上他們對示範者的結果、動作與目標有不一樣的關注。

根據尼爾森與托馬塞利（Nielsen and Tomaselli, 2009）的記載，澳大利亞布里斯本市的兒童與在非洲南部偏遠的布希曼族兒童，會表現出類似的行為。他們指出，過度模仿是全世界人類都有的特徵，不是西方文化的父母所採用的教學法所導致的特定文化結果。布希曼族的兒童是現存最接近真正狩獵－採集者祖先生活方式的人，他們居住的社區保留了傳統文化的很多面向，而布里斯本的兒童則是標準住在大型西化工業城市裡的兒童。他們認為，過度模仿乍看之下雖然對適應不利，但其反映出的演化適應性，其實是

人類文化發展與傳遞的基礎。

　　直接複製他人的動作，其實需要快速習得新的行為，同時還要避開在嘗試與犯錯的學習過程中可能遭遇的陷阱與錯誤結果。就算三到五歲的兒童受到訓練，能夠辨別成人在使用家庭用品時所進行的一系列新動作中，不具因果關係的部分，例如把玩具從塑膠罐裡拿出來之前，先用一根羽毛敲敲罐子（Lyons, Young, & Keil, 2007）這種動作，但是兒童在自己重複動作時，還是會做出這個無關的動作——而且他們先前已經特別得到指示，只要重複必要的動作就好。

　　換句話說，觀察成人刻意操作新物體的兒童，都會強烈傾向把成人的所有動作都編碼成帶有因果關係的動作。這讓兒童就算面對極為晦澀難解的物理系統時，都能快速地修正自己的因果關係信念，但這麼做也會讓他們付出代價。儘管面對相反地任務要求、時間壓力，甚至直接的警告，兒童還是經常無法避免完全重複成人不相關的動作，因為他們已經把這些動作納入自己對目標物的因果關係結構表現裡。

　　兒童這種過度模仿的傾向，是不是因為他們不夠成熟，缺少察覺示範動作與動作結果之間的因果關係呢？不是的。尼爾森與托馬塞利也測試了年紀較長的兒童，發現他們比年紀較小的兒童更傾向複製所有的示範動作。另外，一開始有機會發現測試設備的可視線索的兒童，還是會重複所有的示範動作，而且重複的比例和那些沒有機會觀察的兒童一樣。就算兒童自己發現怎麼用手打開研究中使用的三個設備，每一個兒童都還是堅持要完全重複成人後來所示範的動作，也就是比較複雜的方法，以及不相關的動作。因此兒童這種高度忠實的模仿，不太可能只是因為他們對因果關係的理解所導致的。相反地，年紀小的兒童傾向複製他們看到的大人做的動作，這種傾向強烈到就算這些動作會干擾本來應有的結果，他們還是會堅持重複這些動作。

　　乍看之下，這種行為好像不利於適應，但是我們覺得這才是人類文化發展與傳遞的精髓所在。想想看人類所進行的複雜社交活動有多少，我們會一起製作工具、追求對方、發展政治機構、建造住宅，還會做菜。但是如果

仔細研究，會發現我們從事這些活動的方式，在每個群體之間都有極大的驚人差異。人類的行為在不同文化間會有很大的差別。尼爾森與托馬塞利（2009）認為，一旦了解人類行為中具有文化意義的各個面向，就會知道做事情的方法，比做了什麼事情還要重要。對他們來說，過度模仿讓人一窺人類追隨周遭舉動、跟著別人做的傾向的源頭，與這種行為背後的邏輯無關。我想這種看法是錯誤的，我所謂的IKEA效應才是比較有關的；也就是說，過度模仿的演化是為了支援複雜模仿。社會鑑別度（Social discriminability）是這種能力的結果，不是原因。

儘管如此，兒童也不是盲目複製他們看到成人做的所有動作。他們會根據許多變數，判斷要複製哪些動作，包括他們觀察對象的顯著意圖，以及這個「模範」和兒童同時面對的情況限制。舉例來說，卡本特等人（1998）探討了嬰兒辨別他人非蓄意和蓄意動作的能力，以及他們重複這些動作的傾向。他們讓十四到十八個月大的嬰兒觀看成人以物體為對象，表現一系列兩個步驟的動作，以及這些動作造成的有趣結果。有些示範動作能從聲音來判斷是蓄意的（「那裡！」），有些聲音則表示是非蓄意的（「唉呀！」）。在每次的示範過後，嬰兒就會有機會自己製造那些結果。整體來說，嬰兒模仿成人蓄意的動作，是模仿非蓄意動作的兩倍。所以十八個月大之前的嬰孩對於他人的意圖可能有些了解。這種了解代表了人類嬰孩邁向類似成人的社會認知的第一步，也是他們習得語言和其他文化技能的基礎。

不論如何，讓我們回到複雜模仿的觀念（我們對於動作層級模仿的延伸）。複雜模仿牽涉到或多或少精準地重現他人使用的手部動作的細節；換句話說，觀察者可以注意被觀察的動作，更快學會怎麼達到一個次目標。我們稍早（第五章）看過一個等式：行動＝動作＋目標。但重點是，過度模仿的兒童可能會複製一個行動，而這個行動中的某些次元素，和可識別的目標是無關的。動作Y的唯一功能，是「這是你在做行動X之前做的」，所以Y;X的組成看起來就像是：一個人必須要採取Y行動，才能達成在完成X動作後所達到的任何目標。

合作性架構

在定義複雜模仿時，我們比較了伯斯與柏斯（1990）的研究中獲得敲堅果技巧的漫長辛苦過程，以及成人獲得（某些）多元新技巧的基礎知識時，相對快速的過程。這可能不只完美地反映了大腦中那些會影響兒童學習技巧的改變，還反映了會影響其他人與兒童互動方式的那些改變。在下一個段落裡，我們會討論照顧者在協助兒童發展複雜模仿的過程中扮演的關鍵角色。相反地，托馬塞洛[6] 強調，母黑猩猩幾乎不會幫助牠們的後代學習。他（2008, 2009）看到人猿不會表現人類表現出的合作模式，並且用「階段零」來表示語言演化的基礎：

T0：合作性活動
T1：自然手勢的務實建構
T2：溝通慣例
T3：結構的語法化

對於托馬塞洛來說，階段T1的關鍵是：（一）黑猩猩可以模仿其他黑猩猩的實踐行為，但是被模仿的黑猩猩幾乎不會調整自己的行為來協助模仿者，以及（二）黑猩猩發展出的姿態（見第三章）是**工具性**的，目的是讓對方做出自己期望的行為，而就算是人類幼兒，可能都會利用**宣告式**（declaratively）的姿態，將他人的注意力引導到自己注意的物體（的某些方面）。**工具性的姿態**（instrumental gesture）深植於此地與此時（幾乎不需要與目前情況有關的最近事件的工作記憶協助），但是宣告式的模式卻打開了通往桑登朵夫與柯巴利斯（Suddendorf and Corballis, 1997）所謂的心智時間旅行的道路。我不會特別在本書中解釋「宣告式地開啟」的意思，但是我會以此為基礎，在下一章探討示意動作如何為實踐和原手語搭起橋梁，符合托馬塞洛從T1到T2的轉換。我們接著就可以討論，在最早的原語言以及最近

的語言的文化演化裡的「結構的語法化」（第十章），以及在短短數十年裡就快速崛起的新手語（第十一章）。

讓我們來想想人類照顧者在幫助兒童了解世界方面所扮演的角色，我們會以派特・佐科—葛德林（Pat Zukow-Goldring, 1996, 2001）以洛杉磯的盎格魯白人兒童以及拉丁裔兒童為對象的研究為主。雖然兒童在不同文化中的表現一定不同（想想我們稍早提到在非洲南部的布希曼族兒童），但他們確實（在別處）建立了一個跨文化比較的基準。

這個研究原本的目標是，研究嬰孩一開始誤解對他們的指示時，照顧者會做什麼。在兒童還不太能運用語言的階段，把口語的訊息說得更清楚，並不能幫助嬰孩了解照顧者的訊息。然而，提供感知資訊可以讓訊息更清楚，並且能確實減少誤解。在後來的研究裡，佐科—葛德林了解到，在這些互動中很多時候是照顧者邀請嬰孩模仿，利用各式各樣的策略協助嬰孩進行模仿（Zukow-Goldring & Arbib, 2007）。這些研究顯示，如果要獲得新的實際技巧，兒童必須不只要學會辨識可視線索（能支持各種互動關於環境各方面的感知線索——我們在第四章手部動作的部分看過可視線索），還要學會動用有效性（effectivity，協調身體各部位，以對環境達到某些想要的效果）。然而，照顧者與兒童間的關係並不只是單純傳遞實踐技巧而已，還展開了解感知與行動之間的關係的社交過程，是第一人（兒童）與第三人（照顧者以及他人）之間共享的。

照顧者經常會帶著嬰孩動作，也就是他們對嬰孩的身體採取一些行動，幫助嬰孩注意和新可視線索及有效性有關的經驗；或者照顧者會和嬰孩一前一後地做動作，讓兩人一同經歷某些活動的動作（圖7-2）。照顧者能幫助嬰孩學習怎麼做別人做的動作，達到類似的好處或避免風險，方法是讓嬰孩注意自己身體的有效性，並和動作的可視線索加以連結。

很多研究者都認為，嬰孩會逐漸了解其他人就和自己一樣，但是佐科—葛德林（2006）強調的恰好相反：關鍵在於，兒童有機會看到並且感覺自己的動作「和其他人的動作相似」；兒童的認知成長靠的是增加自己的常用

動作，將周遭的人表現出來的技巧納入其中，而不是把自己對別人動作的觀察縮減到只看那些自己本來就會的動作。嬰孩這些片段的、不完美的模仿行動意圖，促使受試的照顧者更小心仔細地指導嬰孩，引導嬰孩注意相關的可視線索與有效性，刺激嬰孩以文化上更相關的方法從事這些活動以及使用這些物品。因此，嬰孩與照顧者的感知與行動會持續影響他人的感知。照顧者會引導嬰孩從大量可取得的可能性當中注意訊息的內容，例如特定的元素、關係，或是事件。這些研究收集了許多引導注意的互動，包括照顧者（有講英語和講西班牙語的美國人）以各自的語言表達感知必要性的例子，例如「看哪！」（「看哪！系統」在兒童發展中所扮演角色的重要證據？）、「聽！」、「摸！」等等，還有伴隨著話語出現的手勢，或者只有手勢姿態，以及嬰孩後續的動作。

　　照顧者可能也對觀察的嬰孩展示怎麼做某件事，但沒有給嬰孩採取動作的機會。然而，在受到協助的模仿中，照顧者會在展示活動之後鼓勵嬰孩加入，可能是讓嬰孩轉向物體，或是把物體交給嬰孩，然後／或者說「現在換你了！」、「我們來做吧！」，或是「你想不想做X？」。在示範中，嬰孩必須要拿起或是偵測到一個熟悉、或者在某方面來說是新的可視線索與有效性的聯結，才能成功模仿。隨著兒童愈來愈有經驗，只要指著物體某個部分，或只要看著物體，可能就足以讓兒童採取行動了。至於指點，兒童必須透過注意手勢在空間中的軌跡與注意的目標會在哪裡會合，才能偵測到這個

帶著做　　　　展示　　　　示範　　　　指點　　　　看

圖7-2：引導注意的各種姿態。在**帶著做**階段，照顧者會對嬰孩採取行動；在**展示**階段則對專注的嬰孩展示一個動作；在**示範**的階段則是先做一個動作，然後鼓勵嬰孩一起做。在**指點**和**看**的階段，就不會有任何行動。（From Zukow-Goldring & Arbib, 2007）

動作的可視線索。至於看，照顧者就只會說話，但不會做任何動作。這時候只有照顧者的話語與凝視，能指導嬰孩發現該動作的可視線索（圖7-2）。

為了發展這些想法，我們只把重點放在後來的一個自然主義研究，主題是關於照顧者在嬰孩這個受協助的模仿發展過程中所扮演的角色（Zukow-Goldring, 2006; Zukow-Goldring & Arbib, 2007）。在這個例子中，一個十四個半月大的孩童在玩一個會震動的玩具，裡面有一個隱藏的可視線索，就是玩具裡面的彈簧是綁著一條繩子的。當媽媽拉動拉環，繩子會鬆開，然後放手讓繩子縮回去，玩具就會開始震動。接著媽媽把會震動的玩具放在嬰孩的肚子上，讓嬰孩有很舒服的感覺。一旦兒童有誘發這種感覺的動機，就會出現受到協助的模仿。照顧者為了鼓勵嬰孩模仿，把玩具背面的拉環朝向嬰孩，製造「伸手拉突起物」的可視線索，然後說「你來！」，因此，嬰孩就抓住了拉環（抓取已經是嬰孩的常用動作之一了）。照顧者用「帶著做」的方法，讓嬰孩做出必要的動作：穩穩握住嬰孩的手與玩具，一邊把玩具拉遠。嬰孩可以感覺到身體穩住，抗拒張力的有效性，以及繩子鬆開時，綁在彈簧上的繩子帶來的可視線索。因此，嬰孩會慢慢拉出繩子，在繩子把自己的手往玩具拉的時候，緊緊握住繩子，因為剩下的張力很弱，所以玩具最多只會微弱地震動。過了一陣子，會出現意外的成功。嬰孩會用力拉繩子，繩子會從手指間滑走。手和繩子一起移動，最終的作用器會從手「移到」綁住彈簧的繩子邊緣。用力拉拉環然後快速放開會讓玩具很大力地震動，而嬰孩會多次重複這個動作。雖然嬰孩知道玩具會提供震動，但並不知道怎麼使用自己的身體去引發這個震動，直到照顧者和玩具教會他該注意什麼。

整體來說，有效性和可視線索所導致的動態聯結帶來了更熟練的行為。除此之外，將最終作用器從手延伸到一個工具或物體的某部分（Arbib, Bonaiuto, Jacobs, & Frey, 2009），會隨著聯結關係逐漸顯現，增加對新的有效性以及新的可視線索的偵測。

這個任務帶來的挑戰是，了解「程序」（比如如何使用振動玩具）是如何以以下方式被學習到：嬰孩如何只透過單一經驗重新調整自己的知識，

變成此後可依此行動的成功形式。大部分的技巧學習都可能需要很多次的嘗試，才能夠調整系統內的參數（編碼在突觸權重的形式中），產生一致的成功行為。相反地，我們在這裡已經往「階級的上層」移動，所以程序的單一重新建構可能會帶來成功，並在後來成為行動的依據——單次學習（one-shot learning）。我們關於增加競爭性排序的簡短討論（第五章）朝這個方向邁了一步。當然，大量的練習與調整可能是鍛鍊一個行為所必需的；讓人從做起來很彆扭，到可以有技巧並優雅地從事這項行為。

模仿的直接與間接路徑

我們已經強調過可以達到某些實踐目標的各種行為模仿模式。此外，人類也有能力模仿不以物體為對象的「無意義」動作。這種能力對於溝通來說很重要，因為這些不及物的動作會影響溝通目標。從「辨識出熟悉的動作」到「在各種熟悉動作所交織的基礎上，模仿一個複雜行為」，可以用下面的舞蹈課例子來說明[7]：

節奏很強烈，舞者排成一列，從舞台的後方往前方的鼓手移動。舞蹈老師不時會打斷舞蹈，重複充滿活力的舞步兩次。接著舞者會再度往前，盡量重複她的動作。有些人跳得比較好，有些沒那麼好。

模仿有一部分牽涉到將指導者的舞蹈，視為一組熟悉的肩膀、手臂、雙手、腹部還有雙腿的熟悉動作。舞步中的很多動作都是熟悉動作的變化，不是熟悉動作本身。因此，你不能只觀察這些動作與組合，還要注意到動作細節裡新的部分以及變化。你也必須察覺這些動作重疊的地方與順序，記住構成動作的「協調控制計畫」。記憶與感知是交織在一起的。

舞者在表演時，他們一邊根據協調控制計畫移動，一邊調整計畫內容。透過觀察其他舞者的動作並與旁邊的舞者以及鼓手的節拍達到一致性，這些舞者就能整齊地演出，微調自己的動作，也許會和老師原本

的動作出現差異。同時，有些舞者好像技巧比較好，有些人會省略或簡化動作，有些則會跳出自己以為是一樣的動作。（舉例來說：老師的手重複碰觸胸口然後往前伸。但大部分的舞者都只是把手臂內縮後往外伸，沒有碰觸到胸口。）其他的改變在於動作技巧，而不是感知或記憶能力——不是每個人都能像老師一樣後彎得那麼深還保持平衡。這些都是模仿的一部分。

為了處理這些行為，我們現在提出實踐動作分析，讓這種顯然偏離目標導向行為的情形，擁有更深層的意義，脫離所謂「IKEA效應」以及我們對過度模仿的兒童的觀察（他們可能會重複與明顯目標無關的動作細節）。有鑑於此，我們會看看失用症（apraxia）的經典概念模型，接著為其建立新的架構，重新深入了解如何建立一個常用動作資料庫（motoric repertoire）。

有**失用症**（沒有實踐能力）的人腦部受到損傷，儘管生理上移動相關肢體或是作用器的能力還在，但他們執行後天學習的有目的的動作的能力卻被破壞了。德瑞茲（De Renzi, 1989）提出，有些失用症者表現出**語意缺陷**（他們要分類姿態以及照著命令執行熟悉姿態都有困難），然而他們也許能複製這種姿態的動作模式，但不知道包括這個姿態在內的整個動作「是什麼意思」。我將之稱為**動作模仿的殘餘能力**，和以辨識並「重播」目標導向的動作為基礎的模仿不同。我在別的地方曾將這種行為稱為**低層級**的模仿，但我現在不贊成這樣命名，因為現在我認為這是從**透過行為剖析的模仿轉換到複雜模仿**的過程中，關鍵的一部分。我們在後面的例子中看到，觀察者會注意被觀察動作中的細節，但我們現在想知道，這種能力能不能脫離由實踐的次目標所提供的情境。

為了解釋德瑞茲的資料，洛提、歐契帕與海爾曼（Rothi, Ochipa, and Heilman, 1991）提出了一個雙路徑模仿模型，做為研究失用症的平台（圖7-3下）。既然本書的任務是解釋從實踐到語言的演化進展，那麼值得一提的是，洛提等人的模型其實是受到辨識、理解產生口語單詞與書寫文字以及

非文字的過程模型所啟發（Patterson & Shewell, 1987）。在派特森和沙威爾模型（圖7-3上）的左邊，我們看到重複口語單詞可以在兩個方向中擇一發展——我們也許能把單詞視為進入「聽覺輸入詞彙」的入口，藉此獲得從「語音輸出詞彙」說出單詞的運動計畫（**間接路徑**），或者我們只是重複我們聽見的音素的順序，引發「聽覺到語音的轉換」（**直接路徑**）。

這種雙重模式在第二章中已經看過，但是這裡多了一個新的轉折——當我們習慣說一個單詞的時候，我們不會把背後每個無意義聲音的運動計畫串在一起；相反地，我們會觸發一個能流暢發出這個單詞聲音的「運動方案」。然而，如果我們聽到的是一個無意義的詞，或是新的單詞，那麼我們就必須把這個詞分解成一個個組成的音素後再重組，才能盡量發出這個新「單詞」的聲音。

派特森與沙威爾模型的右邊為書寫提供了類似的分析，但是很奇怪的是，這個模型裡省略了逐字母重複一個非單詞或是新單詞的直接路徑。最後，這個模型提供了一個有點不同的路徑來連結說話和寫字。要從一個口語上的單詞到書寫的模式，人可以從語音輸出詞彙，直接到拼字輸出詞彙，推動字型輸出緩衝；也可以利用聽覺到語音的轉換，讓反應緩衝做好準備，但最後不是把結果說出來，而是使用次單詞層級的語音到拼字的轉換，透過字型輸出緩衝，拼出反應緩衝的內容。相反地，閱讀一個單詞可能會用到次單詞層級的拼字到語音的轉換，透過反應緩衝推動話語出現。未指明的認知程序會進一步推動話語系統與書寫系統間的連結。

現在我們來看洛提、歐契帕與海爾曼（1991）怎麼把這個模型轉變成實踐的雙路徑模仿模型（圖7-3下）。基本上他們用的還是派特森—沙威爾模型，但是把書寫系統用一個更廣義的動作系統取代。如同我們能看見的，兩個圖表的左邊（話語部分）差別只在於內容被重新標籤了。在洛提等人的圖的右邊，模仿無意義與不及物姿態的**直接路徑**，會把肢體動作的視覺表現轉換成一組中級的肢體姿勢，或是後續執行所需的動作。針對模仿已知姿態的**間接路徑**，則不管是不是以物體為導向，都會辨識然後重建已知的動作。

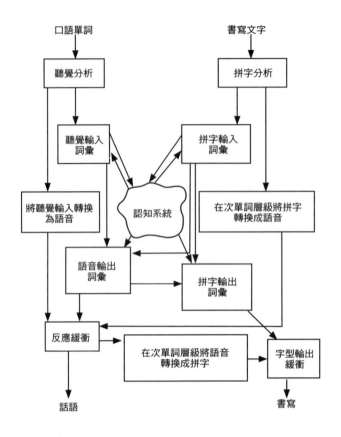

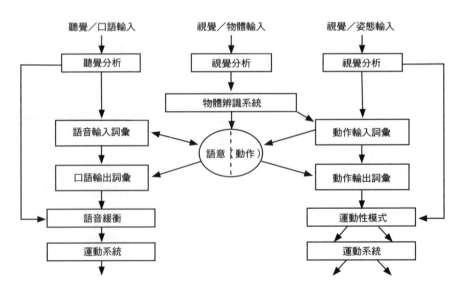

（註：對某些失用症來說，對一個物體表現出的動作，在物體真實存在時的表現，可能會比物體不存在時必須假裝做出的示意動作表現好得多。）

　　我們想一想這裡列出的語言和實踐兩者間的對比。**詞彙**是一種語言內單詞的集合，或是說話者或使用手語者的常用字庫（repertoire）。**語音輸入詞彙**包括在聽見口語詞彙中的單詞時，辨識每個單詞的感知基模；**語音輸出詞彙**則包括發出口語詞彙中每個單詞的聲音時所使用的動作基模。注意，就算一個單詞以各種口音被唸出來，人都應該要能夠辨識出這個單詞，並且用自己的口音重複這個詞。這和嘗試模仿一個單詞發音的直接路徑剛好形成對比，這種策略就算在人聽見根本不是詞的聲音，或是不認識的詞的時候，也可以使用。如果一個單詞存在於詞彙中，那麼從詞彙和**語意**的方塊間的連結的模型來看，辨識並且（在**語音**詞彙中）製造這個單詞，和這個單詞真正的意思是不一樣的。

　　再進一步，我們把圖中「動作詞彙」這個詞換成**實踐詞彙**（praxicon），代表人類（或動物或機器人）常用字庫中實踐動作的集合（實際上對物體採取動作，亦即失用症患者做起來有缺陷的那種動作）。因此，**實踐詞彙的輸入**大約與辨識動作的鏡像神經元相符，而**實踐詞彙的輸出**，則增加涉及動作表現的標準神經元──不過可能會由圖5-7（第五章）中理解與計畫的系統加以補充，參與程度的多寡則根據場合而有所不同。這些形成了間接的通道。直接通道的基礎是，我們也能模仿一些不在我們的實踐詞彙中的新行為，而且一開始也不會和背後的語意連結。

　　對洛提等人（1991）來說，圖7-3左側的語言系統，只代表了他們對右邊實踐系統的概念模型，兩者間由語意扮演起橋梁的角色。對我們來說，挑戰在於更了解右邊對實踐能力的描述，可以當作原語言演化成為語言先備大

圖7-3：（上）辨識、理解，以及產生口語單詞、書寫文字以及非文字的過程模型（Patterson & Shewell, 1987）。（下）實踐以及實踐和語意、命名、單詞與物體辨識的關係模型，以派特森─沙威爾模型（Patterson-Shewell model）為基礎（Rothi et al., 1991）。

腦的核心能力的基礎，我們會在下一章討論這個題目。為了開始這個過程，我們要注意到奇怪的是，洛提等人的研究好像只專注在單一的行動，因此省略了「行動緩衝」這個讓各種動作組合在一起的部分。為了更近一步，我們來看看他們模型（圖7-4）的變化型，這個新模型中加上了動作緩衝（根據Arbib & Bonaiuto, 2008的意見所設計）。

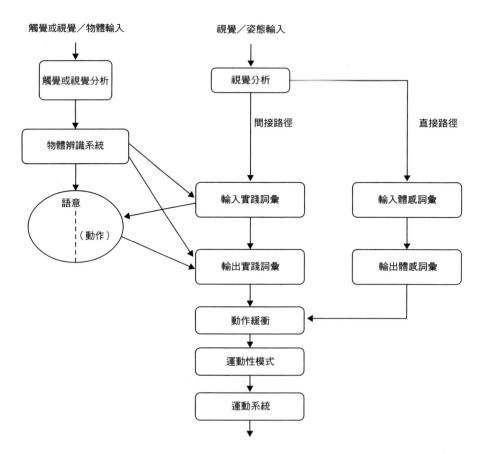

圖7-4：洛提等人的實踐雙路徑模型的變化模型。我們把語言的元素拿掉，因為我們關注的是了解實踐與模仿，它們也許已經存在史前人類的大腦中，能支援複雜模仿但無法支援語言。這個模型的關鍵新要素是，由直接與間接的路徑兩者指明的動作（間接路徑是透過實踐詞彙），也許會在動作緩衝中組合。

新的模型裡沒有語言的元素，因為我們關注的是了解實踐與模仿，它們也許已經存在史前人類的大腦中，能支援複雜模仿但無法支援語言。儘管如此，我們還是可以從派特森與沙威爾（1987, 圖7-3上）的模型中學到很關鍵的一課，那就是他們的話語與書寫的直接路徑雖然可能是無意義的，但並不是他們武斷決定的——這些路徑會產生各別成為音素和字母組成成分的「姿態」。這裡的關鍵在於語言模式的雙重性。我們的模型的關鍵創新在於（雖然在圖7-4中並沒有很明顯），現在**我們將動作模式的雙重性，假定為複雜模仿的關鍵**。然而，對於一個特定語言來說，語音系統可以建立一組相對小的無意義單位，然後再組成單詞（然後單詞再組成更大的語句），可是動作的世界並沒有這樣的限制。我們為了區分動作（action）和運動（movement）花了很多的力氣。我建議我們針對運動的語彙可以用這兩種方式增加：

1．抽離目標：原本被當成達到一個目標的方法的運動，變成能個別使用的資源。為了符合物體的可視線索，原始動作可能會被參數化，抽象運動也能被參數化，以符合其他種類的情境。舉例來說，在第四章的MNS模型中，我們就看到為了符合物體的可視線索和位置，會產生手和手臂的軌跡。但是我們在更前面的第三章裡談到了內生儀式過程。在這裡，根據溝通成功的標準，實踐的軌跡會被縮短，再也不需要與物體的可視線索做最終狀態的確認。我們會在下一章討論示意動作時，再回來看這個概念。

2．「調整」動作：到目前為止，當我們說到組合運動或動作時，我們的重點都是把它們按照順序排好（也許能或不能表達背後的階級）。但是我們也能透過以協調的方式一起執行這些運動或動作，這也是一種組合——最好的例子就是同時執行伸手和抓取。不過我要在這裡強調的是，不同於伸手抓取這個例子，有些我們習得的動作（我稱為「調整動作」〔tweak〕），本身不是以目標為導向的，而是因為它們讓我們可以修改一個動作，讓動作更成功。因此，在組裝家具的時候，我們可能會把桌腳插進桌子的一個洞

裡，結果一放手桌子就垮了；可是我們會發現，如果我們調整原本的動作，在將桌腳插進洞裡的時候稍微轉一下，就能確保桌腳不會移動了。

所以重點在於，我們先前的運動經驗會讓我們獲得豐富的調整動作，這些動作本身可能是無意義的，但可以讓我們修改一個動作，形成另外一個更有效的動作。在圖7-3兩個模型的原本動機裡，直接和間接的路徑被視為是**兩者擇一**——你可以採用間接路徑去執行儲存在實踐詞彙中的一個已知動作（或產生一個已經存在於詞彙中的單詞），或者採用直接路徑，執行一個無意義的動作（或產生一個不存在的單詞或不認識的新單詞）。

然而，從實踐先於手勢溝通與（原）語言的演化基礎繼續討論下去，我們的假說如下：

1‧間接路徑是基本路徑，支援習得能達到特定目標的動作的過程。這條路徑是由嘗試並犯錯的學習所支援，在這個過程中，監督學習（supervised learning，例如由小腦調節）以及強化學習（reinforcement learning，例如由基底核調節）能調整各種神經迴路的突觸，在重複的嘗試之中微調動作，最後讓動作更成功。

2‧直接路徑的演化，使得在被觀察的動作以及自己的失敗模仿兩者之間被觀察到的差異，可以用在未來的嘗試當中，刺激調整動作和原本的動作結合，產生更成功的動作。這種調整動作的集合可以當成抽離目標的動作讓運動使用，也能以嘗試並犯錯的學習方法，在各種情況下調整動作。

我們針對洛提等人的模型所做的修正版，提供了我們對複雜模仿的定義裡第三個要素的關鍵機制：辨識新動作或運動在哪些方面可以被視為是觀察者已知動作的變異。我們藉此得到動作模式的雙重性，但和語言相比有些重要的差異：

．調整動作是可以參數化的，藉以產生各種運動模式。

．很多動作都能透過嘗試與犯錯的方式習得，不會被縮減成調整動作。

．儘管一個動作一開始是透過調整動作所建立起來的，最後仍可能透過學習成為一個完整的動作而達到最佳化，成為實踐詞彙的一員。

這種分析必然的結果是，直接路徑其實也沒有那麼直接。直接路徑一樣牽涉到類似鏡像系統的構造。如果還有空間使用更多的術語，那麼我們也許可以說說**體感詞彙**（kinexicon）的輸入和輸出，包含了那些已經存在於調整動作以及抽離實踐目標的運動之「語彙」裡的運動。

這樣一來，我們就到了圖7-4所示意的基模的第三個演化階段：直接路徑能用於產生脫離間接路徑的運動。這是我們在下一章討論示意動作與原手語的基礎。

人類的模仿很複雜

在第六章裡，我挑出了複雜模仿做為語言先備性的關鍵要素，但我也強調兒童時期的延長與照顧者的參與，對於兒童認知發展來說也是關鍵的特徵。因此，在「原語言及語言」段落裡列出的第一和第七項特質如下：

辨識複雜動作與複雜模仿：辨識複雜動作的能力是能辨識出他人的表現是一套熟練的運動，以達到特定的次目標為目的。複雜模仿的能力是利用上述的辨識能力為基礎，彈性模仿自己所觀察到的行為。這可以延伸到另外一項能力，也就是辨識出這樣的表現結合的新動作，是近似於（也就是或多或少能大致被模仿）已經存在常用動作庫當中的變化型。

幼態與群居性：幼態是嬰孩依賴時期的延長，在人類身上特別顯著。這結合了成人願意扮演照顧者的角色，以及社會結構隨後的發展，得以提供複雜社會學習的條件。

在這一章裡，我們已經定義了複雜模仿是類似於伯恩與羅森（1998）所謂的動作層級的模仿，與透過行為剖析的模仿是相反地。不論是哪一種，模仿者都會學著辨識出定義被觀察行為的次目標重點，但是我們利用IKEA效應區分了下面這兩者：使用手邊任何方法來達到次目標，或仔細注意對方使用的運動，以此為基礎做出觀察到的行動，或試圖做到觀察到的運動的相似值。換句話說，人類複雜模仿的能力並不排除經常尋求透過行為剖析的模仿的協助。然而，我們對於過度模仿的討論強化了這個差異，強調就算在動作與目標的關係不明顯的情況下，兒童可能還是會重複這些動作。我們看到就算有些例子顯示，過度模仿好像會帶來不良後果，但整體來說它卻在非人類無法達到的規模上，促成了文化演化。儘管如此，我們也提醒了要注意的一點：兒童不會盲目地模仿所有運動，例如他們可能知道表現者因為受到某些限制而做出某些表現，但這些限制卻沒有出現在他們身上。

如果一個動作是他們熟悉的，那麼辨識一個運動就能讓他們成功表現出這個動作。但是如果一個動作是不熟悉的，那麼一開始可能需要抓到該動作的一些要素，才能表現這個動作。結果可能有兩個層次：在達到次目標過程中的錯誤，也許能提供一些學習反饋，調整動作基模，帶來能應用在各種意圖裡更大的成功，但也許更重要的是，讓人能在下一次的嘗試中，更注意先前沒有注意到的運動特色。

在我們版本的雙路徑模型（圖7-4）的討論中顯示，直接路徑如何大幅為找到成功運動的過程加速，勝過盲目地嘗試並犯錯；這裡的直接路徑構造提供（已存在體感詞彙中的）調整動作，從已存在實踐詞彙中的基模建立新的動作基模。儘管如此，就像運動員和樂器演奏家或其他技巧高超的表演者所知道的，儘管練習也許是確保突觸微調、讓動作的效果維持在最顛峰所必需的，但只是利用體感詞彙的調整也是不夠的。

既然複雜模仿牽涉到將複雜運動剖析成由（變化的）熟悉動作組成的複合物，那麼就必須立足於基本動作以及基本組合技巧先前的發展（形成由兩個元素組成的序列也許是最簡單的）。我並不斷言有固定的一組「原始動

作」是天生的，或是在生命早期就獲得的。相反地，我認為在生命的任何階段都有一套常用的過度學習（overlearned）動作庫存（而且愈來愈大），這些動作本身可能也有階級構造，會自動化執行；這樣的動作庫為學習新技能提供了基礎。因此，在生命某個階段的「基本」動作，也許會隨著被納入其他技巧當中，在後面的階段裡被視為常用動作。我應該補充說明的是，我所謂的在個體發展學中的「階段」，並不是特指某一段固定的、由基因預先設定好的時間，而是一個典型的模式，會在正常的發展過程中，透過結合許多成熟的與來自經驗的變化而出現。這種過程一方面能掌握更精細的細節，一方面也能增加整體表現的優雅與準確度。

幼態與群居性的特質讓我們超越複雜模仿，找到一開始建立起實踐詞彙與體感詞彙的方式，同時提供兒童基本的可視線索和有效性。我們要強調，人類的演化賦予人類在孩童與照顧者之間互動的社交基質，支援透過**受協助的模仿**來學習的能力，是建立複雜模仿能力的一種手段。這裡的關鍵是我們假定演化不只修改了兒童與成人的學習能力，也賦予成人分享經驗的技巧，這是社交認知的關鍵層面，而且最後能放大透過重複教育兒童注意實體與社交世界中顯著層面的學習成果。

換句話說，我雖然在實踐當中選擇複雜模仿，做為語言先備性在後來出現的關鍵預先適應力，但我完全沒有將人類模仿的複雜性，限制在複雜模仿裡的意思。

相關模型建立的備註

我們最後把這些和我們稍早對手部動作控制的分析連結在一起。我們針對猴子抓取鏡像系統的MNS模型（第五章），說明了鏡像系統是如何偵測到已經存在（猴子或人類的）嬰孩常用動作庫裡的抓取動作。但是這帶來的問題是：抓取動作是怎麼進入動作庫的？簡單來說有兩個答案：

1‧嬰孩會探索他們的環境，而當他們一開始用笨拙的手臂和手運動成功碰到物體時，他們就學會穩當地重現這些成功的抓取，而透過更多的經驗，他們的動作庫就會被調整。

2‧透過照顧者或多或少的幫助，嬰孩漸漸注意到新的動作當中熟悉的部分，以及新動作和他們的動作庫裡的運動的差異；以此為基礎，學著做出他們自己版本的新動作。而第二種看法讓我們進入受到協助的模仿的領域。

我的團隊已經得到一個很有意思的模型，和嬰孩學習抓取的模型的第一個看法有關（ILGM; Oztop, Arbib, & Bradley, 2006; Oztop, Bradley, & Arbib, 2004）。這個研究顯示，小嬰孩一開始抓取物體時，可能有時成功有時失敗，但這個動作只是天生抓取反射動作的結果——只有嬰孩擁有這種反射動作，而且也因為有這種反射動作，當物體碰到嬰孩的手掌時，他們的手會本能地握住。ILGM（抓取和可視線索的整合學習；Integrated Learning of Grasps and Affordances）提供了一個計算實行模型，在這模型中，神經網絡能學會最後哪一個手部形狀能成功達到穩穩抓住物體的目的。這個模型使用了以「抓取的快樂」訊號為基礎的強化學習，抓取動作的正面強化會隨著抓取愈來愈穩定而增加。互補模型發展出了一個學習網絡，漸漸辨識出物體的可視線索（Oztop, Imamizu, Cheng, & Kawato, 2006）。我們目前正努力發展ILGA，這是嬰孩學習抓取和可視線索的模型。在這個模型中，可視線索的學習和抓取的學習是互相交織的——可視線索的語彙，會隨著成功抓取物體特定位置後隨之而來的視覺指示特徵而增加；在將感知到的抓取可視線索（有效性）與適當的轉型連結的同時，嬰孩也會同時學到這些可視線索。

這些模型明確指出，如果嬰孩注意一個物體，或者注意自己的手和物體，那他就能擴大他執行的抓取以及可辨識的抓取的動作庫——在這個過程中增加他的可視線索以及有效性的存量。然而，建立模型並不能解釋嬰孩是怎麼樣注意到這些視覺刺激的。很清楚的是，說明自然主義實驗的模型，例如震動玩具研究，必須要涵蓋關於各種物體以及嬰孩身體的資訊、照顧者的

行為，以及嬰孩與照顧者間的互動等更大範圍的感官資料。我們接著必須建立的模型是，照顧者如何引導嬰孩的注意力，使嬰孩在有效性與可視線索間的連結動態展開的過程中，注意到這樣的連結。照顧者成功做到引導嬰孩的注意力這件事，代表嬰孩的「搜尋空間」會受限於成功抓取與操縱的鄰近範圍內，不會牽涉到耗時的嘗試與犯錯的過程，後者包含了很多與成功完成這項任務毫不相干的調整。不論如何，我們的例子都清楚說明，實際上被學到的可視線索，遠超過穩定抓取所需要的可視線索。

這些都顯示，在本章中描述的種種現象的模型建立，至少都牽涉到下列的內容：MNS模型利用從標準神經元（編碼已經存在系統的常用動作庫中的抓取）到鏡像神經元的連結，為神經元提供訓練訊號，而這些神經元之後會透過偵測與抓取相關的手部與物體間軌跡的可視線索，學著成為針對類似抓取動作的鏡像神經元。藉由增加MNS能力與反面的連結，新的模型建立將會探討利用像是ILGA模型這類的能力，建立「演化的」模仿能力的方法。這樣一來，偵測由他人（例如照顧者）表現的動作軌跡，就能提供訓練訊號，招募新的標準神經元，發展出能以相似的外部目標與可視線索模式描述的抓取控制單元。

認為就算沒有控制該動作標準的神經元存在，鏡像神經元也許還是能偵測到經常由他人所表現的動作的觀念，增加了嬰孩能偵測到的也許不只是存在自己動作庫內的運動，可能還有從來不在他動作庫內的運動的可能性。這樣來說，動作偵測的累積發展可能會繼續，增加嬰孩可偵測到、但自己做不到的動作的廣度和精細程度。回想稍早關於複雜模仿與目標導向的模仿的討論，我們看見必須把重點從單一動作轉移到連續動作上，讓個體的動作更精細。而從一個動作轉換到下一個動作的過程，很大一部分是仰賴嬰孩在特定環境中，與動作聯結的動作感知的無盡循環。除此之外，既然照顧者在回應嬰孩時會修改自己的動作，我們未來的模型建立也將延伸到照顧者與兒童的雙積互動；隨著生物和文化演化在實踐上建立起語言，這種互動也為能支持對話的合作現象的腦部機制的演化鋪路。

8

從示意動作到原手語

從實踐到蓄意的溝通

在第三章〈猴子與人猿的發聲與姿態〉裡，我們看到猴子發聲的動作基模幾乎完全是天生的，不過小猴子在釋放這些天生的動作基模的條件中，能學著更明確地發聲。舉例來說，小猴子可能一開始會在生物飛過頭頂時，發出「老鷹來了」的叫聲，但牠最終會因為周圍的猴子有沒有一起發出叫聲，而學會只有在掠食性的老鷹出現的時候，或是別的猴子叫的時候再叫。這種叫聲也表現出聽眾效果：這種叫聲比較可能在其他人在場的時候發生。

相反地，不管人猿姿態動作的內在元素是什麼，我們現在已經知道，一群人猿也許是透過內生儀式和社交學習兩者的結合，在自己的常用動作庫中加入新的姿態動作。除此之外，人猿會根據特定個體的注意力狀態而調整自己使用的姿態，當發出訊號者不在對方的視野注意範圍內時，也許會用比較能發出明確聲音，或是包含碰觸對方的元素在內的姿態動作。人猿的姿態似乎滿足了第六章「原語言及語言」中至少三項特質。

特質二：蓄意的溝通。這裡所謂的溝通，指的是說話者蓄意對聽者造成某種影響的行動，而不是實踐動作無意造成的影響或副作用。

特質三：符號表現。將符號與一個開放階級的事件、物體，或是實踐行動連結的能力——不過所謂人猿姿態的「開放性」其實也很有限。

特質四：同位。說話者的意思與聽者的理解大致相同。

　　雖然人猿團體所使用的新姿態提供了一組「開放」的符號，不像猴子的發聲那樣受限於固定的、天生的常用動作庫，但是牠們還是「不那麼開放」——一個團體在新的動作庫裡可能有十來個姿態動作。我認為，示意動作為通往「非常開放」的姿態提供了一座橋梁，並且為原手語（本章）及原話語（下一章）鋪路。

　　根據我們在第五章中的討論，我認為我們和猴子最後的共同祖先擁有：（一）針對手部以及和吸收有關的口顎臉部動作的F5區鏡像系統；以及（二）一組由F5區以外的系統負責控制與辨識臉部情緒表情的鏡像系統。關於人猿臉部表情的模仿資料不多（但可參考第三章「臉部表情」以及第七章的「新生兒的模仿」），不過我們在第七章裡看到，人猿擁有具某種複雜度的手部動作「簡單模仿」能力。

　　關於人猿姿態的資料顯示，這種簡單模仿手部動作的能力，還延伸到了溝通姿態以及實踐動作。我們看過內生儀式在這裡可能扮演的關鍵角色，將改變同種生物行為的實踐動作，轉換成效果相同的溝通性姿態。這樣一來就順利過渡到「蓄意」以及「符號表現」。

　　儘管如此，事實還是任何人猿（就算包括那隻黑猩猩明星坎茲）所能使用的姿態動作，都遠少於一個人類三歲兒童典型所能掌握的單詞數量，而且兒童擁有的句法能力似乎也是人猿能力所不及的。我想關鍵的差異可以追溯到以下一點：

　　複雜動作辨識與模仿：有能力辨識出他人的表現是為了達到特定次目標的一組熟悉動作，並以此為基礎，彈性模仿所觀察到的行為。這可以延伸到另外一項能力，也就是辨識出他人的表現組合了新的動作，而這些動作是透過改變常用動作就能至少粗略模仿的。

但是要注意，關鍵在於「可以追溯」。在這一章裡，我們會描述以此為基礎，最終產生示意動作與原手語的演化改變；而在第九章裡，我們會提出原話語之後是如何和原手語一起發展，使得遠比人猿的姿態動作庫還要豐富的原語言誕生。第十一章會提出，複雜動作辨識與模仿如何在原語言上運作，產生第一個結構，最後達到語法結構的臨界質量——促成橫跨原語言到語言誕生的漫長歷史過程。接著在第十一章裡會講到，要讓語言開始出現在我們古老祖先身上所必需的機制的持續相關性。這樣就能將構式語法與兒童獲得周遭社群使用的語言的方式連結在一起。

符號表現隨著模仿的延伸愈來愈豐富：從手部動作的模仿，到就某種意義而言能表明涉及其他作用器的運動自由程度的能力（比如說甚至能模仿風吹過樹梢），這樣的能力能創造出可引發觀察者腦中某些創新的手部動作。這牽涉到的不只是鏡像系統內在的改變，還有鏡像系統與大範圍腦部區域的整合，牽涉到感知與動作基模的闡述與連結。再加上以人猿的姿態動作來說，其實是受到簡單模仿的限制的；但對原始人類來說，複雜模仿的出現則「打破了」這些限制（圖8-1）。

姿態的成功關鍵在於，觀察者能分辨姿態和做為姿態基礎的實踐動作的差別，而方法之一是利用一種獨立的臉部姿態。一隻小黑猩猩打另一隻黑猩

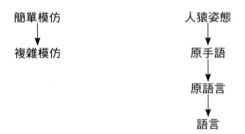

圖8-1：簡單描述鏡像系統假說的關鍵元素。左欄是簡單模仿的能力讓人猿（應該還有人猿和人類共同的祖先）獲得少數的溝通性手部姿勢，形成一個小的常用動作庫；但必須要有複雜模仿的機制演化（在人科動物的支系裡），才能支持開放式的示意動作符號創造，並且透過大規模的約定俗成後形成原手語，然後（加上以原手語為基礎所擴大的原話語）形成原語言。在第十一章裡會提到，從原語言轉換到語言，是一種文化演化而非生物演化。

猩的時候，臉上可能會做出「來玩」的表情，暗示牠想和對方玩摔角遊戲，而不是想要找麻煩。

回想第三章內生儀式的觀念：

· 個體A表現出行為X。

· 個體B持續以行為Y回應。

· 隨後，當B觀察到X行為的初期部分行為X'時，就預期到A的X行為的完整表現，所以先表現出了Y。

· 接著，A預期B的預測，以儀式化的形式X^R，做出初期步驟（等待回應），刺激Y行為出現。

為了將內生儀式與和猴子相似的抓取鏡像系統（假設這應該是獼猴、黑猩猩和人類共同祖先的大腦擁有的特質），以及其他更近一步的系統演化連結，我們就要回想恩米塔等人（2001）的研究。他們觀察了獼猴看到他人抓取物體時，F5區的鏡像神經元的活動，並提出手部動作、觀察到的物體位置，以及可視線索或工作記憶中對現在已經在銀幕後方的物體的資料編碼，三者必須達到「一致」，才能啟動與這種關係有關的抓取相關鏡像神經元。換句話說，鏡像神經元會在觀察到及物動作（手實際接觸到物體）時啟動，面對不及物動作（在沒有目標物體的情況下，相同的手部動作）時則不會。

在原本的互動當中，A對B的行動引發了行為Y，這個內生儀式的過程將本來可能是及物的動作X，轉變成（請容許我使用這個新詞）一個半及物（semi-transitive）動作X^R，這是X的儀式化形式，但還是能成功引發行為Y。A的原始行為X如果執行完成，會是根據物體或（可能是）觀察者B的一些可視線索而執行。儀式化的行為X^R依舊會因為看到相同的可視線索而受到刺激，但是因為它無法完成X行為，所以比較不會受到可視線索的限制，也不會牽涉到相關的動作。

為了從示意動作進展到原手語，我們來回想一下：人猿注意到通常是物

體的使用或利用方法，我們說這種注意力是**工具性**的，然而人類會出於共同的利益，為了**宣告性**的目的分享注意力。[1]

人猿使用姿態主要是命令式的（Pika, Liebal, Call, & Tomasello, 2005），而人類兒童的姿態是宣告式的，引導他人的注意力轉向一個外在的物體或事件（Bates, Camaioni, & Volterra, 1975; Liszkowski, Carpenter, Henning, Striano, & Tomasello, 2004）。我不知道示意動作的出現是否早於宣告式（也就是非工具性）注意力的出現，還是恰好相反。比較可能的是，這兩種先後演化的能力，是隨著其中一種能力愈來愈強，跟著激發了另外一種能力。不論如何，關於外在實體的溝通可能會引發示意動作的使用愈來愈頻繁，以分享這些經驗。相反地，為了利用符號溝通許多必要事務而出現的基本能力，也許也使得以下的溝通需求增加：希望他人對物體採取行動。

在第三章中，我們分辨了**雙積姿態**（只有在溝通的主事者〔一對〕之間的直接互動），以及**三者姿態**（triadic gesture，牽涉到溝通的一對主事者以及某個外部的物體或主事者，形成三者關係）。我們同意把這種三者姿態稱為**指涉性的**，因為這樣的姿態指涉到第三者（物體或動物），不過這種姿態可能會獲得和動作相關的意義，而不是指涉對象貼的標籤。因此先前提到的，關於希望他人對物體採取行動的溝通需求增加，會鼓勵這種三者的指涉溝通，接著會被擴大成沒有工具性目的，而是單純宣告式目的的溝通。這種傾向可能也表達出一個需求，就是創造一個評量人類社交約束力的媒介，測試並加強社會關係，讓分享經驗成為社會關係的一部分。在我們最近的近親巴諾布猿和黑猩猩身上，可以看到社交性的梳毛是滲透到牠們社會生活的每一個層面的。也許社交梳毛因此代表了牠們評量並投資社會關係的媒介（Dunbar, 1996）。

示意動作

示意動作是不使用單詞，而使用姿態（特別是模仿性的姿態）等其他運

動來表達一個情況、物體、動作、個性或情緒。

在第六章裡，我花了很大的篇幅區分馬歇·馬敘的默劇藝術或是比手畫腳遊戲裡很多慣例手勢與示意動作的差別。示意動作不同於前兩者，我強調的是透過單純樸實地展現一個動作，來表現這個動作本身或是與其相關的東西。比手畫腳遊戲是寄生在語言上的，所以我們可以把一個單詞或一個詞的元素拆開來，個別加以模仿——例如假設題目是「爬山」，我們可以做出爬行的動作，再用手指比出「三」，讓大家猜出整個詞。或者我們可以有一個約定俗成的姿勢，例如把手放在耳朵旁表示「聽起來像」，接著用默劇動作比出和這個字發音相似的字，先讓觀眾猜出這個發音相似的字，然後配合前一個字的語境，猜出正確的字。

但是我接下來提到的「示意動作」就是「單純」表演出一個和某動作相似的動作，讓人想起真正的動作本身、相關的動作、物體或事件，或是上述一切的總和。舉例來說，在第六章中我們討論到模仿從瓶子裡倒水的動作、模仿飛鳥的動作，還有模仿擦眼淚的動作表示傷心。讓我們頭痛的是要想像這些示意動作，對於還沒有原語言（更別提語言了）的人類的意義；注意，我們使用單詞或片語來定義這些模仿動作，也許可以做出明確的區分，但是在那麼早期的時候是沒有這些東西的。

讓我們開戰吧。我的論點是，在複雜模仿的技巧基礎上，示意動作帶來了突破，從只有幾個姿態動作，變成能自由溝通**各式各樣**的情況、動作與物體。模仿是重現他人所表現的運動的一般性意圖，不管是精通一項技巧或只是社交互動中的一個部分都算；但示意動作的表現，是帶有使觀察者想到特定動作或事件的意圖，本質上是溝通性的。模仿者觀察他人，但示意動作是要被觀察的。

同樣地，在第三章裡我們跳脫內生儀式，討論到「指」這個動作的發展，這是在實驗室內有人類的反應可以依靠的黑猩猩才會發展出的動作，在野外的黑猩猩不管怎麼指，都不會引發其他黑猩猩的反應。這讓我們從內生儀式進入了**人類支持的儀式化**（human-supported ritualization）：

．個體A試著表現出行為X，以達到目標G，但是失敗了——只達到了X的前置動作X'。

．個體B是一個人類，他從這個行為推論出目標G，然後執行一項行動，替A達到目標G。

．經過一段適當的時間後，A以儀式化的形式X^R產生X'，以使B替A執行達到目標G的行動。

雖然我提出這個觀念來說明為什麼被豢養的黑猩猩能用手指東西，而在野外的不會，但我也要指出A的這種能力其實散布很廣，遠超過靈長類這個支系，顯然家貓也擁有這個能力。想想看這個例子：貓會從走廊試探性地把飼料盤推往房間，表示「餵我」。這隻貓表現出走到走廊的動作的前置動作，意圖不只是讓這個動作本身完成，而是要促成人類最後會餵牠的這種行為模式，達到牠進食的目標。注意，這是貓和人類之間的一種合作行為，不是只牽涉到貓本身動作的行為。因此，貓的行為似乎已經跳脫了準及物（quasi-transitive）動作的範圍，這具有很重要的意義。

在這個例子中，一個會導向整體行為中某些次目標的動作片段，是向觀察者發出工具性要求的訊號，要求觀察者幫助這隻貓達到該行為的整體目標，這樣一來，這個動作就不再受限於必須近似朝向該目標的動作。

我們在這裡也許看到了轉喻（metonymy）的前驅物——在具有語意關連性的兩者之間，利用某個東西取代另一樣東西，或是做為代稱的符號。[2]因此這裡提出示意動作是以三項能力為基礎：

1．體認到一個行為中的部分動作，可以達到該行為的整體目標。如我們所看到的，這項能力可能分布很廣，不限於靈長類才擁有這項能力。

2．體認一個片段的動作，是能達到目標G的行為的一部分，是協助他人達到目標G的基礎。這似乎是人類行為合作性架構的一部分，在許多與人類互動的動物身上都沒有這個東西。

3‧將這樣的體認逆轉，成為有意識地去創造實踐或溝通動作，取代與整體目標的轉喻關係。這顯然是只有人類才有的。

為了嘗試利用示意動作溝通（我們出國時可能也會這樣），我們也許會演出某些情境、比畫形狀，或是模仿通常和使用該物體相關的動作，藉此表達某個物體。這樣一來，示意動作直接進入了我們的實踐系統，在缺乏該行為的基礎情況或物體的條件下，做出這個行為。示意動作無法利用可見物體的可視線索來限制自己的韻律，不過優點是既然沒有物體，那麼手比出來的形狀也不需要那麼精準，因為不需要配合特定物體的可視線索。

內生儀式和人類支援的儀式化都是偶然發生的，但是示意動作讓人能想像一個目標，主動展開創造一個或一系列手勢的過程，這些手勢會讓觀察者聯想到能達到該目標的整體行為，一點一滴地讓觀察者成功辨識出這個行為。因此示意動作會創造出一個專門但又開放的語意，用來溝通更大範圍的物體、動作與事件。

如同史多克（2001）與其他人所強調的，示意動作的力量在於利用靈長類開放的手部靈巧度，創造出開放的複雜訊息的能力。示意動作提供了開放溝通的可能性，在沒有事先的指導或慣例的情況下都能成功。但是並非所有概念都能輕鬆用示意動作表示──那些概念是我們能使用示意動作，但沒有原語言或語言的祖先擁有的；不過數量和我們現在的這類概念數量相比，大約只是九牛一毛。

接下來我會清楚說明，示意動作和原手語很不一樣。和現代的手語相比，原手語本身的限制很多：現代手語是以手為表達形式，且表達能力很完整的語言，並不是原語言，也不是補充說明的手勢所組成的粗糙系統。

從示意動作到原手語

示意動作有其限制：你很難用示意動作表達「藍色」。就算是示意動作

可行的時候，可能也會太「浪費力氣」，因為你要花時間決定在某個情況下，你要使用哪一個示意動作，然後表演出這個動作可能還得花更多的時間。除此之外，觀察者可能還看得一頭霧水。想想試著用示意動作比出「婚禮」的概念，而且要簡單明瞭。儀式化的過程（但不是「內生」的）也許能解決這個難題。

在通往語言的路途上，由於示意動作可能很難讓人辨識不同運動（例如這動作代表「鳥」還是「飛」），使得一個更關鍵的改變出現。因為使用「自然」的示意動作，很難充分地傳達各種意義，所以出現了發明約定俗成的姿態的「動機」，這樣的姿態能以某種方式和原本的示意動作結合，或修改原本的示意動作，讓本來想要傳達的相關意義更為明確。

反過來說，這也為抽象姿態的創造揭開序幕。抽象姿態是形成複合字詞的元素，能夠或多或少隨意地與意義配對。要注意的是，雖然示意動作可以自由使用在任何運動當中，藉此引發觀察者心中出現意圖中的觀察結果，但是一個消除模糊地帶的姿態，必須是約定俗成的。[3]

然而，約定俗成也不一定要和原始形態分道揚鑣。就像手語當中的手勢一樣（我們要強調，我們調整了皮爾士的三分法，延伸象徵符號的觀念，涵蓋圖象化或指示性的符號），一旦團體同意什麼樣的表現是大家所同意的習慣，那麼這個表現的整體或部分到底是不是圖象式的，就完全沒有關係了。

蘇帕拉與紐波特（Supalla and Newport, 1978）觀察到，美國手語中的「飛機」（AIRPLANE）是用某個特定手部形狀重複細微的動作來表示，而「飛行」（FLY）則是用同樣的手部形狀，但以大範圍的移動軌跡來表示。這些手語手勢是現代人類語言的一部分，並不是原手語的殘留物。儘管如此，它們示範了圖象性與習慣的混合，我認為這就是原手語和示意動作間的差異。另外也指出我們對於**示意動作的慣例化**（譯註：conventionalization，即前文所謂「約定俗成」）的觀念需要擴大；也許不只是透過各種方法簡化示意動作，可能還包括樂於以隨意的方式改變一個姿態，賦予這個動作特殊的意義。像是表示「飛機」的手語手勢中，除了比出

手部形狀，還隨意決定加上小小的前後運動，藉此與「飛行」的手語手勢做出區隔。我要再次重申，美國手語是能充分表達意義的現代語言，不是一個原手語系統。然而，我們似乎可以說原始人類一定發明出了像是圖8-2所示範的一些差異性，使原手語能做到示意動作無法簡單傳達的一些必要區別。

隨著我們的祖先擁有的常用宣告性溝通動作庫變大，溝通是否成功可能就不再是靠是否引發工具性行為Y來衡量，而是看是否引發了共同的注意力，以及暗示原本的示意動作已經得到了解的進一步宣告。以此為基礎，我們用慣例化的示意動作的觀念，取代內生與人類協助的儀式化的觀念。詳述如下：

第一部分：一個雙積核心。兩個個體逐漸共有一個示意動作的慣例化形式。

·個體A表現出示意動作X，意圖是引起個體B對情況Z的注意。

·個體B用和注意到Z有關的行為Y做出反應，可能表現出另外一個恰當

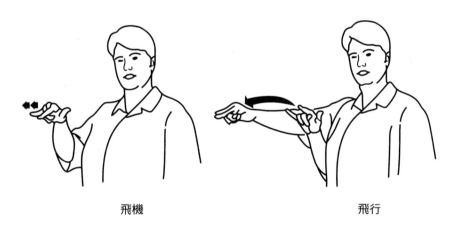

飛機　　　　　　　　　　　　　　飛行

圖8-2：在美國手語中，「飛機」和「飛行」使用的是相同的手部形狀，都和飛機的外型相似，但是使用不同的手部動作來區分兩者——「飛機」是小範圍的前後移動，「飛行」是大範圍的單次運動。這樣的選擇完全是約定俗成的慣例。（From Stokoe, 2001; following Supalla & Newport, 1978）

的示意動作，表示B也同樣注意到Z。

・接著B預期A會因為注意到Z，表現出X'版本的X（可能是簡化版的，可能是修改版的）。

・接著A做出了X'，而沒有做出為了讓B注意到Z的全套X。

・此外，B也採納了這個慣例，並且不使用專門的示意動作，而是使用了X'，以吸引A對情況Z的注意。

這個過程也許會重複，直到原本的示意動作X的使用，完全被相對簡短的慣例化手勢X§取代，此後A和B就用這個X§來溝通Z情況。

第二部分：社群的採納。同時，隨著A和B建立了一個慣例化的手勢，他們可以透過一起比出該手勢以及適當的示意動作，將這個手勢傳達給團體內的其他人。如果其他人也覺得這個慣例化值得模仿，那麼慣例化的手勢X§能用於溝通Z的理解也許就能成立。

注意，我們在這裡看到了模仿在溝通領域裡的兩個面向：（一）「做出關於Z的溝通」這個目標；（二）為了製造出可辨識版本的X§所必需的運動模式。

這樣一來，原手語的系統就建立起來了。注意，這當中有三個階段：

1・團體必須有能力「大概知道」示意動作的意思。這樣一來，如果團體內的其他成員做出奇怪的樣子，他們還是可以理解他的意思，也才可能傳達各種新意義——不過代價可能是要非常努力，才能做出能夠被理解的示意動作，並且理解這個動作希望得到的可能詮釋為何。

2・**示意動作的慣例化發展**，使得原手語得以取代示意動作，因為產生與詮釋原手語所需的努力比較少。

3・對於慣例化的示意動作的意義有共同的理解。稍早我說過，隨著A和B建立了一個慣例化的手勢，他們可以透過一起比出該手勢以及適當的示意動作，將這個手勢傳達給團體內的其他人。然而，這並不代表每碰到這種

情況就要這麼做，因為這種做法很難讓其他人「做出聯想」、「知道大致的意思」，自然也無法達到教導這個新的原手語的目的：立刻將這個新的手勢和示意動作配對。（想想我們稍早談到照顧者的角色——注意，照顧者和老師的定義並不限於照顧嬰孩的人，而是能協助各種年紀的人學會新實踐與溝通技能的人。）

　　瑞士語言學家弗迪南・德・索緒爾（Ferdinand de Saussure；Saussure, 1916)強調了符徵（signifier，例如單詞）與符指（signified，例如該單詞所代表的概念）之間的差別。

　　不論我們討論的是一種語言中的單詞或「原單詞」（protoword），我們都必須（以索緒爾的方式）辨別「符徵」和「符指」。在圖8-3中，我們區分了「符徵的神經元表現」（上排）以及「符指的神經元表現」（下排）。[4]我們區分下面兩者：

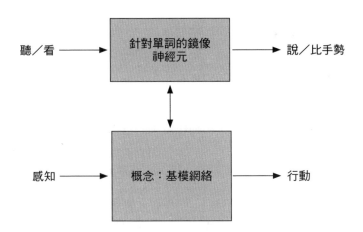

圖8-3：雙向的索緒爾符號關係，連結單詞（符徵）與概念（符指）的神經元編碼。對我們來說，符徵是單詞的語音形式，它的神經元編碼會和這個單詞能表示的許多概念的神經基模連結在一起。對我們來說，符徵和符指間的關係不一定是隨意決定的，但一定是慣例化的。

・針對表現符徵的表達動作（辨識並產生手勢的形狀或口頭單詞的發音）的鏡像系統——這裡我指的是適當的鏡像神經元與標準神經元，以及

・手勢與針對符指（符徵所指涉的概念、情況、動作或物體）的神經基模間的連結。

這樣的差異也許能透過簡短地檢視動作－單詞處理的語意體感皮質定位（somatotopy）模型來解釋（可回顧普弗米勒Pulvermüller, 2005）。大部分的讀者會記得看過幾張圖，上面是被拉長變形的小人，橫跨在人腦的初級運動皮質與感覺皮質上。這是軀體特定區（somatotopic）的表示方法，讓人看出來身體部位和大腦皮質表面的哪些地方有關。特別的是，運動皮質和運動前皮質的軀體特定區分配，是負責臉、手臂／手掌以及腳／腿。此外，人腦的語言和動作系統看起來是和皮質與皮質間的連結有關，這是從猴腦的同源區域的連結所推論出來的（不過當然囉，猴子並沒有語言）。

普弗米勒與同僚研究和不同身體部位有關的動作單詞（例如「舔」／臉、「撿」／手、「踢」／腳）。舉例來說，霍克、強許德與普弗米勒（Hauk, Johnsrude, and Pulvermüller, 2004）曾經使用功能性磁振造影觀察人類受試者在從事運動時，以及被動地只是唸出動作單詞時的皮質啟動情況。和腿有關的單詞所啟動的區域，會與腳部運動有關的區域重疊或緊鄰，而與手部相關的單詞與手指運動區域也有類似的關係。（臉部相關的詞和舌頭運動，似乎比較沒有這麼強的相鄰模式。）

普弗米勒認為，處理動作和動作單詞的意義，牽涉到共同的一個神經基質。觀察結果有下列三項：（一）在我們的術語中，我們會說針對這種動作單詞的符指，可能是編碼在提供相對應動作的動作基模的腦部區域；（二）然而，編碼符徵（表達動作的詞）的神經元則編碼在腦中的其他區域，沒有從這些動作承接到體感皮質定位；（三）在單詞當中，和使用身體特定部位有關的動作的動詞其實是相對少的，我們使用很多動詞（例如「飛」）來指稱我們做不到的動作（至少不搭飛機是無法達成的）。因此，我們會同意帕

佩歐等人（Papeo et al., 2010）的研究，他們從左腦受傷的患者身上發現，表現出動作和對動作單詞的理解是可以分割的，同時進一步強調了大部分的單詞都不是動作單詞，也沒有針對它們的意義的自然體感皮質定位。

另外一個重要的警告：索緒爾的理論很容易讓人以為，他所謂的語言學符號本質上一定是被隨意決定的。然而，不管一個符徵和符指之間的關係能不能透過示意動作、擬聲、詞源學，或任何在大眾接受這個符徵代表這個特定意義之前的其他歷史因素說明，都與我們使用這個術語無關。此外，符徵和符指之間的關係絕對不是一對一的。我們可以說「洋裝」、「連身裙」、「衣服」，表達我們對某人穿在身上的物品的心智基模；而且用隱喻的觀念可以表達得特別清楚：只有透過仔細地考慮語境，才能推論出一個詞意圖表達的意義（概念闡述）。因此，我們可能以為自己知道和「天空」以及「哭泣」有關的詞的概念，但是在「天空在哭泣」這個句子裡，我們必須放棄至少其中一個概念，才能把這個句子解釋為「下雨了，而且是帶著憂鬱的氛圍」。亞畢和海斯（1986）用了不少篇幅探討在基模網絡中推論意義的過程，是從最常被句子中的單詞所啟動的基模開始，但會受到組合這些基模的構造所限制。

如果一個慣例化的姿態不是圖象式的，那麼就只能用在協商過或是學過怎麼詮釋這個姿態的社群中使用。使用非圖象式的姿態，需要延伸鏡像系統，去注意整個手部動作的新類別：這些手部動作的慣例意義是由原手語社群一致同意的，以減少模糊不清的情況，擴大語意範圍。但還有別的東西在發揮作用。就算一個手勢是圖象式的，當這個手勢在（原手語的）溝通語境中使用時，它所涉及的更大範圍腦部機制，會不同於涉及該動作或示意動作時的腦部機制。回頭想想動作＝運動＋目標的等式，就知道這很合理了。當目標是溝通的一部分，而不是實踐的一部分的時候，同樣的運動就變成了不同行動的一部分。[5、6]

示意動作本身並非原手語的一部分，而是讓原手語得以出現的鷹架。示意動作牽涉到透過轉換某個活動中記得的範例，產生運動型的表現；同樣

地，示意動作會隨著表現者而改變，隨著場合而改變。示意動作成功的程度，足以引起觀察者對某樣近似於動作者試圖溝通的東西的神經元表現。相反地，慣例姿態的意義一定需要得到一個社群的同意。

隨著時間過去，在一個社群裡，這些姿態會愈來愈被形式化，也許會（但不一定要）喪失和原始示意動作間的相似性。但是當我們發現一個無法輕易用示意動作表現的重要差異，可以用發明一個隨意決定的手勢來表達時，上述的喪失也能得到平衡。指示語（Deixis，例如指著一個物體或正在進行的事件）在此想必也扮演了關鍵的角色——無法用示意動作表現的東西，當這東西在場時也許可以直接拿出來，但物體不在場的時候，可能就要用物體所連結的符號來表達。

於是原手語出現了，這是一個以手部為基礎的溝通系統，原本根植於示意動作，但隨著社群生命的延續，漸漸定義了這些手勢背後的概念，使得這些手勢變成溝通這些概念時的重要工具，因此這個溝通系統便成為能接受額外的新溝通手勢的開放系統。一旦一個團體了解新的符號能提供非圖象式的訊息，那麼使用示意動作來區分某些意義的困難度，反而鼓勵了更多新符號的創造。因此，從透過示意動作的複雜模仿，到以手部為基礎的溝通的演化中的原手語，我們區分了「模仿」在這個過程中扮演的兩個角色：

1・從針對目標物體的實踐動作變成**示意動作**，而且當中產生的類似動作會偏離目標物體。在示意動作中，模仿是從模仿手部動作，延伸到不同自由度的手臂和手部動作。

2・慣例化姿態的出現，讓示意動作得以儀式化，或是消除模糊不清的成分。在這些姿態中，隨著原手語的使用者精通該原手語社群中特定的手勢，模仿也必須朝向不及物的手部動作的模仿。

這樣一來，第六章提到的同位／鏡像特質自然就出現了，比手勢的人想表達的，必須（大致上）和觀察者的理解相同。真的是這樣嗎？情況很微

妙，要了解這種微妙性，我們必須重新思考從示意動作到慣例的溝通姿態這條路。

1・當示意動作是手部的實踐動作時，示意動作會直接進入這些動作的鏡像系統中。

2・然而當示意動作開始使用手部動作來模擬不同的自由程度時（就像模擬鳥的飛行），分離性（dissociation）就開始出現了。示意動作（以臉部、手部等部位的運動為基礎）的鏡像系統現在和辨識被示意的動作的系統分開了，而且（同樣以飛行為例）這個動作甚至可能也不存在人類的動作庫當中。

3・此外，我們曾看到示意動作並不限於動作。事實上，我們看到示意動作可能包括整個動作－物體架構，例如「鳥在飛」。然而，這個系統還是可以利用實踐動作的辨識系統，因為動物或人科動物必須對與這個動作相關、但不存在於自己動作庫的環境有足夠的觀察。

4・儘管如此，這種分離性現在支援了只能以溝通影響，而非實踐目標所定義的動作的興起。鏡像系統假說增加的是，有一種神經機制是支援這種同位的，而且這種神經機制是以鏡像系統為立足點，延伸後不只支援實踐技巧的複雜模仿，還能支持溝通姿態的複雜模仿。

5・儘管如此，這些溝通動作再也不能透過與動作系統的直接連結找到它們的意義，而是要透過它們與更廣大的大腦系統的連結而成功找到意義；這些大腦系統的啟動能提供必要的符指，在神經學上實現圖8-3的基模。

6・而且這裡完全沒有提到互動的情境，因為這種溝通動作的神經元模式不只會彼此互動，還會和工作記憶、長期記憶、目標系統等模式互動，影響心智狀態以及聽者之後的行動。

第二章回顧了證明手語包括語言學姿態，不只是有精細的示意動作的神經學證據。如同第二章圖2-4所表達的，就算是現代手語中類似示意動作

的手語手勢都已經慣例化了，因此和示意動作是不一樣的。我的假設是，分辨手語和示意動作的機制，也會分辨原手語和示意動作。我在別的地方（Arbib, 2005a）曾提過，從示意動作轉換到原手語，看起來並不需要生物學上的改變。然而，在這裡列出的證據使我改變了看法。

從緩慢、偶爾使用特別的示意動作，變成快速、頻繁、習慣性地使用愈來愈熟練的慣例化示意動作，一方面可能推動了針對象徵的神經元編碼，脫離其所代表的動作或物體的神經元編碼（不管是結構上或只是功能上）的能力發展，一方面也是兩者分離後的結果。在示意動作的模式中，人腦會想直接把觀察到的表現，和庫存中已知的動作及物體的呈現連結在一起；但是在原手語模式裡，原手語象徵呈現的庫存，會為觀察結果與詮釋之間建立起一座橋梁。這樣一來，我們就建立了鏡像系統以及它們所屬的更大系統的發展過程：

1・抓取和手部實踐動作

2・模仿抓取和手部實踐動作

3・抓取和手部實踐動作的示意動作

4・用示意動作表現在動作者自己的行為庫以外的動作（例如擺動手臂模擬飛行的鳥）

5・使用慣例化的手勢讓示意動作正式化，消除模糊不清的成分（例如區分「鳥」和「飛行」）

6・脫離示意動作的慣例化手部、臉部與聲音的溝通姿態（「原單詞」）

這些都是不需要訴諸非人類靈長類發出叫聲的機制就能達成。在下一章裡，我們會看看隨著原話語以擴張螺旋建立於原手語之上，發聲是如何重回戰場。

了解所謂（原）語言的概念

　　海倫・凱勒的自傳《我的人生故事》（*Story of My Life*, 1903/1954）是一個很戲劇性的例子。身為一個失聰又失明，但仍努力要溝通的現代兒童（她生於1880年，卒於1968年），她的經驗說明了這些各式各樣的能力如何作用。她本來是正常發展的兒童，已經開始會說幾個字了，但在十九個月大時發了一場高燒，使得她失聰並失明。但她還是很努力學習與溝通。她會抓著媽媽的裙子到處跑，會感覺人的手，試著知道他們在做什麼——她用這個方式學了很多技巧，例如擠牛奶還有揉麵團。她會感覺他人的臉或衣服，藉此認出他們的身分。她創造了六十個手語手勢，是慣例化的示意動作，用來和她的家人溝通：如果她要麵包，她就會表演切麵包的動作；如果她要冰淇淋，她就會抱住自己身體，做出發抖的樣子。但是她後來非常沮喪，因為她不能說話。她的家人為她找了一位老師——安・蘇利文（Anne Sullivan）來教海倫字母的手語。她會在海倫的手掌上「拼出」單詞，和她溝通。有一天，蘇利文帶海倫去抽水泵旁邊，把水潑在她手上，然後在她手上拼出「水」的英文字母。她一再重複這麼做。最後，海倫突然領悟到「水」這個字代表的，就是她手上感覺到的「水」。這為她打開了一個新世界。她到處跑來跑去，問蘇利文各種東西的名稱，蘇利文就在她的手掌上拼出這些字。

　　海倫・凱勒的故事眾所周知，但在她之前其實也有其他的例子。狄更斯（Charles Dickens）在《美國筆記》（*American Notes*）一書中記錄了他1842年前往美國的經歷，書中提到在波士頓附近，瓦特鎮的柏金斯盲人院（Perkins Institution for the Blind）裡，有一位叫蘿拉・布萊曼（Laura Bridgman）的失聰失明女孩，而她學習英語的故事和海倫・凱勒很相似。狄更斯引用了她的家庭教師的一段文字，說明他是怎麼指導她的。[7] 讓我在此簡短摘錄：

　　……1837年10月4日，（她的父母）帶她到盲人院來。她困惑了一段時

間，在等待約兩週之後，她逐漸習慣了這個新地方，漸漸與室友熟了起來，於是我打算讓她學習制式的手語，讓她可以藉此和他人交流。

有兩種方法可以使用：一種是以她原本自己發展出的（家庭手語）為基礎，建立手勢的語言；另一種方法是教她常用的純制式手語，也就是讓她知道每一個東西都有一個代表手勢，或是讓她學習字母的知識，藉此組合字母，表達她對物體、對物體的模式與情況，或是對任何事的想法。前者會比較容易，但是效果很差；後者似乎很困難，但如果成功了，會有很大的效果。所以我決定嘗試後者。

第一個實驗是在刀、叉、湯匙、鑰匙等日常生活物品上貼名稱標籤，名稱是以凸起的字母印刷。她很仔細地感覺這些東西，接著她當然就能分辨湯匙的線條和鑰匙的線條不同，因為它們的外型不同。

接著我把印了相同凸起字母的小標籤放在她手中，她很快就觀察到這些標籤和貼在物品上的標籤相同。她藉由把「鑰匙」的標籤擺在鑰匙上，「湯匙」的標籤擺在湯匙上，表現出她察覺到了到這種相似性。此時我會用讚賞的自然手勢鼓勵她，也就是拍拍她的頭。

學習拼字比學習辨識說出口的單詞的聲音模式（如果這人聽得見的話），或是辨識文字符號的視覺模式（如果這人看得見的話）還要困難許多，但是關於這些為布萊曼與海倫‧凱勒打開新世界之門的鑰匙的精采故事，有助於我們感受我們遠古的祖先進入到原語言階段是多麼驚人的事，以及現代的兒童從學習幾個詞的工具性意義，到終於「了解語言的概念」的過程有多厲害。兒童大約在兩歲左右就能做到這件事，接著會大量學習很多新的單詞，再以愈來愈成熟的方法將單詞組合在一起。

然而，海倫‧凱勒的故事還告訴我們更多東西。海倫可以發展出六十個「居家手勢」，但是她能有所突破還是得歸功於蘇利文。在這個照顧者的支持下，海倫才得以開始理解單詞本身的意義，接著才知道怎麼以新的方式組合這些詞。布萊曼的情況也很類似。這些例子再次強調特質七（第六章）對

於語言先備的大腦的重要性：

幼態與群居性：幼態是嬰孩依賴時期的延長，在人類身上特別顯著。這結合了成人願意扮演照顧者的角色，以及社會結構隨後的發展，得以提供複雜社會學習的條件。

我在第十二章「語言如何興起」的討論中，會針對「了解何謂語言」做更多的探討。

9

原手語與原話語：擴張的螺旋

我們在上一章中看到，鏡像系統假說認為，語言是經過原手語而產生，而非直接來自於發聲。這顯示實踐的手部動作可能演化成了人猿的溝通性姿態，接著沿著人科動物這條支系，從示意動作演變成原手語。儘管話語會嵌入在手、臉、聲音等多模組的混合形態當中，現在還是大部分人類使用語言時的主要夥伴。原手語是怎麼發展成原話語，又話語為什麼會成為主流呢？本章將提出一些答案。

在原話語的鷹架上建立原話語

非人類靈長類當然擁有豐富的聽覺系統（第四章），在各方面為物種的生存做出貢獻，溝通只是其中之一。因此，原語言系統不需要「從零開始」創造一個適當的聽覺系統。然而，既然人猿似乎無法產生像人類的發聲，我們和黑猩猩共同祖先應該需要發聲器官以及相關神經控制的改變，才能支援我們現在所知的口說語言。當然在此之前，某些程度的語言先備性以及聲音溝通的中介形式必然已經存在，這是**原話語**對現代人類的發聲器官演化施加壓力所必需的核心。因此，早期的人類（還有尼安德塔人以及直立猿人的前身）很有可能已經擁有原話語，但沒有近似於現代語言的句法和語意。

第六章先介紹了一下本章的內容，提到了關於原手語相對於原話語所扮演的角色，有兩種極端相反地看法：

1．語言直接演化成話語。

2．語言的演化是先成為手語（是完整的語言，不是原語言），接著話語才以手部溝通為基礎而出現。

我提出一個折衷的說法，也就是「擴張的螺旋規則」，意思是我們遠古的祖先一開始擁有的是以原手語為基礎的原語言，並且多虧了從示意動作繼承的開放式語意，原手語建立了一個鷹架，讓原話語得以出現，使得人科動物這個支系在原手語和原話語上有所進展，兩者在一個擴張的螺旋中彼此扶持（Arbib, 2005b）。這種觀點中的原手語不再是早期形式的原話語出現之前的完整語言。我的看法是，最早的智人的「語言先備大腦」，支援了手勢與聲音溝通的基本形式（原手語和原話語），但是沒有豐富的句法和組合式語意，也沒有隨之而來成為現代人類語言基礎的概念性結構。

這種論點可能會發展出強調話語而非手勢的鏡像系統假說變體，並且降低稍早提到人猿手勢彈性的證據的重要性。我們在第四章中看到，獼猴針對手部動作的某些鏡像神經元是**聽覺－視覺的鏡像神經元**，在動作有明確的聲音時，例如剝花生或是撕紙，這類鏡像神經元就會在聽見或看見，或同時聽見看見動作時啟動（Kohler et al., 2002）。我們也看到F5區內的口顎臉部區（與手部區相鄰）包含了少量的**嘴部鏡像神經元**，與溝通性的姿態以及攝食的動作有關（咂嘴唇等動作；Ferrari, Gallese, Rizzolatti, & Fogassi, 2003）。這顯示獼猴的F5區也和非手部的溝通功能有關（Fogassi & Ferrari, 2007）。

有些人認為，這些結果讓我們可以把鏡像系統假說直接應用在發聲上，讓原手語「這個中間人消失」。但是科勒等人研究的聲音（剝花生、撕紙）不可能在缺少物體的情況下發生，而且也沒有證據顯示猴子能利用自己的發聲器官來模仿自己聽過的聲音。除此之外，咂嘴唇、咬牙等等與「嘴部鏡像神經元」相關的動作，和話語中出現的那種發聲是天差地遠。因此發聲溝通時會用到這些鏡像神經元的說法不攻自破，可是這種情況的確顯示，鏡

像神經元會接收可能與從原手語過渡到原話語有關的聽覺輸入。法拉瑞等人（Ferrari et al.2003）提出：「溝通行為的溝通者與接受者**關於食物與吸收性動作共有的知識，成為社交溝通的共識基礎。攝食的動作是建立溝通的基礎。**」（黑體字為我強調使用。）不過他們所強烈主張的「攝食的動作是建立溝通的基礎」，應該把範圍縮小一點，改成「攝食的動作是關於餵食的溝通的基礎」，能補充但不會取代以手部技巧為基礎的溝通。相反地，我們的假說認為：部分根基於F5／布洛卡區的蓄意**手勢溝通**，其自主控制系統的演化，為生物的演化提供了基礎，使得此生物的F5／布洛卡區與發聲器官之間有愈來愈顯著的連結。反過來，這也為發聲器官出現共同演化的階段，以及它與控制手勢與原手語的神經元迴路的整合，提供了一些條件。

這一切都為下列的假說提供了基礎：**原話語在一個擴張螺旋中建立於原手語之上**——為了控制原手語的產生而演化的神經元機制，也漸漸以愈來愈大的彈性控制聲音器官，誕生了初期為原手語附屬物的原話語。

支持這個論點的說法，是建立於示意動作之上的原手語，為自由創造新手勢提供了關鍵的能力；新手勢的自由創造可支援開放式語意，並透過加入慣例化的手勢，使符號的語意範圍更精細。一旦原手語建立起來之後，開放性地使用溝通性手勢會對發聲器官的演化（包括其神經元控制）提供適應性壓力，使得原話語變得可能。使用慣例化的手部溝通手勢（**原手語**）以及聲音溝通姿態（**原話語**）的能力，在一個擴張的螺旋中共同演化，支援**原語言**這種多模組的溝通系統。

必須承認的是，**擴張螺旋學說**還是有很多爭議。這一章有部分是以一篇論文（Arbib, 2005b）為基礎，內容批評麥克奈理基（MacNeilage, 1998）認為話語系統的演化並沒有受到原手語支持的理論。麥克奈理基與戴維斯（Davis, 2005）對我的批評提出了激烈的回應。我們的關鍵歧異在於，我認為他們對於聲音如何漸漸得以傳達複雜意義的看法太淺薄，而他們指出自己對於現代兒童的話語發展提出了豐富的說明。因此本章的任務在於檢視其中的一些爭議，並且提出以目前的資料來說，為什麼**擴張螺旋學說**依舊是具有

說服力的看法。

如我們先前看到的，猴子已經擁有口顎臉部溝通的動作，這些動作當然可能也支持有限的溝通性角色。然而，牠們缺乏精細的聲音控制能力，也沒有發展豐富與多樣化新意義的常用庫存的能力。人猿能創造出有新意義的手勢，但是方式很有限。第八章的主要論點是，使用示意動作（這是人猿沒有的）得以獲得豐富的語彙，而隨著發現標示出重要差異的慣例化手語（或是手勢的修飾語）愈來愈多，接著便創造出愈來愈頻繁使用隨意決定的手勢的文化，並且使得示意動作的使用被儀式化（但不會完全被取代）。我們現在的任務是指出，這種隨意手勢的使用如何為原話語的發展提供鷹架。

一旦一個有機體擁有圖象化的手勢，就能透過「簡單地」把一種發聲和這個手勢連結，來調整這個手勢，和／或使這個手勢符號化（非圖象式地）。一旦這個連結被學習了，那麼就能拋棄原本的「鷹架」手勢（就像支援手勢慣例化的示意動作，或是支援對某些中文象形文字的初步理解的誇張表現[1]），留下一個符號，不需要和原本指涉的對象維持圖象化的關係，但在某些情況下，還是能想到兩者間的間接關連。

一個尚未解決的問題是：在這種鷹架能有效地支援原話語的發展之前，原手語必須先要發展到什麼程度呢？既然符號（以及它所使用的並行性與符號空間）與音素序列沒有直接的配對，我想這個發展的突破性，是比乍看之下還要大很多的。下一個部分會提出一些支持下列假說的相關資料：涉及觀察與為抓取動作做準備的人腦系統，和現在涉及話語產出的腦部皮質區域有密切的關連。

連結手部動作與話語的產生

儘管非人類的靈長類沒有話語，甚至連原話語也沒有，但我們來想想牠們是否擁有手—嘴的連結。手最重要的用途之一，就是把食物或飲水拿到嘴邊。因此，手部的形狀以及手中拿的東西的性質，會讓嘴巴預先做出即將吃

到或是喝到的東西的形狀，是一口吃下或是咬掉一塊等等。這也許提供了人類的手與聲音之間的連結。

馬希摩・貞特魯奇（Massimo Gentilucci）與帕馬大學的同僚[2] 曾經研究手部動作與話語產生之間的密切連結，顯示與溝通相關的手部姿勢可以搭配自然聲，而這個聲音可能有助於蓄意的聲音溝通進一步發展。在敘述他們的研究之前，我們需要一點背景知識，了解話語如何能視覺化。基本上，話語的訊號可以轉換成光譜圖，顯示在每個頻帶中有多少能量，圖的橫軸是時間，縱軸表示頻率。在持續母音聲音的時間內，圖形會相對穩定，但是隨著每個詞的發音或是旋律變化，圖形也會有所不同。母音的頻帶會比相鄰的頻帶能量高。從最低的頻率開始，這些頻帶中間的頻率稱為**第一共振峰**（F1）、**第二共振峰**（F2）等等，以此類推（圖9-1）。通常前兩個共振峰F1和F2就足以用來確認母音。

貞特魯奇的團隊在一個研究中要求每一位受試者把大小不同的水果（櫻桃或蘋果）放到嘴巴裡，在不能咬到水果的條件下，發出一個音節的聲音。水果的大小會影響嘴部器官的運動模式，也會影響受試者發出的聲音。嘴巴裡的水果比較大的時候，第二共振峰（F2）會比水果小的時候高。水果的大小會影響聲帶的配置，接著改變了F2的頻率。

在另外一項研究中，受試者觀察兩種手部動作：把東西放到嘴巴的動作，以及抓取的動作。從這項觀察應該能推論出有針對手部動作的鏡像系統。兩個動作都要求受試者含著小水果或大水果，在運動的最後發出一個音節的聲音。第二共振峰在把東西放到嘴巴的任務中會有變化，但是第一共振峰則是在抓取任務中出現變化。

這些研究指出了上肢動作在塑造聲音符號時可能扮演的角色。他們認為聲音調節以及隨之出現的一套發音運動，可能和先前存在的常用手部動作庫有關，或甚至是被此激發的。有鑑於這些與其他資料，貞特魯奇與寇巴利斯（2006）認為，手部／嘴部的雙重命令系統，一開始可能是在吸收的情境下演化，後來才形成結合手部與聲音溝通的平台。

我們能從以下研究發現看出，這樣的連結可能已在靈長類的支系裡存在已久：日本猴會自動對工具和食物發出不同的咕咕聲。入來等人（1996）訓練兩隻日本猴使用耙狀工具取得一段距離以外的食物。頂葉皮質的雙重模式神經元出現有趣的變化，但是我們目前重視的是猴子發聲的部分。在入來的研究團隊後續的研究中，日原等人（Hihara et al., 2003）觀察到，猴子在使用工具的情境中，會自動開始發出咕咕的聲音。接著他們訓練其中一隻猴子在要求食物或工具時必須發出聲音：

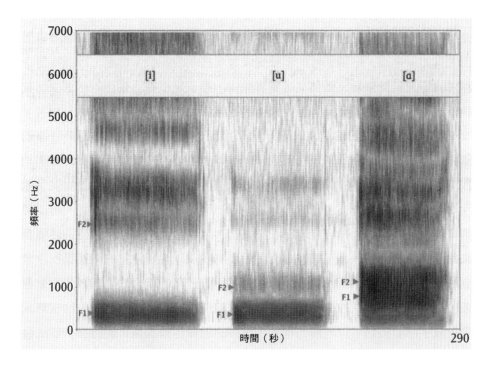

圖9-1：一名路易斯安納州本地人發出三個母音時，第一與第二共振峰（F1與F2）的頻率光譜圖。在這三個母音中，橫軸表示的是時間，縱軸則是頻率。（出自維基百科「共振峰」條目）。

情況一：當桌上沒有食物的時候，猴子會發出一種咕咕聲（叫聲A），實驗人員就在桌上猴子拿不到的位置放食物當作獎勵。當猴子開始發出咕咕聲（叫聲B）時，實驗人員會把工具放在猴子拿得到的地方。猴子接著就能拿到食物了。

　　情況二：在這種情況下，桌上沒有食物，但是實驗人員把工具放在猴子拿得到的地方。當猴子發出咕咕聲（叫聲C），實驗人員就會把食物獎賞放在用耙子拿得到的地方。

　　猴子在訓練的過程中，會自動區分自己發出的叫聲，根據不同的情況做出要求：要食物或是要工具。換句話說，叫聲A和叫聲C類似，兩者都和叫聲B不同。日原等人推論，這個過程可能涉及透過將叫聲與有意識地計畫使用工具加以連結，把情緒性的叫聲變成蓄意控制的叫聲。然而，以貞特魯奇團隊的研究結果來看，雖然在這個實驗中，猴子是根據「動作的意圖」而非執行動作本身來調整發聲，但我認為這是無意識的手部－聲音互動。[3]

　　綜合人類和獼猴的資料，顯示聲音調節以及隨之而來的常用發音運動庫，可能和先前存在的常用手部動作庫有關，或甚至是被彼此激發的。因此我認為，一旦原手語的動作庫開始發展，這種調節就為建立原話語提供了強而有力的管道。不過要注意的是，這些調節可能很細微，難以察覺。可以誇張表現這些調節的動物可能享有天擇優勢，因為牠們的姿態得以透過伴隨而來的發聲而被理解，甚至被沒有對做出姿勢者投以視覺注意的同種動物注意到。因此，經過許多世代之後，擁有將資訊聲音化的能力的群體數量愈來愈多，使得發聲甚至在缺少相伴的姿態時也能使用。隨著愈來愈多生物省略或者縮減手部姿勢到可以理解的程度，天擇的過程也被加速，使得那些無法發聲的生物處於競爭劣勢。

　　這解決了各種語言演化模型共通的一個問題：一個特別的個體獲得產生新的訊號的能力時，除非其他個體也演化出偵測這些訊號的能力，否則這怎麼會是一種優勢呢？不管是第八章提到的從示意動作到原手語的過渡，還是

本章中提到的增強聲音相關假說，都解決了這個問題。兩者都認為，就算在原本就有接受能力的群體或部落裡，對於產生溝通式姿態比較在行的個體，還是比較可能在溝通動作中成功。

　　一直以來，大家總是想找到一個關鍵機制，並且認為只有那是最重要的。然而，根據前面所描述的情形，隨著聲音控制的能力愈來愈好，原始人類也能使用其他資源（不只有手部—聲音的互動）來擴大他們的原話語庫存。要了解這一點，可以用另外一個「剛好這樣」（Just So）的故事來說明：想像有個原始人類的部落，他們使用有限的原手語形式來溝通他們周遭的事物，當中有些特定的手勢是代表各種不同的水果。當有人不小心吃到一顆酸的水果時，可能會出現某種特別的表情，並且因為這不好的味道而倒抽一口氣。當有人想到模仿這個聲音來警告其他人不要吃酸水果，接著這個想法流行起來，好幾個部落成員都採納了這個警告時，這個口顎臉部的姿態可能會成為原話語的一部分。這可能會使得這個反應出現慣例化的變體，成為部落中「酸」的符號。這個「酸」的符號是聲音—臉部的姿態，不是手部的姿勢。這個例子彰顯出一個機制，它使得非源自於原手語的原話語符號得以產生。

　　因此這當中隱含的意思是，大腦以手部鏡像神經元為基礎，使得示意式手部動作得以出現的演化過程，同樣也使得臉部表情得以出現。但要注意的是，我們推測的原始基礎是：人類和黑猩猩最後共同祖先的手部表達性動作庫，遠比口顎臉部表達性動作庫來得大。然而，創造出新的聲音來配合手部姿勢的自由度的能力（例如提高音調可能代表手往上的動作，以及其他我們討論過的例子），可能是和模仿擬聲字新聲音模式的能力共同演化，藉此產生不和手部姿勢相連的其他聲音姿態。一段時間過後，可能有愈來愈多的符號被聲音化，讓雙手空出來，能進行「說話者」希望的實踐與溝通行為。寇伯利斯（2002）針對將發聲納入原本以手為基礎的溝通模式庫中，提出了很有說服力的理由。和話語不同的是，比手勢不是全方位的，在黑暗中沒有用，而且會限制手能做的事。然而，現代人類能夠像學習話語一樣輕鬆地學

習手語，顯示語言先備的大腦中心機制是多模組的，而非特別針對話語。

　　人類的聲帶以及各種必要的適應（包括為了要說話而涉及嗆到的風險等這類不好的適應）暗示了天擇的過程是累積的，而且這種選擇是和聲音溝通的日漸成熟有關。然而，討論與聲音系統演化相關的古人類學證據，就超過了本書的範圍。在本書討論範圍內的是，原手語創造出夠豐富的溝通能力，足以對於這種演化造成適應性壓力。

　　如果原手語這麼成功，為什麼口語最後會凌駕於手語之上？在很多演化相關的討論裡，答案都是事後諸葛。你當然能想像突變使得失聰人口出現，並且隨著他們以手語豐富的適應性基礎建立起文化與社會，愈來愈繁榮發展。所以這裡的論點不在於話語必然會贏得最後勝利，也不是擁有鏡像系統必然會帶來（原）語言。然而，打手語的人在示範如何使用工具時，還是可以使用手語，而且當工具不在眼前時，手語可能真的比話語還好用。因此艾摩瑞（Emmorey, 2005, p.114）反對擴張螺旋的理論，他的論點是「如果溝通性的示意動作和原手語都先於原話語，那麼是無法清楚說明原手語為什麼沒有演化成手語」，而且還早於口說語言的演化。

　　然而，我不是說原手語的演化（包括生物性與文化性）是在原話語出現之前就已經「完整了」，而且原手語也沒有在原話語的早期形式出現之前，就達到完整語言的地位。相反地，一旦人科動物習慣使用示意動作，並且發現怎麼使用慣例化的姿態來漸漸增加、儀式化示意動作，甚至在某些地方還取代示意動作，那麼隨著聲音表現開始進入這個綜合性的表達方式中，原話語自然就會跟著出現。的確，如果人科動物的原語言結合原手語和原話語，那麼我們就不需要擔心手語這種完全成功的系統會被話語取代。

話語是直接從發聲演化而來？

　　賽法斯等人（Seyfarth et al.,2005）堅稱大腦的語言機制是從非人類靈長類的叫聲系統演化而來，沒有涉及手部姿勢。他們強調社會結構與語言結構

之間的平行關係，並且認為語言是透過愈來愈彈性地使用聲音來表示這種關係演化而來的。舉例來說，他們曾經提出狒狒發出的叫聲當中，有某些只會對社會階級較低的對象發出，有某些只會對階級較高的對象發出。不同的社會情境中會有不同的叫聲類型，聽者也會做出適當的回應（Cheney & Seyfarth, 2007）。我同意社會結構確保「有足夠可以說／比手勢的內容」，但是我不相信社會結構本身就是發展（原）語言的管道。

賽法斯等人也觀察到，靈長類的聲音庫包括許多不同的叫聲類型，在聽覺上將這些叫聲分級，然而靈長類或多或少會分散地產生並且感知這些不同的訊號。除此之外，狒狒（可能還有許多其他靈長類）發出的呼嚕聲，也會根據類似母音共振峰的位置有所不同。因此，話語的許多特質已經出現在非人類靈長類的發聲當中。這裡的問題是「話語」這個詞本身就很模糊；話語可以指「口說的語言」，但也可以單純地指稱能夠組成語言的聲音。我認為這些資料和「話語」的第二種意思比較相關，是與發音器官的演化而非語言的演化有關。就算我們支持「手勢起源」的形式，我們的確還是需要解釋話語器官的演化。

因此，讓我把重點放在麥克奈理基（1998）的話語產生演化理論。他把哺乳類的聲音產出分為三個階段：

· **呼吸（Respiration）**：基本循環是輪流吸氣—吐氣，並調節吐氣產生聲音。

· **發音（Phonation）**：基本循環是聲帶在開合位置間的交替（人類的「發聲」）。這個循環是由聲帶張力以及次聲門的壓力改變所調節，藉此產生音調的變化。

· **清晰度（Articulation）**：他認為清晰度是以音節為基礎，由（腦）核與相對開放的聲道，以及相對封閉的聲道邊緣而定義。人類這種開放—封閉的循環是透過以下形式調節：通常是在連續開閉的階段中，個別地產生各種不同的音素、子音（C）與母音（V）。

每一種口說語言（或是更精確地說，每一種語言的各種口音）都有相對數量少的固定語音單位，這些單位沒有單獨的意義，但是可以互相結合、組織，成為單詞形式的構造（第二章提到的**模式二重性**）。這些單位會隨著語言而有所不同，但是每一種口說語言裡的這些單位，都牽涉到發聲器官、嘴唇、舌頭、聲帶褶、軟顎（通往鼻腔），以及呼吸等各種活動的仔細安排。[4] 但是這些單位是什麼呢？不同的學者各自提出自己的看法，包括特徵、姿態、音素（大約可說是單音）、拍（mora，日文中形成單詞的基本單位，每一個拍都由一個子音與後面的母音所組成）、音節、手勢結構等等。

　　麥克奈理基（1998）把CV音節，例如da或gu（英語中a, e, i, o, u為母音），視為清晰發音的基本單位，並且提出語言是直接演化成話語的，反對手部動作在語言演化中扮演了任何角色。然而在檢視他的理論時，我們必須重新思考「話語」的兩個意義，並且辨別**音節的發聲**及**口說語言**之間的差異。前者只是單純發出聲音，後者則使用聲音來傳達意義，而且如我們已經看到的，口說語言必須提供開放式的聲音組合，與開放式的意義加以**連結**。

　　因此，我對麥克奈理基的演化理論最主要的批評是，他原本的理論並沒有從口說語言不同於話語，也不同於發出清晰音節的能力的角度，對話語的演化提出精闢的見解。我們應該把這視為原本理論（MacNeilage & Davis, 2005）往另一個方向發展的進階版，只是稍微偏離原本的路線，以配合這種反對意見。

　　不過首先我要提出一個簡短的修辭學上的絕妙好辭（這當然不是一個合理的科學評論，因為這只適用於英語，而非所有的語言）。這句話是關於CV（子音—母音）是基本音節的說法。麥克奈理基與戴維斯（2001）斷言：

1·單詞通常是由子音開始，由母音結束。（Words typically begin with a consonant and end with a vowel.）

2·在單詞中主導的音節類型是所謂的CV。（The dominant syllable type within words is considered to be consonant-vowel [CV].）

然而，至少就英語而言，這兩句話的英語原文裡的每一個單詞都不符合這個說法。在1這句話的十一個單詞裡，只有一個符合它的說法；在2這句話裡，全部的二十二個音節裡，只有不到一半的數量符合這個說法！確實，CVC的音節是英語中的基本規則，而CV拍則是日文中的基本規則，但是這兩種規則也都會有例外。而且也要注意音調之於中文，以及吸氣音之於某些非洲語言的重要性。不過我們就先把這段絕妙好辭放在一邊。佳瑟克等人（Jusczyk et al.1999）發現，九個月大的英語學習者對於音節開頭的共同特徵很敏感，但對於結尾的共同特徵則不在意。更明確地說，嬰兒在聽的時候，會明顯地偏好一連串開頭有相同的CV、子音，或是開頭的音節發音方式相同的詞。這顯示嬰兒可能是之後才發展出以下能力：注意較晚出現的複雜音節的特徵。這顯然符合CV音節優先發展出來的理論（MacNeilage & Davis, 2001），而且CV格式也許真的是所有語言中唯一共通的音節格式（Maddieson, 1999）。

　　那麼有什麼可以解釋世界上各種語言中，範圍這麼廣大的其他「音節層級」單位的演化呢？畢克頓認為潮流和文化的混合（特別是單詞的長度以及音節複雜度之間的消長）就是答案。一種只有CV音節的語言很快就必須要加長單詞的長度，所以會出現像humuhumunukunukuapua'a這種有十二個音節的單詞（這是夏威夷的一種魚類，意思是「嘴巴像豬嘴的引金魚」）。如果一種語言容許高度的音節複雜度，就能出現像是strength這種有六個子音和一個母音的單詞。

　　比較令人憂心的，是常見的這種認為「在人類嬰孩身上看見的東西，就必定曾經在人類演化中發展過」的傾向。從小地方來說，我們知道人科動物可能會製作工具與追獵動物，也知道現代人類嬰孩無法這麼做，所以認為「個體發展的早期」與「種系發展的早期」兩者必然相等是很危險的。比較接近語言的例子，則可以從第三章的「教人猿『語言』」這個段落來看，當中提到巴諾布猿坎茲和一個兩歲半的小女孩，理解六百六十個句子組成的簡單要求的能力相當（坎茲的理解正確度有72％，小女孩的理解正確度為

66%），但是這似乎也是坎茲的能力極限。這顯示，支持人類語言完整豐富性的大腦機制，在生命的頭兩年裡可能沒有完整表現出來，但是在適當的發展基礎上，最終證明了這種能力對於人類小孩習得語言扮演了關鍵的地位。

可是讓我們回到麥克奈理基的架構／內容（Frame/Content，簡稱F/C）理論。這個理論的中心觀念是，有一個CV音節的結構架構，「內容」會在產出之前，先插入這個架構中。他認為話語架構可能結合原本為了咀嚼、吸吮、舔舐而演化的顎部動作以及喉部聲音而出現的離應結果。然而，我認為顎部動作循環太過古老，不足以做為通往音節發聲道路上的中繼站之一。

為了說明這一點，各位可以想想在我們和魚類相似的祖先身上那種有節奏感的運動方式，後來演化成了人類雙手能分別尋找目標的運動能力。我們能夠辨別的階段大約有下面這些：游泳、對軌道的視覺控制、在陸地上的移動、適應不平坦的地形（因此產生了兩種移動模式：在有節奏的腿部運動以及間斷的步伐之間做調節，例如從岩石到另一塊岩石）、臂躍行動（brachiation）、雙足行走，以及到了最後終於具備的靈巧度，例如梳毛（注意下顎與手的交換）、使用工具，還有姿態。我覺得將產生音節的源頭歸於顎部動作，並不比將手部靈巧度歸因於游泳更有啟發性。

夏爾等人（Schaal et al. 2004）研究人類功能性神經造影的結果，顯示在進行單一手腕關節間斷以及有節奏的運動時，腦部會有不同的活動。有節奏的運動只會激發單邊的初級運動皮質區，而間斷的運動則會額外激發運動前皮質、頂葉、和扣帶皮質，而且會產生顯著的雙邊活動。他們認為，有節奏與間斷的運動也許是人類手臂控制的兩種基本運動類型，需要不同的神經生理學和理論來處理。這與目前討論的相關性在於，這暗示了儘管人類話語具有節奏的成分，但最好被看做是多個不連續運動的集合；因此在支援人類話語的演化中，可能需要創新的主要皮質。

要說明話語的演化，需要將重點從古老的功能轉移到過去五百萬年的改變。這些改變讓人類與其他靈長類有所不同，從有限的發聲轉換到音節化或是其他發聲清晰的單位。的確，麥克奈理基與戴維斯（2005）似乎也朝這個

方向推演，因為他們現在指出了在嘴巴開合變化演化之後（約兩億年前），通往口說語言的三個更近一步的階段：

・視覺臉部（Visuofacial）溝通，表現的形式包括咂嘴唇、咂舌頭、咬牙（大約在兩千五百萬年前，由人類與獼猴的共同祖先所建立）。
・將溝通性的輪流開合與發聲結合，形成原始音節的「架構」。
・架構變成能用個別的子音和母音規畫。

人類轉變為雜食性的飲食，可能也是伴隨著我所謂的雜食動物的口部靈巧度而出現——能快速適應在嘴巴裡有東西的時候，嘴唇、舌頭和吞嚥動作間的協調，接著演化出控制發音器官的能力，使得話語變得可能。這些可能都是從顎部動作演化到一種純熟的運動控制形式的過程之一，而純熟的運動控制也可能演化到可以提供適合自主聲音溝通的發音器官與神經元控制迴路。現在的挑戰是為前面提到的骨幹添加血肉，為演化上可能的階段提供細節，讓我們從咀嚼到能利用舌頭、呼吸、喉頭、嘴唇等等部位達成口說語言的能力——不管你是否同意聲音起源的假設，都必須要面對這項挑戰。

因此，現在要注意的是，不論音節化發聲的演化理論有什麼優點，麥克奈理基（1998）對於口說語言的演化都不能提出任何解釋——也就是語意形式及語音形式，還有兩者間關連性的演化。我想只是因為麥克奈理基忽略「話語演化」的兩種意思之間的差異，所以他才能這麼有自信地認為語言直接演化自話語，反對手部動作在語言演化中扮演的關鍵角色的說法。除非有人能稍微說明一連串的音節是怎麼出現意義的，否則就很難看出演化壓力對從「口部靈巧度」轉移到純熟的清晰發聲造成了什麼天擇優勢。

還好麥克奈理基（2008）最後終於開始討論這個問題，並且提出兩個答案：（一）吸收性的運動可能形成溝通的基礎（我們看見獼猴的口顎臉部鏡像神經元似乎支援以下說法：攝食動作是關於餵食的溝通的基礎，但是它並沒有取代關於手部技巧的溝通）；以及（二）「媽」和「爸」的單詞意義，

可能是嬰孩最早發出的ma和da音節約定俗成後的結果。

　　我並不是要否定上述說法，但是我要強調這兩種說法都無法像示意動作那樣，建立豐富的語意。

音樂性的起源

　　達爾文（1871）討論了語言演化的問題，強調語言的前驅物是歌曲而不是手部動作。他列出了語言演化的三階段理論：

　　1．在社會與技術的推動之下，原始人類出現認知的重大發展。

　　2．聲音模仿的演化，主要用於「製造出存在於歌唱中的真正音樂性節拍」。達爾文認為，這一點演化成對敵人的挑戰以及情緒的表達。最早的原語言可能是音樂性的，和鳥類的歌唱一樣，背後的驅動力是性擇（sexual selection）——這樣一來，人類和鳴禽演化出的這種能力就是相近的。

　　3．流利的語言起源自模仿與調整各種自然聲音、動物的聲音，還有人類自身本能的叫聲，並且有手勢與姿態的協助。這樣的轉換再度受到智能增加的驅使。一旦意義到位，真正的單詞就會從各種源頭被創建出來，囊括所有當時關於單詞起源的理論。

　　這裡的一個關鍵觀察結果是，語言具有「音樂性」／韻律，還有語意表達的特點。同樣的單詞傳達的可能不只有資訊，還有情緒，而且增加了社交連結並吸引他人注意。簡單地說，**音樂性的原語言假設就是「音韻先，語意後」**。這種論點強調歌曲和口說語言同時都使用了聲音／聽覺的管道，產生複雜、具有階級性結構的訊號，由人類所學習並且在文化上互相分享。音樂性的原語言提供了有階級構造的訊號，裡面包括了片語，但缺少很多其他和句法有關的複雜物。音樂有一種自由漂浮的「意義」，能與很多類型的團體活動相結合，豐富其所伴隨的事件，帶來統一的、消弭障礙的效果（Cross,

2003）。儘管如此，音樂缺少名詞、動詞、時態、否定詞、嵌入的意義——音樂缺少了「宗旨意義」（propositional meaning）。

除此之外，就像原語言不是語言，音樂性的原語言也不是音樂。舉例來說，很多文化裡的音樂現在都使用數量很少的個別頻率單元（也就是**音符**）所組成的**音階**（Nettl, 2000）。在這種傳統中，一首歌只能使用這些單元。同樣地，時間通常也會被細分為個別的「拍」，並且以相對規則的節奏出現，會根據強弱的韻律結構加以安排：這些是音樂節奏的核心要素。這些特徵在我們討論的原音樂（protomusic）模型中，都不是必需的。就像示意動作一樣，原音樂以及早期的原語言的確都不需要建立於少數的個別元素上。

在進一步說明音樂性的原語言的概念時，奧托・葉斯伯森（Otto Jespersen, 1921/1964）提出，一開始意義是以完整的、全有或全無的方式和聲音片語結合在一起；訊號的各部分與意義的各部分之間，沒有任何清楚的配對——這種**全句字**的觀念會在第十章中討論，不過我們會強調手部的示意動作如何帶來自然及開放式的語意，為慣例化的原手語建立基礎。

相較於達爾文所謂「智力增加」這種模糊的說法，葉斯伯森更進一步指出一條明確的道路：從不規則的片語意義連結，到符合句法的單詞與句子。葉斯伯森藉由指出了這兩種常見的事實——不規則性以及意圖分析這些不規則性，使之成為比較規則、有跡可尋的過程（這種「過度規則化」現象通常發生在兒童身上），仔細說明了全句字是如何能逐漸被分析，成為比較像是單詞的東西。將整個片語分析為較小成分的過程，不只出現在語言的演化與歷史的演變中，也會出現在習得語言的過程裡。兒童一開始會聽見整個片語，接著愈來愈能夠將一串連續的話語切成不同單詞。不過對現代的兒童來說，這些單詞就是要從一連串的話語中被分析出來的。

如果單詞還不存在，那麼這項任務就更困難了，我將會（在第十章中）提出原語言（不論是手語還是話語的領域都是一樣）就是這樣輸給由句法結構所連結的單詞的。

米森（Mithen, 2005）與費奇（Fitch, 2010）將達爾文的「音樂性」或

「韻律性」的原語言模型，和葉斯伯森的完整原語言觀念結合在一起，以達爾文認為原始歌曲先於語言的核心假設為基礎，產生一個多階段的模型。最後的模型確認了下列的演化步驟與天擇壓力，從黑猩猩與人類最後共同祖先先天的聲音溝通系統，演變到具有所有句法和語意複雜度的現代口說語言：

1・**語音優先**：獲得複雜聲音的學習出現在溝通最早的階段，也就是類似歌曲的階段（近似於鳥或鯨魚的歌唱），缺少宗旨意義。達爾文提出性擇的功能，而迪桑納雅克（Dissanayake, 2000）則選擇了親擇（kin-selection）模型。這兩種看法並不互斥。這樣看來，聲音的模仿（黑猩猩沒有）是通往語言的關鍵步驟。費奇強調了「歌曲」在鳴禽、鸚鵡、蜂鳥、鯨魚、海豹身上出現的趨同演化（convergent evolution）。

2・**意義次之**：額外的意義以兩個階段出現，可能是由親擇所驅使。首先，完整的、複雜語音訊號（片語或「歌曲」）與完整的語意複合物（和情境有關的實體：活動、重複的事件、儀式和個體）兩者間，由簡單的關連形成全面配對。這種音樂性的原語言是以情緒為基礎的聲音溝通系統，不是無限的思想表達的載體。

3・**組合性意義**：這些連結起來的整體逐漸分裂成不同部分：個別的詞彙項目從前面的整體中「連結」起來。

4・**現代語言**：隨著這個群體的語言愈來愈有組合性（也就是說整體被小部分的組成物所取代），兒童要快速學習單詞和結構的壓力也就變大了。這股力量驅動了最後一波的生物演化，成為我們當前的狀態。費奇認為，這個最後階段是由親擇所驅使：因為要和近親分享真誠的資訊。

鏡像系統假說和前面提到的內容的不同之處在於，這個假說假定豐富的意義是以示意動作為骨幹，後續出現的原手語則替原話語的出現提供了骨幹。然而，使得句法得以出現的全句字片語這個觀念，是我們和葉斯伯森、米森，以及費奇共通之處。這些讓原語言轉移到語言的基礎過程，會是我們

第十章主要的討論內容。但是我們要說明的是，轉移到組合式的意義是一項普遍性的特質，基本上可以回溯到人類的實踐模型：複雜動作辨識與複雜模仿，而不是聲音學習與認知能力增加集合在一起所帶來的特定結果。

除此之外（Arbib, 2010），有一群學者提出他們潛心研究音樂、語言，以及大腦間的神祕關係的結果。雖然內容超出了本書的範圍，不過我想亞畢和入來（2012）的研究很適合用來為本段落做個結語。他們的研究試著將語言和音樂的社會源頭區分開來，但並不排除這兩項技能可能有相同的神經元源頭，以及兩者利用的機制可能只特別針對兩者其中之一。他們認為，以語言演化的角度來說，最基本的情況是兩個人使用單詞和句子，發展出兩人或多或少共有的理解或是行動方式。雖然話語動作有各式各樣（Searle, 1979），但是將雙積溝通奠基於世界的狀態，以及用以改變此狀態的行動方式，似乎是合理的。

然而，溝通的動作經常會在單詞之外加上臉部和身體的表情，為對話注入情緒。至於音樂，從現代西方觀點來看，似乎太容易簡化成可以用電子設備捕捉的聲音模式，或是表演者與觀眾間的不對稱關係。不過如同語言涉及手部、臉部還有聲音，音樂似乎也更適合從聲音（歌曲）、身體（舞蹈），以及樂器（鼓聲的節拍可能是最基本的形式）三者的整合來探究其根源。二人輪流分享資訊的模式，可能為語言建立了基礎，音樂的基礎則可能是一群人共同沈浸在音樂之中，這種共同活動建立了社交與情緒的一致關係。

擴張螺旋的神經生物學

如同史多克與其他研究者所指出的，示意動作使得各種溝通變得可能，不需要表達者與接受者間擁有彼此同意的慣例。然而，示意動作是有限的，我們曾看到隨著對於使用姿態的慣例的發展，溝通的範圍能大幅地增加；這些姿態可能不是直接以示意動作指稱某物，而是透過一個社群讓示意動作中比較顯著的一些形式更加精確，並且被賦予意義所發展出來的。這些形式本

身可能也會隨著人的使用，變得愈來愈儀式化。於是手部領域初步支援了利用手勢的順序與互相交錯以表達意義，從「自然」進展到愈來愈慣例化的手勢，到加速並且擴大一個社群內的溝通範圍。不過要注意的是，手勢系統對於脫離自己的語言社群後，要學習新詞或者理解新詞的現代人類而言，依舊是一種重要的附屬部分。

我認為前扣帶皮質內可能（可惜缺乏實證資料）有一個針對靈長類聲音溝通的鏡像系統，而且相關的鏡像系統事先已存在人類腦中。不過我認為，這個系統也是和人類包含布洛卡區在內的話語系統互補，而非不可分割的一部分。我們在第三章裡提到，針對靈長類叫聲的神經基質位在不同於F5區的扣帶皮質，F5區是猴子和人類的布洛卡區同源的區域。因此我們試著解釋，為什麼是F5區，而不是就推論上而言更有可能的「原始叫聲區域」，為話語和語言提供了演化基質呢？里佐拉蒂和亞畢（1998）以三個演化階段為這個問題提出答案：

1・演化出**清楚的**手肱（manuobrachial，也就是手掌—手臂）的溝通系統，彌補靈長類叫聲／口顎臉部的溝通系統。

2・早期人科動物的「話語」區（即為預想中與猴子的F5區和人類的布洛卡區同質的區域）負責協調口顎臉部和手肱溝通，但不包括話語。

3・手部—口顎臉部符號系統接著「採用」了發聲，發聲和手部動作的關連使得它們能採用比較開放的指涉特徵，也能利用手肱系統當中基本的模仿能力。

這裡似乎必須假設，在智人出現之前，原手語和原話語的擴張螺旋一定已經達到一個關鍵的程度；這個關鍵程度不僅讓產生現代發聲器官以及控制發聲器官的腦部機制的天擇過程得以出現，也是以這些天擇過程為基礎。我的假設是，這些東西都為組成**語言先備的大腦**（與身體）做了部分貢獻，不過它們都在真正的語言出現之前就已經建立起來，而且較晚出現的語言其實

較仰賴於文化演化，而非生物演化──不然就很難看出是什麼天擇壓力使得聲音器官發展得更為精細，讓流暢的（原）話語得以出現。

因此這裡的說法是，人科動物的生物演化帶來了一個嵌於更大系統內的鏡像系統。這個更大的系統負責執行、觀察、模仿由口顎臉部、手部、聲音姿態所組成的複合行為。我也接受這個系統支持了直立猿人的溝通，因為如果不是這樣，也很難理解是什麼天擇壓力讓喉頭的位置降低。根據莉柏曼（1991）的觀察，喉頭降低雖然使人類得以比其他靈長類發出更準確的聲音，但也讓人類增加因為嗆到而受苦的機率。

伯斯心理學家科林・麥克里歐（Colin McLeo）風趣地說：「人類之所以會演化出聲帶，是為了讓我們大叫：『救命！我嗆到了！』」不過認真地說，增加嗆到的風險必定因為獲得某種天擇的優勢而抵銷了，而原話語的有效度增加看來是一個可能的選項。費奇和瑞比（Fitch and Reby, 2001）提出，紅鹿喉頭的降低可能是一種天擇，讓這種動物的吼聲更深沈，讓其他動物誤以為牠的體型更大。因此，人類或是早於人類的人科動物的喉頭降低，可能也有類似的功能──但這並不表示更近一步的天擇沒有利用喉頭降低所導致的自由度增加，加大話語產出的彈性。莉柏曼認為，人類前喉頭的聲帶調整，加強了話語的可辨性。而如果不是直立猿人和尼安德塔人已經出現話語和語言，那麼這種特質就不會帶來生物適應性。我比較保守地說，生物演化使得早期的人類擁有一套原話語得以出現的大腦機制──後來也證明這些腦是語言先備的，豐富的程度足以支援人類語言在共同性與多樣性方面的文化演化。

前面已經說過為什麼話語不是「簡單地」透過延伸典型的靈長類發聲系統演化而來，但我必須說明，儘管如此，語言和發聲系統還是有關。以人腦的前扣帶皮質以及輔助運動區（和猴子大腦發聲區同源的區域）為中心的腦部損傷，可能導致人類不能說話；猴子此區的損傷也會讓牠們無法發聲。相反地，布洛卡區受傷的病患在受到挑釁時，還是可能會罵髒話。如克里奇利兄弟（Critchley and Critchley, 1998）所提出的，十九世紀的英國神經學家

修林斯・傑克森注意到，很多病患雖然可以罵髒話，但是話語能力卻相當貧乏。他認為罵髒話嚴格上來說並不是說話，不屬於語言的一部分，而是一種實踐，和聲調的大小、手勢的激烈程度一樣，是在表達短暫的情緒強度。

承上所述的假說是，話語的演化為扣帶皮質與布洛卡區之間的合作性計算提供了通道：扣帶皮質和呼吸群（譯註：breath group，在兩次吸入空氣之間發出的一系列語音）與韻律性的變化有關，而布洛卡區負責快速產生與穿插語句中各元素的運動控制。言下之意，巧人以及甚至直立猿人都擁有以與F5區相似的前驅物為基礎的「原始布洛卡區」，調節透過手部與口顎臉部姿態的溝通。早期人科動物頭骨的演化顯（endocasts）頭骨內側，的確有某種程度能反映大腦皮質表面大致形狀的痕跡（文獻回顧見Wilkins & Wakefield, 1995），不過並沒有表現出和布羅德曼的研究相似的詳細皮質分區。問題在於，要假設整個腦葉當中顯著增加的東西可能彰顯了什麼。我們的鏡像系統假說的發展，是受到比較神經生物學與靈長類動物學啟發，讓我們能找到失落的那塊拼圖。

因此提出的可能解釋是，一種並行化的過程使得這個「原始」布洛卡區得以初步控制發聲機制，隨著控制的技巧愈來愈好，發聲的可能性也愈來愈開放，就從固定一套的原始發聲，變成能用於話語中範圍不受限制的（開放式的）發聲方式。和話語有關的器官與大腦區域可能接著也共同演化了，產生我們在現代智人身上看到的形態。很有意思的是，松鼠猴的F5區的確和聲帶褶相連，但是只負責關閉聲帶褶，與發聲無關（Jürgens, 2006）。因此我認為話語的演化可能涉及F5區，投射到聲帶褶的擴張，使得發聲能夠透過協調屬於吸收系統一部分的舌頭和嘴唇的控制而獲得控制。

以我們在第四章「聽覺系統和發聲」中的討論為基礎，要注意的是，雖然發聲是受制於腦幹機制，但是猴子還是可以被制約，改變牠們發聲的速度，而這樣的能力是靠包括前扣帶皮質在內的內側皮質所控制，不是那些與布洛卡區同源的側面區域（Jürgens, 2002）。這支持了啟動與壓抑數量有限的天生叫聲，而不是組成話語的清楚發音姿態的連音與動態集合。然而，針

對獼猴的刺激研究已經提出了喉頭在腹側運動前皮質的表現（Hast, Fischer, Wetzel, & Thompson, 1974），而解剖學研究則顯示F5區和前扣帶皮質有關連（Simonyan & Jürgens, 2002）。初步的資料顯示，這些連結可能提供了一條弱通道，這條通道的演化擴張能支援大腦側面與內側系統。

科戴等人（Coudé et al.2011）訓練兩隻猴子在面前的桌上放了食物的時候，發出聲音（咕咕叫）要求獎賞。猴子的發聲和神經元活動會同時被記錄下來。科戴等人在兩隻猴子身上都觀察到，牠們在做出典型與發聲有關的口顎臉部動作時會試圖發出聲音，但是卻沒有真的發出聲音。這種行為和真正發出聲音的行為出現的頻率相同，顯示自主控制發聲可能本來是無法良好控制口顎臉部的副作用，類似於稍早討論過的貞特魯奇與入來團隊的研究。然而，神經生理學確實發現F5區的神經元放電和自主發出聲音相關。這樣的結果顯示，爭議遠不僅止於關於語言先備的腦中手部動作與聲音的源頭。目前我的立場是，為了能夠以聲音表達由原手語所打開大門的開放式語意，這樣的需求提供了適應性壓力，使得手部和口顎臉部動作控制出現演化延伸，能進一步控制話語器官及其神經元。

因此，聽覺－視覺以及口部鏡像神經元的資料並非支持排除原手語，而是比較符合下列的看法：

· 手部動作在語言先備的演化初期階段是主要的，但是
· 口顎臉部神經元為之後從原手語延伸到原話語建立基礎，並且
· 布洛卡區的前驅F5區中的原話語神經元，可能根源自吸收型行為。

我在這裡必須提出一個常見的演化警告：獼猴不是人類的祖先。這裡說的其實是簡略版的，詳細的說法如下：（一）獼猴身上可以觀察到與吸收有關的鏡像神經元；（二）我假設這種神經元也存在於兩千五百萬年前人類和獼猴的共同祖先身上；（三）注意在非人類的靈長類身上，只有很少量的證據顯示牠們能自主控制聲音的溝通；我進一步假設，人科動物這一支系的演

化（大約在五百到七百萬年前，人類和黑猩猩的祖先開始分道揚鑣）以這個迴路為基礎而擴大，創造出原話語的迴路（Abib, Fogassi & Ferrari, 2004）。

辨明原手語

如果同意根據原始叫聲的特定溝通系統並不是語言的前驅，有些人（e.g., Bickerton, 1995）表示，溝通不應該在語言先備性的演化當中，擔任一個具有因果關係的要素。他們認為，有助於語言演化的，是能夠代表並且思考複雜的世界這項優勢，而非以實體與社交世界為主題的溝通。然而，我們不應該受限於這種兩者取一的思維方式。在最近的文章中，畢克頓（e.g., 2009）認為語言的起源在溝通，並且提出人類認知的大爆炸必然是發生在語言出現之後，而非之前——完全和他先前的立場相反。確實，溝通與呈現的共同演化對於人類語言的興起而言至為關鍵。透過呈現世界更多的面向，我們有更多談論的主題，但是如果不能溝通，這些想法就只能是未完成的。不論是在個體內的呈現，或者是個體之間的溝通，都能為語言先備性的生物演化，以及更近一步的語言與認知能力的文化演化提供天擇壓力，任一項的進步都會引發另一樣的進步。

雖然有很多語言演化理論都把語言視為是一個獨立機能的演化，或是將語言視為溝通系統內部的東西，但是現在的理論強調的是溝通之外的一項能力，也就是實際動作的模仿，然後說明這種能力是如何揭開新的可能性，使得語言成為可能。就這方面來說，這項理論很明顯地與唐諾（1991, 1998, 1999）的擬態理論並行，而利用這項能力創造許多具有自主可取回性這項關鍵特質的表現，是人類智能演化的關鍵。然而，我的核心論點更明確地堅持，**手部動作**的複雜模仿是發展出溝通的開放系統的關鍵前驅物，因為示意動作提供了豐富的語意範圍，能為之後出現的慣例化溝通語句建立基礎。擴張螺旋學說是：（一）原手語利用手部複雜模仿的能力，支持一個溝通的開放系統；（二）這樣誕生的原手語，為原話語提供了鷹架；但是（三）原手

語和原話語之後是一同發展的。一個很合理的假設是，原手語對於這個過程是必需的，所以原話語的完整發展是因為有原手語建立的鷹架才變得可能。

　　就像前面的酸水果例子，我並不認為意義不會在口顎臉部的領域內演化出來，但是這類意義的範圍和能用手部示意動作表達的意義範圍相比，實在太過狹隘。一旦大腦能夠支持在手部領域的模仿，這可能暗示了什麼，或者手部領域的模仿和聲音領域的模仿到底有多大差異？模仿從動物的叫聲到風的呼嘯聲等熟悉的聲音，也可能從聲音方面有助增加核心字彙。然而這裡的關鍵在於，這些都不是非人類靈長類特定物種叫聲的一部分，而我們從獼猴的F5區得到的資料顯示，這個系統和包括現在的布洛卡區在內的「話語機器」是非常不一樣的。「只有話語」的演化假說留下了以下謎團：這種聲音—手部—臉部複合物是否可取得？這個複合物不只支援了伴隨著話語的有限手勢，也讓嬰孩在襁褓時期易於習得手勢型語言。然而，「原手語鷹架」假說也有問題，無法解釋為什麼話語會比手勢溝通更為人所偏好，而我們在本章開頭已經提出了一些答案。

　　在分析原手語與原話語的擴張螺旋時，我們基本上已經完整說明了由延伸的鏡像神經元假說所推論的這些過程，為現代人類語言先備的大腦的生物演化建立基礎。然而，語言中有些面向看起來是以生物學為基礎，但卻不在我們研究的主軸之中。其中之一是語言清楚的句法和語意與情緒表達間的連結；另一個和語言相關的層面，就是語言的韻律性以及其透過歌曲和舞蹈與音樂建立的連結。本書將這些問題留在其他地方討論（包括Arbib, 2012），主要只專注於為我們的祖先透過生物與文化演化所得到的能力，劃分出數個階段。這個能力就是能發展並使用一個開放式的、可自由擴張的整套溝通符號。這樣一來，我們就能進入第十章，論證從第七章到第九章所列出的種種能力，確實足以使語言以及豐富的語法和開放式的詞彙，透過文化演化而非生物演化的過程崛起。

10

各種語言如何開始

　　本書的書名是《人如何學會語言》，但是本章的名稱為〈各種語言是如何開始的〉。為什麼語言從單數變成複數呢？本書一貫的論點是，在**生物演化**的過程中，許多不同的改變使得人類得到了**語言先備**的大腦；但是隨著智人在非洲發展出不同群體，並且散布到世界各地的過程中，必須有文化演化才能充分發揮人腦的能力，達到讓語言（單數）的潛力能在多元的語言（複數）發展中得以實現的地步。

　　我們現在已經建立了鏡像系統假說的核心論述，此論述主要根源於實踐中的語言先備大腦的演化，但是接著顯示後續的能力是如何為了溝通而發生離應，以至於根據此理論，最早的智人已經在使用原語言，但還沒有說出或是比出第六章中提到的那種語言。現在該要考慮的是，文化演化如何利用人類語言先備的大腦的適應性，達成最終的變遷。在前面幾章裡，我們已經列出了支持數種能力擴大的大腦機制演化順序。

- ·負責抓取的鏡像系統（人類與猴子共同祖先都有的）
- ·「簡單」模仿（人猿與猴子共同祖先都有的）
- ·複雜模仿，以及建構行為和照顧的相關能力（只有人科動物才有）
- ·示意動作
- ·原手語和原話語──多模組的原語言產生了語言先備的大腦

第八章說明示意動作如何提供開放式的語意；儘管原手語利用了示意動作，但是和示意動作有所不同，因為原手語利用了儀式化以及其他方法，讓一個團體能建立一組共用的慣例化動作。這樣一來，原手語為自由創造支持開放式語意的隨意手勢，提供了關鍵能力。

第九章接下來說明，原話語是如何隨著為了原手語而演化的控制機制，開始能控制愈來愈有彈性的發聲器官而出現，接著也說明原話語和原手語是如何以擴張螺旋的方式演化，支援屬於多模組溝通系統的原語言。我們對比了示意動作創造開放式語意的效力，以及最初的聲音或臉部姿態與意義之間的有限關連性，並據此反對所謂「只有母音」的說法——這種說法認為，發音的複雜模仿系統直接使得原話語得以出現，而不一定需要手部動作。然而，第九章的確稍微提到理解下述關係的重要性：發聲器官（包括其神經元控制）的演化，使得我們足以應付口說語言的需求。

本章現在要處理的挑戰是，解釋在支撐原語言早期多種形式的機制都就位之後，**各種語言的文化演化**——超越對這個世界或社會需求或情況有所感知的能力，或者規化行動程序的能力，以便提供句法與語意來明確表達存在於這些較早出現的能力之間的關係。

我們在第二章提出了**構式語法**，提供一個研究語言的有效架構，捨棄句法、語意及語音各自的不同規則系統。在此並不將句法限制在少少幾條、用來組合事先明確指明句法種類（例如名詞和動詞）的一般規則；我們所謂的句法，是各式各樣的「結構」，它可以是像詞彙的元素，或是為了滿足語意及句法限制的填空字（slot filler）。只有將不同結構的種類合併在一起，才有可能模糊原始語意線索，也就是關於是什麼進入了稍早的結構，產生了較接近句法／較不接近語意的種類。但是這些種類通常會存在於特定的語言裡，而非普世皆然，而且一種語言裡的構造的數量與多樣性，暗示了說話者使用了範圍廣大的專門知識來成功溝通。

本章將全面說明人類開始將複雜模仿的能力和溝通的需求連結起來，並透過原話語和原語言，發明愈來愈多結構的能力。

從完整的原語言到構式語法

我們所謂的原語言,是一群特定的人科動物使用的開放溝通系統,可能是「真正」語言的前驅物。真正的語言是一個開放的系統,單詞和片語可以根據某些語法組合,因此能推論出「隨意」創造出的新語句可能的意義。就像現在有很多不同語言一樣,在遙遠的過去一定有很多不同的原語言。而如同我們能描述語言在過去幾千年裡的歷史變遷(在第十三章〈語言如何不斷改變〉中會挑選一些例子),我們也頗相信在「人性乍現」之時,有各式各樣的原語言發生在世界各地,有的非常原始,有的則是達到相當的複雜度,僅僅略不同於最簡單的「真正」語言。而這段話隱含的意義和構式語法的看法一致,就是語法不是「非有即無」(all or none)的東西,所以沒有所謂「原語言+語法=語言」這種等式,而是比較像一個連續體:

詞彙增加;結構愈來愈強大
→
原語言:簡單 ⟶ 增加複雜度 ⟶ 複雜:語言

就連對全句字理論有諸多貢獻的衛瑞,都對於利用不完整的語法有所擔憂,我支持他如下的說法:

一個有創意的語法要能有用地表達命題,必須達到某種程度的複雜性……很難想像的是,對使用者來說,一個原始、不完整的語法,會有什麼地方優於其他靈長類的高度成功互動性系統……(Wray, 1998, p.48)

但這裡我和衛瑞的看法不同。我想問題出在認為語法提供了一種「非有即無」的能力來表達命題,或者認為語法組成少量但非常詳細的概括性規則,而不是一套互相依存、具有「單獨功能」的有用構造。我的看法是,語言並非是在一個非有即無的過程裡,僅僅在原語言上「加上句法」(包括句

法種類）就可以出現的東西。語言是透過一個**敲打鍛造**的過程才從原語言中誕生的。語言是透過一個**敲打鍛造**的過程才從原語言中誕生的。在這個過程中會產生很多用來處理各種特殊溝通問題的新發明，以及有意識或無意識出現的各種通則，並藉由將它們統合起來，為具備多種特殊機制的群體提供可使用或辨別的一般性「規則」，放大此眾多發明的力量。

　　「敲打鍛造」為每一個原語言提供了「工具」，例如計算愈來愈大的數字的工具。隨著「通則」有意識或無意識地出現，這些使用特定工具的群體，可能只把這些通則當成一般情況，或者會特別加以辨識，使得這些工具有很多（但不是全部）都多多少少被規則化了。結果是：溝通與表現的螺旋共同演化，延伸了可達成、可辨識，以及可描述的行動、物體與情況的資料庫，而這些行動、物體與情況都是可以被思考並且談論的。

　　為了描述從原語言轉換到語言的過程，我們首先需要更了解原語言是採用何種形式，做為評估各種機制的基礎。這些機制也許使得愈來愈複雜的原語言得以出現，直到現代語言的各種特徵達到臨界質量為止。很多關於原語言概念的爭論，都專注在它是組合式的還是全句字式的。[1]

　　組合式的看法（Bickerton, 1995; Tallerman, 2007）假設，直立人利用一種原語言來溝通，而在這種原語言當中，溝通的動作包含了幾個連在一起的名詞和動詞，但是沒有句法結構。如同第六章所說，畢克頓堅持，嬰兒的溝通、洋涇濱，以及人猿被教導的「語言」都可以算是原語言。這樣看來，「原單詞」（以演化意義而言）非常類似現代語言的單詞，以至於可以說它們只是透過「增加句法」，就從原語言中演化而來。

　　全字句式的看法（Arbib, 2005a; Wray, 1998, 2002）認為，在大部分的原語言當中，一個完整的溝通動作會涉及「單一語句」或是「全句字」；雖然組成語句或全句字的各部分都沒有獨立的意義，但結合在一起的整體意義，就很接近英語中確實由有意義的單詞所組成的片語或句子。這樣看來，單詞和句法在文化上是共同演化的。如同「原單詞」會被切割或是延伸，產生符合這些單詞部分的原始意義的單詞，構造也會漸漸發展出來，以安排單詞重

新組成原始的意義，以及除此之外的其他意義（也是這種轉換的好處）。[2]

如果現在讓那些研究語言演化的人投票，我想支持以組合式語法角度解釋原語言的人，應該不會比支持全字句角度的人多。當然，一旦你發現利用句法組合單詞的組合式能力，那麼把單詞當作語言以及原語言的積木，的確很有可信度。但是如果一個人還沒有發現句法，那麼標示重大事件或是構造似乎是比較簡單的策略。我們稍早對「不完整語法」的討論認為，就算原語言的其他部分在結構上已經愈來愈構造化，還是會有一部分維持著全句字的樣子。接著來看書寫系統，和語言相比，這是更近期的發明。如果從聲音模式的角度出發，「語音書寫系統比表意書寫系統更簡單」這句話是正確的，但是如果從圖象的角度出發，這句話就是錯的。有很多「不證自明的真相」其實不一定是不證自明，而是必須要發揮想像力，才能想像在文化還沒讓這些真相不證自明的過去，可能是什麼樣子。

在後面的章節裡，我不只會提出讓我贊成全字句看法的理由，也會摘要說明支持組合式看法的人所持的一些關鍵反對意見，並且盡我所能回應這些意見。全句字的看法並不是說：「原語言只是且永遠是全句字的集合。」相反地，關鍵的論點是，最早的原語言大部分都是全句字，隨著時間的發展，每一種原語言一方面都保留了全句字的策略，一方面也增加構造的使用。原語言形成了一個光譜：（一）不同的人科動物群體可能在不同的時間點採用了不同的原語言；（二）某個群體可能隨著組合式策略的使用增加，開始同時使用全句字與組合式策略，加上各種介於兩者之間的東西（也許是配合不同的語意功能）。這有別於天生的普世語法背後的單一演化轉折或是一系列轉折（Pinker & Bloom, 1990）的看法。

針對一般認為生物演化使得人類出現許多改變，並得以使用語言的常見看法（例如為語言先備的大腦提供基因基礎），我也會提出一些說明。但是能充分地利用這些改變，靠的是人類發明的長久累積，以及接著以使用愈來愈有表達能力的原語言的優勢為基礎，所出現的嶄新天擇壓力。

既然對我們來說，彈性使用語言是人類無可避免的情況之一，我們很難

想像，當比人類更接近人猿的原始人類所處的群體一開始發明（不論是否有意識地）與交換原單詞，變得擁有使用原語言的能力時是什麼樣子。我們知道（見第三章）生物演化讓靈長類產生了能夠個別描述某種「情況」的固定一套原始叫聲，而人猿能透過內生儀式與社會學習的機制，延伸牠們天生溝通姿態的種類。我曾經提出，原始人類與早期的智人又比人猿還要更進一步：（一）示意動作使得人類得到傳達新意義的能力；（二）慣例化的過程可以減少模糊不清的情況，並且加速溝通，產生了原手語系統；（三）這些機制經過演化能支持原手語，接著也開始控制發聲；因此（四）在發聲器官與控制發聲器官的能力愈來愈精細之後，這些機制便提供了天擇優勢。

為了更了解全句字，可以回顧第三章長尾黑顎猴的「獵豹叫聲」。這種叫聲一開始是一隻猴子看到獵豹時會發出的聲音，接著引發其他猴子跟著叫，而且大家會以適合躲避獵豹的方式逃到樹上（Cheney & Seyfarth, 1990）。獵豹叫聲的意義也許能這樣表達：「附近有一隻獵豹，危險！危險！快爬到樹上躲起來——還要把消息傳出去。」但也許有人對於這種解釋會覺得（Bridgeman, 2005）：「其實用一個詞來說明就可以了，『獵豹』就足以啟動所有的反應。」然而一旦脫離針對特定物種的叫聲，進入原語言的範圍，就必須要加入新的「原單詞」來表達別的意義，例如「那邊有一隻死掉的獵豹，我們來大吃一頓吧」，或是「那邊有一隻獵豹，我們來包圍牠然後大吃一頓」。在這兩種情況中，我們當然不能在不引發天生且並不適當的反應的情況下，把獵豹警報當成代表「獵豹」的這個詞。因此，以全句字的觀點來看，早期原語言一開始的發展，就是在這樣的全句字上加東西。

一開始在每個世代裡，只會在原語彙中加上幾個原單詞。（就算是在現代社會裡，像是「屋子」和「船屋」這種意義不同的「基本」單詞，也都是緩慢增加而來的——特別是如果用廣泛流通的每年每人使用的單詞來計算的話。）因此，增加新的「原單詞」在心理學上近似於在常用庫存中增加新的原始示警叫聲，透過探索新的神經通道，超越固定的生理遺傳。我們看見大腦的不同區域逐漸開始負責產生天生的原始發聲，以及產生原單詞。

然而，早期的人類不會比一般現代人更了解腦部哪個區域產生了我們所觀察到的行為。因此，新的原單詞的增加會是在一個群體中「恰好發生」的事，而不是刻意發明的結果。早期的人科動物剛剛開始擁有原語言，他們並不需要有我們所知道的語言概念。我們一萬年前的祖先，也不需要有任何閱讀或寫作的概念。儘管如此，早期的原單詞和原始叫聲有**關鍵性**的差別，使得新語句得以被**發明**（可能是更早的世代在無意間發明的），接著透過在一個群體內的社會學習而得到這些原單詞。因此，這種原單詞開始出現，而叫聲開始消失。

　　為了在鏡像系統假說中放進全字句的觀點，我們要注意很多示意動作都是全句字的形式。我假設原語言和原話語共同演化（不管是透過生理或是文化的創新），很多原單詞都有這種全句字的特徵——因為示意動作在原手語中被簡化成約定俗成的原單詞，或是在原話語中，部分透過手部動作調節發聲的方式加以塑造（Gentilucci, Santunione, Roy, & Stefanini, 2004）。原話語可能也是建立在原手語之上，或者在心理上被認為是示警叫聲的變體，只不過被用來表達更多元的情況，或者透過將歌曲的某個片段加上某些整體連結的標籤而形成（就像第九章中所批評的音樂性起源模型）。接著也許就能（但也不是毫無爭議地）肯定，早期原語言中的很多「原單詞」都是單一語句或是**全句字**，它們的意義比較接近整個動作一物體的架構，而不是位在類似是英語等語言的核心的動詞或名詞。

　　更明確地說，我假設（回應「文化擇」〔cultural selection〕而非「天擇」）最早的原語言使用者，為部落裡**經常發生**並且重要的複雜情況創造了新的原單詞。也許一開始，在某個世代裡，整個部落讓最多兩、三個這類情況，加入了「可名說」（nameable）的範圍。接著早期的原始對話可能就像我們現在看到非人類靈長類間的互動那樣進行，不過當中會散用著幾個原單詞。回到上面說過的獵豹警報的各種變體，我們接著也許能說，隨著獵豹從掠食者變成了獵物，食用牠們屍體的人類開始發展出原語言，那麼人類可能看到了獵豹的屍體，接著發出在新的**社會定義**下（而非天生的）全句字的意

義：「附近有一隻死獵豹，我們來大吃一頓吧。」

　　如果發現屍體的人呼叫部族裡的其他成員，分享他享受屍體大餐的好運，這也許就為**移置**（displacement，提到不在場的東西）提供了一個早期的例子（Bickerton, 2009）。伴隨著原單詞的，可能還有一個指東西的動作，確定獵豹（屍體）的位置，或者接著說話者會開始跑步，發出「獵豹在那邊，跟著我」的訊號，但是這個動作的詮釋一樣也會依照情境而有所改變，動作的各部分與我剛剛提到的英語翻譯裡的個別單詞之間不一定有相對應的關係。此外，隨著人變成獵人，他就必須在原語彙中增加新的原單詞，比方說要有一個代表下列意思的單詞：「附近有一隻獵豹，我們去獵捕牠，這樣就能大吃一頓了。」

　　地點還是很重要：伴隨著原單詞的可能有一個指方向的動作，表示獵豹的位置。但是社交協調也很重要：可能接著會出現其他的姿態，示意每個獵人怎麼行動，以便攻擊獵物。（當然，就像我們在對話中會輪流講出很多句子一樣，使用全句字原語言的人也會輪流說出一個以上的原單詞。）人類的句子很少像長尾黑顎猴的叫聲那樣，牽涉到生死攸關的重要性。但是我們都有需求和慾望，所以我們如果有新的方式能溝通這些想望，可能也會受益。因此這裡便衍生出一個「雞生蛋，蛋生雞」的問題，也就是為什麼其他人會想要滿足我們的慾望？但是如同鄧巴（Dunbar, 1996）所提出的，其他的靈長類表現出的像是梳毛等等的這類行為，可能為更普遍的互惠建立了基礎，而德瓦爾（2006）則提供了人猿的「利他主義」範例。

　　長尾黑顎猴的獵豹叫聲是出於本能的，並且牽涉到前扣帶回和中腦，而側邊的腦（以F5區鏡像系統，也就是近似於原始布洛卡區的地方為中心）支援了新原單詞的發明以及組合式語句的出現。

　　在森林裡也許很難發現獵豹的位置，所以一開始以為是獵豹出現的跡象，也許之後會發現只是樹葉在動。這使得運用否定的重要性上升。如果剛開始看到的是錯的，根本沒有獵豹，那最有用的「發明」就是提出某種方法告訴他人這是錯的，取消逃跑或是獵捕的動作。取消不同的動作計畫可能牽

涉到個別的特殊表達方式（例如在吃獵豹屍體的例子裡，也許會突然地停止奔跑），但是否定的一般性概念開始誕生，並出現用語言上來表達這個概念的方法。這只是讓語言脫離現時現地的要求／命令與描述的一個例子。從這個角度來看，很多我們現在視為在語言中理所當然的表達關係的方法，都是由個別的人類，也就是智人，所發現的，而且一開始都是「後生物性」的。從這個角度來看，形容詞還有像是「但是、和、或、那、除非、因為」等等的連接詞，都是後生物性的。

回想一下第六章的「剛好這樣」故事，我們當時提到了grooflook或koomzash這樣的全句字。我並非暗示早期的原語言一定要用說的，或者認為建構起所有原單詞的少量元素擁有一套語音系統（模式二重性）——不論這固定的一套是基本手部形狀、運動、原手語的位置，或是構築原話語中類似於音素或音節的聲音積木都算。語音系統是後來出現的，我會在「語音系統的崛起」一節中討論這一點。相反地，我利用了可發音但無意義的一串字母說明沒有內在結構的「原單詞」，這種單詞只是一個約定俗成後的聲音模式或者姿態，用以象徵一個事件、物體或是行動。特別是，就像示意動作可以有很多變化，但依舊保留可以理解的意義，當部族的不同成員在不同場合使用原單詞時，也能表達很多變化的意義。

不論如何，第六章的論點是，全句字可能編碼了很複雜的描述，例如：「那個風雲人物殺了一隻可以當作主菜的動物，讓整個部落的人有機會飽餐一頓。真好吃！」或者描述一道命令：「拿起你的矛，繞到那隻動物的另外一邊，這樣我們比較有機會一起殺掉牠。」（「繞到另外一邊」可能會用一個手勢來表達，而不是真的做為原單詞本身的一個部分。）

特勒曼（Tallerman, 2006）不只引述了我舉例的「拿起你的矛，繞到那隻動物的另外一邊，這樣我們比較有機會一起殺掉牠」，還引用了米森（Mithen, 2005, p.172）在說明全句字表達訊息的觀念時所用的例子：「去獵捕那隻我五分鐘前在山丘上的石頭後面看到的野兔。」然而，米森的例子卻不符合我的一個關鍵標準，那就是原單詞通常象徵經常發生、或是極為重要

的情況，因為他的「原單詞」明確指出了精準的時間間隔以及任何兩個物體間的專斷關係。當我提出可能有一個原單詞代表「那個風雲人物殺了一隻可以當作主菜的動物，讓整個部落的人有機會飽餐一頓。真好吃！」的時候，我並不是說（一開始）還有其他的原單詞可用來表達其他變化的意思，例如「那個風雲人物殺了一隻可以當作主菜的動物，但是那隻動物太瘦了所以不能吃，我們真倒楣」，或是「那個風雲人物殺了一隻可以當作主菜的動物，但只留給自己吃」。我們不能認為原始人類擁有現代的思維，只是缺少表達的能力而已。原始人類不會想到試著用示意動作，表達隨意決定的複雜句子的相等物。相反地，他們有少量的原單詞庫存，經由世代傳承增加數量，隨著示意動作與聲音表現愈來愈廣為接受，慣例化地使用在特別重要或是經常出現的情況中。[3]

但是特勒曼提出了另外一個反對意見。她提到，如果用英語來表達grooflook這個單詞，會牽涉到五個子句，於是她問：「如果現代說話的人，只會在單一子句的層級進行概念性的**規畫**（一個心智命題），那麼早期的人科動物怎麼可能會有下述的詞彙能力：能儲存、取用（並執行）相當於數個子句的語意內容的單一詞彙概念。」特勒曼（2007, p.595）反對「詞彙可以透過將概念與隨意決定用來代表該概念的聲音串配對後儲存，完整的語句反而必須透過記憶每一個複雜命題事件，以及學習每一個事件裡無法分析的適當聲音串才能儲存。這比把單詞當成符號來學習更困難，而不是更簡單，因此也更不適合視為是早期原語言的情況」。但是這裡並沒有一個能用來衡量何謂「簡單」的明顯標準。富含情緒張力的事件，例如在成功狩獵後大吃一頓這種事，會比較容易記得；相較之下，李子跟蘋果之間的差異就沒那麼好記。因此說明某個情況的原單詞，可能比代表某個水果種類的原單詞更好記。除此之外，為什麼辨別李子跟蘋果的差異，會或多或少比辨識一個慶祝場合有「複雜的命題性」？如果我們試著用英語描述李子和蘋果之間的差別，我們會需要複雜命題。如果答案是「我們只要辨識形狀和味道就好，不需要任何命題」，那麼我們為什麼不能只辨識難忘場合之間的相似之處，而

不需要命題呢？

　　另外一個關於單詞的概念複雜度的例子可以回想第六章，我們當時定義了「吃」是「將生存所必須攝取的物質放入嘴巴裡，咀嚼後吞下」，所以這代表說出「吃」這個單詞，其實並不比說出我所謂的原單詞來得簡單（cf. Smith, 2008）。

　　問題在於，團體裡的成員是否能辨識出在各種情況裡的相似性，並且將這些情況與在這些場合所說出的「原單詞」加以連結。確實，任何不同意原單詞可以被學習的論點，也等於不同意現今語言的單詞可以被學習。這就像是說，在一個有著上述慣例與預期的團體中長大的英語使用者，都不能學會「婚禮」這個詞，因為這個詞代表了：「兩個可能是不同性別的人，一個穿著白色的婚紗，另外一個穿著正式西裝，進行一個可能包含了宗教與民法元素的儀式，並且兩人發誓在之後的人生中鍾愛、珍惜彼此，還有很多客人參加……。」事實上，婚禮也還有很多其他形式，而這只會加強我的論點，也就是經驗的複雜度可以濃縮在單一的（原）單詞周圍。「marriage」（婚姻）這個單詞的重點（也同樣適用於原單詞），就在於這個單詞牽涉到很多種情況，而只要這些情況發生的頻率夠高，或者引發的情緒夠強烈，這個單詞的部分語意內容就可能會促發「說話者」使用這個單詞，並且反過來在「聽者」身上引發其他的語意內容，但不一定需要把本人（或他人）所經歷過和這個原單詞有關的整個語意成分抽絲剝繭。

　　這種說法可能會招來以下批評：要辨別一個符號的**本意**（denotation，即這個符號所指稱的特定、實際的形象、想法、概念，或是物體）以及**言外之意**（connotation，也就是這個形象所暗示或啟發的文化象徵假設）之間的差異，會牽涉到情緒性的弦外之音、主觀的詮釋、社會文化性的價值，以及意識形態的假設。也許有人會說：「『婚禮』的意涵是『開啟一段準永久的兩人羈絆關係的儀式』，至於教會、西裝等等其他東西，都是言外之意，不是這個詞本身意義的一部分。」然而這裡其實沒有很清楚的界線——對於某個說話者而言是周邊延伸意義的東西，對於另外一個說話者而言可能是這

個單詞本身意義的核心。而且，就像原單詞的概念是共同形成的一樣，也沒有一種語言是先編好一本字典，然後再用字典去規定每一個原單詞本身的意義。講到這裡，我們應該要回到關於「隱喻」（metaphor）的討論。

以全句字的觀點來看，早期的原語言是透過累積全句字而開始的。在衛瑞早期的研究之後，我提出讓原語言增加細膩程度，好為語言的崛起鋪下基礎的主要機制之一（並不是唯一的，之後會更清楚說明），就是透過重複發現一個人可以藉由將全句字分割成更短的語句，傳達情景或是命令中的不同要素，獲得更佳的表達能力（接著當然會將這些分割的片段慣例化）。衛瑞（1998, 2000, 2002）提出了這些原單詞的分割是怎麼出現的。

我們回到第六章的一個例子（延伸自Arbib, 2005a）：想像有一個部落有兩個和「火」有關的單一語句（我們可以說是不同的「原單詞」），用我們的話來解釋，這兩個單一語句的意思分別是「火燒」與「火會煮熟肉」。而這兩個單一語句恰好包含了類似（不一定要一模一樣）的子字串（也就是示意動作的一部分，或是聲音模式的一部分），後來這個子字串的意義被規定下來，因此就出現了第一個代表「火」的符號。也許原本的話語是reboofalik、balikiwert，而falik後來變成了眾所同意代表「火」的詞，所以這些語句變成了reboofalik和falikiwert。在這個早期的階段，reboofalik和balikiwert所暗示的姿態或是聲音模式，可能不是由固定一套的音節所組成；相反地，可能只是兩個類似但不是一模一樣的成分模式。

然而，這種規範化牽涉到將falik和balik合併成一個共通的模式，看起來可能像是要為即將出現的原語言創造一個語音庫。我們可以把結果寫成reboo falik和falik iwert，把每個原單詞分成兩個字串，用空格分開，表示這兩個原單詞的不同片段。同樣地，姿態或是聲音表現的片段，必定伴隨著某些表現的改變，以可察覺到的方式，指出未分割成片段以及分割後的字串間的差異。一開始標示出差異的這種訊號是很特殊的，但是隨著片段數量增加，標示片段的方法也會出現慣例。這使得語音系統得以崛起。

但是一個隨意決定的姿態或是聲音片段，是怎麼變成一個實體的種類或

是一個種類裡的個別成員的象徵呢？對於語言的使用者來說，這彷彿是再自然也不過的了，但是在所有非人類的溝通系統中，任何叫聲或是姿態都沒有這項特質。我們的答案分成幾個階段：

1‧我們認為，示意動作使得關於動作、物體，還有事件的想法得以溝通。這對於創造新的連結自由度來說是一個突破。

2‧接著我們提出，省時省力的表達與容易理解這兩件事，同時為慣例化帶來壓力，使得簡化示意動作後的姿態，以及減少原始示意動作模糊性的補充姿態都得以出現。

3‧將意義（也許不分暗示與明示的意義）與原單詞連結的能力延伸到原話語及原手語上；而兩者早在話語主導大部分人類社會的很久之前，就已經發揮互補作用了。

4‧但是現在複雜模仿開始發揮作用了，也就是觀察一個複雜行為，試圖分解成不同部分的能力——**就算各部分的目標並非立即可見，也不影響這種能力**。過度模仿的現象使得人類和人猿有所不同，但是我們認為，這對於擴大可透過社交學習的技巧的動作庫也是關鍵。我們看看這種能力如何能分割片段。分開來看的話，reboofalik和balikiwert都沒有可識別的部分。但是一旦注意到falik和balik之間的相似處，reboo falik和falik iwert就可能成為單一溝通動作的不同變化形。但是溝通的內容是什麼呢？過去沒有群體把falik視為一個有意義的原單詞，所以必須要透過一個取得共識的過程，使得這個單詞（第一次）產生意義。

在這個情境下，最後剩下了兩個具有說服力的反對意見：（一）這個類似的子字串可能也出現在跟火沒有關係的其他原單詞裡；（二）這個全句字可能和英語裡很多不一樣的說法相符。第一個問題，其實也是組合式論點會面臨的問題：當小孩在學習英語時，必定學會在get tar（沾上柏油）裡，tar是一個語意單位，但是在target（目標）裡的tar就不是。對於學習現代語

言的小孩來說，韻律也許能提供相關的線索；但是對於早期的原語言來說，可能就不適用相關的慣例。確實，因為從未分割片段的字串轉換到分割後的字串，應該必須以某種方式標示出來，所以韻律可能也早就隨著姿態或聲音表現的片段化而出現。一開始，這種標示出差異的訊號可能是很特殊的，但是自然發展下去，標示片段的方法也會出現慣例。此外，以上面的例子來看，早期學習裡有一部分就是falik在reboo和iwert的情境裡就代表了「火」。所有情境在任一單元裡的累積，都能開始產生現代句法的原則。傑肯道夫（Jackendoff, 2002）提出了相關的說明，不過並不是在全句字分割的架構裡。[4]

至於第二個反對意見則是，原始人類可能會想把reboofalik這個詞想成（不是把這個想法分成很多單詞）代表「木頭變熱」的意思，而balikiwert代表「熱木頭讓肉變軟」。因此，附帶的事實就是兩個全句字都有的片段，要被解釋成「火」或是「木頭」，還是「熱」。然而，這也不會讓分割片段的過程變得失去效用。一旦falik的用法變得普遍，哪一個意義會比較常見，就要根據之後的使用而定。舉例來說，如果falik漸漸普遍用來警告他人有溫泉，那麼這個單詞代表「熱」的意思可能就會勝過代表「火」。

這種易變性當然還是存在於現代語言中，因為單詞的意義會在數十年或是數個世紀中改變。我最喜歡的一個例子出自《我們的語言》（*Our Language*），作者是西米恩・波特（Simeon Potter, 1950, p.116）。我在高中時讀了這本書，裡面提到國王詹姆士二世看見克里斯多佛・雷恩爵士設計的新聖彼得大教堂時的評語是「好笑、可怕、人工」（amusing, awful, and artificial）。這是種污辱嗎？恰好相反。這些單詞在當時意思分別是「令人愉快、令人讚嘆、鬼斧神工」（leasing, awe-inspiring, and skillfully achieved）。[5]

我們來想想在示意動作這方面，reboofalik / balikiwert例子的一個變化形。不過這個例子並不符合歷史，因為講到的是門，而在原語言從示意動作中產生的那時候，門並不存在，但我們就忍耐一下吧。如果我用動作表示

「他在開門」，那麼這時在名詞與動詞之間並沒有自然的分開（與史多克在2001年提出的論點相反）。假設「開門」的示意動作被慣例化，也就是把手放在身體旁，接著把手移開身體，然後做出轉動手的動作；而「關門」的示意動作也被慣例化，先讓手離身體一段距離，然後做出轉動手的動作，接著再把手移向身體旁。在這個例子中的關鍵是，這些示意動作裡沒有任何部分是「門」這個名詞的符號，也沒有「開」或「關」的動詞符號。它不過是能傳達門被打開或是關上的觀念的完整演出。這樣一來，兩種表演的共通元素就是轉動手的動作，一段時間過去後，可能會從這兩個單一語句被切割出來，成為「門」的符號，但在這整個（未慣例化）的原單詞一開始被表演出來的時候，根本沒有一個針對「門」的示意動作。第二，一旦「門」被切割出來，那麼就要開始注意原本的原單詞裡剩下的部分，將之視為一個新的、互補的原單詞，繼而產生了開和關。

現在更重要的事發生了。「門＋開」和「門＋關」之間的相似性，使得「門＋X」這種結構得以成為通則，而X可以是任何能用於門的動作的原單詞，還有「Y＋開」這種結構也得以出現，Y則象徵任何可以被打開的東西。我們也看到就連在這個很初級的階段，原語言也非常歡迎通則出現；因為如果不是這樣，通則永遠不可能出現。光是「Y＋開」這個結構的存在就讓人開始考慮對「不是門的東西」做出類似開門的動作（例如「睜開」眼睛），不管怎麼說都是和開門非常不一樣的。一旦以新的結構重新組合符號，表達過去庫存的全句字沒有涵蓋的意義，隱喻的力量似乎必然會隨之出現。

同樣地，在reboofalik / balikiwert的例子裡，如果眾人一致同意falik代表「火」，那麼有些部族成員最後可能會統一和第一個字串相伴的姿態，得出「燃燒」的符號；接著其他人會統一和第二個字串相伴的姿態，得到「烤肉」的符號。然而，表示「燃燒」的姿態與表示「火」的姿態的相對安排，會和表示「烤肉」的姿態的相對安排有很大的不同。因此需要更多的慣例來規範兩個語句中的姿態安排，縮小範圍的「結構」因而出現，以維持稍早的意義組合，接著再延伸成為新的原單詞，漸漸變成填空字。這樣一來，這兩

個語句就能轉變成非單一語句或是原句子（prosentence）：reboo falik和iwert falik。

　　關鍵是，如同被分割的片段會從一個至今還是全句字的意義當中挑選出各種要素，產生新的符號，句法的出現也刺激了將這些新意義拼湊在一起的方法。這樣說來，複雜模仿（辨識一個動作的變化形，藉此在不同的情況下彈性組合達到次目標的子動作）會愈來愈適用於溝通。

　　有意思的是，到現在還能看到這樣的過程，而且我會在第十二章裡舉例說明。到時候我們會看見尼加拉瓜手語的使用者不只會把「滾下山」的示意動作切割成表示「滾」和「往下」的片段，還發展出特定的結構，來表達兩件事同時發生的時態。因此，「滾往下」（roll descend）這個順序，可能代表了「往下，然後滾」，而在「滾往下」當中重複「滾」的手語，就代表「往下」和「滾」是同時發生的。

　　再舉一個例子說明全句字的轉變。讓我們回頭看圖8-2所舉出的情境：在美國手語中，「飛機」和「飛行」使用的都是和飛機外型相同的手部形狀，但是使用不同的手部動作來區分兩者：「飛機」是小範圍的前後移動，「飛行」是大範圍的單次運動——這樣的選擇完全是慣例（Supalla & Newport, 1978）。

　　我們可以確定，我們遙遠祖先的溝通內容中並不包括飛機，但是如先前所提到的，辨識「鳥」與「飛行」以及全句字「飛行的鳥」的需求（這樣才能表達別的意思，例如「死掉的鳥」），必然形成了另外一股壓力，使得這個動作必須找到原單詞來表達一個全句字裡的個別要素。這裡的論點是，過去必定曾經有夠大的全句字庫，使得釐清模糊性成為必要。就像辨別鳥指的是一種飛行中的生物的一般性概念，或者是一種可能涉及與部族利益有關的其他活動的特定的鳥。為了傳達「死掉的鳥」這個觀念，一開始可能需要組合眾所接受的表示「飛行的鳥」的原單詞，並搭配一個示意動作，這個動作可能是拍著翅膀的鳥，落到地面，然後靜止不動。這麼冗長的表演會在和「飛行的鳥」重疊的新表演出現後被慣例化，兩個表演最後可能會支持表示

「鳥」這個原單詞的發明；這個單詞可能也是另外一個重疊的示意動作的一部分，或者採用了原本的示意動作，只不過原本表示「飛行的鳥」的動作，已經變成表示「鳥」，再搭配各自代表「飛行」或是「死」的示意動作，就像美國手語的例子那樣。

　　一個很有意思的反對意見，帶我們回到了第三章「教導人猿『語言』」的段落。如果人猿在教導之下能學會某些類似單詞的符號的用法，那我們的先祖物種為什麼不會直接發明單詞（以現代的觀念來解釋，大約類似名詞與動詞），而是像以全句字觀點解釋原語言的論點那樣，先發明全句字呢？簡單的答案是，野生的人猿並沒有發明這些語彙，這些是人類發明的。因此我們要問的是，「野生狀態的人類」（在單詞出現之前）是怎麼變成「語言狀態的人類」（習慣使用單詞）？說人猿可以被教導學會不是牠們自己發明的人類語言的少許片段，正好加強了我們對以下情況的理解：新文化或者文化革命所造成的衝擊，得以使得基礎的神經系統發揮潛力；如果沒有這樣的衝擊，這些潛力就無法表現出來。

　　因此簡單來說，下面的說法依舊成立：命令以及有意義的「社會化訊息」，可能就是原語彙的關鍵元素，就像是grooflook或koomzash裡的例子。此外，這樣的發明也不需要非常頻繁地出現。經過漫長的時間（可能是數萬年），原單詞也只被用在少數的這類情況。也許一開始，在某個世代裡有整個部落，把最多兩、三個這種「經常發生的情況」，加入了「可名說」的範圍。只有發展出數量足以支持這些片段的原單詞，才能形成原句法的根，產生一組縮小範圍的「結構」，來維持並且延伸先前形成的那組意義（因為新的原單詞被用來當作「填空字」）。這樣一來，單詞會根據它們在某個範圍的結構裡「填空」的能力而加以分類。而使得這個過程得以實現所憑藉的，就是複雜模仿的能力。以原始人類的例子來說，這會帶來新的（原）單詞與結構。

　　以現代小孩的例子來說，在一個非全句字與結構的使用早已行之有年的社群裡，這為理解社群原本就已經知道的東西提供了基礎──聲音模式可以

被切成單詞串，這些單詞可以透過結構歸類。以歷史的時間軸來衡量，隨著許多世代過去，新的單詞與結構都被發明出來；而以發展的時間軸來衡量，小孩會愈來愈習慣使用周遭的語言片段來理解與被理解。因此不論是哪一種衡量方法，這些結構的應用性都愈來愈強，也愈來愈聚焦。

切割的過程一直延續到現代的語言中，單詞會被分解，產生新的單詞或是語幹：以英語為例，helicopter（直升機）這個單詞被切出了copter（直升機的簡稱），但原本的單詞其實是由helico+pter（翅膀）所形成；cybernetics（控制論）產生了cyber（與電腦相關的）這個單詞，但其實原本的語源是和cybern（控制）這個語幹有關（govern也是一樣）；web（網路）+log（登入）→blog（部落格）；kangaroo（袋鼠）→roo→roobar（指在澳洲鄉下裝在車頭的東西，在車子撞到袋鼠時可以保護車子）；hamburger（漢堡排＝漢堡〔Hamburg〕這個地方常見的麵包）→cheeseburger（起司堡）、veggieburger（素食堡）等等。

不管是原語言或現代語言，都沒有強制規定一定要解構單詞，這只是偶爾會發生的情況。全句字的假設提出了一個過程，這個過程可能耗費了幾萬年的時間，所以這股力量必然也不需要是可靠的，或是非常準確的。而以世紀計的時間長度來看，語言的確還是會誕生新語言。要注意的是，在原始人類有意識地認知到原語言的概念之前（他們的知識是模糊而非清楚的）所發生的過程，和在已經意識到語言並且識字的社會裡發生的過程是不一樣的。

克比（Kirby, 2000）利用電腦模擬顯示出，意義穩定的子字串的統計結果可以產生令人驚訝的強大結果——這並不是奇怪的巧合，而是能產生跨越許多世代的效果的統計模式。然而，如果所有「真正的單詞」都必須先有極為分散的原單詞片段做為前身，那麼真正的語言似乎不太可能直接從原語言發展出來。因此我認為所謂衛瑞—克比機制可能是一部分的答案，但不是全貌。我們已經討論過「飛行的鳥」的例子。其他的機制可能也會產生複合的構造。

用第九章的例子來延伸說明，一個部族可能在經過數個世代後，會發展

出不同的符號來代表「酸蘋果」、「成熟的蘋果」、「酸李子」、「成熟的李子」等概念。然而，儘管「酸」和「成熟」會造成明顯的行為差異，但他們卻沒有為其發展出相應的符號。因此，如果有n種的水果，就需要2n個符號來表示它們。偶爾會有人不小心吃到酸的水果，並且做出吃到酸東西的標準表情，還深吸一口氣。最後，有個天才想到模仿這個動作來警告部族裡的其他人，他要吃的這個水果是酸的。如果這個姿態的變形被慣例化，並且被社群所接受，那麼這個代表「酸」的符號，就延伸了原語言。出現以下情形就代表我們又朝語言邁進了一步：當人開始使用「酸」的符號以及「成熟的X」的符號，來取代每一個X水果的「酸的X」的符號，那個就只需要n+1個單詞，而不像原本需要2n個符號。

我是故意用「天才」這個字眼的。我相信很多語言演化的研究，都是因為缺乏想像力而被綁住了手腳；很多人無法理解，許多我們現在視為理所當然的事，在過去不可能是顯而以見的，或者是在他們擁抱異常之時，其實並不容易辨識出當下的常態。想想阿基米德（Archimedes, c. 287–212 B.C.E.）：他有了積分的關鍵想法，但是大約在兩千年後，牛頓（642–1727）和萊布尼茲（Leibniz, 1646–1716）才發現能夠表達他舉出的明確例子中所隱含通則的標記法，接著引發了數學創新大爆炸。我強烈主張（原）語言就像數學一樣，是透過這種突發的情況，得以出現文化演化。

在貞特魯奇用蘋果—櫻桃實驗所提出的可能性之外，「酸的」這個故事說明，原語言可能是以原手語危基礎產生的。這裡假定，表示「酸」的符號是一個聲音—臉部姿態，而不是手部姿勢，因此可能對原語言開始利用原話語符號，增加原手語語句豐富性的過程有所助益。接著可能有愈來愈多的符號被聲音化，使得手空出來，能進行「說話者」所期望的實踐與溝通。

創造新的聲音以符合手部姿勢的自由程度的能力（我們認為高揚的語調可能代表手往上的動作），可能有助於創造早期的聲音庫。另外一個同時演化的能力也會利用「擬聲」模仿新的聲音模式（透過模仿自然的聲音創造新的符號，例如「汪汪」代表「狗叫」或是「狗」，用「潺潺」代表流水的聲

音），產生和手部姿勢無關的聲音姿態。然而，光是發音姿態，並沒有示意動作為手部姿勢系統所提供的那種豐富的溝通潛力。我重申：一旦針對抓取的鏡像系統以支持示意動作的方式演化，而且一個群體內對於釐清模糊性的需求，促使大家都出現使用慣例化與圖象化姿態的意識（相較之下，擬聲能傳達的非常有限），那麼分享各式各樣的意義就會變得容易。

就像單詞「酸」讓需要學習的水果名稱少了一半，被切割的全句字也產生了「類名詞」與「類動詞」的元素，大幅增加有限的單詞庫所能表達的內容。光是m個「名詞」和n個「動詞」，總共m+n個單詞，就可以有m乘n個（名詞，動詞）組合。成為智人的轉折可能涉及「語言的擴大」，也就是透過說話能力提升，以及能分別為某些動作和物體取名的能力，接著出現創造也許是無窮的動詞論元（verb-argument）結構，還有以各種方式組合這些結構的能力。透過利用先前的實踐能力，辨識並利用複雜動作辨識與複雜模仿中的次目標的階級性，體認到這些結構是階級式的，而非單純的排序，為語言的構成分析提供了一座橋梁。

諾瓦克等人（Nowak et al.2000）分析，若在一群人擁有兩種基因的條件下（分別是針對單一語句以及針對切割的片段語句），最終會進入其中一個基因成為主導的情況，因此其中一種語言也會成為主要模式。但是我覺得這種說法根本搞錯重點了：（一）他們假設這個選擇有基因的基礎，但是我相信這個基礎是歷史性的，不需要基因的改變；（二）這個說法推測這兩種選項是預先就已存在的，是後續選擇的基礎。但我相信必須要嚴謹地分析單一語句與片段語句兩者是如何出現的，並且分析因為累積了種種改變，因而從前者主導變成後者主導的**漸進式過程**；（三）除此之外，問題根本不在於現代語言是不是還大量使用單一語句。

不過諾瓦克等人的分析還是有用的，如果我們把它放在用文化演化而非生物演化的情境中來看，就能以此為著力點，在不同語言使用的模式裡，尋找不同社會基模而非不同基因之中的平衡點。

除了切割片段以及使用「精品式」結構來重新組合這些片段（以及組合

類似的片段所增加的力量），從以使用原語言裡的新單詞為基礎的結構，轉移到橫跨整組結構的普遍性，也同樣重要。像是「酸」這樣的符號，可能在任何「形容詞機制」存在之前，就已經進入原語彙了。可能要有過好幾百個這種發現後，才會有人把這些單詞的共通點規範化，發明一個普遍的結構，設定一個空格，定義我們現在所謂的「形容詞」前身。這樣的結構可能又往從原語言中興起的真正語言更進了一步。

然而，形容詞並不如表面上看起來的屬於「自然種類」。如同狄克森（1997, p.142 et seq.）所觀察到的，人類的語言可能有下列兩種類別的「形容詞」：（一）一個開放式的類別，裡面有數百個成員（如同英語）；（二）只有少量成員的封閉類別。除了歐洲之外，在世界各大洲都能找到只有少量形容詞的語言。西非的伊博語（Igbo）中只有八種形容詞，各自代表「大、小、黑／深色、白／淺色、新、舊，以及好與壞」。在這種語言裡，有關物理特質的概念通常會放在動詞類別中，例如「the stone heavies」（譯註：heavy在此為動詞，表示石頭會重、有重量），關於人類傾向的單詞則通常是名詞，例如「She has cleverness」（譯註：cleverness為名詞，聰明的意思）。

顯著的一點是，形容詞是一個句法種類，而句法種類的定義就是：只存在於擁有句法的語言裡。然而，我們說過原語言並沒有句法，所以就不會有「形容詞」這個種類。名詞和動詞也是句法種類，所以這樣說來，原語言一開始也不會有名詞和動詞。相反地，原語言裡可能會有愈來愈多描述物體的單詞，以及其他描述動作的單詞，但是這兩個類別的單詞還不會被統一，成為句法處理的兩種明確形式。

這個步驟最後可能證明語言是往這個方向發展的：關於兩種不同結構的語意類別定義可能合併成一個單一的種類，為兩種結構提供一組共享的「填空字」，並且隨著更進一步的相似性被觀察到，以及更多的一般性出現，這個過程也會持續。從不同的結構裡合併各種語意類別（例如一個人想要的東西，和一個人想擁抱的東西）可能會模糊了原先的語意線索，無法確知進入

稍早結構裡的是哪一個，所以針對特定「空格」所「填入」的這組東西，就不會是一個語意種類，而我們必須自動將之視為一個句法種類。因此，我的假設是句法種類是隨著原語言的複雜度增加而興起的特質，以增加的數量以及該結構類化的可應用性加以衡量。有極少數的語法透過原語言的文化演化變得愈來愈大、愈來愈強。因此，說一個部族「在這之前都使用原語言，現在開始他們就使用語言了」是沒有意義的。反之應該這麼假定：

1．無法流利使用語言的狀態→單詞→句法（跨了很大的兩步）

我則支持以下的狀況：

2．無法流利使用語言的狀態→單詞→分門別類的單詞+把這些單詞根據種類放在一起的方法，單詞和句法經過在非常多各自獨立的小步驟過後**一起**興起→擴大的語彙，不只有更「具各自特性」的結構，還有愈來愈一般的結構，之後又興起了各種的句法種類。

這些也是組合式描述的優點得以出現的機制——一旦組合者開始探索各種結構，跟著就會出現釐清各種結構的需求。這些創新的散布，靠的是其他人類模仿創新者示範的新動作與複合動作的能力，而且他們模仿的方式，會將愈來愈一般的象徵性行為的類別，與它們想表達的類別、事件、行為及關係連結在一起。

確實，考慮「介係詞」的空間基礎也許有助於顯示視覺—運動協調如何成為語言某些層面的基礎（cf. Talmy, 2000）。而就算在密切相關的語言之間，使用對應的介係詞時還是有大量的變化（使用英語的人會說「去」〔go "to"〕一座城市，使用義大利語的人會說「到」〔á citta，相當於英語的go "at"〕一座城市），顯示不論語意—句法的對應關係是以什麼基本功能為基礎，並且形成任一介係詞的原始意義，長久以來都已經因為之後許許多多的

創新與借用而被掩蓋了。原語言為物體、動作、情況、命令、迎接等類別提供了愈來愈多的名稱，但是以全句字的角度來看，這當中沒有一個是需要事先存在的單詞庫才能組成的。

語音系統的興起

模式二重性（第二章）指的是兩個層級的語言模式：

1．無意義的元素（例如話語中的音節或音素，手語中的手部形狀與動作）組合成有意義的元素（語素和單詞），以及
2．這些元素組合成有意義的更大單元，而這些單元本身可能又會有其他有意義的組合。

我接著會使用「語音系統」這個詞代表階層1所描述的系統。這些例子清楚說明了這個詞完全不管無意義的單元。我們才剛討論過，讓各種主導的全句字原語言變得愈來愈組合式的機制，但是語音系統是怎麼來的？哈克特（1960, p.95）觀察到：

有很好的理由可以相信模式的雙重性，是（在語言演化中）最後才發展出來的特質，因為很難找到理由說明，一個不夠複雜的溝通系統為什麼需要這種特質。如果聲音─聽覺系統有愈來愈多有明確意義的元素，那些元素會無可避免地聽起來愈來愈像彼此。人所能辨別的明確刺激……有實際的數量限制……

就像我們的手部形狀會配合不同的門把與門把的使用動作而改變，並出現更進一步的變化，我們也可能會改變「開門」的示意動作。這種示意動作經過慣例化成為原手語，但只能表現許多可能的表演中的一、兩個層面，無

法以不同的成分建立而成。同樣地，原話語的早期語句可能呼應了原手語的動作，或是比較接近英語單詞「cat」（貓）的發音，而非引發英語語音形式的「喵喵」聲。那麼我同意哈克特的論點，但我也增加了另外一種方式：「如果姿態—聽覺系統有愈來愈多有明確意義的元素，那些元素無可避免地會看起來愈來愈像彼此。」同樣地，這也會對切割原單詞帶來壓力，被切割出來的片段接著可能會被上述階層1所列出的那種「無意義單元」愈來愈慣例化的系統所取代。

然而，模式的二重性不一定要是最後發展出的特質，因為前面提到的論點當中，沒有一個是以複雜度為基礎，甚至連句法的存在都不是前提。需要的只有極大量的（原）詞彙；龐大的數量使得單詞出現可能被混淆的風險，必須訴諸某種形式的（聲音或手部）語音系統才能避免被混淆。這裡也要注意，語音系統的使用也不一定需要「非有即無」。相反地，語音系統一開始可以是零碎的，是隨著人努力要更清楚辨明意義不同但相似的原單詞而出現。接下來的階段可能是，很多原單詞至少部分變得「非語音」，而無意義的單元在其他原單詞進一步被慣例化的過程中卻大量增加。但是這為下面的過程提供了一個舞台：大量的這些單元被檢視，而愈來愈多的單元被簡化成「語音形式」。

早期的一個重要主題是在討論複雜度漸增的原語言範圍，而非僅是一個穩定的原語言。在成千上萬個世代中，原語言可能的發展順序可能牽涉到：（一）達到也許是由一百個沒有音位結構的原單詞所組成的字彙庫；（二）開始發展「音素」，強化相似發生的機率，並且讓人更容易辨識語句；接著（三）增加的（原）語彙和定義更清楚的音位結構形成一個開放式的螺旋，直到後者固定了為止。

如同我們在第九章所看到的，麥克奈理基（1998）提出，在靈長類的下顎開合之間出現了各種語音「姿態」，使得子音和母音得以出現。隨著子音母音組的單音出現，詞彙也跟著增加。但是除非人已經有一組開放的發聲，而且其語意範圍可以透過發展子音和母音加以擴張，否則「語音系統演化」

有什麼適應性壓力呢？我認為一套原單詞的庫存必定已經就位（而且一定在擴張），才為發展出一套語音系統清單提供了「壓力」。很有可能，足以應付（原）語言語音系統需求的發音系統發展，就牽涉到了鮑德溫效應（見第六章的「演化是微妙的」段落）。這樣一來，要了解哪些改變是「鮑德溫式」的，哪些是歷史性的，就是我們得面對的挑戰了。

連抽象語言都能在具體化中找到根源

我們對「此時此地之外」（在第六章「原語言及語言」裡第六項和第十項特質）的介紹有兩個重點：

1・語言涉及很多能延伸溝通範圍的有力機制，但是這些機制並不能被視為是定義語言的試金石。因此，如果你把一種人類語言裡面所有和「時間」有關的詞都拿走，那它也許還是可以稱為語言而非原語言，不過你應該會同意，它會是一個非常貧乏的語言。同樣地，語言中的數字系統也是有用的輔助工具，但不是非要不可的。不過，談論過去與未來的這種能力，在我們對人類語言的理解中還是扮演了重要的角色。

2・這些語言的特徵背後如果沒有認知機制，那就是毫無意義的（就字面上而言）——這裡的認知機制就是海馬回為情節記憶提供的基質，以及在額葉皮質為規畫提供的基質（第五章）。因此，神經語言學家不能只從句法學家那邊了解不同語言如何表達時間關係，還要想辦法了解這些文字結構是如何與賦予文字意義的認知結構連結，並因此建立了它們的演化基礎——與句法結構和伴隨著溝通而出現的種種情況切割後可能會擁有的自主性無關。

桑朵夫與柯巴利斯（2007）以「心靈時間旅行」為題，檢視了超越此時此地的能力。他們提出記憶系統各有不同程度的彈性，因此認為能夠預測未來情況的機制也有類似的彈性，並提供了關鍵的天擇優勢——他們更進一步

提出，各種記憶系統的適應性優勢，會根據它們對未來的生存有什麼樣的貢獻而異。他們認為情節記憶是在支援心靈時間旅行的較一般性網絡中，最有彈性的部分，並且強調能「回到過去」的能力對於我們的預測、計畫、塑造未來事件的能力來說至為關鍵，但準確度自然有高有低。隨著任一團體內的人類為了某個共同目標而合作，這個天擇優勢會隨著語言提供愈來愈多能用來分享這些記憶及規畫的表達工具，而被大幅加強。

我曾經提出，句法結構是構築在對於物體－動作基模已存在的理解上。但是大部分的句子（就像這一句）不會是描述動作－物體的事件。解釋所有的句子構造比較像是歷史、比較語言學，以及認知語法的工作，不是動作導向語言學或是演化語言學的工作。然而，對於畢克頓（1995）的論點的批評可能指出了為什麼我覺得從「物體－動作架構」轉移到「動詞－論點的結構」，也許能視為是愈來愈抽象的句子發展的基礎。

畢克頓（1995, p.22）指出，像是「那隻貓曾坐在那張毯子上」這樣的句子，遠比特定的一隻貓坐在特定的毯子上的畫面更為抽象。畫面並不會有時間感，無法分辨「那隻貓曾坐在那張毯子上」和「那隻貓正坐在那張毯子上」，或者「那隻貓將坐在那張毯子上」有什麼不同。（注意這些句子表達了不同的「此時此地之外」的條件，但是它們的意義都和同一個被記得的或是想像的經驗有關）。畫面也無法區分「那隻貓正坐在那張毯子上」以及「那張毯子在貓下面」。這些都是真的，但我們必須思考這些差異如何形成語言的特徵。

舉例來說，我們可以將句子的焦點（在這裡，韻律就扮演了關鍵的角色，可是用書寫的就沒有那麼明顯）和視覺注意力的焦點連在一起。但是畢克頓下列的說法，卻創造了一個錯誤的二分法。他說「我們並非建立一張世界的圖片，然後用語言料理後再端出來。相反地，語言建立了我們在思考與溝通的這個世界的圖片。」認為語言建立我們心中的世界（而不是增加世界的豐富性）是一個誤解，因為這個說法忽略了視覺經驗以及**情節記憶**（連結情節與時間等其他關係）所扮演的角色，也忽略了句子（語音形式）只是一

個摘要重點，人其實對於句子背後豐富的感知與認知（認知形式）抱持著**期望**。

我並不是說關係一定是一對一的。畢克頓的做法讓人沒有更多的空間去了解，「表示」一隻貓在那張毯子上的能力一開始就是可以習得的。個體的基模網絡狀態遠比單詞的線性順序豐富許多。這並不否定語言可以表達圖片無法表達的，反之亦然。感知不是可逆的，就算我看見一隻真的貓坐在一張真的毯子上，我也不太可能回想到太多細節（想想看我們在第二章的「以視覺為基礎版本的構式語法」裡簡單講到，從實際的景象轉移到語意表現時，只包含少數顯著的主事者、物體、關係，再從中衍生出文字描述）。人所看到的東西是以知識為基礎的。舉例來說，一隻熟悉的貓相對於一般的貓，或是辨識一個特定的品種。命名和分類之間有著密切的關係。

讓我們再講得更抽象一點。畢克頓（1995, p.22–24）認為，人不能想像「我對你的信任已經被你的不忠永遠地打碎了」的畫面，因為如果你不知道「信任」是什麼、「不忠」是什麼，或者「信任被打碎」代表什麼，就沒有畫面能向你傳達「不忠」這種獨特的背叛行為所引發的心痛感。「以信任或不忠的例子來看，在語言學的概念之下，只有其他的語言學表現而已，因為抽象的名詞無法附加任何感知特徵，因此不可能在負責語言的大腦區域之外有其他的表現。」

然而，這些文字本身（也就是出現在紙上的一連串單詞或是說出來的音素）並沒有傳達「這種獨特的背叛行為所引發的心痛感」。為此，我們需要這些詞「鉤住」一個適當（但不是所有人都一樣）的經驗本體與聯想物——每個詞都是基模冰山的一角而已。

單詞必須和網絡連結，而這樣的網絡本身和感知與行為這兩種非口語的經驗都有連結（參照第二章關於人類的知識是「基模百科全書」的討論）。但這當然並不一定代表如果我們沒有個人的經驗，就不能了解與這個經驗相關的句子。組合式語意的力量在於，我們可以把單詞放在一起，創造出新的意義（例如「小丑把用藍色冰淇淋蓋成的九十公分摩天大樓，平衡地頂在他

的鼻頭上」）。我們也逐漸透過聽見或看見單詞被用在與各種情境有關的句子中的這類誘導式經驗，了解單詞的意思。但是最終某些單詞必定奠基於具象化的經驗，因為語境中至少一定有些部分賦予了整個語句意義，透過類似複雜模仿的過程，產生了一個新單詞的片段意義。

在這樣的條件下，一個畫面（不論是像圖片般靜止或是像影片般在時間裡延續）可能會涉及一個類似的經驗網絡。想想看從電影中擷取的一幕：有個人轉身，臉上帶著一種破滅、絕望的表情，背後則是有人在發生性行為的影像。文字和影像有互補的長處，文字可以明確表達關鍵的關係，而影像提供的豐富（如果確實被視為相關的）細節，如果用文字來表達，只會是不斷堆疊的句子。如果有人回想一次美麗的日落，那麼「我們在德爾馬看見綠色閃光的那次日落」也許能指示這個人自己腦海中的那個景象，或是在與他人溝通時提供這個景象的線索；但是光靠單詞本身，是沒有辦法形成那個日落以及天空的色彩的畫面，並且重現美景的。很多人會說，一個人除非曾經對於這樣的情緒有某種程度的感受，否則是無法完全了解「背叛行為所引發的心痛感」，因為這樣的感覺牽涉到大腦多個和語言無關的區域（見第五章針對鏡像系統在人類同理心方面可能扮演的角色的簡短討論），以及個人本身經驗當中關於特定不愉快情節的記憶。

為了練習一下，讓我試著把「我對你的信任已經被你的不忠永遠地打碎了」這個句子，回頭和深植於動作和感知中的基模網絡連結在一起。我檢視這些詞的定義，以及看它們到底是如何根植在行為當中。注意在使用「打碎」以及「你的」來同時表達擁有一個物體以及擁有一個傾向時，隱喻所扮演的必要角色（下個段落我會講得更多）。

「我對你的信任」根植於「A信任B」的基模，用來表達A對B抱持的某種行為傾向，也就是「如果B告訴A這件事是C，那麼A就會以『C為真』的假設採取行動」。我不會說我的心智狀態是被這種定義嚴格限制住的；相反地，上面的定義是所有組成「信任」的行為和期望的簡單版。

「B對A忠實」是一個社會定義，本質上是針對B和A的關係提出一系列

「應做」和「不可做」的行為。接著A可能因為B一再地無法做到「應做」的行為，或者可能做了一次嚴重的「不能做」的行為，而發現了B的不忠。

基本上來說，一個東西是不是「壞掉」是可以測試的，可以透過感知（可辨識的構造被破壞了）或是行為（這個物體的行為不如預期）來判斷。對一個壞掉的物體進行「修理」，就是讓這個東西看起來或是表現得如同預期。一個物體被「打碎」，就是破裂成很多片，這麼一來我們能體認到，修復這個傷害（使物體恢復功能）會很困難，或者不可能。顯然這裡靠的是隱喻延伸（metaphorical extension）──從具體到抽象的一個重要橋梁。

「永遠被打碎」宣布了這是不可能修復的，在未來的任何時間這個物體都無法再發揮作用了，因此為這句話加入了時間的元素，以及**從行動與感知的此時此地延伸的基模語意**。但是也要注意，**計畫和期望在行為裡是含蓄的**。此外，我們對未來時間的觀念，來自於我們對以下兩者的推斷：我們對過去時間的經驗，以及相對來說我們在更早之前所抱持的期望。

儘管說了這麼多，還要注意的是，在歷史上很多的「發明」都需要從簡單的要求與行動，走向一個夠豐富的語言與思想系統，才足以表達前面提到的那個句子；另外也要注意，**兒童必須經過很漫長的道路，才能了解這些單詞的意義**。當然，先前我們描繪的這條道路（另外一個隱喻）並不是為了窮盡句子的意義而開始的，這只能透過考慮被具象化的東西本身而做到。我所謂的「信任被打碎」也暗示了一種情緒跌入谷底的狀態，需要其他人類的同理心才能完全被理解。

這個說法比誇飾再多一些，但可以加強下列的觀點：語言的使用根植於我們在世界裡行動的經驗，因我們回想過去事件或是想像未來事件的能力變得更豐富，並且會因為我們社會的文化歷史而擴大，且這樣的文化歷史也能在我們的個人經驗中反映出來。是的，在先前就能使用的單詞的組合式語意，使得新的意義得以出現，而能使用這些新的意義，才讓語言的豐富度增加。但是只有在某些情況下，字典的定義才能完全窮盡新的意義。因此，儘管很多追隨喬姆斯基的語言學家都認為自主句法是語言的精髓所在，我還是

認為語言的文化演化，或是兒童習得語言（新的單詞、新的結構，以及我們如何在溝通中使用它們）的過程，都不能脫離其雙向互動中的語言具體化經驗與認知。

隱喻的角色

如同最後一個例子所示，語言的精妙之處在於它能支持隱喻延伸，使得單詞和結構在新的領域中獲得意義，同時又還是可以理解的，因為人可以一步步將這些單詞與結構回溯到稍早的論述領域（從「打碎的信任」回到「打碎的物體」）——直到過了一段時間後，這些新的用法本身可能也會成為約定俗成的用語。

我們前面討論了聖保羅大教堂落成時用到awful一詞的意義，清楚顯示了意義改變的動態。乍看之下，這種動態似乎令人難以置信。因為如果單詞會一直改變意義，並且在可能因人而異的大規模基模網絡中得到意義，那麼我們怎麼會覺得彼此可以溝通呢？答案是，我們通常可以把意義改變帶來的影響，留在語意網絡中的某個部分，然後忽視它們，或是在需要的時候再考慮這些改變，以達到足夠的理解。而且當然囉，理解很少是完美的，但是我們通常（可惜不是「總是」）會在大部分因為無法理解對方的話語而造成的傷害出現之前，就要求釐清內容。

希爾勒（Searle, 1979, p.132）在他的《表達與意義》（*Expression and Meaning*）一書中，將一個句子「字面上的意義」（literal meaning）和「傳達的意義」（utterance meaning）區分開來。字面上的意義完全由單詞固定的意義以及該語言的句法規則而決定；傳達的意義則是狹隘的、可變的，會根據說話者在特定場合的意圖而改變。然而，對隱喻的一項分析顯示，就算沒有上下文脈絡的知識，只有很少數的情況是單靠單詞的固定意義就能建構句子的字面意義。因此，我根據亞畢與海斯（1986）的研究，提出一個「意義與隱喻的非字面理論」，這個理論與「語言根植於基模的動態裡」的說法

可相容。

《牛津英語字典》定義的隱喻是「一種修辭法，一個名字或是描述性的詞，被轉移到另外一個與**適用**該字詞的物體不同但可類比的物體上」。（「適用」二字是我自行強調的。）舉例來說，物理上的「點」（point）被轉化成為論證或笑話的品質（重點）。但是這個「適用」的觀念呢？它暗示了在特定人類群體的使用之外，真的有某個被定義的「普世概念」，而且這個詞的「適當」使用，就僅是它與其中一個這類先前概念的關連。

另外我們也可以看看維根斯坦（Wittgenstein, 1953）對於**家族相似性**（例如「邱吉爾的鼻子」）的觀念：只要一個類別裡，有夠多成對的物體在某些有關的層面互相相似，那麼這些相似性就能形成一個鎖鍊型的結構。因此，類別中任一特定的一對成員，只要透過媒介在鎖鍊上相連，兩者間可能就有一些相似處，因為鎖鍊上相鄰的元素都彼此相似。也許有人想在其他的群集中尋找家族相似性，例如羅馬古蹟、心理學種類、繪畫學派等等。

以隱喻的方式使用單詞時，就是這種意義鎖鍊的過程在發生作用。一個笑話的「重點」和一根針的「端點」在物理上有某些共通點，一個論證的「重點」和一個笑話的重點也有類似的特質，和一根針的端點也有些相似處，但是這些相似處不一定是一樣的。確實，必要性的語言必須包含一般性的語詞，以便將在細節處有所不同的物體分類在一起。就像英國重要哲學家洛克所說的：「不可能每一個東西都應該有一個特別的名字……人類堆疊特定物品的名字是徒勞無功的，對於他們溝通思想是沒有幫助的。」

因此我們得知，語言是透過捕捉**相近的**意義而發揮作用，而這些相似與相異的程度足以讓人感知到，以避免和一般的使用混淆。就算是藝術家、園丁，或是室內設計師，也都不會想浪費精神用描述性的詞去分辨每一種紅色吧？以這個觀點來說，依靠物體間的相似與相異性而達到意義的隱喻性轉換，在語言中隨處可見，不是什麼奇異的事；一些隱喻的機制對於任何描述性語言的意義，都是不可或缺的。海斯和我將這個觀點一言蔽之：「所有的語言都是隱喻式的。」

但是，我們一般所謂的「字面的」和「隱喻的」之間的相對差異是什麼呢？「字面的」使用，讓最常出現或最熟悉的用法變得至高無上。字面的用法是最好處理、學習，和教導的——但是在一個社會裡容易教導的，在另外一個社會裡可能是很隱晦的，所以就算在不一樣的社會裡成長、同樣都說英語的兒童，可能也會把不同的意義視為字面意義。因此，在我小時候長大的地方，客廳裡的收音機被稱為「無線的」（wireless）。因此，我們家對這個實際物體的指稱，使得我認為「無線」的字面意義就是那台機器；後來我才知道這個詞原本的字面意義是「沒有線的」，而這個詞的基礎觀念就是：聲音以電子的方式，不需要電線接著播音室和我們家，就可以從播音室傳送出去。字面的意義（就像我家客廳的無線〔網路〕一樣）經常會受到實證定義的影響，但是也需要依賴「實證」能夠出現的環境。字典的辭條通常會最先列出（在文化上偶發的）字面意義，接著再列出比較「死的」隱喻（針的「端點」可能會出現在論證的「重點」之前），而更新的、「活的」隱喻，可能直接就被省略。這一切讓人清楚知道，為什麼隱喻分析顯然必須從已經理解的「字面」語言開始，但這並不代表這兩種表達的語意基礎截然不同。

當一個隱喻成為一種語言中根深蒂固的用法，那麼可能就會變成一個新的字面用法，例如用spirits（原意「精神」）代表威士忌這種「烈酒」，用leaves（原意「樹葉」）代表書頁，用fiery（原意「似火的」）代表人的壞脾氣。事實上，任何有趣的描述語詞，都可以在語源學上找到根源，成為「死的」隱喻——一旦「字面的」和「隱喻的」正統區分被棄若敝屣，「死的隱喻」被接受為是語言中隨處可見的用法，這就支持了我們的家族相似性分析。「所有的語言都是隱喻性的」這個主題，凸顯了明確使用隱喻和明喻這件事本身，就是以最基本的語言學事實為基礎：語言的指涉總是根據所感知到的相似與相異處而形成。

雷克夫和強森（Lakoff and Johnson, 1980, p.4）檢視了語言中很多延伸隱喻的例子，例如從「你的主張是『不堪一擊』的」、「他『攻擊』了我的論證裡每一個弱點」，和「他的批評『正中紅心』」這些句子，都顯示出「爭

論是戰爭」。或者想想另外一種隱喻：「爭論是協調」，伴隨的句子有「我們能不能達到共識？」、「有什麼可能的妥協方案？」，以及「我不能犧牲我最基本的假設」。但沒有任何「事實」可以證明「爭論」和「戰爭」或「協調」的本質相符。延伸隱喻不是關於對錯，而是根據其應用的脈絡，以及對於特定情況所做的一致評估，判斷延伸隱喻是否適當或不適當，或是否有跡可循、有用處。意義是由一個網絡所組成的，隱喻強迫我們去看網絡各部分的互動與其他互動。就隱喻而言，我們可以找到並且表達多元現象之間更深的類比。當然很不幸的是，我們可能會被不好的隱喻所誤導。

剛開始可能會近似於利用組合式語意描述已發展的語言使用，解釋單詞如何適當地放在一起形成句子。但是在習得語言以及描述語言改變的過程中，我們也必須往相反地方向來討論。如果一個句子中使用了新的單詞，而我們也能掌握整體句子的意思，那麼我們就可以只賦予新單詞使用方式意義，並藉由充分掌握那個句子的其他部分，以及它的上下脈絡與連結等資訊，以便為這些單詞所扮演的新角色做出合理假設。

如同我們在第一章的「帕馬畫作寓言」裡提到的，推論一個語句的意義不一定只是簡單地直接從「句法形式」翻譯到「語意形式」，而可能是一個主動的過程，需要多元的「知識來源」，才能協調出看起來令人滿意的詮釋。我們可能會估量一個語句的整體意義，猜測裡面新單詞的意義，也許會利用單詞的內部結構當作線索，但是也會受到語句所嵌入的社會互動所引導（回想「樓梯的故事」）。現在我們經常在我們原本知道意思的單詞網中抓到新的單詞，在遙遠的過去則是示意動作幫助建立了一個新的原單詞。但就算是現在，從語言上的定義到深入了解新單詞的意義，可能還是必須透過和實體的世界互動。試著向一個小孩解釋「貓」的定義就知道了。

重新思考同位

要為這一章作結，我們就要回頭看兩個項目。這兩個項目將以多少編輯

過的形式重新表述，原本是我們在第六章裡討論到的語言先備性標準：

　　符號表現：將符號（溝通性質的行動）與一個開放類別的事件、物體，或是實踐行動連結的能力。

　　同位：對於說話者（或是一個或多個符號的生產者）有意義的，經常也必定對聽者（或接受者）有意義。

　　符號一開始可能是單一語句（全句字），而不是現代觀念中的單詞，然後可能是以手部和臉部姿態為基礎，而不是以聲音表達。這裡所謂的「開放」，是指符號不再是內建的，而且一個社群裡的成員可以透過發明與分享新的方法，來交換想法與社交線索。溝通行動的同位原則讓人聯想到在獼猴腦中發現的負責抓取與其他行動的**鏡像神經元**所扮演的角色。這些神經元會在猴子執行明確動作，以及看見人類或其他猴子表現類似行動時放電。我們已經描述了複雜行動辨識以及模仿，我們已經描述了複雜行動辨識以及模仿，在從原語言演化到語言時，扮演了「提高」上述兩項特質的關鍵角色。

　　那麼「所有的語言都是隱喻性的」這句話又怎麼說呢？難道符號表現與同位這兩項特質，並不代表每個符號都有固定的意義，難道符號表現與同位這兩項特質，並不代表每個符號都有固定的意義，或是鏡像神經元會藉由以下方式支援同位原則嗎？——允許聽者對產生符號的說話者（或手語使用者）的心智狀態進行獨特解碼，來顯示預期的意義。不。同位只需要聽者所推論的意義**夠接近**說話者的意圖就可以；因為有這些符號可使用，**通常就足**以讓他們互動的作用增強。「夠接近」可能和在某些共通的社會情況裡的愉快感受有關，目的可能是引導他人注意環境中有趣的面向，或者可能是要協調行動，使得雙方都能受益，或者在利他主義的情況下，使得其中一人獲得即時的利益。此外，我們也強調了鏡像神經元是透過學習所形成的，因此在一個社群裡會啟動相應的鏡像神經元的東西，可能會根據物理與社交互動而定，但是在個體之間可能多少有點不同。

不過我們可能會落入一個陷阱：認為針對一個符號的鏡像神經元，同時也編碼了那個符號的意義。但其實不是這樣的，我們在第八章圖8-3就可以看到說明。我們在圖中分辨了：

・鏡像系統（同時包含適當的鏡像與標準神經元）負責為**符徵**（代表能用說話或是手語清楚表達的姿態所代表的符號）進行神經元編碼，以及

・符號和針對**符指**（符徵所指的概念、情況、行動或物體）的神經基模間的連結，例如在第一章中提到的VISIONS系統。

因此說話者和聽者之間的同位有兩道過程：聽者辨識出說話者所產生的單詞有哪些是語音實體，並且有足夠的經驗與和說話者的經驗產生連結。這樣的辨識所激發的基模集合，或多或少符合說話者意圖。如同我們已經看到的，這樣的詮釋（因此引出的基模集合）會受到情境動搖，而且可能因為聽者基模網絡的動態過程，使得聽者脫離任何直接的「字面」意義。

此外，我們在這一章裡也相當重視在脫離僅使用單一的單詞，進入透過階級式的應用構造來建立單詞的集合時，複雜動作辨識與模仿所代表的意義。上述的過程會利用建構語言的語法，建立使用多個單詞的語句，引導聽者以或多或少符合同位原則的方式理解這個語句。在第二章的「以視覺為基礎的構式語法版本」裡，已經初步用計算機語言表達過這個概念。讓我們把這個概念連結到靈長類大腦皮質的背側與腹側資訊流，是如何能統領感知基模，以提供以下兩者有效的關係模型：有機體狀態與做為有機體行動基礎的世界。

第四章圖4-4討論了「什麼」以及「如何」路徑，我當時提出，背側資訊流的感知與動作基模包括了高度參數化的資訊，足以對行動進行細節的控制，但是腹側資訊流則擁有和**理解**一個情況比較相關的大範圍基模，因此能整理各種資訊，決定行動方案。有機體的成功，需要這兩個系統的密切整合（如圖4-11所例舉的FARS模型）——除非動作規畫已經決定在目前情況

下，這個動作有達到被希望（透過腹側系統規畫決定）以及可執行（透過背側系統的可視線索評估決定）的程度，否則控制良好的動作執行是無用的。

先前在圖8-3中提過索緒爾（1916）對語言的分析，他將符徵和符指區分開來。當我們看見或是聽見一個單詞時，我們可以把它當成一個不帶意義的形式，也就是一個符徵。我們可以**像是在做一個動作般**簡單地寫出或說出這個符徵，也能辨識出其他人也做了類似的動作，就像我們看到不是單詞的gosklarter的時候一樣。然而，在一般的語言使用當中，運動動作和意義是連在一起的，也就是**符指**。因此，一個說法語的人講出cheval這個單詞，說英語的人說出horse這個單詞（譯註：兩個單詞都是「馬」），兩人心中都有同一種馬科的四足動物做為符指。

我們現在更進一步討論編碼符徵的神經元以及編碼符指的神經元之間的連結，不過我們使用的是常用但比較不準確的語詞。如賀福特（2004）所指出，只有那些和自己可以進行的行動有關的概念，才可能和**負責該動作本身**的鏡像神經元相符，而只有相對少數的單詞是與這樣的概念有關的。乍看之下，這似乎和建立根植於鏡像神經元系統中的語言機制的所有研究方法背道而馳，但這裡還是要強調，**鏡像系統假說認為，針對單詞的鏡像神經元會負責編碼符徵，但是一般而言它並不負責編碼符指**。針對單詞的鏡像神經元編碼了清晰發音的形式（或是書寫的形式，或是手語當中姿態的形式），但是必須和其他的神經網絡連結才能編碼意義。因此，針對語言的鏡像系統可以涉及執行與辨識像是「國會」這個符徵，但是不會要求這個符徵必須象徵說者或是聽者字庫裡的一個行動。

這是不是代表我們每個人都必須有針對語彙中成千上萬個單詞的鏡像神經元，然後學一個新詞就要訓練新的神經元？如果你把這詮釋為每一個單詞都得有一組相關的神經元，只有在聽見或是說出那個特定的單詞才會放電，上述問題就不成立了。但是回想一下第五章的「鏡像神經元介紹」，我們說到每一個鏡像神經元並不只負責單一動作，比較可能的情況應該是，根據鏡像神經元的活動與動作的相關程度，將它們視為一個**群體編碼**，而每一個

神經元都可表達一個「自信程度」，使得一個可能的動作的某些特徵（例如大拇指和食指的關係，或是手腕相對於物體的關係）可以在目前的行動中呈現。這樣說來，聽見一個新的單詞，可能和刻意以一個個音素為基礎的發音有關，但是要能流利地脫口說出則需要練習，而針對這個詞的獨特群體編碼和符指的編碼間的連結也是一樣。如果要學習一個新的意義，就需要突觸做出更多的改變了。這樣以群體為單位的編碼，可能有助於解釋為什麼聽見一個單詞不只會引發與聽起來類似的數個單詞之間的連結，還與各種有關的意義有連結。這樣一來，語境就能在調節競爭與合作的過程中扮演強而有力的角色，激發我們在特定的場合能從一個整體的語句中得到特定的意義。

這樣來看，圖10-1最下面的方塊就屬於概念／符指。中間的方塊是**背側資訊流**，包括針對發音表達的鏡像系統（以「屬於運動實體的單詞」為形式的符徵），而我們認為這種系統是從針對抓取的鏡像系統（上方的方塊）演化而來的。下面的兩個方塊共同為整合手、臉、聲音的溝通發揮作用。最下方的方塊顯示，多元的動作、物體、特徵以及抽象的概念，是由儲存在長期記憶裡**腹側**的「以基模表現的概念」網絡所代表（我們目前的「概念性內容」則由工作記憶裡的基模範例集合形成）。可以類比的是，「針對單詞的鏡像」包括在長期記憶裡形成的一個單詞網絡，並會在自己的工作記憶裡追蹤目前語句（參照第二章圖2-11）。

令人驚訝的可能是圖10-1中連結「動作的鏡像」與「單詞的鏡像」的箭頭，代表的是一種演化關係，而不是資料的流動。這個箭頭並不是指動作的背側表現與發音形式的背側表現有直接連結，而是點出了以下兩種關係：「動作鏡像」的背側通道與基模網絡，以及腹面通道的集合和前額葉皮質。圖10-1最右邊的通道符合下顳葉皮質和前額葉皮質能影響背側動作控制模式的連結（參照第四章圖4-11的FARS模型），而在這條通道左邊的那一條通道，則顯示動作的背側表現只能透過腹側基模和動詞連接。當某個單詞確實代表一個人自己常用庫存中的一個動作時，這個一般基模可能會受到直接連結所補充，但是關於這類連結發生機率的資料非常少。

圖10-1中背側－腹側的分割讓人想起希考克與彭佩爾（Hickok and Poeppel, 2004）分析話語感知的皮質階段。初期的階段會（不對稱地）涉及在上顳葉回雙邊的聽覺領域，但這個皮質處理系統接著會分流：

　　・**背側流**在以發音為基礎的表現上描繪出聲音，投射在背後面。這牽涉到在頂葉與顳葉交界處（area Spt）的後薛氏腦裂（posterior Sylvian fissure，又稱側溝）的一個區域，最終會投射到額葉區域。這個網絡提供的機制，能發展與維持話語中的聽覺與運動表現的「同位」。

　　・**腹側流**將意義與聲音配對，從腹外側投射到下後顳葉皮質（inferior posterior temporal cortex，位在後中顳葉回〔posterior middle temporal

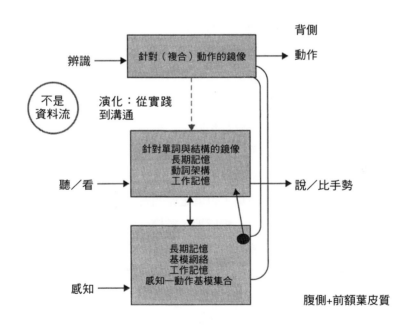

圖10-1：單詞是符徵（清楚發音的行動）連結到符指（針對相符概念的基模），不是直接連結到行動的背側通道。複合行動與結構會使基本基模變得豐富（Based on Figure 4 from Arbib, 2006b）。

gyrus〕）；這裡的皮質是以下兩者的介面：話語在上顳葉回（也是雙邊的）以聲音為基礎的表現，以及廣泛分布的概念表現。

我的妻子從澳洲來加州時曾有過的一個經驗，也許可以說明這兩者間的差異。當時她必須接受聽覺測試，而且她非常生氣自己居然沒有通過。她要求醫生解釋原因，因為她相信自己的聽覺沒問題。在測試過程中，她必須聽一連串的單詞，並且在聽完後重複每一個單詞。她用她的腹側流去做這件事，辨識了每一個單詞，然後用自己的口音重複每個單詞（可與第七章圖7-4中，透過詞彙或實踐詞彙的間接通道相比較）──而醫生對她所得成果的評估「不正確」，因為美國發音和澳洲發音不同。在了解到這一點之後，她重測了一次，盡可能模仿她聽見的發音（用的是背側流，直接通道），於是在測試中拿到高分。

我們產生並辨識複雜行動的能力（以及在複雜模仿中動用這些技巧）讓我們不只是感知並且發出單詞的聲音而已，而是讓我們能夠利用這些單詞與結構，產生並辨識能傳達大腦基模網絡某些面向的語句，讓我們的知識、理解、感知、記憶，以及對未來的計畫能具體化。

我們絕對不能將下面兩者視為相同：一種是在已經具有各種抽象句法種類與功能字的現代語言的處理過程，一種是我們試圖推論當原語言和日益增加的複雜度一同出現時，原語言的運作模式。根據前面對於結構和拼貼鍛造的分析，我已經提出我的論點，也就是原語言一開始並沒有任何普世的句法種類，沒有名詞、動詞等等。相反地，結構一開始產生的是語意種類，但隨著它們被類化，它們也跟著失去它們在語意中的位置。在下一章裡，我們會簡短地看看現代的小孩是怎麼習得語言，藉此描述我們的祖先在語言從原語言中興起時的經驗，看看兩者的相同與相異之處。在第十三章裡，我們會研究語法化的過程，這是語言改變時依舊會運作的過程，顯示一旦有能運作的結構，這個過程就會開始；隨著原語言變得愈來愈複雜，而語言也開始興起，這個過程會協助創造各式各樣的結構。

11

兒童如何習得語言

　　我們已經看到了語言開始的關鍵過程。一開始，結構的興起會將語意種類加諸在興起的詞彙所增生的單詞上，結構本身則變成受到合併、類化、延伸等過程支配。因此，單詞的種類就愈來愈脫離由填補特定簡單結構的空格所定義的語意韁繩，而是隨著單詞擴大到能填補更一般性的結構，愈來愈接近句法的概念。這一章會補充前面的說明，檢視目前習得語言的過程，藉此了解讓語言開始的那些過程，是如何在兒童精通已存在他們周遭的語言的過程中運作。在第十二章裡，我們會看看同樣的這些過程如何在失聰者社群的活動中扮演基礎的角色，還會看看失聰者如何在與能說話的人的互動中，以兩到三個世代的時間就發明出新的手語。接著在第十三章裡，我們會看到在過去幾個世紀裡，塑造並改變語言的歷史變遷。

　　在這三章裡，每一章都會有簡短的例子，說明一些可以發展成好幾本書的主題。我們的目標不是全面的理解，而是介紹一些方法，利用可取得的資料，做為評估語言先備的大腦必須擁有哪些能力的基礎，才能支援在語言習得、語言興起，以及語言改變中看到的過程，看看它們如何支持在前面的章節裡提到的，關於讓原語言得以轉換成語言的生物演化所建立的那些過程。

語言習得與構造的發展

　　對於大部分的兒童來說，學習語言是和學習與這個世界有關的事物，以

及如何與這個世界互動不可分割——兒童會學習每個物體可以做到哪些動作（關於物體的**可視線索**，例如罐子在抓起來的同時可以喝裡面的東西。這是兒童在延伸自己的**有效性**的同時，透過與周遭環境的**互動**建立一套基本常用動作庫，並以此做為基礎，建立更進一步的動作）。兒童學會說話（或是打手語）同時也學會環境的功能性含義（物體、事件、物理配置／位置），並知道這和動作的機會是不可分割的。在某些例子中，兒童會在學會指稱動作的單詞之前，就先學會動作，有些時候則會先認得動作和單詞，過了很久（如果真的會發生的話）自己才精通這個動作（像是「小鳥飛」）。

兒童的有效性範圍會隨著他透過參與新的活動獲得了技巧而延展，隨之而來的還有愈來愈了解自己的身體和其他人一樣，因此兒童可能會學習照顧者的動作，試圖達到類似的好處或避開危險。在早期，照顧者會透過注意力的引導，使得嬰孩在要注意什麼、要做什麼、什麼時候要做上，得到關鍵的練習。不過這種指示的清楚程度，會隨著文化有所不同（參照第七章的「合作性架構」）。除此之外，這些活動會讓兒童能夠抓到利用語言溝通的重要前提——例如知道單詞有所指稱、單詞對於訊息的接收者會有影響，還有照顧者和兒童可以對於目前事件達到（或多或少）相同的理解。這一切都符合符號表現、有意圖的溝通，以及同位的特質，這些都在第六章中確立為語言先備性的標準。

兒童能自己透過嘗試與犯錯而學會某些事。然而，透過引導兒童注意自己的有效性與環境中可視線索的關係（並且幫助兒童習得新的可視線索），照顧者就能大幅縮減兒童學習的摸索空間，接著加強他們學習的速度與程度。我們定義的**複雜動作辨識**是有能力辨識出他人的表現是一組為了達到特定次目標的熟悉動作，**複雜模仿**是以此為基礎，彈性模仿所觀察到的行為的能力。這可以延伸到另外一項能力，就是辨識出這樣的表演所結合的新動作，是近似於（也就是或多或少能大致被模仿）已經存在常用動作庫當中的變化型。年幼的孩童在發展出一套基本動作以及一套基本的組合技巧（最簡單的可能就是形成包含兩個元素的順序）時，也會獲得這些技巧的基礎。

兒童需要很多年的時間才能擁有正常人腦的神經元機制，並且能在使用人類語言的社群中，流利地使用特定語言並與人互動。接著我想以一個特定的語言習得模型為例，說明個體將定義自己所歸屬的社群的社會基模內化的可能過程。[1] 我在這裡補充，人類語言的多元性正清楚地表示，不論人類語言是以多大程度的生物普世性為基礎而統一在一起，大部分定義任何一種特定語言的條件，都根植在經過演化的文化過程而非生物過程。兒童是如何從說話者可互相理解對方的社群所使用的語句中，擷取出模式，形成基模，讓自己版本的語言得以內化？

在描述習得語言的過程時，我們強調溝通是最重要的因素，並且提出溝通可以帶來一套能用語法**描述**規則的系統的發展——不論這套語法是不是在語言產生與感知的機制中扮演因果關係的角色。語言習得的模型是因為希爾（Arbib, Conklin, & Hill, 1987; Arbib & Hill, 1988; Hill, 1983）不從內在的句法種類與限制出發，而是觀察到兒童有溝通的欲望，並且喜歡從模仿聲音開始，漸漸模仿單詞和句子。

希爾利用她從一個兩歲的兒童身上蒐集到的資料建立模型，她記錄了這個兒童如何將自己聽見的片段內化，以自身目前關注的東西為基礎，建立起我們現在所謂的結構。經過一段時間後，其中一些結構會和其他結構合併，有些會誤用，有些會變得複雜，而兒童使用的詞彙也會增加，陸陸續續透過這些結構的發展而被分類。然而，這些都相當符合我們的基模理論基礎（Bartlett, 1932）：當一個兩歲的兒童「重複」一個句子時，並不是在逐字地重複句子，也不會隨機地省略裡面的單詞。相反地，兒童的行為和這裡的假設一致：她的腦中已經有某些基模，在吸收輸入句子和產生簡化的重複句時，牽涉到的是一個以基模為基礎的主動過程。

回想圖10-1，注意我們也許能利用「將概念編碼成詞彙」或「辨明階級式建構語句的方法」這種結構，來區分符指編碼在腦中的感知與動作基模，以及符徵的神經元編碼（也可參照第二章中圖2-10、2-11、2-12）。

希爾研究的是兩歲的小女孩克萊兒，她對成人的句子會有反應。研究頻

率為一週一次，連續九週，藉此得到明確的資料，以平衡文獻中的一般發現。很有意思的是，克萊兒的語句每週都有改變，無法用一個整體的模型來概括「兩歲小孩的語言」。相反地，因為這個小孩每週都有不同的表現，這個模型必須有微調，也就是每個句子可能都會改變兒童內在的構造。這是「新皮亞傑派」理論（neo-Piagetian），以皮亞傑的基模改變理論（Piaget, 1952；見第一章「歷史觀點中的基模理論」）為基礎，但是分析得更細，而不是用固定的階段來說明兒童經歷的過程。出生的時候，兒童就已經具備很多複雜的神經網絡，能提供「天生基模」，讓兒童能吸吮、抓取、呼吸、排泄、感覺痛楚與不適，還有學會在某些情況下持續某個特定動作，在其他情況下停止其他動作，讓自己覺得愉快。一旦兒童開始習得新的基模，就會改變舊基模的資訊環境，使舊基模接著改變。如同第七章所指出的，並沒有一套固定的「原始動作」——在生命某一階段是「基本」的基模，可能會在之後的階段裡被納入比較頻繁使用的基模中，繼而消失。

當然，語言靠的是某些天生的基質（不管是什麼，就是讓人腦達到語言先備的東西）。我們也知道，如果腦的某些部分受傷，語言也會在某些特定的方面出現退化。現在要判斷的是，大腦具有高度適應性的基質，給了兒童什麼樣的初步構造：是給兒童名詞和動詞的概念，或是某種普世原則與參數，還是其實賦予了兒童辨識抽象聲音模式（或姿態模式），並將模式與其他種類的視覺刺激或動作模式連結起來的能力？

希爾的模型顯示，至少就兒童語言發展中某些有限的部分而言，基模改變的一般機制可以在不需以喬姆斯基的普世語法所假定的語言普世性為基礎的情況下，產生愈來愈豐富的語言。[2]

一開始兒童只會使用單詞，但是這樣的單詞絕對可以發揮全句字的作用——一個完整語句當中的片段，對於兒童來說沒有個別的意義。因此，像「要牛奶」以及「牛奶」這兩個語句的聲音模式，對於想喝牛奶的兒童來說，兩者的意義是一樣的——但是在這個階段，「牛奶」對於兒童來說，除了是喝牛奶這種消耗動作的一部分之外，也沒有其他的意義（當然他們也不

會有「消耗動作」的概念！）。然而，到了最後，兒童會開始將語句切割，「牛奶」就可以用在需求以外的語境中，「要」也可以用在兒童世界中其他的東西上。

相對於第十章對於語言如何開始的說明，這兩種情況都認為，全句字透過切割片段與重新組合，轉變成由結構所連結的單詞，後者則揭開了各式各樣脫離原本全句字意思的意義。但關鍵的差異在於，單詞與結構是早期的人類發明的，而現代的兒童雖然能**察覺**全句字，但將全句字分解成單詞卻是一個社交過程，因為兒童必須學習而不是發明這件事。

我們再回到對現代兒童的討論。希爾研究了兒童的「語法」從「兩個單詞」的階段開始可能歷經了什麼樣的改變；希爾也不用成人語法的特徵來描述自己假設的這套語法，雖然兒童的語言還是會使用成人語法，最終也會愈來愈接近，但在這個階段是還沒有出現的。希爾所謂的語法包含了能表示關係的結構。[3] 一開始，每個結構都由一個不變的單詞（關係字）以及一個填空字組成。以「要牛奶」為例，「要」就是關係字，「牛奶」就是填空字。在這樣的結構下，希爾的模型顯示兒童可能會漸漸習慣產生以兩個單詞組成的句子，只要兒童知道自己想要的物體的詞彙標籤，那個詞就可能取代「牛奶」。因此，兒童可以表達要娃娃、要積木、要果汁等等，語句的數量會受限於她想要同時又知道的物體語彙數量。在這個階段，這個關係字的意義限制了填空字的數量——僅限於「能要的東西」這個語意類別的單詞，因此數量很少。

這個模型始於為每個關係字形成不同的結構——因此是不同的語意類別。編碼在結構裡的概念會表達兒童關注的關係，可能是和她的需求有關，或者能描述運動的事件，或者是能吸引兒童注意的改變。隨著兒童將成人語句的片段與她在環境中注意到的情況連結在一起，表達此類關係的結構就進入了語法中，而詞彙中的項目，會根據這些字能怎麼和關係字組合的方式被標記。這樣一來，**單詞的類別會根據使用單詞的潛力而被建立起來**，利用單詞分類的過程，構造得以被類化。

這個模型的初始「兩歲兒童語法」，包含單詞的基本基模、概念的基本基模，以及能提供一套語法的一些基本結構；這種語法的特徵是它具有兒童根據經驗打破的眾多簡單模式，而非語法學家在描述成人語言時，會用到的那一套龐大的一般規則。所謂「內建」的並不是語法規則，而是兒童能形成類別，並且試著將輸入的單詞與現有的結構配對，利用結構產生反應的過程。這個模型特別解釋了類似「名詞」或「動詞」的這些種類，是如何透過單詞的發展累積提升成多樣的類別，而不是在生理上特定的普世語法中被強加為天生的種類。

圖11-1顯示了希爾模型包含了哪些元素。這個模型將輸入的成人句子和

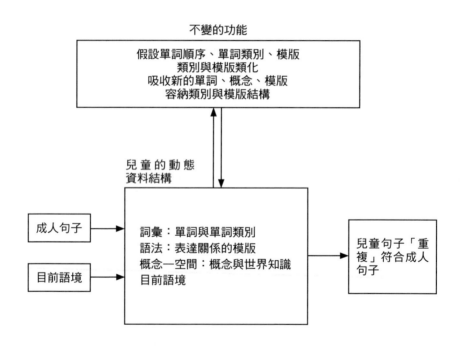

圖11-1：希爾的「語言習得過程模型」的基本元素。兒童的知識是透過動態資料結構來呈現，而這些動態資料結構會編碼兒童的詞彙、兒童的語法，兒童的概念性知識，以及對話的實體語境。（From Arbib et al., 1987, p.122）

說出這些句子的實體語境中的指示（相關的時候由建立模型者提供）放在一起。這個模型輸出的是像兒童會說的句子，而這些句子會根據模型語言能力的當下狀態，重複或是回應成人的輸入。兒童的知識是透過動態資料結構來呈現，而這些動態資料結構會編碼兒童的詞彙、兒童的語法，兒童的概念性知識，以及對話的實體語境。這個模型有一套基本詞彙、一組概念，且兩者之間互有連結。我並未對成人語法的終極形式或是模型內的必要成分，做出任何假設；然而，儘管在理解和產生語言的初級階段，依舊需要精確說明的知識與過程。這些過程關注的是成人的輸入，並且使用優先級規則，將重點聚焦於成人資料中的例子，而這些例子被當作是語言成長的基礎。

無論如何，這些輸入的資料都不是特地為了模型所編碼，而是從成人與兒童的一般對話中取得的語言習得素材。這個模型使用語言經驗（也就是輸入句子的過程）來建立語法；這個語法一開始只是單調的語法，但最後演化成可以用一套遞歸、與語境無關的片語構造規則描述的語法。這個模型體現了五個假設：

1・這名兒童有可以談論關係的基模。

2・這名兒童有針對單詞順序，並且在語句中使用單詞順序的基模。

3・這名兒童會採取連續與刪除的過程；例如在面對兩個雙單詞結構連續出現的情況時（如下所示），她會刪除同樣的單詞，因此不會真的出現重複的單詞，而是產生出三單詞結構。

4・這名兒童會形成概念的類別與單詞的類別。

5・分類的過程後續會導致儲存的資訊被重新分類。

我們假定有一個**透過單詞使用的分類過程**，使用方式類似的單詞被分類為相同的類別，因此這個類別裡的成員會延伸出某些使用模式（結構）的單詞類別裡的成員。一開始的語法有一組結構，由一個「關係」和一個「空格」組成，還不具備之後會出現但現在尚未存在的成人語法特徵。希爾觀察

到克萊兒曾在一個很短暫的階段中，連續使用兩個內含一個相同單詞的雙單詞結構，例如：little bear baby bear（小熊寶寶熊）。但是這樣的結構很快就變成三單詞結構：小寶寶熊（little baby bear）。

這種有重複詞彙的四單詞語句階段出現的時間太短暫，因此希爾假設三單詞語句的出現是：（一）透過兩個雙單詞結構little bear與baby bear的連續出現；（二）再打破這個連續關係，透過刪除先出現的重複單詞，形成單獨的一個三單詞語句。馬泰（Matthei, 1979）的研究提供了一些證據，顯示連續句最能表現小孩子這種三單詞語句的語意：他發現小孩會把「第二顆綠球」解釋成「第二顆，而且是綠色的球」。事實上，當很多兒童面對一排的球，而且發現第二顆不是綠色的時候，會重新安排球的順序，好讓情境符合他們對這些文字的理解。

面對像「爸爸把那個玩具給那個男孩」這種成人句子時，這個模型剛開始可能只會用一個單詞做回應，例如「玩具」。隨後，相同的句子又再重現，可能會使得這個模型獲得一個「給玩具」的結構，「給」被分類為是關係字，「玩具」是填空字。然而，這個句子的另外一種表現，可能會使得模型學會「爸爸給」的不同順序，其中「爸爸」被當作填空字，最後可能學會「填空字+給+填空字」這樣的結構，得到「爸爸給玩具」。在每一種輸入的表現中所學到的東西，會根據模型的語言經驗以及目前為止已經學過了什麼而決定。因此，學習是一個高度動態的過程，相同的輸入句每次呈現給模型時，不同的結構以及額外的詞彙類別資訊都可能會受到應用或調整。

模型剛開始形成的時候，是沒有單詞類別資訊的，但是聽見「媽媽給那個玩具」、「約翰給那本書」、「蘇給那個拼圖」這樣的句子，最後會導致這個模型把玩具、書、拼圖都放在關係字「給」所能使用的單詞類別裡。注意，如果輸入的句子遠比在這裡舉的例句還要複雜，也沒有差別。如果這個模型的重點放在「給」這個字，那麼像是「媽媽去店裡買日用品時給蘇那個玩具」這樣的句子，會和先前使用的短句有相同的效果。威廉·詹姆士（William James）所謂的「鬧哄哄的一團困惑」（buzzing, blooming confusion）[4]，就是我們所謂可忽視的細節。藉由這個過程，單詞類別會從這個模型製造語言的能力中衍生出來。這個過程會帶來單詞類別的多重重複與交錯。這個模型需要單詞分類與結構分類的基模才能成長，但是實際的類別還是很有彈性。類化的過程最後也會讓關係字得以分類，並可能因此使得像是現在進行式的giving（給）和bringing（帶）成為關係字，並且跟有類似句法特質的單詞分在同一類別。隨著學習開始發生，會出現語法和詞彙的連續重新組織。因此，早期的結構會成長，成為第二章裡那些更有力的結構，成為比以普世語法為基礎的觀點更有彈性的語法觀點關鍵。這樣一來，這個模型顯示語言一開始以認知知識為基礎的方法，能成長為一個句法系統，最後會愈來愈獨立於它的語意和認知基礎。

因此希爾的模型提供了一組特別的內在機制，能驅使兒童習得語言的某個主體。然而，這些機制並沒有解釋語言最終是如何成為套疊或是遞歸的，也就是某種語言結構能在愈來愈複雜的結構中，重複納入較簡單的構造形式。希爾大致描繪出了那些機制可能的樣貌，但是並沒有深入研究。深入闡釋這個模型似乎也不會迫使人類建立喬姆斯基所謂天生的那些結構。既然人類能學習貨真價實的語言，而其他生物不行，那麼我們必須得到的結論是，嬰孩被賦予比其他動物都要強的學習能力，而且是讓以結構為基礎的語言學習變得可能的能力。[5]

感知口語文字：繞道看看狗的研究

我們現在從兒童換到狗，看看狗對人類說的單詞的感知研究，告訴我們不使用這種語言的物種的「符號感知」是怎麼回事。卡明斯基、寇爾，與費雪（Kaminski, Call, and Fischer, 2004）研究了一隻叫做瑞可的邊境牧羊犬習得單詞與單詞所指稱物體之間的關係的能力。瑞可的主人讓牠逐漸熟悉愈來愈多的物品和相關單詞，瑞可也學會超過兩百種物品的口語標籤，可以遵守命令正確地取回這些東西。卡明斯基等人證實，瑞可不需要其他暗示，只要

在房間裡聽見熟悉的口語標籤做為命令，牠就能在看不到主人，也無法接收主人無意識的暗示的情況下，確實從相鄰房間裡的數樣物品中正確取回該物品。接著為了評估瑞可的學習能力，卡明斯基等人增加了一個不一樣的新物品以及新名稱。在測試的第一階段，主人在一個房間裡要求瑞可去另外一個房間，把瑞可熟悉名稱的一樣物品拿回來。在第二或第三次測試時，主人說了新的名稱，而瑞可在十次當中，有七次的反應是從隔壁房間裡那些熟悉的物品中，拿回這樣新的物品。四週之後，當瑞可聽見牠之前曾經正確取回的新物品的名稱時，六次當中牠有三次能正確取得該物品，另外三次則拿了牠不熟悉的其他物品。這個結果顯示瑞可同時具備下面兩種能力：

· **互斥學習**（exclusion learning，也稱為突現配對〔emergent matching〕；Wilkinson, Dube, & McIlvane, 1998）：能夠因為一個物體尚未命名，而不是透過明確的名稱與物體配對，就能將新的名稱與該物體連結的能力；

· **快速配對**（fast mapping）：在一次嘗試（或是只有幾次的嘗試）過後就能學會新的關係，不需要透過大量的制約訓練嘗試。

這些發現顯示了兩個不同的問題：（一）人猿是不是會在學習語言時，應用快速配對與互斥配對這些機制呢？（二）瑞可的能力是否暗示，人類兒童學習單詞也是利用這些一般的機制，並且因為瑞可能使用這些機制，所以這些機制似乎並非語言所專屬的？

狗的演化過程似乎選擇了注意人類的溝通意圖（Hare, Brown, Williamson, & Tomasello, 2002）。此外，瑞可是邊境牧羊犬，這種狗是工作犬，能夠對人類大量的命令做出反應，從事牧羊等工作。因此，雖然狗和靈長類的演化道路相去甚遠，但是從牠們可以成功被馴化顯示，也許人類和狗住在一起之後，出現了極成功的驅同演化過程，但人與貓所發展出的關係就難以相提並論了。非人類靈長類的演化中完全沒有這樣的過程，所以必

須接受的是，也就是問題（一）的答案：瑞可顯然擁有的所有機制，並非同樣都能在人猿的腦中有效地運作。確實，瑞可的「語彙量」和「受過語言訓練」的人猿、海豚、海獅，還有鸚鵡可相提並論（Hillix & Rumbaugh, 2003; Miles & Harper, 1994; Pepperberg, 2008），但是瑞可的單詞學習能力，看來是超過如黑猩猩這種非人類靈長類的，因為賽登堡與佩提托（Seidenberg and Petitto, 1987）無法提出黑猩猩有這種快速配對的能力。

　　卡明斯基等人（2004）以瑞可的表現為基礎，提出人類兒童學習單詞這種看起來複雜的語言技巧，也許能利用比較簡單的認知積木（快速配對與互斥學習）來調整，而且這些認知積木也存在於其他物種。然而，布魯姆（2004）強調了瑞可和人類兒童間的差異。瑞可九歲，懂得大約兩百個單詞，但是九歲的人類兒童懂得成千上萬個單詞，而且一天還能學習超過十個新單詞（Bloom, 2000）。兒童的單詞學習能力非常健全，就算沒有人刻意教導，他們也能從聽見的話語中學習單詞。相反地，瑞可只能透過「我丟你撿」的遊戲來學習。兒童可以了解在各種語境中使用的單詞，瑞可只能從撿物品的行為中表現牠的理解。對於兒童而言，單詞是指稱外部世界中各種種類與個體的符號（Macnamara, 1982）。當兒童學會「襪子」（sock）這樣的單詞時，他們一開始也許只能把它用在特定的語境中，但隨著他們的經驗愈來愈豐富，他們就能把這個單詞用在各式各樣的語境中。

　　可能有人會說，兒童最早學會的以及瑞可只能學會的這種東西，是原單詞而非單詞。只有透過能被彈性使用為結構中的一部分的能力，原單詞才會變成「單詞」。一個單詞之所以是單詞，是因為它能被當成有豐富結構的語言裡的一個元素使用。以此為基礎，瑞可或坎茲（第三章的黑猩猩）都沒有單詞，但的確有原單詞，能支援和人類最基本的溝通。

　　然而，一定有人會反對上述看法，認為瑞可能是把「襪子」當成「去拿襪子」這個全句字；對此，卡明斯基等人（2004）提出了軼事證據：瑞可確實了解這些單詞指的是物體，因為牠能夠遵守指示，把物體放進一個盒子裡或是拿給特定的人。邊境牧羊犬牧羊的能力，顯示牠們學習單詞的能力並

不限於少數可取得的物體而已，牠們的技巧其實和「瑞可的語彙受限於單一字詞的命令」這個說法相符；不過值得注意的是，這些句子當然是「三者指涉」的（參照第三章），而不是由句法結構所形成的句子的多元形式。相反地，兒童能以多元的方式使用單詞，能夠產生單詞，也能了解單詞。

面對這樣的異議，布魯姆（2004）認為，雖然我們可能會反對嬰兒只學會原語言，並且只有透過希爾所描述的那些過程，這些原單詞才會變成單詞，但是「現在放棄嬰兒能學習單詞，狗不能學單詞的看法還太早」。

能力

我們很快看了與構式語法有關的語言習得過程模型，我們中間也繞道去看看狗學習命令的過程，藉此支持這樣的看法：單詞之所以成為單詞，不同於原單詞，是因為它是一個能組合不同單詞以創造新意義的語言系統的一部分。可能有人會反對，認為有些單詞我們只會用在單一的語言語境中，例如在hoist on his own petard（字面意思為：被綁在自己的炸藥上，譬喻「害人反害己」）裡的petard（古代攻城用的爆炸裝置）；但相反地，雖然確實是如此，可是一旦我們知道petard代表的是「攻擊堡壘時用來炸開門牆的小型炸彈」，那麼就算我們很少或從來不會使用這個單詞，它還是有能用在其他結構中的潛力（如同這裡的句子）。確實，慣用語（idiom）是曾被活的結構所組合在一起的一串固定單詞，但是現在已經成為一個全句字。然而，不同於我們只擁有原語言的祖先最早使用的那種全句字（它們是沒有內含像單詞這樣的組成的單一語句），現在的慣用語是「滿載語言」的全句字，會將（熟悉或陌生的）單詞組合成有特徵的整體。

早期人類與現在人類之間的連結是，當兒童開始從周圍使用的單詞中，抽出一、兩個單詞時，這些單詞對兒童來說就形成了全句字；兒童必須開始利用切割片段的過程，了解這些語句能如何做組合，接著發展出結構，重新組合這些片段（但也要有能力組合其他片段），然後這些片段才會成為「單

詞」，原本的全句字則能被理解為是「詞」。因此我認為，相同的基本機制可能同時符合原始人類發明語言的情況，以及現代兒童習得所處社群中既有語言的情況。這些機制包含下列的內容：

1·創造新的姿態或是發聲，並且將之與溝通性目標連結的能力。

2·表現與感知這種姿態或發聲的能力。隨著在社群內的使用愈來愈普遍，這種能力會隨著經驗而改善，對於社群內成員使用的場合的感知也會愈來愈敏銳。

3·兩個結構間的相似處，可以產生「去蕪存菁」的過程：隨著一個姿態或發聲代表了兩個結構所要傳達的事件、物體或是動作中某個共同的「語意元素」，將這個相似處獨立出來。過了一段時間後，這應該就會促使「將片段重新放在一起」的結構興起，不只能重新捕捉原本構造的意義，還能讓原本的片段成為範圍比過去更大的填空字的例子。

我們對瑞可的討論清楚顯示了現代兒童精通周遭使用的語言的能力，特別是通常在兩歲到三歲之間，兒童表現出爆炸性地習得許多字彙的能力，這是由促進並加速學習的兩項機制所支持：**互斥學習**，這項能力可以將新的名稱與物體連結在一起，因為該物體還沒有被命名；**快速配對**，這項能力可以讓兒童在一次（或少數幾次）的嘗試後，就學會新的連結。這和我們原本對複雜模仿的看法相符——這不是一種重複剛剛觀察到的行為的能力，而是在觀察其他人在許多場合重複一個行為後，在常用庫存中加入調節複雜度的技巧的能力。

至於現代語言，早期便能掌握一種語言的語音系統（這是原語言的複雜度還沒有促成模式二重性出現之前所缺乏的）是一個關鍵技能——在聽見一個新單詞或是看見這個新單詞的手語時，這項技巧能提供相對少量的動作來分析這個新單詞，接著再利用分析結果，適度成功地在先前曾使用過這個新單詞的語境中再度使用這個單詞。掌握單詞意義的細微之處，以及能愈來愈

流利地發音，可能就牽涉到更進一步的經驗，就像要精通任何技巧一樣。隨著單詞的庫存增加，學習新的結構也變得可能，而「填空字」在結構裡牽涉到的不只是使用單一的單詞，而是使用一個類別的單詞；以希爾的模型觀點來說，這個類別之所以會出現是因為人類不斷地使用語言，而不是這個類別預先就被定義為是內建語法的一部分。

個體發展學在這裡並不包括種系發展學。成年的狩獵與採集者必須要溝通的情況，是超出現代兩歲兒童的溝通情境的，原始人類的溝通對象，也不是已經使用大量詞彙以及一組結構來產生複雜句子的成人。儘管如此，我主張生物演化創造出的大腦機制，使得語言的文化演化在過去變得可能，並且支持了現在的語言習得以及新語言的興起。

12

語言如何興起

我們前面試著了解生物演化與文化演化的交互作用，如何讓現代人類產生豐富、彈性以及多元的語言，又是如何將人腦的天生能力鬆綁，讓人類兒童在其照顧者已經演化出上述能力的社會中，精通該社會的語言。大部分的人類天生都有足夠的聽覺，並將話語做為主要的溝通形式，但是鏡像系統假說則展示了大腦如何演化成一個支持語言的多重模組系統，而此系統涉及了聲音的產生以及手臉部的表現。所以當聲音無法起作用的時候，我們還是能夠輕易接受能被學習的課程。

在本章中，我們會分析最近崛起的兩種新式手語：尼加拉瓜手語（NSL）以及阿薩伊貝都因手語（ABSL）。研究人員利用研究不同「世代」的手語使用者，深入了解語言改變的過程。了解天生的能力以及社會影響在NSL和ABSL的興起過程中的消長，有助於我們了解現代社會的影響，和早期人類剛出現語言曙光時的社會影響有何異同——就和先前我們比較語言如何開始，以及現代兒童如何習得語言一樣。我們認為，分析支持這些新式手語快速出現的機制，可以幫助我們理解原語言如何在較長的時間軸上發展成語言。[1]

尼加拉瓜手語是在短短二十五年間，隨著一個尼加拉瓜失聰社群的發展而發展出來的。據說NSL是從無到有發展出來的（Pearson, 2004），而發展出這種手語的尼加拉瓜失聰社群「從未接觸到已發展完成的語言」（Senghas, Kita, & Özyürek, 2004）。本章會批評這項說法，並以此為基礎，

分析人腦中哪些天生的能力以及哪些社會因素支持了NSL的驚人發展。關鍵是：尼加拉瓜失聰社群是否如「NSL是憑空出現的」這種說法所暗示的「發明了語言」？或者他們只是「發明了一種語言」？如果是後者，我們就必須了解關於其他語言的知識，是如何影響了NSL的發展。

蘿拉・波利齊（Laura Polich）1997年時待在尼加拉瓜首都馬納瓜，訪問了當地失聰社群的許多成員以及與該社群有關的人士。她將訪問成果集結成《尼加拉瓜失聰社群的崛起：「手語能讓你學到這麼多」》（The Emergence of the Deaf Community in Nicaragua: "With Sign Language You Can Learn So Much", 2005）一書出版，裡頭記錄了與NSL出現有關的重要人物。她的研究成果對於語言學家針對NSL的語言學特徵，在世代傳承方面的分析研究，做了相當珍貴的補充。

根據波利齊的紀錄，1979年的時候，尼加拉瓜是沒有失聰社群的。到了1986年，有個正式的失聰成人組織成立了。值得注意的是，在1980年代，失聰的青少年與年輕人有愈來愈多的機會可以聚會，這時的環境與1950年代的環境截然不同；波利齊的假設是，青少年與年輕人在形成失聰社群以及NSL方面，扮演了非常重要的角色。

阿薩伊貝都因手語（ABSL）是七十年前在以色列內蓋夫沙漠裡，一個與外界隔絕、僅有同族通婚的貝都因社群中出現的，這個社群因為基因缺陷所導致的失聰比例非常高（Scott et al., 1995）。然而和NSL不同的是，ABSL是在已存在的穩定社會群體裡的家庭結構中發展出來的。因為這群貝都因人有失聰的基因，所以在這個群體內，有很多因為同族通婚導致的失聰者。這表示在這裡，有聽力的成員每天都會跟失聰的成員接觸，因此使用手語的人並不限於失聰者。除此之外，手語的新使用者所出生的環境中，已經有很多可供他們使用的語言成人模範；但是第一代的手語使用者就不是如此，就算是第二代的手語使用者，當中較年長的成員也不見得有這樣的環境，因為雖然他們在生活中會接觸到第一代手語使用者，但這些人不一定是他們親近或是經常互動的對象。[2]

早期實驗：有聽覺與無聽覺

　　大部分的人類天生都有足夠的聽覺，會以話語做為主要的溝通形式。一般來說，失聰者聽覺喪失的程度可分為嚴重到極嚴重；即使部分的失聰者保有些許聽覺，也只能察覺到最嘈雜的聲音。對他們來說，聽覺訊號無法成為主要的輸入。[3] 然而，95%的失聰兒童都有具備聽覺的父母，而且很快就能和家庭成員以外的人溝通（Karchmer & Mitchell, 2003）。相反地，如果是青春期過後才喪失聽覺的人，還是最可能以口語做為主要溝通形式，並且對使用手語的社群沒有認同感。

　　人類寶寶從很小的時候，就能開始接受之後會用在語言的感官輸入。有聽覺能力的寶寶出生幾天後就能辨識母親的聲音，有視覺能力的寶寶很早就會開始注意照顧者的臉部運動以及目光（DeCasper &Fifer, 1980; DeCasper & Spence, 1991）。有聽覺的新生兒，會表現出在母親子宮裡就暴露在聽覺刺激中幾個月所造成的效果。六個月大的嬰兒會對於聽覺輸入中明確的語言成分有所反應（例如日本嬰兒一開始會對/l/和/r/的差別有所反應，但最後會失去這項能力）。九個月大的嬰兒對周遭語言的音節構造反應最為強烈，因此英語環境中的嬰兒會對CVC和CV（C是子音，V是母音）的音節特別敏感，而日本的嬰兒會對範圍受到限制的「拍」，也就是CV形式或是/-n/的音節特別敏感。有聽覺的一歲小孩會漸漸開始使用聲音來表達自己，使用類似單詞的聲音，搭配天生的哭聲或笑聲等聲音。

　　然而，值得強調的是，就算有聽覺的小孩會在轉移到口語的過程中大量使用手勢，就像失聰的小孩學著使用手語時一樣，但是兩者使用的手勢分別是形式相對自由以及慣例化的兩種不同形態（Capirci & Volterra, 2008）。艾佛森等人（Iverson et al. 1994）發現在他們觀察的十六個月大嬰孩當中，使用手勢比使用（口語的）單詞更普遍，可是到了二十個月大的時候，嬰孩使用的單詞會多於手勢。除此之外，卡皮瑞奇等人（Capirci et al., 1996）也觀察到，這兩個年齡的嬰孩最常出現由兩個元素組成的語句，就是手勢—單詞

的組合;而且就算在十六個月到二十個月的這段時間裡,由兩個單詞組成的語句也會大量增加,但手勢－單詞這種組合的產生也會顯著地增加。

文獻顯示,失聰嬰兒暴露在手語環境中的學習歷程,和有聽覺的兒童暴露在口語環境中的學習歷程相似(Lillo-Martin, 1999; Meier, 1991; Newport & Meier, 1985),而且他們會成為以手語為主要溝通模式的失聰社群成員(英語中的Deaf以大寫字首代表做為失聰社群一員的身分,而非僅是失去聽覺)。這更加強了支持語言的腦部機制是多重模組,而不是演化成主要支持聲音—聽覺模組的說法。然而,很常見的是,只有在聽覺上暴露在語言中的失聰兒童,到了六歲的時候會出現一種非常不同於擁有一般聽覺能力的兒童所獲得的口說語言。就算有特殊的口語訓練,失聰兒童理解聽覺語言以及使用口語表達的能力,和擁有一般聽覺能力的兒童的進展相比是大幅落後,而且很多失聰兒童永遠無法發展出可辨識的口說語言。

可是由不會使用手語的父母所扶養的失聰兒童,的確會發展出**居家手勢**,這是一種和家庭成員溝通的原始溝通形式,和發展完整的語言相去甚遠(Goldin-Meadow, 1982)。一般來說,這樣的小孩會有少量的居家手勢「語彙」,以及以將這些手勢組合成較長訊息的少量策略。既然這種發展並不是依靠口說語言或是手語的「直接輸入」,居家手勢也會因人而異。我把「直接輸入」加上引號是因為,在分辨(原始)人類史前最早的語言演化以及現在新語言的興起這兩者時,我們會考慮到的議題是與「直接輸入」有關。

首先,居家手勢沒有來自**手語**的直接輸入,因為使用這種手勢的兒童的父母能說話,不會使用手語。然而,兒童獲得的輸入是看見出現在說話中的手勢——包括直指的手勢,以及較為描述性的手勢。兒童自己的手勢會透過其他家庭成員對於他們想傳達的訊息的反應而被強化,這就像是第三章和第八章中我提到的,**人類支持的儀式化**的這個概念。這樣的手勢本身並不會組成語言,但是確實能教育兒童:只要指著一個東西,並且使用示意動作,就能用來溝通,這和有聽覺能力的兒童的發展過程相同(回想前面提到十六個月和二十個月大的小孩使用的手勢)。

來自**話語**的「輸入」又更間接了。但是小孩會看到家庭成員輪流說話和比手勢，有時候沒有明確的結束，但有時候又與情緒效果或是達到工具性目標間有明確的連結，使得他們能夠大致理解由混合了手勢和臉部表情所進行的對話所隱含的概念。此外，兒童的照顧者也會提供一個有結構的環境，例如指著特定物體、動作或是圖畫書裡的圖片，鼓勵兒童理解（就算小孩聽不見圖中物品的口語名稱）物體和動作等等一切都有各自的名稱。在某些情況下，兒童會調整照顧者的手勢，為物體命名；有的時候，多少被儀式化的示意動作可以派上用場。不過和使用口語或手語表達這些名稱的兒童相比，這個過程不僅慢很多，也受到較多的限制。

居家手勢使用者可以組合幾種手勢，形成高登─彌寶（Goldin-Meadow）所謂的「句子」；不過要注意的是，和在完整的人類語言中所看到各種句子相比，這些都是結構非常簡單的句子。不論如何，這些「句子」確實表現出某些基本的「語法特質」。高登─彌寶與麥藍德（Mylander, 1998）發現，儘管居家手勢的使用者處於不同的文化中，但他們的手勢有一致的單詞順序：他們會固定產生由兩個手勢組成的手勢串，而動作會出現在最後的位置（受詞─動詞，或是主詞─動詞的結構），不及物的行動者與接受者，通常比及物的行動者更容易出現在這種手勢串裡。

高登─彌寶（2005）認為，居家手勢系統表現出語言中她所謂的**彈性**（resilient）特質（見以高登─彌寶2003年的研究為基礎的表12-1，但我並沒有將她在居家手勢中所觀察到的所有特質都列出來）。然而，居家手勢並沒有表現出她所謂語言的**纖細**（fragile）特質，例如表達時態的技巧。她認為，一個兒童在發展一個溝通系統時，若他的家長無法支持並一同使用這個溝通系統的話，那麼這個溝通系統就不會擁有她所謂的纖細特質。不過她在只能接觸到伴隨著話語出現、未受嚴格限制的居家手勢使用者身上，還是觀察到了動作事件的區分與排序。一個居家手勢使用者比出了**拍動下降**的手勢，來描述正在下雪的樣子（Goldin-Meadow, 2003），但除此之外，他還能怎麼比？他修正「拍動」的手勢，因為這還不足以完全表達他感知到的情

況，接著做出另外一個「下降」的動作。這不算真的表現出了組合性，而是簡單地連續使用手勢。也許有人會碰到和已經有手勢表現的情況相似的新情況，因此對原本手勢所留下的「落差」感到不滿。此時如果有另外一個手勢可以彌補這個落差，或至少部分彌補，那麼這個手勢可能也會被使用。

然而，前述的能力其實要比下述能力要弱得多了：安排結構以便將單詞放在一起，以表達在一個情況中所認知到的關係。因此必須更注意表12-1的歸納中，「句子」的句帽（sentence hood）。在此提醒大家注意下述句子的含意：「第二代的ABSL使用者會持續比出句子，句中的述語會出現在句尾；但是與居家手勢使用者不同的是，他們會在述語的前面使用兩個以上的

表12-1 語言的彈性特質

居家手勢	所示範的彈性特質
單詞	
穩定性	手勢形式是固定的，不會隨著情況改變而隨意改變
典範	手勢包含可以重新組合的較小部分，創造出有不同意義的新手勢
種類	手勢的各部分由數量有限的形式所組成，且各部分都有特定的意義
隨意性	手勢形式與意義可以隨意配對，但還是以一個符號架構為限
句子	
底層的架構	手勢句底層的述語架構
刪除	在一個句子中一致的手勢產出與刪除，標示出特定的語幹角色
單詞順序	在一個句子中一致的手勢順序，標示出特定的語幹角色
屈折／形態變化	一致的手勢屈折／型態變化，標示出特定的語幹角色
語言使用	
此時此地的談話	手勢是用來提出與現狀有關的請求、評論與疑問
非此時此地的談話	手勢是用來進行關於過去、未來，以及假設的溝通
敘述性	手勢是來說關於自己和他人的故事
自我談話	手勢是來和自己溝通
後設語言	手勢是來表示自己和他人的手勢

資料來源：調整自高登—彌實，2005。

名詞，比出較長的句子。」這顯示在表12-1中提到的「句子」，遠比精通英語的讀者所預期的還要簡單得多。

　　同樣地，也許有人會說居家手勢中的「單詞」並不只是「原單詞」（參照第十一章中，關於兒童最早的「單詞」的討論），認為這些手勢是透過名詞、動詞、形容詞的語法功能來區分，而非透過物體、動作與特性等的語意功能來區分。居家手勢的完整結構值得更完整地分析，我在這裡只是簡略說明。然而，我們的關鍵是，居家手勢和在尼加拉瓜以及內蓋夫沙漠裡出現的手語相比，是非常侷限的。

尼加拉瓜手語

簡史

　　在1970年代之前，失聰的尼加拉瓜人彼此間鮮少有所接觸（Polich, 2005; Senghas, 1997）。大部分的失聰者都待在家裡，只有少數的學校願意接納他們，但也把他們當成有智能障礙的學生。在這段期間，失聰的尼加拉瓜人各自發展出形式與複雜度天差地遠的居家手勢系統，但並沒有一種手語出現（Coppola, 2002）。1977年，有一間提供失聰特殊教育的小學開始擴大招生，1981年則出現一間招收失聰學生的職業學校，兩所學校都位在尼加拉瓜首都馬納瓜。一開始大約有五十名失聰學生註冊，到了1981年已經有超過兩百名學生，並且在1980年代逐漸增加。學生繼續在課餘時間互相聯絡，到了1980年代中期，失聰的青少年已經會定期在週末聚會（Polich, 2005）。值得注意的是，當時的教學是以西班牙語進行，但是成效有限。我稍後會回來討論這一點。不過在這裡，我們先注意尼加拉瓜手語（NSL）的興起。

　　一開始是這些小孩開始發展出一種新的手勢系統，好讓彼此能夠溝通；這套系統一部分是透過結合他們各自發展出的居家手勢所形成。隨著時間過去，這些手勢不論數量與附加的結構都大量增加，形成了很初階的手語（Kegl, Senghas, & Coppola, 1999）。多年後，早期所聚集的這些手勢，發展

成了一種可表達意義的手語，也就是NSL。NSL在學校內外不斷地被使用，每年加入社群的新孩子自然地學會了後續的許多創新，NSL也因此成長茁壯（Senghas & Coppola, 2001）。到了2005年，大約有八百名失聰者會使用NSL，年齡從四歲到四十五歲都有。

安妮‧仙格斯（Annie Senghas, 2003）認為，NSL語法最早的改變是出現在使用該手語的青少年之中，接著很快散播到後來更年輕的手語學習者，卻沒有散播到成人使用者族群。這樣的說法似乎有點強烈：一種成功的創新應該會散播到目前在學的大部分兒童之中，不論他們是否比帶來創新的人還要年輕。儘管如此，事實仍是大部分的成人都無法掌握比他們年輕十歲的這個世代對NSL的創新，就像世界上很多有聽覺能力的成人也無法欣賞目前青少年之間流行的音樂一樣。這個傳播模式加上NSL近期快速地擴張，創造出了一個特殊的語言社群，社群中最能流利使用該手語的人都是年輕人。[4] 要注意的是，雖然NSL是這些小孩的第一語言，但並不算是母語，因為他們是在大約六歲開始上學時才開始學習NSL的。

尼加拉瓜手語中動作描述的興起模式

為了舉例說明目前對於NSL發展的理解，我會把重點放在一項研究上（Senghas et al., 2004）。這項研究剖析了以下兩者的差異：保留了NSL早期特質的年長手語使用者，以及創造出這種語言擴大後最完整形式的年輕手語使用者之間。他們比較了三十位從六歲或更小的時候便開始使用NSL的尼加拉瓜失聰者的手語表達，並且依他們最早開始接觸到NSL的年分加以區分為不同世代：有十位屬於第一世代（1984年之前），十位屬於第二世代（1984年到1993年），另外十位來自第三世代（1993年之後）。研究比較了他們在描述一個動作時的手語表達，以及十位聽覺正常、使用西班牙語的尼加拉瓜人在說話時所伴隨出現的手勢。

圖12-1顯示了兩個手部動作，兩者都在描述卡通〈金絲雀與傻大貓〉當中的一個片段（麥尼爾1992年的研究中，可看到更多這種研究手勢的方法

論）。[5] 在這段影片中，大傻貓吞下了一顆保齡球，於是沿著一條陡峭的街道搖搖晃晃地一路滾下去。（一顆球會滾下山坡，卡通裡的貓吞了一顆球，搖搖晃晃地往山坡下移動，而英語使用者通常會說這隻貓滾下了山坡）。「滾」下山坡這個複雜的動作事件，包括了運動的**方式**（滾）以及運動的**路**

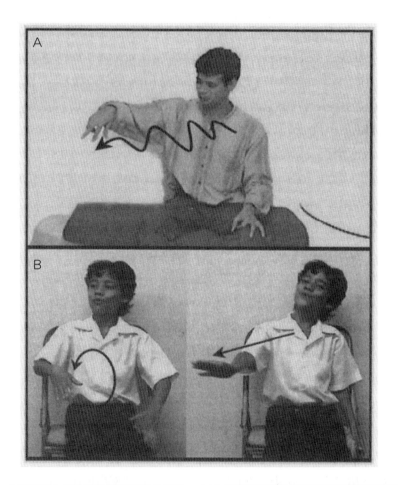

圖12-1：描述從山坡往下滾的手部動作範例。（Ａ）這個例子顯示西班牙語使用者說話時所伴隨出現的手勢，方法（滾）與路徑（往說話者右邊的軌道）是同時表達的。（Ｂ）第三世代的尼加拉瓜手語使用者會用兩個分開的手勢，以接續的方式來表達方法（以轉圈的方式移動）和路徑（往手語者右邊的軌道）。（From Senghas et al., 2004.）

徑（往下）。這些動作的特徵是單一事件裡同時存在的面向，並且被視為是一個統一的經驗。要用符號表現這種事件最直接的方式，就是同時表現運動方式與路徑。然而，語言通常會將方式與路徑用不同的元素來編碼。例如英語會使用rolling（滾）down（向下）的順序，分別表達運動方式與路徑。

仙格斯等人（2004）發現，所有西班牙語使用者的手勢，以及73％的第一世代NSL使用者的手語表現，都會同時包含方式與路徑，如圖12-1A所示。相反地，只有30％多一點的第二和第三世代的手語使用者，會用這種方式表達。他們大部分會用圖12-1B的例子那樣，依序表達方式與路徑。這為NSL突現的一個特質提供了驚人的證據：手語使用者能觀察到的西班牙語使用者，以及大部分第一世代手語使用者做出的相關手語，在描述這類事件時並不會將路徑與方式分開。然而在1980年代中期到1990年代學會該語言的第二與第三世代，卻很快發展出這種他們偏好的（但並非排他的）分段式、有順序的結構，來表達運動事件。因此，NSL並不是複製和西班牙語同時出現的手勢，而是在這裡展現出一種新的慣例化。（不過應該要注意的是，很多手語確實會同時表達方法和路徑。）

然而，如同斯洛賓（Slobin, 2005）所觀察到的，我們應該也要注意：（一）73%第一世代NSL使用者以及超過30%第二與第三世代NSL使用者，都採用了西班牙語使用者的策略；（二）27%第一世代NSL使用者確實將路徑與方法分開了。因此，至少有些原始的手勢是深深受到周遭社群說話時同時使用的手勢的影響，但是將路徑與方法分開的創新，是來自第一世代裡的某些個體。我們在後續世代中看到的，則是愈來愈廣泛地採用這種創新。

這種創新有一個缺點，如果方法和路徑是分開表示的，可能就無法清楚得知此運動的這兩個面向是發生在單一事件裡的。「滾」後面接著「往下」也可以代表「滾，然後往下掉」。然而，仙格斯等人（2004）有一個關鍵的發現：NSL使用者不只切割了路徑和方法，他們還發展出一種方法，把這些片段重新組合在一起。NSL現在有一個X-Y-X的結構，例如「滾─往下─滾」，藉此表達這些動作是同時發生。這個字串可以在較大的語句表達中當

作一個結構單位，例如「貓『滾往下滾』」，或是甚至可以被套疊，像是「搖搖晃晃『滾往下滾』搖搖晃晃」。這個X-Y-X的結構在第二與第三世代表達保齡球卡通片段的方式中被記錄到，但是西班牙語使用者在說話時從來不會出現這種手勢結構。

這個例子顯示，這種概括過程（在切割片段之後再用一個結構將這些片段拼湊起來，並且還能用這個結構去組合其他片段），應該也曾在原語言的演化過程中運作，（我們在第十章中做過這樣的假設），而這種過程在一個溝通系統需要受到擴充之時，也依舊在大腦中運作。找到一個形式表達特定意義的需求，可以催生發明新結構，但是一種手語可以尋求不同於口說語言的形式。而在種種可能的形式中會由哪一種取得主導地位，則取決於社會，而不是一般學習原則所造成的結果。

設計特徵與天生規則

但是如果智人的基因裡天生就有普世語法，在人類嬰兒的腦中就內建了所有可能的句法規則，那麼也許個體就不需要在他們與他人的互動中發現所謂「語言」的觀念。儘管研究NSL和ABSL的學者在發表看法時，相對而言都小心翼翼地不想節外生枝，但是科學記者在討論這些研究時可就毫不設限了。舉例來說，茉莉安娜‧凱特威爾（Juliana Kettlewell, 2004）就表示，仙格斯等人（2004）的研究證明了儘管兒童並沒有被教導使用其他語言，但NSL符合所有語言共通的很多基本規則，顯示某些語言特質不是透過文化所傳承，而是以一種人類天生處理語言的方式出現。

如果我們理解的「語言規則」是（某些人認為）可以透過建立參數來定義的那種句法規則（會這麼想似乎很自然），也就是普世語法的「原則與參數」（Principles and Parameters）版本，那麼這些記者的說法會導致一些誤解。另一方面，如果我們把「語言規則」當成：（一）就像全句字可以切割，結構也可以出現，得以重新捕捉全句字的意義；而且（二）新的結構能讓新創詞以新的方式填空，從而衍生出新的語意─句法種類，那麼這種說法

又好像是正確的。運用這些技巧是屬於「設計特徵」（Hockett, 1987）的範圍，並非喬姆斯基所推定出的普世語法參數範圍。兒童並不是一出生「頭腦裡（或基因裡）」就有語言或語法，而是擁有關鍵的學習能力，能將複雜模仿的才能與溝通以及實踐連結在一起。我很樂於同意：

> ……這樣的學習過程在語言上留下印記（可以在成熟語言的核心與普世特質中觀察到），包括不連貫的元素（例如單詞和語素），以及具有階級組織的結構組合（例如片語和句子）。（Senghas et al.2004, p.1781）

　　但是我們也不能忘記，也許相對來說極少發現的新結構所增加的表達能力，和在這種創新一出現後就能輕鬆學習的能力是不一樣的。

　　在鏡像系統假說中，複雜模仿這種分析性、組合性的學習機制，是在實踐的領域中演化的。伯恩的「進食計畫」（Byrne, 2003）顯示，大猩猩確實能學會有階級與條件的結構，只是需要經過長期、曠日廢時的「透過行為剖析的模仿」過程（第七章）。我的看法是，更快習得新行為的能力是原語言（更別說是語言了）出現之前一個很關鍵的演化步驟。鏡像系統假說假設，下一個轉捩點出現在示意動作（從實踐進入溝通），但是讓內嵌於「文化系統」的原手語得以產生的慣例化能力，需要神經方面的創新（例如手語使用者會失去使用手語的能力，但不會失去使用示意動作的能力；Corina et al., 1992; Marshall, Atkinson, Smulovitch, Thacker, & Woll, 2004）。

尼加拉瓜失聰社群的出現

　　如先前所說過的，在1970年代之前，尼加拉瓜的失聰學生都被納入特殊教育班，他們的人數遠少於智能障礙學生，無法形成一個社群。但是後來有一所職業學校成立，使得青少年與年輕人能聚在一起，「這時他們正處於建立自我身分與渴望同儕團體的階段，並且試著在這樣的環境中發揮扮演社會行動者的能力」（Polich, p.146）[6]。注意這裡的關鍵詞是社會行動者、同儕

團體，以及**創造自我身分**。波利齊描述的正是一種轉變的過程：從在尼加拉瓜沒有同儕團體，因此只能扮演消極邊緣者的失聰者個體，變成因為擁有語言而被賦予力量，能在失聰社群中扮演真正的社會行動者；而這個社群的形成也是因為NSL的能力不斷擴大，使得溝通愈來愈豐富所致。

如同波利齊所指出的，這個過程是經由數個個體催化而發生，這些人有的失聰，有的是聽人（譯註：聽障文化用語，指有別於聽障者，使用聽覺及口語溝通者，出自中華民國聽障者體育運動協會），他們試著為失聰者提供更多被聽人視為理所當然的社交機會。舉例來說，露西‧多蘭（Ruthy Doran）是一位聽力正常的人，她不只在職業學校中教導失聰兒童，還為他們創造了一個社交環境。她告訴波利齊：

當時（1980年左右）還沒有手語……但是我們可以互相了解。我們能……使用很多手勢，都是（尼加拉瓜）這裡每個人會用的，我們有一套學生發明的手勢。（現在已經沒在用了。）我們有很多手勢，比如表達星期一到星期日的手勢，而且用了好幾年了，後來他們學會新的手勢……他們也會教我。如果都不管用，我們就會寫字，或是將動作表演出來。

另外一位老師是葛洛莉雅‧米那羅（Gloria Minero），她記得在1987年之前，大家使用的手勢非常分歧：

那時候有很多基本手勢、美國手語，還有模仿動作，但它們都不是「手語」，比較像是「圖象」。那時候沒什麼結構，是後來才出現的。

因此，在社群形成的早期階段，其實是受到周圍群體的手勢所影響，部分影響來自那些說西班牙語的聽人。要注意的是，當中有很大的文化輸入，例如一星期中的每一天都有代表的手勢，已經脫離或多或少是自發性的居家手勢了。就連那些不會說話的人，都至少擁有少量的西班牙書寫語彙，而且

這個團體可以接觸到一些美國手語。當然,「使用」少量的美國手語當然和「熟悉」美國手語大不相同,就像去巴黎的遊客可能會說Bon jour(法語的「日安」)和Merci(法語的「謝謝」),但是並不會說法語。

然而,要注意下面兩種說法間的差異:「在1980年代早期,很多尼加拉瓜失聰者都不知道什麼是『語法』」此話為真;「在1980年代早期,所有尼加拉瓜失聰者都不知道什麼是『語法』」此話為假。創造出NSL這種新語言的重大成就,並非單靠人腦天生的才能(這當然是我們與其他靈長類動物不同之處)就足以達成,其實還可能利用了現有語言社群的文化創新(不過就像仙格斯等人的研究所顯示,NSL社群一直在創造出新的單詞與結構的基礎上有所突破)。

在1970年代之後的尼加拉瓜,大多數針對失聰兒童的語言教育都是以西班牙語為基礎的口頭訓練,只對相對來說極少數的學生有用。到了1983年,因為多蘭和另外兩位老師前往哥斯大黎加,看到當地使用手語來提升口語課程的效果(波利齊,第七章),以及手語可以形成一種有充分表達能力的語言時,他們才發現原本教育方式的缺陷。然而,他們並未獲准在馬納瓜使用哥斯大黎加手語進行教學。相反地,尼加拉瓜本地必須先發展出一種手語,才能全面使用手語。不過這裡的重點是,在這個初萌芽的社群裡,已經有一些成員對手語有概念了,儘管他們還不懂如何完整地使用這種語言。同時,西班牙語使用者在NSL以及尼加拉瓜失聰社群的發展初期,扮演了很關鍵的角色,不過隨著這種語言和社群愈來愈強大,西班牙語的輸入也就愈來愈邊緣化了。

米那羅鼓勵學生發展失聰者協會,為成員帶來更多教育與工作機會,協助修改憲法與地方法規。此協會於1986正式成立。因此,雖然很多尼加拉瓜失聰者無法使用西班牙語,但是當中已經有足夠多的失聰者能先後和身為聽人的導師合作,製作出以西班牙語撰寫的文件。原本的協會名稱為「失聰者救助與團結協會」(Associación Pro-Ayuda e Integración a los Sordos,簡稱APRIAS)。協會名稱反映出它們的原始目標:協助失聰成員透過話語融入

主流社會。

　　然而，隨著APRIAS成員愈來愈頻繁地使用手語，他們開始理解到手語為他們所帶來的溝通可能性，也不再把重點放在話語上。而在他們家中那些有溝通能力的外人，也成了APRIAS內發展社群的成員。波利齊提出的關鍵點是，**發展一種語言以及使用該語言的社群的良性循環**。對話的愉快感受會帶來強大的社會連結。透過這樣的對話，他們有機會流利使用現有的手語，並且分享經驗，促進他們發明與傳播新手語與結構，告訴他人這些經驗。波利齊發現，在APRIAS形成之後，也許要到1989年到1990年，手語能成為失聰者之間主要的溝通媒介時，這個觀念才開始流行起來，不再像過去一樣只把手語當成一個次級系統，而把主要的重點放在口語溝通。

　　然而，不論這個社群有多重要，語言的每個面向都必須符合兩項條件：（一）有一人或是兩人第一次使用這種語言（或是他們與他人第一次知道這種語言）；（二）了解這種語言的意義，漸漸也使用這種語言的他人。當然，隨著愈來愈多人開始使用這種語言，這些符號或是結構的「發音」與意義可能就會改變。因此值得一提的是，波利齊曾提過賈維・戈梅茲・羅佩茲（Javier Gómez López）這個人；很多參加APRIAS早期集會的成年失聰者，都說他是教所有其他人手語的功臣。

　　1970年代末期羅佩茲前往哥斯大黎加時，因為拿到了一本手語字典，而開始對手語感興趣。他想盡辦法找那些會手語的人，或者有任何一種字典的人幫忙，想增進他的手語語彙，同時把他學會的手語教給尼加拉瓜的失聰者。我們不清楚他是怎麼能先學會語言又同時教導他人的。也許他對打手語特別有熱忱，會比較持續地使用手語，也比較有耐心教導那些比較不熟稔的人。除此之外，羅佩茲在1990年前後也活躍於許多工作坊，組織內有很多小團體會討論哪些手語是應該使用的「正確」版本。[7]

　　1990年，瑞典皇家失聰協會（Royal Swedish Deaf Association）派一位代表到APRIAS。顯然這是APRIAS和外界最早的重要接觸之一，這些瑞典人不只推崇使用手語，希望失聰者能正常就業，而且在他們的文化中，失聰只是

「有所不同」而非「缺陷」。瑞典人鼓勵失聰者重新思考口語技巧的價值，更重視他們互相使用的這種手語的價值。APRIAS在1990年11月4日選舉新的幹部成員，促使該協會轉型：從追求融入社會的平等哲學，轉變成認同失聰者本身即為一個社群，並且是失聰者與社會的媒介中心，因此不需要特別和使用口語的個體整合在整體社會中。弔詭的地方在於，要找到好工作就必須會說西班牙語，因此只有極少數的尼加拉瓜失聰者能找到非低薪的工作。

　　1991年，瑞典開始資助尼加拉瓜編撰出版專業的手語字典。他們也資助失聰者教師做專業手語教學，並為協會的失聰成員開設基礎識字課程。因此可以清楚看到，至少從1990年開始，尼加拉瓜失聰者社群已經不是自立於社會之外。然而要注意的是，瑞典人並沒有教他們瑞典手語，而是幫助尼加拉瓜人把他們在NSL初期階段的成就系統化，提供一些手語表達的模型，促使協會成員擴大NSL。

　　仙格斯觀察到，NSL的第二世代確實會研究西班牙語字典與美國手語影片，以此為基礎設計新手語，擴大NSL。然而，雖然NSL表現出一些來自於其他手語的詞彙影響，但NSL在句法以及語彙方面依舊有足夠的獨特性，可以被分類為是一種獨立的手語。注意，英語、法語、德語都有獨特的語音系統，一個有聽覺能力的人，不一定要會說這幾種語言，也能以其獨特的「旋律」分辨出他聽到的是哪一種語言。同樣地，每一種手語都有自己獨特的「語音系統」，某一種手語中可能會有某個手部形狀重複在許多手勢中出現，但卻從來不會使用某些在其他手語中常見的手部形狀；而手在空間中的移動方式以及和臉部姿態相連的手部姿勢也是如此。因此，因為NSL已經獲得了某種明確、屬於自己的「旋律」，目標就不再只是用手拼出西班牙語的單詞和複製國外的手語，而是找到具有NSL外表以及感覺的相對應手語。儘管NSL有一些詞彙受到哥斯大黎加、美國、瑞典以及西班牙手語的影響，但是NSL並不屬於這些語言，而是在句法以及語彙方面有足夠的變化，可以被分類為是一種獨立的手語。

　　這支持了下列的說法：最早的「手語使用者」（當時其實並沒有所謂

NSL這種語言，只有各式各樣多元的、受到限制的NSL前身）擁有的是「語言無處不在，我只是聽不見」的線索，因而促使建立了一個社群，讓他們在當中學習其他人的發明，開始建立愈來愈龐大的語彙以及共有的一套結構。這種新手語從大雜燴式的居家手勢和姿態中興起，隨著青少年與年輕人在教育系統中停留的時間開始增加以及課餘時間更頻繁的接觸，變得更加豐富。波利齊認為下列三個元素是這種共有式手語崛起所必需的，而且這三項元素並非輪流發生，而是以一個系統的方式共同發展出來的。這三項元素包括：（一）處於能以一個獨立的社會行動者參與這個過程並與之互動的年紀；（二）以失聰為身分認同所形成的團體；且上述兩項元素都與以下元素互動：（三）對一個共有手語的需求。

　　然而，動態的改變，亦即透過最早的手語使用者所做的努力所帶來的成果，也使得年幼的孩童面臨了一個具有某種複雜度的系統（可能介於原語言和完整語言之間）。失聰的六歲兒童現在進入了由變動中的NSL為他們提供第一語言環境的教育系統，使得他們脫離居家手勢的侷限。

阿薩伊貝都因手語

　　既然尼加拉瓜大部分的失聰兒童都有聽得見的父母，而且這些父母幾乎全都不了解NSL，那麼在NSL的傳遞上，家庭顯然並沒有扮演在大部分人類語言（包括ABSL）中所扮演的傳遞角色。在這一節中，我們會利用ABSL的研究發現，讓我們從NSL研究中所獲得的點滴資訊更加明確。首先，我們先總結一下山德勒等人針對這種語言的歷史與情境所得到的研究成果。

　　阿薩伊貝都因族居住在現在以色列境內的內蓋夫區域，他們都是在兩百年前從埃及來到以色列的一名族長，與當地一位女性結婚生子的後裔。這一族現在已經到了第七代，成員約有三千五百人，都住在同一個社區裡。頻繁的同族通婚使得他們內部的羈絆非常強，而且也非常排外。在過去三代裡，大約有一百五十位[8] 天生失聰的族人，他們都是族長五個兒子其中兩個的後

代。所有失聰者都出現嚴重的神經感覺性聽力喪失，而且智力都正常。驚人的是，相對於尼加拉瓜的失聰者，這裡的失聰者完全融入了社會結構，完全不會遭排斥或是污名化。不論是男性或是女性的失聰者，在族裡都會結婚，而且嫁娶的對象幾乎一定是聽人（從2005年開始，只有兩對夫婦雙方都是失聰者）。

　　族裡很多聽人成員都能用手語和失聰者手足或是兒童，以及家裡（可能包括很大的多代家庭）的其他成員溝通，而這些人經常成為能熟練使用手語的人（Kisch, 2004）。換句話說，手語在這個村子裡是第二語言，失聰的嬰兒一出生，就在一個有成人為他們可學習的語言提供模型的環境（Sandler et al., 2005）。手語使用者能輕鬆地使用ABSL，與非此時此地的訊息連結，例如描述現在可能已經不使用的民俗療法與文化傳統等。溫蒂・山德勒等人（Wendy Sandler）表示，他們記錄了族裡失聰成員的個人歷史，並且目擊了以ABSL進行的各種對話，主題從社會保險的好處到建築技巧到生育能力，無所不包。山德勒是研究ABSL的四位語言學家之一（另外三位是馬克・阿羅諾夫〔Mark Aronoff〕、伊瑞特・彌爾〔Irit Meir〕、卡蘿・派登〔Carol Padden〕），她對於他們四人針對語言興起的研究與語言演化研究之間的相關性，提出下列看法（出自2010年9月的私人通訊，用詞略有修改）：

　　我和我的團隊相信，我們可以透過研究ABSL這種手語的興起，獲得關於人類語言最初發展方式的一些有用資訊。我會這麼相信，是因為在研究ABSL時有一些確切的發現，而且當中許多發現都出乎我們意料。舉例來說，我們發現單詞形式的慣例化發展、共有詞彙項目的匯集、語音系統的發展、韻律與句法複雜度的出現以及詞法的出現等，都比普世語法或是「語言是受到周遭聽得見的社群所影響」的觀點所主張的，來得更漸近平緩。我們也發現「具象化」在手語詞彙的發展當中扮演了獨特的角色（口語中則沒有類似的發現）。

　　更進一步的研究則專注在辨別實用與句法性的單詞順序，以及評估在語

言興起與發展時的社會要素。這代表就算在一個溝通者都具有現代頭腦的群體，以及一個有完整發展（但有很大部分是無法接觸的）語言的文化環境中，最好被視為是受以下各者影響的自我組織系統：實體的傳遞系統、認知與溝通成分，以及社群規模、類型、互動多寡等社會要素。我們總結，在人類語言初現時，結構也逐漸形成，而且可能是跟隨著類似的發展路徑，不過也可能花了更久的時間才成形。

要吹毛求疵的話，我認為應該更仔細地評估他們反對「語言是受到周圍聽得見的社群所影響」這個看法。

阿薩伊貝都因手語的單詞順序

山德勒等人（2005）研究了第二代與第三代的手語使用者，因為第一代的手語使用者總共就只有四個兄弟姊妹，而他們全都已經過世了。他們的報告集中在八個第二代的手語使用者，其中七人為失聰者，一人是聽人；在研究當時這些人都在三十到四十歲之間，只有一人是二十多歲。

不過要注意的是，針對年齡從青少年時期到小孩不等的第三代使用者的初步研究結果顯示，這兩代的系統有很有意思的差異。他們的素材來自對第二代手語使用者提出的兩項任務：（一）自然地重新描述一項個人經驗，以及（二）描述一系列短片中演員演出的單一事件；影片來自荷蘭奈美根的馬克斯・普朗克心理語言學協會（Max Planck Institute for Psycholinguistics）語言與認知小組。受試者的所有反應都被拍攝下來，並且由同一代具聽力的手語使用者翻譯，寫成逐字稿。逐字稿的內容包括針對每一個可辨識的手語產出下註解。表達動作或事件的手語被歸類為句子的述語核，其他的手語則根據意義被分類成（名詞）論點、形容詞、數字、否定標示等。主詞、受詞，以及間接受詞會根據它們在子句中扮演的語意角色，以及這些角色在句法位置上的標準配對被辨識出來（Jackendoff, 1987）。

山德勒等人（2005）發現，主詞、受詞，以及動詞之間的語法關係在

ABSL發展的極初期就已經固定了，這種語法關係提供了一個慣例，讓ABSL使用者能表達一個句子中各元素間的關係，而不需要依靠外在的語境來決定。然而，ABSL的特定單詞順序，和周遭社群的口說語言以及以色列手語（Israeli Sign Language, ISL; Meir & Sandler, 2008）都不一樣。因此，興起的語法結構應該被視為ABSL在興起時正在發展的一部分。除此之外，山德勒等人（2005）更進一步宣稱，這些語法結構「總的來說反映了語言的基本特質」，但我們必須仔細檢視這種說法。

大部分的字串都可以利用語意準則明確地剖析，但是在某些例子裡，韻律性準則卻扮演了關鍵的角色。有抑揚頓挫的片語邊界（intonational phrase boundary）的手部準則包括：把手維持在某個位置、暫停與放鬆雙手，或是重複組成要素中最後一個手勢；非手部的線索包括頭部或身體姿勢的清楚改變，以及伴隨而來的臉部表情改變（Nespor & Sandler, 1999）。

舉例來說，一位手語使用者在描述他個人的過去時，做出了下列的動作串：錢／收集／建造／牆／門。第一個韻律成分是「錢／收集」，代表「我存了錢」，證實這是一個受詞—動詞的句子。語意部分代表「牆」和「門」是和動詞「建造」有關的受事者。利用「建造」以及「牆」之間的韻律停頓，可以剖析成「建造／牆／門」。這個停頓是在做出「建造」的手勢後，讓手維持在原位，接著把身體往前傾之後再站直，再列舉出被建造的東西，也就是「牆」和「門」。一位顧問對這串手語的自然翻譯是：「我存了一些錢，我開始蓋房子，有牆、有門。」

這串手語給人的啟發在於，這位顧問的詮釋有被誤解的可能，此外他所用的單詞順序也不符合常規；不過他們資料中大部分的句子都是清楚明白，直接使用（主詞）受詞—動詞的形式。句子中的主詞或是受詞可能不會被清楚說明，所以會有主詞—動詞或是受詞—動詞的手語串。

舉例來說，當他們看到一名女性拿一顆蘋果給一名男性的影片時，會比出「女性／蘋果／給」；「男性／給」（那個女性給了一顆蘋果；（她）把（它）給那個男性），前面的子句是主詞—受詞—動詞，第二的子句則是受

詞—動詞。另外一位手語使用者看同一段影片時，比出下列的手語串：「女性／給／男性／拿」，也就是兩個主詞—動詞的句子。這一代的手語使用者很少或者完全沒有接觸以色列手語。以色列手語的單詞順序顯然有非常多種變化（Meir & Sandler, 2008），所以主詞—受詞—動詞並不是來自以色列手語的特徵。

除此之外，該社群中的聽人所使用的阿拉伯方言和希伯來文的基本單詞順序是主詞—動詞—受詞。儘管如此，這個研究中唯一的聽人受試者（同時能使用阿拉伯語及ABSL）在打手語時使用的是主詞—受詞—動詞的單詞順序。因此，這份研究資料顯示出的堅實單詞順序模式，表現出ABSL的獨立發展。山德勒等人（2005）提到，「有一種模式深植於主詞、受詞、動詞或述語的基本句法觀念中」，但是從他們的研究資料中無法清楚得知ABSL使用者依賴的是這些句法關係，還是動作、主事者、主題等語意關係。[9]

如同居家手勢的使用者，第二代的ABSL使用者會持續產出述語在最後的句子；但他們和居家手勢使用者不一樣的地方在於，他們能產出較長的句子，裡頭的述語前面會有兩個以上名詞性質的詞。而且與居家手勢使用者不同，第二代ABSL使用者確實在年紀很小的時候就暴露在手語的環境中，而且較有機會和同儕與成人以擴張的手語互動。

如前所述，居家手勢的使用者很早就在手勢的產出中表現出一致的單詞順序（Goldin-Meadow & Mylander, 1998）。雖然這些兒童沒有接觸到其他使用手語的失聰者，但他們會固定產出由兩個姿勢組成的手勢串，動作會放在後面的位置，而且傾向省略主詞。確實，當不懂手語的聽人講者被要求用手而非嘴巴來溝通時，就算他們平常使用的口語是主詞—動詞—受詞的順序，他們的手也會出現這種受詞—動詞順序（Goldin-Meadow, Yalabik, & Gershkoff-Stowe, 2000）。[10]

因此結論是，在沒有來自慣例語言輸入情況下發展的語言系統，至少在初期階段會表現出受詞—動詞順序的傾向：「這是一個物體，接著來看看它被怎麼樣了。」把這個結論與鏡像系統的MNS模型所要求的處理順序相比，

也許也不算太異想天開（見第五章圖5-3）：MNS模型需要先把注意力引導到物體以及其可視線索，接著網絡才能辨識出對這個物體所做的動作。

阿薩伊貝都因手語中出現的語音系統

我在第十章中引述了哈克特（1960, p.95）對於下面效應的說法：

如果聲音—聽覺系統有愈來愈多明確有意義的元素，那些元素會無可避免聽起來會愈來愈像彼此。人所能辨別的明確刺激⋯⋯有實際的數量限制。

這個效應可以用在原手語與原話語的語彙擴張情況。阿諾夫等人（2008）也在討論原語言時引用這段話來探討ABSL的重大意義。如我們曾看過的，他們提出ABSL「具有堅實的基本句法，以及具溝通性的豐富常用字庫」，但也提出了一些例子，顯示不同的人會使用不同的手勢來表達相同的概念（這種現象也會出現在沒有書寫傳統的口說語言中）。舉例來說，「樹」和「香蕉」的手勢可能還是會很接近示意動作，儘管不同家庭成員使用的手勢可能會很相似。這似乎和第十章的「語音系統的興起」裡提到的語音系統演化假設一致。我們看到手語有模式二重性，但是這些元素是一套數量有限的手部形狀、手在空間中的位置以及運動。山德勒、阿諾夫等人（2011）針對模式二重性以及語音系統的興起提出詳細的說明；他們也同意哈克特的說法，二重性／語音系統興起於訊息太多、無法以全部的符號囊括之時。然而，他們也提出手語也許能從不符合語音系統的全部符號中得到更多好處，因為圖象性的優勢在於，能創造有別於口語單詞的可詮釋手勢。

尼加拉瓜手語與阿薩伊貝都因手語構造的自然增生

山德勒等人（2005）將ABSL中「主詞—受詞—動詞」單詞順序的慣例化，在「一種語言崛起的初期階段」便出現，視為是「人類心智會跟著語法

規則來建構溝通系統的特殊傾向的罕見實證」。然而，早期的ABSL表現出的「語法」非常簡單，而且不應該被過度詮釋。值得一提的是，手語成分的順序並非來自社群內阿拉伯語使用者原有的單詞順序。為什麼會這樣呢？稍早關於為什麼NSL裡的X-Y-X結構和西班牙語的結構不同的討論，讓我們得到了一些線索。我的假設是，ABSL和NSL與居家手勢不同的原因在於：

‧一個社群的存在提供了更多使用以及選擇手勢的機會，因此有些手勢會被社群捨棄，有些則會因為受到廣泛使用而獲得力量；換句話說，這是「學習導致的天擇」。

‧既然社群內有某些成員握有對其他語言的知識，他們就會想把這種知識翻譯到新的媒介中（證據就在促使NSL興起的初期階段，星期一到星期日的手勢也進入了詞彙當中），但是只有極少想捕捉某種特質的意圖會在社群內廣泛傳播。

如果語言沒有一個慣例化的單詞順序，像「金珍摸」這類句子的語意就很模糊了：也許這句話代表「金摸了珍」，也可以是「珍摸了金」。一旦語言有時間能夠累積動詞一致性、標示出主詞或受詞的特質，或是指出名詞與動詞之間關係的格（case）等機制，那麼就算沒有一致的單詞順序，參與者的角色還是能變得更清楚。但如果缺乏這些機制，單詞順序就成了語言學上唯一能讓訊息變得明確的方法。因此，山德勒等人（2005）堅持，比任何特定的單詞順序更重要的是，在ABSL興起的非常初期就已經出現的慣例化模式：將動作與事件連結到執行並且也受到前兩者影響的實體。根據卓爾（Dryer, 1996）針對口說語言的全面調查，他們在ABSL中觀察到的「主詞─受詞─動詞」順序，是在語言中最常見的單詞順序。紐梅爾（Newmeyer, 2000）假設，主詞─受詞─動詞這個順序，是「原始世界」的初始語言順序（不過其他學者懷疑人類史前時代是不是真有一種初始語言存在）。他也假設，這種原語言有屈折詞綴（inflectional affix），是在單詞順

序之外也能標明句子成分的語法角色。但是ABSL並沒有任何屈折形成。

　　手語利用「手勢空間」來清楚表達空間關係（見第二章圖2-2），但具有時間性而沒有空間性的口語捨棄了這樣的方法。除此之外，不同於口語，手部形式相對來說很容易發明出就算對手語一無所知的觀察者，也能明白的一些形態（例如用食指指的動作，或是圖象式的模仿姿態）。因此，溝通系統也可以在使用手部形式的「當下」發明出來。

　　但是（重新回到我們在NSL也面對的一個問題），ABSL是不是一種沒有受到任何現有手語或口語影響的新語言呢？我的答案是「否」。ABSL是在一個由失聰者與阿拉伯語使用者所共處的社群中發展，而且後者已經在使用一種語言了。問題在於失聰者得找到方法，來表達他們想用手語表達的內容。如同先前的例子所示，這裡的挑戰在於找出不需要耗費太大力氣，就能用新的媒介來表達想法的方法。結果產生出來的系統，具備很多阿拉伯語所沒有的新特徵，但這並不代表新系統**沒有**受到阿拉伯語的**影響**。

　　讓我用英語來舉一個例子。法語的Respondez s'il vous plait用英語來說是Reply, please（中文意譯為「請回覆」，法語逐字翻譯為「若您高興的話請回覆」），而這個詞已經以縮寫RSVP的形式進入英語，而且在口語中使用時也是直接用這四個字母的英文發音。RSVP現在可以當成名詞也可以當成動詞使用，大部分的人都不知道當中已經包括了「請」的意思，所以會出現「請RSVP」或是「請將您的RSVP寄給XXX」的句子。儘管如此，也不能否認RSVP是受到法語影響而衍生出來。但是這的確顯示，一旦一個手勢經由了解其語源的人進入了一種語言，當那些不知道或是選擇忽視其語源的人採用了這個手勢後，它便能獲得自己的生命，而這些人也能自由地將這個手勢融入自己語言的結構中。

　　這裡還有個關鍵的差異：「影響」和「借用」是不一樣的現象。所有的語言都會借用單詞，但是我們不會因為「颶風」（hurricane）這個詞是英語從加勒比語中借過來的，就說加勒比語影響了英語。法語的影響比較像是形容詞和名詞順序的改變，比如法語會說「男孩好」而不是「好男孩」。但是

NSL裡的X-Y-X並不是西班牙語對NSL的影響，而ABSL裡的主詞—受詞—動詞則和阿拉伯語的影響背道而馳。但我並不是說西班牙語影響了NSL，或是阿拉伯語影響了ABSL。我的意思是，使用口語的人加速了這兩種手語的發展，因為他們有「可以將單詞結合在一起，表達複雜意義」的概念，因此在手勢的領域中注入了他們想表達複合意義的笨拙意圖。這種表現方式為語言的興起提供了珍貴的養分，但是適合表達這些複合意義的特定結構，以及表達類似單詞意義的慣例化手語，都是來自新興手語社群內部。

我已經提過，在NSL的環境中，西班牙語以及伴隨著話語出現的手勢，對於失聰兒童在缺乏口語的情況下試著表達的「溝通念頭」有所貢獻，儘管某些手語和結構在某些時候會取代原本的手勢模式。

的確，魯索和伏特拉（Russo and Volterra, 2005）提出，仙格斯等人（2004）沒有提供任何資訊，說明聽人的手勢對失聰學習者在習得手語的早期階段有多大的影響，也沒有說明像是西班牙語和英語這類口說語言和書寫語言的影響。他們提出，福西勒—索薩（Fusellier-Souza, 2001, 2006）研究巴西失聰者自然發展的「新興手語」（emerging sign languages, ESL），發現巴西失聰者被孤立於所有失聰社群之外，因此聽人的手勢與新興手語的詞彙間有很強的連續性。

然而，福西勒—索薩研究的三名失聰者（兩男一女）當中，每一個在發展自己獨特的雙人手語時，對象都是能說話的人。除此之外，每個人都在範圍更大的巴西社會裡發展出一個角色，且發展出和他人溝通的策略。那麼就某方面來說，一個「新興的手語」應該被視為「雙積手語」（dyadic sign language, DSL），才能反映出它是由至少兩人但不一定會超過兩人的群體所創造出的產物。因此DSL也表現出居家手勢可能發生的情況，雖然這種手勢的發展是獨立於現有的手語之外，但它卻具備了以下關鍵特質：它是由周遭群體中能說話的成員特殊投入所形成的（以這個例子來說，就是雙積的另外一個成員）。我們可以說DSL是一種「超級居家手勢」，有別於當兒童在相當年幼時便成為失聰手語社群的一分子（如同現在的NSL社群），或者

因為兒童被當作有智能障礙，沒有人願意多花心力，只會用兒童早期的居家手勢來和他們溝通（如同尼加拉瓜在失聰學校成立之前，很多失聰兒童的情況），而被去頭去尾的居家手勢。福西勒—索薩（私人通訊，2007年12月，稍微編輯過）提出：

> 我的兩位受試者（伊瓦多和喬）一直都和他們工作環境中的聽人有所接觸。當他們不是和優越的聽人對手溝通的時候，和其他聽人的溝通會像是一種「落差的手勢溝通」（exolingue gestural communication），以面對面的互動、共有的知識、利用圖象化過程啟發說話者「藉由表現來說」（利用高度圖象化的結構、聽人文化的手勢，以及眾多指涉結構的指示）為基礎。
>
> 為我提供資料的失聰者，都不精通書寫葡萄牙語。然而，我觀察到伊瓦多把自己的手臂當作布告板，在上面使用明確書寫形式的葡萄牙語（城市的名稱縮寫、數字、簡短的名字），藉此和他聽得見的對話者溝通。這是一個很聰明的策略，顯示儘管對於書寫語言的知識極為有限，還是能使用功能性的書寫。

　　因此DSL缺乏的是較大的失聰社群匯集共有的一套手語後，所帶來的系統化結果；但儘管如此，DSL還是反映出使用口語的人積極參與的情況，近似於我提出在ABSL和NSL的前系統化階段發揮作用的現象。福西勒—索薩採用了法國語言學家克斯松・庫薩克（Christian Cuxac, see, e.g., Sallandre & Cuxac, 2002）的理論架構，強調圖象性在手勢的自主發展中所扮演的角色，認為圖象性在不同的語言學層級裡（語音、音素、語彙、句法、語意、論述）都扮演了重要的角色。也許我們可以在這裡回想示意動作在鏡像系統假說中扮演的關鍵角色，同時也別忘記很多過程都是用來「侵蝕」圖象性的。確實，美國手語中的很多手勢都明確表現出雙語的影響。

　　舉例來說，美國手語的「藍色」（BLUE）是用手指拼出B的原始形式[11]，魯索和伏特拉（2005）強調，年輕手語使用者在學習的早年接觸到手

勢、聲音，或是書寫語言的方式，可能會對他們的語言能力有很強烈的影響（Bates & Volterra, 1984; Volterra & Erting, 1994），使得手語使用者世代之間的差異，也許可以歸因於他們所接觸到的溝通方式輸入不同。ABSL和NSL反映出眾多世代以來，許多人的貢獻合併在一起的結果，而且這個過程至今仍在持續當中。

文化與社群的影響

如同我們所看到的，尼加拉瓜和阿薩伊貝都因手語並不是在象牙塔中發展出來，而是受到多重影響的產物。語言和社群似乎是一前一後地一同成長。波利齊（2005）對NSL歷史的研究，顯示了青少年以及具影響力的個體，對於塑造第一代NSL的重要性。因此，儘管年輕的手語使用者可能比較支持創新的散布，也並不代表所有的創新都是由六歲小孩將自身周遭相對來說較不成形的手勢規則化的結果；不過年輕手語使用者所做的規則化當然是新手語興起的因素之一。

在討論NSL的時候，仙格斯等人（2004）提出下列的說法：

我們的觀察凸顯了兒童時期的兩種學習機制：

1·將大批資訊切割、分解的做法；這種分析性的做法在輸入方面似乎凌駕於其他組織模式之上，會把先前沒有分析的整體分拆解成數個部分。

2·對線性順序的傾向；就算實際上可以同步組合這些元素，還是會出現有順序性的組合──儘管有同步模型可用也是一樣。（強調文字是我自行定義的。）

機制1的分析性過程近似於我們切割片段的基本過程，不過機制1的說法省略了結構的補充形態。然而，機制1要注意的一點是，一種語言如果經常使用複合形式，那麼就會抗拒被分解。因此，在英語中，「腳」（foot）是

「踢」（kick），「拳頭」（fist）是「搒」（punch），兩者都不用「打」（hit）；但它還是可以用「用X打」（hit with a/the X）這樣的句子來做分解，在這裡X可以是比較少見的工具，或者在需要特別強調腳或拳頭的時候，才用這樣的形式表達。但就算是這樣，在英語中「他用左拳搒了他」（He punched him with his left fist）看起來還是比「他用左拳打了他」（He hit him with his left fist）順。至於機制2需要注意的是，很多手語（包括美國手語）的確使用了同步性——手在比動詞時的路徑可能會調整，藉此表達英語中在動詞後面加上副詞所帶來的效果，而且手表現述語的形式，可能也和接受動作的特定對象種類有所連結。

仙格斯等人確實也指出，很多手語在有順序性的組合之外，也會使用同步的組合——但是他們也補充，兒童在開始學習美國手語時，會把複雜的動詞表現拆解成有順序性的語素（Meier, 1987; Newport, 1981），而不會像成年人那樣，在單一、同步的動作中產生多個動詞元素。然而，我認為這是注意力以及技巧成熟度不同的關係。顯然語言必須是可學習的。

問題在於，學習的具體性究竟何在？語言是由創新所累積而成的一套龐大組織，這些創新必須：（一）是第一次出現的，而且；（二）是修改過的，並且；（三）經過流行階段，然後；（四）成為語言的一部分，傳承給後代子孫。有些複合物很容易模仿，有些則很困難。能說話的兒童一開始學說話的發展，是先掌握以不同方式控制發聲器官所產生的聲音，後來才能精通同時控制不同發聲器官的特殊技巧（與此一致的觀點可參照Studdert-Kennedy, 2002）。複雜模仿是累積的：能用一套熟悉動作分解隨著經驗增長產生的新動作。

此外，失聰社群裡的失聰兒童（不同於那些創造居家手勢的失聰兒童）不是透過示意動作的儀式化習得手語；他們會自己模擬那些屬於一套溝通系統內的實際手勢——可是示意動作和其他姿態可能有助於釐清這些新手勢的意義。兒童看到一個複雜的手勢時，一開始可以成功模仿當中的一、兩個特徵。我認為看起來像是把複雜的動詞表現分解成有順序性的語素的過程，可

能只是動作簡化，而不是在做語言學的再分析。將複雜的技巧拆解成片段，接著學會怎麼優雅地重組這些片段，是動作學習的普遍特徵，而且不應該被視為是專屬於語言的設計特徵。

數十年還是數千年？

ABSL和NSL的快速興起，是否暗示了一旦智人的腦達到目前的形態，只要兩、三個世代就足以使一個完整的人類語言興起？相反地，有人認為（Noble & Davidson, 1996）智人的腦大約在二十萬年前，生理上就已經達到語言先備了；但像是藝術和喪葬習俗等人為產物的複雜度增加，和語言的精細程度之間有相關的話，那麼我們現在所知的人類語言最早也是出現在五萬到九萬年前。如果你接受人類以相近於現代基因型的腦為基礎，花了大約十萬年以上才發明出我們現在所知的語言，那就必須質疑早期的人類究竟缺乏了NSL和ABSL社群裡所具備的何種優勢。回想一下先前的假設，ABSL和NSL與居家手勢不同的原因在於：

1・一個社群的存在提供了更多使用手勢以及選擇手勢的機會，因此有些手勢會被社群捨棄，有些則會因為受到廣泛使用而獲得力量。

2・掌握了其他語言知識的成員，會想把這種知識翻譯到新的媒介中。

波利齊（2005）已經讓我們知道，NSL是如何隨著成長中的社群支持這種語言的發展，而發展成為幫助社群茁壯的媒介。但是我認為，在二十年左右的時間裡催化這種發展的，多多少少是因為失聰社群與周遭已經有完整語言的社群有交集，以及失聰者的意識發生改變，開始想要建立屬於自己的社群。ABSL的發展環境是一個現有的社群，成員包括失聰者與聽人，他們發展出新的溝通形式，使得失聰者也能成為社群內的活躍成員。就算是相對孤立的居家手勢使用者，也會從家人身上學到物品可以自由命名，而且就算

自己不能理解他人說了什麼，也能認知到這種口語行為能夠成功達到溝通目的。然而需要注意的是，高登—彌賓所研究的居家手勢使用者並非一直都與世隔絕；他們都在短短幾年間接受了口語或手語的教育。巴西的「雙積」手語則是相反的例子。

尼加拉瓜的小孩（與居家手勢使用者以及第一代失聰阿薩伊貝都因人相同）居住在一個有很多不同物體的世界，這些物體有的是人工製的，有的是天然的，他們看見有人能使用比單純用手指更精確的方法，來要求想要的東西。此外，有些第一代NSL使用者具有非常基礎的西班牙語知識，阿薩伊貝都因社群也一直都處在失聰者與非失聰者共組大家庭的情況；因此，已經知道如何用阿拉伯語表達自己的需求，或目前情況中相同焦點的口語使用者，會有動機試著將同樣的想法利用示意動作傳達給失聰者，並且發展出愈來愈慣例化的手勢。

NSL的資料是否顯示，如果一群寶寶在遠離有語言的人類環境中成長，那麼經過幾個世代過後，達到臨界質量的兒童（假設是三十個左右）就足以發展出一種語言了呢？[12] 我們是否必須推翻人腦需要十萬年左右的時間，才能發展出我們所知的語言的看法呢？或者尼加拉瓜失聰兒童擁有早期人類所缺少的優勢？我接受後者的看法。他們的優勢在於擁有以下兩種知識：可以隨意命名物體，以及「語言」確實存在。當然，尼加拉瓜失聰兒童沒有聽覺，但是他們看得見嘴唇的運動，這代表他們的家人可以溝通他們的需求。除此之外，他們居住在一個有很多不同物體的世界，這些物體有的是人工製的，有的是天然的，他們看見有人能使用比單純用手指更精確的方法，來要求想要的東西。而且有些人至少有最基本的西班牙語知識，他們也看得到並且能夠表現出各種伴隨口語出現的手勢。因此他們會有動機，試著利用示意動作與愈來愈慣例化的手勢，來表達他們的需求，或是分享他們在目前情境中關注的焦點。

相反地，早期人類處於同一個社群，但沒有成功使用語言的模型可觀摩。我們現代人很難接受「語言必須受到發明」這樣的概念。然而，舉一個

相關的例子來說明，我們知道文字大約是在五千年前才發明出來的。可是我們有很充足的理由相信，大腦的基因型不需要任何改變就能支持識字能力；不過閱讀障礙的症狀顯示，並非所有的人腦都能將話語與文字配對，而且識字的經驗的確會改變大腦的組織（Petersson, Reis, Askelof, Castro—Caldas, & Ingvar, 2000）。然而，一旦人出現了拼音書寫的想法，那麼發明一種書寫系統就是很直接的做法——許多基督教傳教士想讓有語言但沒有書寫系統的民族擁有識字能力和《聖經》，就是例子之一。更適當的例子是1820年左右，北美印地安卻洛奇族的西昆涯（Sequoyah）這個人。他只會一點點英語，也不會閱讀，但他只是因為受到「書寫」這個**觀念**啟發，而成功地為卻洛奇語發明了一個有八十六個符號的音節表（Walker & Sarbaugh, 1993）。

整體來看，我認為一座荒島上的幾個小孩是沒有能力發展出語言的，他們最多只會發展出用少少幾個音、手部姿勢，以及一些慣例化的示意動作組成的最基本溝通系統；他們要有語言，就必須發展好幾百個世代，並在這段時間內創造出文化以及討論文化的方式。不過一旦他們經過了許多世代的發展，他們也**會**擁有其他生物所缺少的、能支援這種發明的腦。

13

語言如何不斷改變

　　我們已經在第十章和第十二章中看過語言之所以開始的關鍵過程——愈來愈多的結構興起，一開始先將語意種類加諸新興詞彙所增生的單詞上，接著結構本身開始被合併、類化與延伸。在這個過程中，單詞的種類愈來愈脫離由填補特定簡單結構的空格所定義的語意韁繩，並隨著單詞擴大到能填補更一般性的結構，愈來愈接近句法的概念。我們也在第十一章中看到，讓語言開始運作的那些過程如何同樣適用於兒童精通已存在他們周遭語言的過程。這一章則是要補充這些說明，研究在最近幾世紀中，幾個形塑與改變語言的歷史變遷，指出在遠古的時代中，隨著原語言愈來愈靠向現代語言的特徵，這些過程就已經發揮作用。但是首先我們要簡單看一下石器時代的一些考古資料，讓我們定出一些可能的時間，推定鏡像系統假說的各個階段。

在語言出現之前

　　人類的文化比起任何其他物種的「文化」都來得多樣且複雜。這是因為個別人類的靈巧度、學習能力、認知能力的增加（Whiten, Horner, & Marshall-Pescini, 2003），反過來使得人類在做文化傳播時愈來愈順利（Tennie, Call, & Tomasello, 2009; Tomasello, 1999）。除此之外，我們現在所熟悉的這種社會互動，需要非原始語言的支持。這些觀察都支持了以下三者會共同演化：語言與社會結構以及與這兩者相關的文化間的互相借用。語言

的演化為早期人類的生活增加了新的面向。他們在生活的各層面都更能夠合作，也能計畫共同的活動。這促使人類發展出更成熟的生活方式、新的食物採集與烹調形式，並且進一步促成人口增加與領土擴張。我們把在此處發揮作用的利基建構，視為是文化而非生物性的演化過程，因為利基反應的是社會基模（如同農業、貿易、城市等發展所帶來的社會基模，這些社會基模都因為有一套共有的認知表徵，而提供了實體與社會利基），接著成為採用新社會基模的部分天擇壓力。

用只有幾百個單詞以及稀少語法的標準來看，現在沒有一種語言可以被稱為「原始」。確實，物質文化有限的部落一般來說會有錯綜複雜的社會結構，以及關於分類關係與共同義務的環環相扣系統。舉例來說，我們先前提過複雜的語言學結構反映出在澳洲文化區域內共通、但他處所不知的親屬結構（Evans, 2003）。其他的複雜系統可能包括代表不同數量的代名詞，例如單數的「你」以及複數的「你們兩個」、「你們所有人」，有時候連「你們幾個」可能都有不同的代名詞表示，或者「我和你」以及「我和你以外的其他人」可能也有兩個不同的代名詞。

然而，所有語言的複雜度不可能都完全相等（Dixon, 1997, p.75, footnote 8）。任何一種語言與其他語言相比，都可能在某個面向有更複雜的整體語法和／或溝通優勢。當洋涇濱（pidgin，由兩個或多個語言群體共同使用的貧乏第二語言）在歷練過後變成一種混雜語（Creole，成為一個群體的第一語言），只要幾個世代，它就會變成一種複雜度足以和任何成熟語言匹敵的語言系統。這樣的發展速度讓狄克森支持下列語言演化的「突然發展假設」：語言最早的興起就像是一次爆炸。人類的心智已經準備好使用語言了，然後語言一發明出來就幾乎會是一個完整系統。語言不會在一個世代裡就累積到五千個單詞，但是狄克森認為每一個世代都會在他們從父母輩學到的語彙上，再增加相當數量的語彙。

必須注意的是，反對意見認為，一般而言新語言在現代會跟隨著一種已經擁有大量概念和語法工具的語言而形成。我的立場是，在各式各樣的原語

言當中已經長期累積了很多創新，透過數萬年來「敲打鍛造」的過程，帶來了相似於現代語言的東西。如先前所提到的，很多考古學家都認為，人類最早也是在十萬年前才發展出語言（Noble & Davidson, 1996），但是也有其他考古學家相信，其實在智人之前的其他人科動物都已經使用過語言。

然而，前面的章節並沒有提到人類演化時各種改變發生的時間順序，而這些改變又跟人科動物在脫離與黑猩猩相同支系後的語言先備腦的生理演化有關。在這個部分，我會使用考古學石器資料來校正鏡像系統假說。我們將瀏覽舊石器時代的石器製作紀錄，將焦點放在史陶特（Stout, 2011）對奧杜韋文化與阿舍利文化中顯然與工具製作有關的過程階級分析，但我會以第四章與第五章中所提到的大腦模型論點為基準，做出略微不同的分析。[1]

奧杜韋工具製作

目前已知最早的石造工具（Semaw, 2000）來自奧杜韋文化（約在兩百四十萬到一百四十萬年前），是直接使用一塊所謂的「榔頭石」（hammerstone），敲擊鵝卵石的「核」（core）所得銳利石片所組成的工具。這些工具可用來切割物體與敲碎骨頭，石片可能還用來切開動物的骨頭，取出富含蛋白質的骨髓。關鍵的創新在於製造出有可切割邊緣的石片。一般而言，很多石片都是從同一顆核心石敲下來的。

就算是最基本的敲落石片動作，需要的抓取能力也遠超過只是拿住榔頭石和鵝卵石。舉例來說，在製作石片時，預計要讓榔頭石敲擊到鵝卵石的部分，就是敲擊動作最終的作用器。如布瑞爾等人（Bril et al. 2010）所強調，專門技術不只能藉由這個行為的整體安排展現出來，也能靠愈來愈有技巧地執行各個動作（必須仰賴長久的練習）表現出來。舉例來說，今日在做考古研究時，只有專家才知道怎麼在不改變動能的情況下，根據榔頭的重量調整手的動作，以便透過貝殼狀的紋理將石片從燧石中敲出來。這種專門技術表現在他們能充分掌握各種功能參數之間的互動。

如同史陶特（2010）所觀察，奧杜韋石器製作包括下列內容：（一）**取**

得原料（核心石與榔頭石——不過他們可能有過去留下來的榔頭石，因此只需從手邊的一堆石頭裡選出一塊核心石，或是進行初步的搜尋與評估，直到找到適合的核心石為止）；（二）利用原有的核心石與榔頭石，在需要或可行的時候重複**敲擊出石片**。後者則牽涉到四個步驟：挑選敲裂核心石的可視線索、把核心石放在容易取得可視線索的位置、握住榔頭石並且確定它與可視線索的相對位置、用榔頭石的適當部分敲擊可視線索。史陶特利用樹狀圖來解釋奧杜韋石器製作的過程，這個樹狀圖分成六個互相套疊的層級，範圍從製造石片這個整體目標，到針對核心石與榔頭石的特定操作方式。然而，我認為對「工作記憶的需求」來解釋這個過程，遠比這個樹狀圖所提出的解釋更為精簡。以整體目標是製作石片而言，這個劇本可簡化成以下內容：我有沒有榔頭石？我有沒有核心石？有沒有敲出石片的可視線索？如果有，開始敲出石片。如果沒有，盡量加強可視線索。

由於奧杜韋核心石的形態多變，所以無法證明奧杜韋文化的某些早期裝置顯示了當時的人類偏好某種系統化的石片敲落模式。若此種模式確實存在，就暗示了當時的人類在經過學習後，已傾向根據先前敲擊石塊的位置挑選下手的目標（例如單邊的連接處、另外一面，或是同一個平面等）。儘管如此，奧杜韋工具製作技巧沒能再往前發展，暗示了只有幾個基本發現在當時的人類之間傳播開來，而非人類已發展出製作工具的一般技巧。另外一個對比的例子——任何黑猩猩族群有限的叫聲，似乎也和當一個社群裡創造出原單詞的能力變得顯著後，會促使原語言得以產生的情況相當不同。

奧杜韋工具的種類範圍大約和現代黑猩猩的工具差不多。伯斯與柏斯（1990）評估了三群野生黑猩猩使用工具的情況，發現東非馬哈勒山脈的黑猩猩有十二種工具使用方法，坦尚尼亞的岡貝黑猩猩有十六種方法，象牙海岸塔依地區的黑猩猩有十九種方法，而這裡的黑猩猩過去已經被觀察到有六種工具製作方法了。這三個地方的黑猩猩都會使用與準備棍狀物，但塔依地區的黑猩猩在使用棍子時，會先有比較多的調整，牠們也是唯一被觀察到會用工具敲打物體，還有同時使用兩種不同工具，以取得食物的黑猩猩。舉例

來說，從他們取得的照片中可看到，有隻成年母黑猩猩用八公斤重的榔頭石敲打熊貓果時，旁邊還有一隻成年公黑猩猩正在用一根小棍子，從已經打開、而且部分果仁已被母猩猩吃掉的果殼內，取出剩下的果仁。

阿舍利工具製作

阿舍利文化的工具包括斧頭、十字鎬，以及菜刀，最早出現在一百五十萬年前，並且與直立人的出現有關。關鍵的創新是將整個石頭的形狀塑造成典型的工具形式，還會鑿打石頭的兩側，創造出對稱的邊緣。做這個動作需要手部的靈巧度、力量，還有技術的配合。然而，相同的工具也用來執行各種不同的任務，例如割下動物的皮、切肉、敲碎骨頭等。早期阿舍利人（約在一百六十萬到九十萬年前）的特徵是能製造精緻的薄片，並且也做出了大型切割工具，而晚期阿舍利人（約在七十到二十五萬年前）則做出了空白石版，可以在他們為不同形式的工具做更細膩的塑形時用來做為樣版。

對於史陶特（2010）而言，早期阿舍利形式的精緻薄片製作，反應了調整核心石這個關鍵的創新，讓後續敲出石片更加順利；這是明確的預備動作，而不是原本敲出石片時的副產品。**取得原料**（核心石與榔頭石）的步驟和過去是一樣的，但是現在多了一個階段，就是**準備核心石**：這就等同奧杜韋文化的敲出石片步驟，但現在的標準不是製作出最終的石片，而是把比較不合用的鵝卵石，換成比較合用的鵝卵石，加上剩下需要的東西。接著在加工過的核心石上重複敲落石片，核心石也會經過重複處理，一直重複到核心石耗盡為止。既然石頭會「記得」重複的應用，重複這個過程的限制就是物理性的，與工作記憶的認知限制無關。

在最早的阿舍利遺跡發現的兩種典型大型切割工具，是用大型石片（大於十公分）製作出的尖頭「手斧」，以及一般用鵝卵石製作，相對較厚的尖頭「十字鎬」。製作這兩種工具牽涉到進一步的創新：製作有結構的石片以及蓄意塑形。適合用來打造手斧的大型石片（稱為「石版」）是早期阿舍利人的關鍵創新，代表他們已經從簡單的原料取得，進入到包含多重要素的複

雜採石階段。製作石版需要較重的榔頭石，以及比奧杜韋文化製作石片時更大的力量，除此之外還需要夠大的核心石，且為了在製作時獲得足夠的支撐力，可能必須把核心石放在地上，而不能像過去一樣放在手上。此外還需要用到額外的小圓石或是鵝卵石，以便放在適當的位置用來支撐核心石（Toth, 2001）。這些在感知—動作組織方面的基本差異，使得阿舍利石版製作和奧杜韋的石片製作在品質上有所不同（Semaw, Rogers, & Stout, 2009）。

　　工具製作者要協調各種製作元素，需要發展出種種技巧，包括：（一）挑選可用來製作特定工具的鵝卵石（例如手斧或十字鎬都可以在同一個地點製作出來）；（二）在這種情況下以相關較低階的動作來製作工具時，先建立工具形狀的穩定視覺呈現。

　　關鍵點在於，現在在為每一次敲擊所挑選的可視線索，會以這個想像中的最終形狀為基準，而不是只根據能敲擊出石片的適當可視線索，來選擇鵝卵石上的位置。形成刀刃的相對廣泛標準，支援了對斧頭或是十字鎬預期形狀的想像，接著用以引導選擇可視線索。現代的工具製作者（e.g., Pelegrin, 1990）對塑形的描述是：先達成局部的次目標，才能讓整體目標外型在後續每一次製作時有大致相同的表現。舉例來說，做出少量一系列薄片可能是為了先創造出一個邊緣，接著再次評估整體外型，挑選出下一個適當的次目標。這增加了這個過程的階級複雜度，但是關鍵的改變在於對工作記憶的新需求——也就是要記住想要的外型並且藉此評估下一個的薄片。這可能，但不一定，牽涉到「先完成這個邊緣」這種中級階層動作。

　　我們在這裡能看出，在建立目標方面扮演要角的不只是FARS模型（第四章）的相關性，還有視覺化的想像。這裡的挑戰與其說是階級複雜度增加，不如說是要維持視覺目標：比如把鵝卵石轉向，以便找出新的可視線索，然後敲掉更多石片，改變鵝卵石的形狀。隨著這樣的改變，核心石本身也會透過它與最終視覺化外型之間的關係而建構行為，且此視覺化外型有著更多明確的細節，不再只是「像樣的核心石」或是「像樣的石片」。注意，就算在奧杜韋的工具製作中，感知層面（根據當前的目標判斷適當的可視線

索）會「配合」動作面的執行，達到適當的有效性。

如史陶特（2010）強調，這樣的技術顯示了實質的改變：奧杜韋文化的一個遺址（一百三十三萬年前），曾經利用一致的「菱形」策略，單面削磨扁平水晶塊的相對面，製造出大型的切割工具；另外在衣索匹亞的哥納遺址（一百六十萬年前）以及肯亞的西圖爾卡納遺址（一百七十萬年前）都有利用兩或三個人造的邊緣，做出各種單面與雙面削磨的組合，藉此利用熔岩鵝卵石做出三面的「十字鎬」。然而，奧杜韋與西圖爾卡納不只距離遙遠，時代更分屬於一百三十三萬年前以及一百七十萬年前，因此這些證據指向了非常緩慢的文化演化，而不是在任何早期阿舍利社群中共通的技術變化。

阿舍利人晚期的技術轉變，發生在五十萬年前（Clark, 2001）。當時出現了較小、較薄、較規則且對稱的大型切割工具，一般認為在製作此種大型工具時用到「軟榔頭」（soft hammer）技術。肯亞依森亞一處有七十萬年歷史的遺跡（Roche, 2005），是最早發現這種工具的地方，這裡也有「菜刀」的遺跡。在製作這些工具之前需要先做好空白石版，才能在塑形之前，先用石版做出一塊銳利的長型菜刀刃。這個過程可說是阿舍利早期空白石版製作的延伸。晚期阿舍利人的方法是過渡性的，到了後續的中石器時代，使用的是預先準備的核心石片製作策略，最主要的轉變在於尺寸縮小（可能與中石器時代開始使用握把有關）以及製作方法更多樣化。

在描述這種新技術的特徵時，史陶特（2010）強調三項創新：（一）軟硬榔頭石的選擇（因此多數情況應該是準備了種類豐富的「工具組」，而不是隨便找一顆榔頭石）；（二）有不只是手斧和十字鎬的一系列物品；（三）有預先準備好的平台（準備好一個可以在上面敲打的平面，與先前提到支撐核心石的「支架」不同）。晚期阿舍利人製作比較薄、形狀比較規則的大型切割工具時，需要比較成熟的塑形過程（Edwards, 2001）。

晚期阿舍利人製作大型薄片切割工具的例子，在歐洲、西亞、非洲都有，並且是以各種材料製作。為了達到塑形過程中的各種次目標，可能需要各種尺寸的榔頭石。除了挑選適合不同敲擊動作的榔頭石之外，平台的準備

也是「複雜石片敲落」這個新結構單元裡的一部分；這兩者可能取代了簡單石片敲落，並且透過反覆組合這樣的動作，在塑形和特殊打薄的過程中達到次目標。這裡最具特殊相關性的是「自發性」這個議題：隨著對於複雜石片敲落的協調控制規劃成為自發性的動作，動作階級深度最初的增加（從簡單石片敲落到複雜石片敲落的次基模）於是被逆轉，因此可以被視為整體過程中的一個行動單元。

智人的興起

到了大約二十萬年前，技術已經到位，能夠創造出各式各樣的工具，因此能依照一個模式用粗糙的石版做出切割工具、鋸齒狀工具、石片刀刃、刮刀，或是長矛。除此之外，這些工具可以和其他元件結合，做成把柄與矛，也可以用來製作出其他工具，比如木頭或是骨頭製的文物。

歐洲的考古工作已經發現四萬年前的人造藝術品，形式有珠子、牙齒做的項鍊、洞窟畫作、石刻，還有小雕像。這段工具製作時間處於舊石器時代晚期，約是四萬年前到一萬兩千年前農業出現的時候。骨頭與鹿角做的縫衣針和魚鉤出現了，此外也有石片製作的箭和矛、加工骨頭與象牙所使用的雕刻刀、多刺的魚叉，還有木頭、骨頭或是鹿角製作的擲箭器（Mithen, 2007; Wynn, 2009; Wynn & Coolidge, 2004）。

然而，麥布瑞提與布魯克斯（McBrearty and Brooks, 2000）強調，我們不能太執著於這些相關的考古證據在歐洲遍布的現象。支持「人類革命」理論的人宣稱，現代人類行為是突然出現的，幾乎是同時在大約五萬到四萬年前的舊世界各地同時出現，而且有些人將這個現象和伴隨著語言起源的腦部重新組織連結在一起。相反地，麥布瑞提與布魯克斯的文獻提出，很多「人類革命」的要素都在更早的數萬年前，非洲的石器時代中期就已經能看到了，並且在世界各地、各時期的遺跡都出現過。他們因此提出，是現代人類的種種特質逐漸集合在非洲，接著再輸出到舊世界的其他地區。現代行為最

早的一些跡象，被認為與早期智人（*Homo helmei*）化石的出現一致；但他們根據解剖學和行為內容，提出早期智人應該與智人無異，所以我們的物種起源就能與石器時代中期技術的出現連在一起，也就是在晚期阿舍利人之後的二十五萬到三十萬年前。

這個觀點與鏡像系統假說相互呼應，我們可以用下列的等式來說明[2]：

‧在奧杜韋文明時期，我們的祖先還只會簡單模仿，只能利用和現在的類人猿相似，有限的聲音與手勢溝通。

‧早期阿舍利文明處在簡單模仿到複雜模仿的**過渡期**，技巧的轉移受到階級深度的限制，如果有任何推動運轉的力量，也是極小的。在這個階段，原始人類利用有限的聲音和手勢溝通，不過總量大於現代類人猿能使用的數量。

‧晚期阿舍利文明處在複雜模仿出現的階段，透過有意識地使用示意動作，以及仰賴愈來愈豐富、能保持實踐與溝通的階級式計畫的記憶構造，獲得了開放式的語意。在此，可注意法蘭西斯科‧阿伯提茲（Francisco Aboitiz）與同僚提出的大腦機制演化支持語言的看法，內容特別強調了記憶的擴張（Aboitiz & García, 2009; Aboitiz, García, Brunetti, & Bosman, 2006; Aboitiz & Garcia, 1997）。

因此，我們可以同意下列說法：

智人是人科動物中，最早有語言先備大腦的物種。然而，經過了十萬年以上的時間，原語言的發展能力才產生了最早的真正語言，並且對往後的文化加速演化造成重大影響。

若要做進一步的研究，需要將這個論點放在文化演化研究的情境中來檢視。舉例來說，要評估這個論點與理查森與鮑依德（Richerson and Boyd,

2010）所提出的不同說法，彼此間的相容程度——他們所提「為什麼有可能演化出語言」的說法，乃根植於他們對文化演化的大量研究，且研究範圍含括了從他們的經典著作（Boyd & Richerson, 1985）到最近他們提出的「快速的文化適應能促進大規模合作的演化」（Boyd, Richerson, & Henrich, 2011）。最近相關研究採用的樣本，收錄在《皇家學會哲學研討B：生物科學》（*Philosophical Transactions of the Royal Society B: Biological Sciences*）的特刊中，此期刊特別收錄「文化演化」討論會議的會議紀錄。在序文中，懷特恩等人（2011）檢視了研究他們主題的各種方法。也許在比較靈長類動物學當中，與鏡像系統假說基礎最相關的那些研究，揭露了在文化傳遞中重要的那些過程，比過去認為的還要廣泛存在於在其他物種中；這顯示了過去沒有發現的動物與人類文化間的連續性。

儘管如此，從這裡所描述的非人類靈長類、原語言，以及語言等不同溝通系統間的差異可知，我們必須給予以下兩種題目論文相同的關注：人類文化多樣性與文化演化對人類心智傾向的影響。舉例來說，倫戴爾、波依德等人（Rendell, Boyd et al., 2011）也談到我們關於模仿的主題，他們分析複製如何影響了文化知識的數量、平等性，以及持久性。研究上的一個關鍵目標，將是評估現代人類的大腦是以何種方式，支持數千數萬年來工具使用以及（可能的）原語言相對停滯的狀態，但是又在近期的幾千年裡讓兩者進展神速。這是人口結構爆炸的因還是果呢？

歷史語言學對原語言的了解

我在第十二章中提出了一個觀念，那就是在一個社群中，如果成員已經會使用完整的複雜語言，那麼語言改變的步調會大幅加速，這與我們早期祖先的環境相差甚遠，因為當時他們只有最基礎的原語言。人類可能是過了好幾萬年才對語言結構有了基本的「發現」，而且這些發現在接下來數萬年中傳播到當時數量有限的人類居住地，建立一個鬆散的原語言家族；而這些原

語言之間的相同處，足以維繫這些可能是在十萬到五萬年前之間興起的各種早期語言的完整複雜度。[3]

　　除了這個部分和第六章裡的簡短預習，**原語言**在本書的任何部分，指的都是一個開放的溝通系統。這個系統可能是一座橋梁，也許在阿舍利文化晚期一直到智人出現的最初那幾萬年裡，連接原始人類近於人猿的溝通系統（也就是在奧杜韋與阿舍利文化早期間的溝通系統）以及我們現在所知道的「語言」。

　　然而，在現在歷史語言學的討論中，我們堅定地把自己定位在人類語言歷史的範疇裡，在這裡會用「原語言」這個詞，來代表一種發展完整的語言，是之後各種語言的祖先。等到數種語言出現了書寫形式後，語言學家就能真正追溯這些語言間的關係。舉例來說，關於羅馬帝國的成長是如何將拉丁語擴展至相當於現代歐洲與北非的地區，以及在歷史變遷的過程中，不同的民族如何以各種方式調整拉丁語，使其符合他們的需求（從法語到義大利語到羅馬尼亞語，以及其他許多拉丁語系語言都是），都有很詳細的記載。

　　圖13-1標示出一些拉丁語系（羅曼語系）語言出現的大致地點。出於種種理由，這些地方各民族使用的詞彙及語法，經過數個世紀的變化後，已經到了應該被視為不同語言，而非同為拉丁語方言的程度。然而，這也顯示了一些重要的歷史時間點。羅馬帝國最後一分為二，分別是首都在羅馬的西羅馬帝國，以及首都在君士坦丁堡（現在的伊斯坦堡）的東羅馬帝國。東羅馬帝國的官方語言是希臘語而非拉丁語，羅馬尼亞當時依舊是東方的一座「孤島」，依舊以拉丁語為主要語言，最後異變成為現在的羅馬尼亞語。西班牙語及葡萄牙語非常相似，兩者和義大利語的相似程度又大於法語。乍看之下，這些都能支持一個由各種相關語言所形成的家族樹模型，以「親子關係的連結」來表示，來自假定單一原語言的各種語言後代。

　　但有些重要歷史事件是圖13-1沒有表現出來的。舉例來說，雖然北非大部分都屬於羅馬帝國，但是伊斯蘭教成功從阿拉伯地區擴散到北非，成功消滅了拉丁語，使阿拉伯語取而代之，成為該區域的主要語言。因此，現代的

北非已經沒有「在地的」拉丁語系語言。西班牙有些地區曾受使用阿拉伯語的穆斯林統治勢力主導數個世紀，但最後還是回歸基督教的統治，阿拉伯語也因此禁止使用。因此，西班牙人（因為「收復失地運動」）說的是拉丁語系的語言，但是西班牙語中源自阿拉伯語的語彙，遠多於其他拉丁語系語言（這是受到摩爾人統治多年的結果）。這提醒了我們，一棵家族樹只能顯示非常有限的歷史——它只能顯示出一個人或一種語言的後代，但卻不能顯示出能讓後代得以繁衍的其他夥伴。然而，雖然一個人一定只有一對父母，且兩者各提供相同數量的基因原料，但是一種語言可能會有很多個父母，而且每一個都以不同方式提供不同數量的詞彙與語法給下一代。

　　另外一個歷史面向是，雖然拉丁語系的語言一開始是跟著羅馬帝國全盛時期的腳步發展，但是隨著1492年歐洲的殖民主義擴張到世界各地，舊殖民地現在都還是會使用拉丁語系語言；例如葡萄牙語在巴西，以及西班牙語在

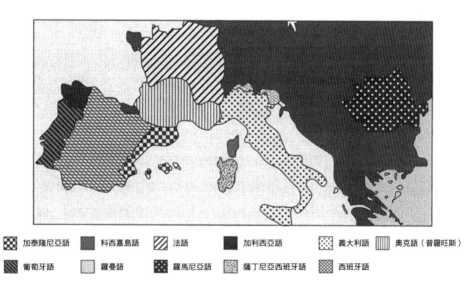

加泰隆尼亞語　　科西嘉島語　　法語　　加利西亞　　義大利語　　奧克語（普羅旺斯）

葡萄牙語　　羅曼語　　羅馬尼亞語　　薩丁尼亞西班牙語　　西班牙語

圖13-1：歐洲拉丁語系語言分布圖

拉丁美洲的其他地區都是主要語言。我們看到非洲有法語區和英語區，印度也廣泛使用英語，這些都反映了法國與英國的帝國主義。就算這些帝國現在已經瓦解，而且很多歐洲強權現在都成了這些曾受它們統治的國家的盟友而非主人，但是經常還是隨處可見有人使用殖民語言。

但是在羅馬帝國興起與滅亡更早之前，語言的歷史又是怎麼樣呢？歐洲、亞洲與非洲是相連的大陸，人類在這裡已經住了數萬年了，智人從非洲開始向外遷徙，而研究者推斷，語言也是起源並發展於非洲。考古學家已經指出，人類大約在五萬到六萬年前到達澳大利亞／新幾內亞（當時還是同一塊大陸），大約在一萬兩千到兩萬年前經由白令海峽從西伯利亞到達美洲，不到四千年前到達太平洋各小島。要以語言學的角度，判斷語言到底是只發展一次（單源演化說〔monogenesis〕）或者在兩個以上的地方分別發展（多源論〔polygenesis〕），是不可能的事。而且如果真的是單源演化，語言學家當然也永遠無法重建「原始世界」的結構。儘管如此，在與現代人類語言的豐富性有一丁點相似的語言出現之前，多源的原語言發展的可能性似乎較高。

原語言在歷史上出現的大約時間，已經被判斷為是現代語言出現前六千年左右，應該是「原印歐語言」。然而，因為缺乏書面紀錄，所以我們也許只能說「我們不知道」，或是「也許是在五千年前到一萬兩千年前中間的某個時間」。初露曙光的語言以及現代語言家族的原語言（例如印歐語系），在大約六千年前到一萬年前到底發生了什麼事呢？

既然重新建構的過程只能在重新建構的語言中假設規律性，原語言重新建構起的各部分傾向表現出整齊與同質的模式，不規則性（如果有的話）則較少。但事實上，很少有口說語言符合上述的情況，它們通常會有一個以上的底層語言（substratum，有遭到取代的語言的特徵）或是上層語言（super-strataum，有來自同一個社會裡，主要族群過去所使用的另外一個語言的特徵）。

每一個語言和方言都持續在改變，但是一個語言改變的速度並非維持

在定速。一般來說，沒有相鄰語言的語言，它的改變速度可能相對慢，而非優勢語言可能會愈來愈像大部分使用者都熟知的優勢語言（prestige language）。當有兩群使用不同語言的人融合在一起，形成一個使用單一語言的社群時，會直接受到其中一個原本語言的影響，但是可能會有來自第二種語言的大量底層語言或上層語言。以語言學來說，底層語言是力量或地位比另外一種語言低的語言，上層語言則是有較高力量或地位的語言。底層語言和上層語言會互相影響，但方式不同。我們會在後面針對洋涇濱和混雜語的討論中看到更多的內容。一般來說，語言較優越的群體會是有最多新東西的群體。澳大利亞的原住民語言從英語借用的字詞包括：槍、酒吧、教堂、警察、汽車、襯衫、長褲、鏡子、工作、購買以及點名。但是當優勢語言來自入侵者時，這個語言可能也會借用當地原生的語言來表達當地的動植物與物品，所以英語也從澳大利亞語中借用了一些詞來表示袋鼠、袋熊、長尾鸚鵡、迴力鏢等東西。在很多情況下，名詞會比動詞更能隨意借用。

德語和英語關係密切，有很多相通的語法形式，常用詞彙中也有很高的相通比例（包括屈折形式不規則的那些詞彙），但是英語的詞彙以及某個程度的語法和語音，都具有很大量的法語做為上層語言。未來，英語的語法和詞彙在後代會經歷極大的變化。語法的不規則形式很可能會消失。除此之外，英語語彙中具拉丁語源的單詞可能會在使用中取代德語的詞彙。如果這情形真的發生了，未來的語言學家可能會推論出一個三向的分裂——從一種原語言，分裂成德語、英語和法語，而不會將德語和英語視為姊妹語，因為英語已經受到法語的影響而有所改變。

相反地，在我們重新建構某個語言家族的假定原語言時，歷史語言學家提出的具有特定意義或功能的形式，可能會比任何一種語言所擁有過的還要多，例如某個人／數字組合的代名詞也許有兩種表達形式，或是某種指示詞、疑問詞，或者某個身體部位有兩種表達形式。確實，想利用拉丁語系的女兒們重新建構原始拉丁語，當然無法讓我們得到現在有完整書寫紀錄的那個拉丁語（Schmid, 1987）。

由於地理上的分隔，從一個語言發展到兩個語言會是一個漸進的過程。這是因為，如果團體間沒有聯繫，他們就不會試著彼此溝通。如果在中間的某個時間（在語言還不是完全不同的時候）重新建立起聯繫，兩個群體的語言使用者會建立密切的關係，彼此接納另外一個群體使用的話語，使之成為一種語言的方言；或者兩個群體也許會冷淡相對，促使兩方的話語漸行漸遠，最終成為兩種完全不同的語言。舉例來說，一位斯洛維尼亞同僚告訴我，已經有人在特別努力分辨塞爾維亞—克羅埃西亞語當中的塞爾維亞語和克羅埃西亞語，這兩種語言會融合是過去發生在前南斯拉夫的戰爭所導致的副作用。另外也可以用拼字法來加強差異。舉例來說，硬顎邊音（palatal lateral）和鼻音在西班牙語中是ll和ñ，但是在葡萄牙語中是lh和nh。

如同狄克森（1997）所指出，語言的快速改變是受到許多不同的催化作用影響。這些催化劑包括**自然的原因**，例如居住環境的改變、海平面的上升或下降、疾病，以及基因突變；還有**物質的創新**，例如新的工具與武器、交通方式，以及農業的發明；還有**侵略意圖的發展**，例如當一個地區的領袖想要更大的權利，或者不容質疑的新宗教興起。**地理上的可能性**包括擴張到無人居住的領土，以及到過去由他人占領的地盤等。當被入侵的土地居民由很多小群體所組成時，每個群體都有自己的語言（例如當初的美洲和澳洲），或者入侵者的數目遠大於原住民時（例如紐西蘭），那麼原本的語言就會凋零，過了一段時間後會被優勢語言大幅取代（不過紐西蘭已經開始試圖復興毛利語）。[4] 如果被侵略的領土已經有發展完整的政治群體、數百萬的語言使用者，以及可能有一個或更多高度發展的宗教，那麼人們並不會減少使用原生語言，但是侵略者的語言還是會成為優勢語言，比如印度就是這樣的例子。偶爾侵略者的語言反而會沒落，就像英國的諾曼法語一樣。不過就算在這樣的地方，雖然諾曼人的數量相對極少，而且在物質與宗教的文化背景上，和英國並沒有太大的差異，但諾曼法語還是為現代英語提供了非常重要的上層語言。

在後面兩個部分，我們會先看看**語法化**這個可能在語言裡長期運作的語

言變化過程，接著我們會看看洋涇濱和混合語，了解兩個或多個已經存在的語言間互相接觸如何誕生新的語言。

語法化

語法化是一個字串或是補充句裡所表達的資訊，隨著時間過去，轉變成為語法一部分的過程，會為語言的改變提供重要動力。[5] 以下兩句一組的英語句組示範了這個過程，每一個例子裡，A句當中所使用的特定動詞會成為B句裡指示語法功能的標記：

A	He kept the money.（他留著錢。）	動詞
B	He kept complaining.（他一直抱怨。）	持續性
A	He used all the money.（他把錢都花光了。）	動詞
B	He used to come.（他以前常來。）	慣例
A	He's going to town.（他要去城裡。）	動詞
B	He's going to come.（他會過來。）	未來式

此外，以每一個例子來說，在英語歷史上都有一段時間是A的用法是語言中的一部分，但B不是；但是在現代英語中，兩種用法都存在。這些例子啟發了以更宏觀的角度來看語法化，這不只包括了詞彙形式成為語法形式的過程，還包括從語法形式到更進一步的語法形式轉變。這樣一來，過去用來表達相對具體或容易理解的意義的語言學形式，就可以用來表達更多的語法功能。

我們可以把這些A-B例句組的關係，用下面的公式來表達（當然還有很多其他種類的語法化）：

1・在L語言中有a（在A句）和b（在B句）兩個發音相同的項目，但是a是一個動詞詞彙，b則是代表時態（tense）、體（aspect）或是情態（modality）等語法功能的輔助標記。

2・a的補語核心是一個名詞，b的補語核心是一個非限定動詞。

3・B在歷史上是從A衍生出來的。

4・從A到B的過程是單向的，也就是說，不太可能有一個語言會發生A從B衍生而來的情況。

海因與庫特瓦（Heine and Kuteva, 2007, 2011）發展了圖13-2所示的基模，說明語言類別如何透過連續的語法化過程在歷史上出現，並討論語法化理論可以透過哪些方法，做為語言從早期形式所經歷的文化演化的重建工具，而不是看（一般定義的）使原語言以及語法化的後續過程變得可能的生物演化。

要研究圖中所有箭頭已經超過本書的範圍，但我們已經在稍早的A-B對句例子中，說明「體」和「時態」如何能透過動詞的語法化而出現。這張圖的六個階層說明了語法（文化）演化的六個階段，與表13-1相同。以第十章

表13-1：海因與庫特瓦假設的語法化六階段

I	名詞（一個單詞的語句）	石頭、樹
II	動詞（單因果關係命題）	睡覺、剪
III	形容詞、副詞（核心—依存結構〔head-dependent structure〕）	大樹
IV	指示詞、介詞、體標記、否定等，所有讓片語結構延伸的東西	在這棵大樹上
V	代名詞、定冠詞（與不定冠詞）標記、關係子句標記、補語標記、格標記、時態標記——為子句從屬性質、時間與空間的置換等提供機制	我看到的那棵大樹
VI	一致標記、被動標記、副詞從屬子句	當火被點燃

裡的方法來說，我們不會從只有名詞的第一個階層開始，接著第二層就是動詞出現的過程來看。相反地，我們會從原單詞開始，透過切割原單詞可以產生一些構造，這些構造的累積效果，會帶來類似名詞和動詞的填空字種類。

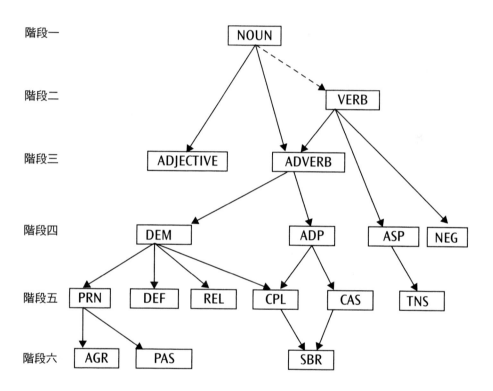

圖13-2：此基模説明了語言類別如何透過連續的語法化過程在歷史上出現（adapted from Heine & Kuteva, 2007, p.111）。這六個階層在表13-1中已經描述過了。AGR為一致標記（agreement marker），ADP為介係詞（prepositions）與其他介詞（adpositions），ASP為（動詞的）體（aspect），CAS為格標記（case marker），CPL為補語標記（complementizer），DEF為有定標記（marker of definiteness，即「定冠詞」〔definite article〕，DEM為指示詞（demonstrative），NEG為否定標記（negation marker），PAS為被動標記（passive marker），PRN為代名詞（pronoun），REL為關係子句標記（relative clause marker），SBR為副詞子句的從屬標記（subordinating marker），TNS為時態標記（tense marker）。虛線顯示重建這段的發展只有間接證據。

除此之外，如我們已經強調過，組成一個名詞以及一個動詞的東西，可能極度仰賴語言，不過兩者是分別建立在物體單詞以及動作單詞的基礎上。

表13-1讓人有所疑問：發展這些結構的動機是什麼？語言需要動詞形態、格位綴詞（case suffixes）等等這麼多的手段嗎？我們稍早的討論提出了反對的意見。不同的語言使用的重要語法特徵也不一樣。德語有格位屈折的系統，但英語沒有；不過英語和德語都有語法屈折，但是中文沒有。每一種語言都在歷史中改變，語法化能持續創新，同時現有的構造可能會消失。背後的驅動力來自溝通的需求，但類似的訊息能以多種方式來表達。

海因和庫特瓦提供了一個四階段的模型（表13-2），重新詮釋了由語境所引導的語法化意義；也就是來源意義（如前例中的A句）被轉換成新的、語法化後的目標意義（B句）。但還是要注意的是，一般來說，新目標意義在新的語境中出現，不需要阻止單詞在其他語境中持續使用其來源意義。

海因為語法化的研究增加了語言演化的另一個研究角度：將插句種類（parenthetical categories）視為語言學的「化石」，雖然這些種類不存在現代語言，但是也許能讓我們略微了解通往語言的各個階段。下面是英語中一些插句種類的例子：

· **社交互動的公式**：再見、生日快樂、沒關係、對不起、小心、做得

表13-2：海因與庫特瓦的「由語境所引導的語法化的意義重新詮釋」四階段模型。

階段	語境	造成的意義	推論的類型
初期階段	不受限制	來源意義	—
連接語境	新的語境引發新的意義	目標意義被強調	受邀請的（可取消）
轉換語境	新的語境與來源意義不相容	來源意義被隱蔽	一般（通常無法取消）
慣例化	目標意義不在需要原本的語境支撐，可使用在新的語境中	僅目標意義	—

好、謝謝你、對、錯、不可能、聽著

   ·**呼格**（Vocatives）：彼得！史密斯太太！各位先生女士！我親愛的朋友們！

   ·**感嘆詞**：嘿、唉喲、耶、哇、嗨、噁

   這些插句都是自發的，可以形成自己的語句，而不是一個句子語法中，句法結構或韻律結構所不可或缺的東西，而且也形成一個獨立的語調單元，透過停頓來引發語句的其他部分。這些插句的使用是選擇性的，比較常出現在口語而非書寫中。

   海因以此為基礎，認為社交互動的公式、呼格以及感嘆詞，在早期語言的概念性語法中各占有重要地位，但並沒有整合至單一系統中。不過要注意的是，這些社交互動公式以及呼格的例子，都使用了英語裡的標準單詞，但是感嘆詞並沒有。

   因此，經過一段時間後，概念性語法很可能會納入這些社交互動的公式與呼格，使之成為某語言語法的一部分，而感嘆詞雖然可能會擴大對話的內容，但並不是語言的一部分。舉例來說，打招呼和說再見的手勢，可能是讓這種應對的公式進入語言的前驅物。在某些例子裡，這些公式可以被壓縮，產生新的單詞，然後進入語言之中，就像是God be with you（願神與你同在）被壓縮後變成Goodbye（再見），以及Ma dame（我的夫人）變成Madam（夫人）。

   在這個章節的最後，我們回頭來看**遞歸**，這是我們在第六章裡介紹所謂**句法、語意、遞歸**等特質時所提過的。我們已經在第二章看過一個遞歸的基本例子：一個名詞片語（不管只是一個名詞或是已經加上形容詞），可以是一個較大的名詞片語的成分，例如形成「玫瑰」，接著「藍色玫瑰」，然後是「枯萎的藍色玫瑰」。因此，在這個很簡單的例子，遞歸會透過我們在場景描述的過程中注意到場景中的各個面向，在描述中加入愈來愈多的細節或特徵而自然出現。海因與庫特瓦提出了遞歸可能會出現的其他方式：

A	There is the car. I like that (one). （那裡有一輛車。我喜歡那〔一輛〕。）	指示代名詞
中間	There is the car; that (one) I like. （那裡有一輛車；那〔一輛〕我喜歡。）	指示代名詞
B	There is the car [that I like]. （那裡有一輛車〔是我喜歡的〕。）	關係詞

這裡我們看到的是一個**整合**的過程，that在這個過程會改變角色，讓並置的兩個個別句子「前句+後句」，透過關係子句的機制，變成「前句（後句）」這種嵌入的遞歸。而在A裡，後句的指示代名詞that指的是重複前句裡的某個參與物，但是在B裡，that被語法化，指的是一個關係子句的標記，而後句也被語法化成一個關係子句。

在下一個例子裡，我們看到的是將一個**概念性的插句**，例如「我想」、「如果你可以」、「可以說是」……等等和後面的句子的合併。

A	Ann said that: Paul has retired. （安說了這句話：保羅已經退休了。）	指示代名詞
中間	Ann said: that Paul has retired.（安說：保羅已經退休了。）	
B	Ann said [that Paul has retired]. （安說保羅已經退休了。）	補語標記

在A裡的that代表前句裡的指示代名詞，指的是後句的內容。接著在改變過程中出現了邊界的轉移，that從前句的最後一個元素，變成了後句的開頭元素。最後在B裡面，that被詮釋成（也因此被語法化）補語標記，代表後句是一個補語子句。

這些能與語法化類比的過程，如何在語言存在之前運作呢？關鍵在於，這樣的過程不需要複雜的語法就能開始。在圖13-2中，海因和庫特瓦假定了不同階段，階段一是名詞，階段二是動詞，不過兩個階段間的虛線也顯示他們對於這個轉變還是有些困惑。

相比之下，如同稍早之前所提過，我們版本的階段一是從全句字開始，也就是指稱物品的單詞以及指稱動作的單詞（還不像名詞和動詞那樣有句法結構），一同在階段二裡去蕪存菁。一旦切割片段以及構造的補償發明產生了更有限的一組單詞與構造，利用單詞表達新想法的努力，接著會進入很多語句的改變中，成為語法化引擎的燃料，而且這個引擎在世界各地日新月異的語言中，依舊運轉如昔。

洋涇濱、混雜語，以及原語言

在看過了語法隨著時間改變的其中一些方法後，我們要來研究洋涇濱和混合語，了解兩個或多個已經存在的語言間的互相接觸，如何產生新的語言。[6]

首先我們來看看畢克頓的理論（1984）。在他的說明中，所謂的洋涇濱不會是一種母語，使用的情況有限，是成人把一種語言縮減到剩下少數的詞彙，並且喪失原本的語意特徵，也沒有句法。因此，洋涇濱沒有任何功能或語法種類，沒有句法，沒有具結構的句子，沒有具有意義的單詞順序，也沒有從屬關係。

相反地，組成訊息的，是從少數的多功能詞彙中挑選出的幾個字串。根據畢克頓的定義，混雜語是兒童（母語者）從一個世代的洋涇濱中創造出來的。這些兒童聽著父母使用的洋涇濱長大，因此洋涇濱成為他們的母語，而在日常生活的使用中，兒童擴大了詞彙、加入語法，利用這個原本語言學特質極為貧乏的東西，產生了單詞順序有意義的結構性句子、從屬關係，以及大量的詞彙。在畢克頓的典範中，洋涇濱的溝通功能受到極大的限制，混雜

語則是完整的語言，在所有的情況下都能使用。

這樣劇烈的改變怎麼能如此快速地發生？畢克頓（1984）評估了數個不同的混雜語，發現混雜語語法的創新面向，在所有混雜語當中都是類似的。我們在後面會看到，這是因為不同混雜語的例子太有限了。不過以目前來說，我們注意到畢克頓利用**語言生物特性假說**（language bioprogram hypothesis）來解釋他的發現，也就是他在所有的混雜語中發現的這些語法創新，都是來自以基因編碼的「生物特性」（bioprogram）。畢克頓假設兒童在擴大洋涇濱的時候，會利用他們天生的普世語言原則，也就是語言的生物特性。我們可以把這個假說和**天生的普世語法**的觀念連在一起。語言習得過程的「原則與參數」模型（見第十一章註解二）認為，兒童有天生的語言原則，因此學習一個語言的句法，就只需要藉由注意數量有限的成人句子，建立這些原則的參數即可。

但是如果兒童並沒有暴露在能提供與適當環境相關的線索的成人語言中，那麼這些參數要從何而來呢？為了回答這個問題，**語言生物特性假說**又提出了一個說法，認為除非兒童經歷的是一個豐富、非貧乏的語言，否則是有能讓參數成立的「預設環境」（「未標記的選項」）存在的。畢克頓接著解釋，這些在歷史上毫無關係的混雜語為何具有相似處。他的假設是：所有混雜語都表現出普世語法的未標記選項。而這個假說被視為支持下列的語言演化觀點：在很久之前，透過支持具有預設環境的天生普世語法的基因特徵突變，才會讓原語言轉變成語言。

巴布亞皮欽洋涇濱（Tok Pisin，，又稱Talk Pidgin）是一種混雜語（雖然它的名字裡有「洋涇濱」這個單詞），是經過長時間演化出來，源自於英國和德國的貿易商與巴布亞與新幾內亞原住民溝通用的洋涇濱。皮欽語已經是一種混雜語，從該國自澳洲獨立後，已快速經歷進一步的發展，因為當時該國需要一個英語以外的國家語言，讓擁有各自語言的眾多部落能夠團結起來。隨著現代皮欽語成為教育、當地商業活動，甚至國會會議紀錄的媒介，這種混雜語的語彙已經大量擴張，但是有些舊的字串依舊在使用，像是

英語的calf（小牛）對應皮欽語的pickaninny longa cow，也就是「牛（英語為cow）的小孩」。除了詞彙的擴張之外，語法化的過程（例如像我們在前面看到的，將一串字轉換成語法標記）已經擴大了語法，所以baimbai是一個單獨的字，指的是代表未來終會發生（by and by）的事件的句子，現在已經被簡化成bai這個形式，接著移到動詞後面，做為一個明確的未來時態標記。羅曼尼（1992, p.245）提出了bai語法化所可能經歷的各個階段：

1. Baimbi mi go
By and by I go（我未來終究會去的）
2. Bai mi go
I'll go（我將會去）
3. Mi bai go
I'll go（我將會去）

他並提出，baimbai大約在1950年代與1960年代開始被bai所取代。

　　為了在**語言生物特性假說**之外提出另一個選擇，我們現在來看看克萊兒·樂芙伯（Claire Lefebvre, 2010）對洋涇濱與混雜語的關係的說明。我要補充說明的是，畢克頓已經看過這個段落，並且強調樂芙伯的理論絕對不是主流，就連那些反對畢克頓的混雜語專家也不支持樂芙伯的理論。雖然我沒有資格評斷這兩個互相競爭的理論孰優孰劣，不過我還是覺得她的理論很有參考價值，因為其中說明了兩種語言的詞彙以及語法知識，可能是如何進入混雜語形成的過程，因此豐富了我們對於原語言可能是以何種機制取得複雜度的理解，因為隨著部落間開始互動，原語言也會面對其他的原語言。

　　對樂芙伯來說，洋涇濱和混雜語的內在差異並不大，只在於母語使用者會比非母語使用者，講起來更為流利，並且能使用比較複雜的單詞形式（Jourdan & Keesing, 1997），例如皮欽語中的baimbai。除此之外，現在還是有被當作非母語的第二語言的洋涇濱，以和被當成母語的混雜語同樣的

方式在擴張（e.g., Mühlhäusler, 1986）。一個語言的詞彙數量決定該語言的使用功能。如果一個語言只能為了有限目的使用，例如洋涇濱基本上是殖民者用來指揮奴工從事限於碼頭或農場的有限工作的工具，那麼它的詞彙就很少。但這也並非絕對。

除此之外，畢克頓認為洋涇濱剝去了來源語的詞彙種類，並且除去了功能性的語法詞類，但是羅伯茲與布瑞斯南（Roberts and Bresnan, 2008）調查了二十七種受到社交限制的洋涇濱和行話，發現大約有一半都保留了之前語言的屈折形態。這當然會引起術語定義上的問題。如果有人定義洋涇濱缺乏句法，那麼這一半具有屈折形態的「受到社交限制的洋涇濱和行話」就不是洋涇濱，而是別的東西，可能更像混雜語。只因為某種語言是大眾所認為的洋涇濱，並不代表它真的是洋涇濱，因為皮欽語就是一個很好的例子。所以我們在這裡採取的觀念是，使用洋涇濱的人，只包括那些有明確主要語言的人，而混雜語則是經過一段時間後，從洋涇濱衍生出來的母語。因此，「混雜化」（Creolization）就是父母輩的洋涇濱變成小孩的母語的過程。

於是問題在於，是不是所有混雜語都出自一個沒有任何屈折形態的溝通系統，或者有相當數量的混雜語是出自保留了一些先前形式的屈折形態的溝通系統？接著，我們會跟著樂芙伯的理論，說明混雜語如何在後者的情況中出現。樂芙伯（2010）提出，有些人認為洋涇濱缺少句法，經常是因為它們雖能表現出可變的單詞順序，但卻缺少任何能指出該句子中任何位置的單詞角色的「格標記」（不像拉丁語等語言）。然而，她所指出的事實可能是基於有限的分析，因為分析者沒有追蹤洋涇濱的不同使用者的母語，但這些人在使用洋涇濱時，可能是使用自己母語的單詞順序。舉例來說，在中國沿海的洋涇濱（Matthews & Li, unpublished data）當中，Wh開頭的成分是來自英語——What thing that Poo-Saat do?（什麼那個蒲扇做？），但是如果使用中文的句法，就不是以Wh開頭——You wantchee how muchee?（你要多少？）。因此，雖然洋涇濱看起來似乎沒有固定的單詞順序，因此「沒有句法」，但是單詞順序在不同使用者身上的差異，可能是來自他們個別母語中

所能觀察到的單詞順序。以此為基礎，混雜語的未來發展可能是繼承了其中一個構造，放棄另外一個，兒童比較容易接受彼此模仿的構造，而不是採用那些差別很大的構造。

大西洋的混雜語傾向複製它們的西非底層語言，而太平洋的混雜語傾向複製它們南島語系的底層語言，以此類推。為了說明這一點，樂芙伯（1998, 2004）利用重新標籤（relabeling）、語法化，以及其他在語言變化當中扮演了各自角色的過程，來解釋洋涇濱以及之後的混雜語如何獲得基本的語法結構。這種方法並不需要天生的語言生物特性。

我們簡單地來看看重新標籤的理論。核心的概念是：洋涇濱的起源與母語為各種語言的成人有關。這些語言使用者並沒有共通的語言，因此必須創造出一個「通用語」（lingua franca），以從上層語言所採用的語音串為基礎，重新標籤他們的母語詞彙裡的詞彙項目。這樣的結果使得這些詞彙項目具有原本詞彙項目的語意和句法特質，但是有新的語音表徵（不過這樣的簡單陳述忽視了如果有超過一個的底層語言，那麼不同的句法和語意元素就必須互相協調）。

在A語言裡的每一個單詞都結合了三個元素：語音表徵[A]，也就是單詞在A語言裡的發音；語意特徵[A]，也就是A語言使用者在使用這個單詞的時候，該單詞所代表的意義；句法特徵[A]，明確指出單詞可以怎麼在A語言的結構裡使用。樂芙伯的觀念是，一開始A語言的母語使用者使用洋涇濱是逼不得已，因為必須要和使用即將成為上層語言的B語言的菁英團體溝通。他們會透過把語音表徵[B]加入由「語音表徵[A]、語意特徵[A]、句法特徵[A]」組成的既有詞彙中，改善他們的溝通能力。然而經過一段時間後，來自A的原始語音表徵可能會喪失，產生新的、**重新標籤**的詞彙。

「語音表徵[B]，語意特徵[A]，句法特徵[A]」成為逐漸興起的洋涇濱的元素之一。舉例來說，西非豐語（Fongbe）的語音表徵/hù/，被法語的/assassiner/變化型重新標籤，因為這兩個單詞都代表「殺害」，產生了海地混雜語裡的/ansasinen/這個單詞。然而，這個詞和法語中的單詞並不是同義詞，因為/hù/

除了「殺害」之外，也可以代表「使傷殘」，所以在海地混雜語中，一個人也可以「殺害」另外一個人的腳！

雖然語意所導致的重新標籤似乎扮演了重要角色，但這還不夠完整。雖然我們已經看到，剔除所有的句法特徵並不是形成洋涇濱所必需的標準，但是至少某些語言特質會遭到剔除。可是還是有些特質會保留下來，很多時候這些特質都屬於**底層語言A**，而且底層語言的語法所扮演的這種角色，為身為第一母語使用者的兒童在創造新結構時提供了限制，而不是以普世語法的預設背景為基礎，為所有混雜語帶來相同的語法。此外，語法化（例如皮欽語中從baimbai變成bai的例子）可以發生在混雜化之前以及之後，因此興起的語言最終會表現出很多句法特徵，是原始的洋涇濱中沒有保留，而是底層語言或上層語言的語法的一部分。

在這裡必須補充的是，不同的歷史情況可能會導致來自兩個語言的不同語意和句法特徵混合。句法特徵可能會來自兩個語言，可能也沒有一般的公式來解釋，當混雜語的使用者不再因為不同母語的知識而影響語句後，哪些東西還會保留下來。

語言不斷在演化

語言並不是一般結構固定在史前時代遙遠的一個時間點的東西。書寫大幅延伸了支撐記載與傳說的「記憶」，而印刷的書本使得廣大的人口得以接觸這樣的複雜度，而不是只有受過教育的菁英分子才能擁有。

不同職業的發展帶來了各式各樣的新工具，延伸主要語言的範圍，包括幾乎所有基礎語言的使用者都熟悉的數字標記工具，或是法律語言那種難以理解的增加部分，或是只有專精研究數年才能表達與理解的數學理論。

電腦、網際網路、電動玩具，還有智慧型手機的出現，都讓語言的彈性達到前所未有的境界，結合了圖象、擬真、新的社交網絡，並且追隨會對「讀者」的幻想與偏好有所回應的道路。我們在這裡看到，語言先備的大腦

長久以來建立起來的機制，從過去到未來如何支持著語言與思想新工具的發展，其中有些機制只是延伸人類數個世紀之前所知的語言，有些則會以極端新穎的方式，延伸我們人類的能力。

附註

第1章　路燈下

1‧後續的研究延伸了我們針對青蛙和蟾蜍的視覺運動協調計算模型，我們稱之為Rana computatrix，也就是「會計算的青蛙」；延伸的內容包含了各種現象的基模與神經網絡，例如繞道與路徑計畫、對於掠食者的軌跡敏感的閃避行為，以及連結神經控制與生物力學的撲咬行為。見亞畢（1989b）回顧Rana computatrix的部分研究。

2‧這是我的一個老笑話梗：「只因為大腦看起來像一碗糊糊的粥，並不代表它就是一台串列計算機（譯註：serial computer，其運作方式是一次處理一件事，循序執行，不能任意將步驟調換，處理複雜的問題時相當耗時。作者意指人腦的彈性比串列計算機好很多）。」

3‧這樣才能更接近現實，而不是把伸手抓取的動作分成快速的初始動作以及慢速的接近動作；範例可參考Hoff與亞畢（1993）。

4‧江樂候（1997）使用基模研究人類與青蛙的動作與感知，並以此為基礎，研究了基模以及其他構造在動作的認知神經科學中扮演的角色；而Arkin（1998）展現了基模如何在以行為為基礎的機器人發展中扮演重要角色。

5‧想更了解VISIONS系統，請參考Draper, Collins, Brolio, Hanson, and Riseman（1989）；Hanson and Riseman（1978）；及亞畢（1989a），Sec.5.3。

6‧提早看看第二章裡討論的構式語法：HEARSAY模型消除了認為句法具有自主性（或比較好的中心性）的意見，而且呈現的方式也讓構式語法的研究方法變得能相容，因為片語假說可能是特定的構造（例如「這是不是一個Wh問句構造？」等等）。

7‧想更了解我與大衛‧卡普藍的研究，請參考我們一九七九年的論文（在前面討論HEARSAY時已經提過），以及我們和英國神經學家約翰‧馬歇爾共

同編輯的書（1982）。

8・我們的季富得講座內容在1986年出版（1986）。

9・Ochsner與利伯曼（2001）以及Adolphs（2009）在最近的社交認知神經科學研究中追蹤了數個主題，包括稱為杏仁核的腦部區域在恐懼反應以及辨識他人表達恐懼的表情時所扮演的角色。另可參考利伯曼（2007）及Decety and Ickes（2009）。

10・派翠茲與Pandya（2009）針對獼猴與人類的布洛卡區的同源區域以及獼猴和人類相關的連結度分析，比1990年代時的分析更為精細。這些新的發現尚未用於更新本書所回顧的分析。

11・想進一步了解鏡像系統假說的原始內容，請參考亞畢與里佐拉蒂（1997）及里佐拉蒂與亞畢（1998）。在本書出版之前，完整的假說出現在亞畢（2005a），內容包括各領域研究者對此假說表達贊同或反對的許多評論。這些評論促使我在本書中針對此假說以及相關次假說做更細膩的研究。

第2章　對人類語言的觀點

1・Ferreira et al.（2002）認為語言理解系統創造出的句法與語意表徵只是「差強人意」，因為理解者所需要執行任務，並非只是完整與準確地回應輸入。Ferreira與Patson（2007）提出以記錄與事件有關的電位（從聽者頭皮記錄的神經活動）為基礎的研究，顯示句子的意義是用簡單的啟發法而非組合式演算法來建構，在處理不流暢的結巴時也有或多或少的準確度。我們認為說話者可能也提供了「差強人意」的句法和語意表徵，向聽者傳達資訊。

2・我不禁略作停頓，思考為什麼bashful（害羞的）這個單詞並不是full of bash的意思（意即「大量痛打」，bash是痛打）。後來我在《牛津英語字典》中看到，bash其實是來自abash這個單詞，只是少了前面的a（這個過程稱為「詞首輕元音脫落」〔aphesis〕）。Abash的意思是「摧毀一個人的自持或自信，使其難堪、困惑、被擾亂等」。

3・Jackendoff（2010）與Hurford（2011）強調這種複合名詞的「原始性」，因為它們缺少組合限制。

4・隱喻是一種修辭法，片語或是單詞被轉換成與字面意義不同的物體或是動作，但這兩者間有某些層面可以相比擬，例如「這間工廠是產業的巢」。

轉喻是用一個單詞或片語取代另外一個單詞或片語，取其所代表的特質或與其有關的東西，例如「哈利是我強而有力的左右手」。

5・Studdert-Kennedy（2002）將鏡像神經元及聲音模仿，與粒子化口語的演化連在一起（亦可參考Goldstein, Byrd, & Saltzman, 2006）。

6・Marina Yaguello（1998）的語言學書籍是以語言的巧妙使用為主題；為了向《愛麗絲鏡中奇遇記》的作者路易斯・卡洛爾致敬，她把自己的書命名為《鏡中語言》（*Language Through the Looking Glass*）。另外，那本書除了書名以外，跟鏡像系統一點關係都沒有！

第3章　猴子與人猿的發聲與姿態

1・〈靈長類發聲、手勢姿態，以及人類語言演化〉（Primate Vocalization, Gesture, and the Evolution of Human Language; Arbib, Liebal, & Pika, 2008）是本章的基礎。

2・公鳥學習歌曲的系統演化與哺乳類的演化是不同的兩條路，但是對神經科學家來說，研究兩者間的相似與相異處是個有意思的挑戰（Doupe & Kuhl, 1999; Jarvis, 2004, 2007）。然而，這些挑戰並不屬於本書的範疇。

3・目前的估計認為，人類和恆河猴的共同祖先，生存了大約兩千五百萬年（根據Rhesus Macaque Genome Sequencing and Analysis group, 2007；另可參考Steiper, Young, & Sukarna, 2004），而Cheney與Seyfarth（2005）引用Boyd與Silk（2000）的研究，認為人類與狒狒最後的共同祖先大約生存在三千六百萬年前。人類和黑猩猩的共統祖先大約生活在五百到七百萬年前（根據Patterson, Richter, Gnerre, Lander, & Reich, 2006，最多是六百三十萬年前）。

4・見圖1-2 利伯曼（1991）說明靈長類不同叫聲間的相似性。利伯曼也引用了MacLean（1993）的人類嬰兒哭泣模式。

5・在本書中，我們會將手部姿勢當作語意開始發展的鷹架，但是法拉瑞等人關於鏡像神經元的資料，會和與口顎臉部姿態連結在一起。當然，我們也會思考發聲與口語之間的關係。以臉部動作編碼基模（Facial Action Coding Schemes）為基礎，Slocombe、Waller，以及Liebal（2011）最近已經呼籲（我也是）要將多重模組的研究整合到語言演化裡：「透過一致地檢視溝通訊號，我們可以避免研究方法論上的不連續性，並能更了解在動植物種

類史上，屬於多重模組一部分的人類語言的前身。」

6・皮爾士的三分法對於Terrence Deacon（1997）來說非常重要，後者出版了《象徵性物種：語言和大腦的共同演化》（*The Symbolic Species: The Co-evolution of Language and the Brain*），書中將人類稱為「象徵性物種」。然而，我不認為重點在於人猿有沒有象徵符號，或是牠們能不能使用圖象，而是在於（正如Deacon 所說）和其他生物相比，人類能掌握的符號數量極多，並且能以各種方式組合這些符號，讓人類擁有無與倫比的溝通與思考彈性。

7・想更了解人猿透過內生儀式過程或社交學習所得到的手勢，請參考：Bard（1990）、Goodall（1986）、Nishida（1980）、Pika et al.（2003）、Pika, Liebal, &Tomasello（2005），以及McGrew & Tutin（1978）。

8・關於教導人猿使用口語的研究，請見Hayes & Hayes（1951）以及Kellogg & Kellogg（1933）；關於坎茲的更多資料，請參考Savage Rumbaugh et al.（1998），以及Gardner & Gardner（1969）；關於教導人猿手語和符號字的資料，請參考Savage Rumbaugh et al.（1998）。

9・因為在人猿的經驗方面，兩者都是隨意決定的，所以我不認為人猿能從符號字學到的，和牠們能從手語中挑出的手勢中學到的，有什麼明確的差異。（我之所以用「挑出」這個動詞，是想要強調人猿學會如何做出特定的手部形狀，藉此表達與美國手語中類似的手部形狀有關的意義，但是並沒有把手勢變成語言的語法。）

第4章　人腦、猴腦，與實踐

1・我們所謂的「實用」，指的是這個東西是不是與實際的使用或執行有關——它是不是受到實用經驗的引導。在本書中，實踐和溝通是相對的兩件事。類似的對比可以用practical joke這個詞來表示：（一）是為了讓某人覺得自己很蠢而設計的動作，通常是為了博君一笑（至少對惡作劇的人來說是如此）；（二）「正常」的、用講的笑話。

2・雖然我們不應該進一步討論，不過我們要指出，脊髓也包括了自律神經系統，也就是與腺體的神經分配、雞皮疙瘩的肌肉控制，還有動脈與內臟壁的平滑肌有關。

3・想更了解人類神經解剖學的讀者可以考慮購入：*Sylvius 4:An Interactive*

Atlas and Visual Glossary of Human Neuroanatomy（Williams et al., 2007），並下載到電腦中。內容包括了完整的可搜尋資料庫，有超過五百個神經解剖學專有名詞，解釋也很簡潔，並且有照片、核磁共振造影等其他插圖提供視覺輔助。

4・若想更了解「動機與情緒：行為的原動力」一節內的內容，讀者可參考菲洛斯與亞畢（2005）編輯之《誰需要情緒：當大腦遇見機器人》（*Who Needs Emotions: The Brain Meets the Robot*）。請特別參考由凱利、菲洛斯與拉斯勒杜、羅斯，以及亞畢所寫的章節。

5・患者HM（全名Henry Molaison）在2008年12月2日過世，享年八十二歲。在2008年12月18日出刊的《經濟學人》週刊有一整頁的訃文。

6・斯柯維爾手術的原始描述，以及布蘭達・米納兒針對雙邊海馬回損傷後引發近期記憶喪失的相關研究，請參考斯柯維爾與米納兒（1957）。其他後續研究包括Squire & Zola-Morgan（1991）以及Corkin et al.（1997）等。Hilts（1995）則寫了一本描述HM一生的書。

7・我對蓋吉生平的簡短描述，資料來源是麥坎・麥克米蘭（Malcolm Macmillan）專為蓋吉架設的網站：The Phineas Gage Information Page：http://www.deakin.edu.au/hbs/psychology/gagepage/。關於「蓋吉的腦損傷」的討論，是以麥克米蘭網站上的同名頁面「The damage to Phineas Gage's brain」為基礎。想更了解蓋吉的事，可參考麥克米蘭（2000），內容包括Harlow（1848, 1868）對蓋吉傷勢的描述，以及Bigelow（1850）對此事分析。安東尼歐・達馬吉歐（1994）在第一章〈佛蒙特州的不愉快〉（Unpleasantness in Vermont）中，對蓋吉的意外以及後續的情況有較口語的描述。

8・FARS模型由法格與亞畢（1998）發展，提供了關於模型的完整細節，以及豐富的模擬結果。一開始的FARS模型靠的是前額葉皮質和F5區之間的連結。然而，有證據（2001年由里佐拉蒂與路皮諾審查）顯示，從前額葉皮質到F5區間的連結非常有限，但是前額葉皮質和頂葉內側溝前區之間的連結非常多。因此，里佐拉蒂與路皮諾（2003）提出，FARS模型應該加以修改，讓關於物體語意的資訊以及個體的目標會影響到頂葉內側溝前區，而不是直接影響F5區的神經元。我們在這裡討論的是調整過的概念模型。

9・想更了解運動輔助區以及前運動輔助區與後運動輔助區之間的差異，請參考Rizzolatti et al.（1998）。

10・想了解基底核在抑制體外動作以及為接下來的動作做準備時所扮演的角色，請參考Bischoff-Grethe et al.（2003）。關於基底核在連續學習中可能扮演的角色的早期模型，請參考Dominey, Arbib, &Joseph（1995）。利伯曼（2000）討論了基底核在語言中扮演的角色。

11・關於獼猴聽覺系統的進一步資訊，請參考Deacon（1992）、Arikuni et al.（1988）、Romanski et al.（1999），以及Rauschecker et al.（1998）。

12・關於布洛卡區與發聲同源的分離，請參考Sutton et al.（1974）討論的猴子，Leyton & Sherrington（1917）討論黑猩猩，以及Deacon（1992）討論人類。

第5章　鏡像神經元與鏡像系統

1・對於神經網絡學習有狂熱的人，這遠比整個軌道與標準編碼間的簡單海伯聯結（Hebbian association）還要微妙，因為我們使用的方法（Bonaiuto, Rosta, & Arbib, 2007; Oztop & Arbib, 2002）能「盡早開始」辨識一開始的部分軌道，而不是一直等到抓取動作完成。

2・有一份研究（Mukamel, Ekstrom, Kaplan, Iacoboni, & Fried, 2010）提出在神經手術時記錄單一神經元的結果，此研究用四個動作來測試鏡像特質，分別是皺眉、微笑、精準捏取、用力抓取；結果確實發現，有些神經元具有上述其中一個或多個動作的鏡像特質，但是研究人員並沒有來自過去在猴子身上曾經記錄到鏡像神經元的「經典區域」的紀錄。相反地，已經有數百份腦部造影研究發現人類有「鏡像系統」特質。

3・另外一個方法是使用頭顱磁刺激療法（transcranial magnetic stimulation，TMS）在受試者看著一個動作時，觀察他的腦部區域。如果受到TMS刺激的觀察，能使得觀察者在執行該動作時可能使用到的肌肉有反應，那麼我們也許能假設這個區域包含了針對該動作的鏡像神經元（Fadiga, Fogassi, Pavesi, & Rizzolatti, 1995）。

4・在其他物種身上發現「鏡像神經元」可能和溝通有關的最有趣的一個例子（Prather, Peters, Nowicki, & Mooney, 2008），是沼澤麻雀前腦的神經元，會很即時地對這種鳥類會唱的歌曲中某個音符的順序做出反應，對於其他鳥類的歌曲中類似的音符順序也會有反應。除此之外，這些神經元會支配對於歌曲學習很重要的紋狀體結構（也就是我們在第四章裡提到與連續

學習有關的區域）。這個發現支持下列的看法（但不會在本書中進一步討論）：儘管在演化上有很大的分歧，但是鳴鳥負責聲音學習的腦部機制分析，也許對於理解我們對支持人類話語的聲音學習機制有所幫助（Jarvis, 2007）。

5 · 相關的批評可參考Dinstein, Thomas, Behrmann, & Heeger（2008），以及 Turella, Pierno, Tubaldi, & Castiello（2009）。

6 · 雖然猴子也許能辨識很豐富的動作，但我認為人類語言以及其他認知能力才是讓人類與猴子有很大不同的原因（2001）。

第6章　路標：揭露本書論點

1 · Jablonka與Lamb（2005）對於演化發育生物學有平易近人的介紹。

2 · 有些作者現在傾向使用「人族動物」（hominin）而非「人科動物」這個詞，但是我們在這裡還是使用一般所謂的「人科動物」。根據《牛津英語字典》的定義，人族動物是所謂人類這個物種的一分子，是人類的直接祖先，或與人類的關係非常密切，屬於人族（Hominini）。有些作者認為，人族包括了智人屬與南方古猿，因此人族動物相當於舊術語中的人科動物。Colin Groves（1989）把人類、黑猩猩、大猩猩以及紅毛猩猩歸類在人科，把人類、黑猩猩、大猩猩歸在人亞科（Homininae），而人類的化石紀錄則組成了人族。

3 · 對於語言改變的非生物性過程以及天擇的生物機制類比，可參考狄克森（1997）與Lass（1997）等。

4 · 「語言先備」這個詞是亞畢（2002）單獨提出的，與這個詞的意義有關的，是Judy Kegl（2002）所提出的「……所有人類小孩天生就有能使用語言的腦（language-ready brain），可以創造語言，在環境中辨識與語言相關的證據。在沒有語言相關的證據時，能使用語言的腦無法進入習得第一語言的過程。」Kegl這段話是與尼加拉瓜手語幾十年來的發明相關——這是個很有趣的主題，我們會在第十一章繼續討論，到時候我們可能也會反對我所謂的人類在語言出現之前，究竟是否有語言先備的腦。

5 · 我在第一章「第二盞路燈：具體化神經語言學」裡記錄了我對喬姆斯基的感謝。

6 · 想更了解伴隨著話語出現的手勢，可以參考的資料包括Iverson & Goldin-

Meadow（1998）、McNeill（1992, 2005）等。

7・注意，我們並不認為符號表現和組合性是「同一件事」。特質三只指出符號表現是原語言的一個特質。我們現在認為，豐富的符號表現與組合性是語言的關鍵。當然還有的系統是有組合性而沒有符號表現（例如鳥的歌唱），或是有符號表現但沒有組合性（例如大約一歲半小孩的話語）。

8・Carol Chomsky（1969）追蹤兒童對句法的掌握能力的改變，大約發生在五到十歲之間。

9・想進一步了解鏡像系統假說的原始內容，請參考亞畢與里佐拉蒂（1997）及里佐拉蒂與亞畢（1998）。在本書出版之前，完整的假說出現在亞畢（2005a），內容包括各領域研究者對此假說表達贊同或反對的許多評論。這些評論促使我在本書中針對此假說以及相關次假說做更細膩的研究。

10・想盡一步了解人類先有以手部姿勢為基礎的（原）語言，才出現主要以聲音姿態為基礎的口語「手勢起源」理論，請參考Hewes（1973）、Kimura（1993）、 Armstrong et al.（1995）、Stokoe（2001），以及Corballis（2002）。

11・畢克頓最近在他的作品《亞當的舌頭》（*Adam's Tongue*, 2009）中提出了一個略加修改後的語言演化說明，我緊接著也提出了延伸的評論（2011b）。

12・吉卜林（Rudyard Kipling）在1902年出版了《剛好這樣》故事集（可於http://www.boop.org/jan/justso/網頁看到）。在「大象的孩子」這個故事裡，解釋了大象的象鼻之所以是現在的樣子，是因為小象傻傻地到了河邊，結果被鱷魚拉長了鼻子，所以鼻子就愈來愈長。小象後來逃走了，但鼻子就變成了現在長長的模樣。當然，這不是一般接受的演化解釋。儘管如此，如果這樣的故事能進一步接受嚴格的驗證，發展出基礎穩固的假設，而不只是因為這是個有趣的故事就被接受了，那這就是形成「剛好這樣故事」的合理過程。

13・衛瑞（1998, 2000）進一步解釋單一語句的分割是怎麼做到的。

第7章　簡單模仿與複雜模仿

1・關於猴子與人猿缺乏聲音模仿的說明，請參考Hauser（1996）；關於黑猩猩的模仿，請參考托馬塞洛與寇爾（1997）。

2・重複基本動作直到次目標達成的過程，會在Miller、Galanter & Pribram

（1960）的「測試—執行—測試—離開」的TOTE（test-operate-test-exit）單元中被形式化。之後的數年裡，人工智慧界的工作者想出了各式各樣一般問題解決的構造。Soar就是追蹤不同次目標的這類系統之一，產生新的問題空間，找出達到相關次目標的計畫（可參考如Rosenbloom, Laird, Newell, & McCarl, 1991——在此之後有很多開發Soar的研究），另外也可參考ACT-R（Anderson et al., 2004）。

3・「離應」是演化生物學家Stephen J. Gould與Elizabeth Vrba（1982）所創的。

4・關於臉與手部分的視覺呈現會啟動猴子腦中特定位置的反應，請參考Gross（1992）以及Perrett, Mistlin, & Chitty（1987）。

5・Anisfeld（2005）以及Jones（1996）認為，「模仿臉部表情」是更不明確的。舉例來說，舌頭伸出去的動作等等，只是被引發的結果。

6・托馬塞洛領導萊比錫的馬克斯普朗克演化人類學協會的研究小組，結合了兩項我們非常感興趣的研究主題。第一項是他與約瑟普・柯爾（Josep Call）針對黑猩猩、巴諾布猿、大猩猩以及紅毛猩猩的行為的長期研究（主要在萊比錫動物園內進行）。形成第三章基礎的評論文章（Arbib, Liebal, & Pika, 2008）的共同作者卡加・利伯（Katja Liebal）及西蒙・皮卡（Simone Pika）都與這個團體一起進行博士研究。第二項研究的主題是人類兒童早期認知發展和語言學習。這項語言研究的很多內容（見托馬塞洛，2003a在書中的評論）符合我的博士學生珍・希爾（e.g., Arbib, Conklin, & Hill, 1987; Hill, 1983）大約在二十年前率先所發展出的構式語法架構。在第十一章中會有更多描述。

7・聖塔菲的舞蹈課描述（我在1999年9月25日所做的觀察）摘自亞畢（2002）。

第8章　從示意動作到原手語

1・我說「通常」是因為有軼事證據證明，有少數的情況，人猿的行動似乎不只是工具性的。派特・佐庫—高德瑞（私人通訊）表示：「我去朗博時，確實觀察到坎茲會宣告式地指某個東西。牠會拍拍轉身背對我的訓練師的肩膀，接著牠指指我，訓練師就知道我沒有跟上牠／他們。這並不是托馬塞洛對情況（工具式）的那種解釋，他認為坎茲是要我和牠／他們一起走，但其實是牠知道接待訪客的固定流程。也就是訪客應該在一段距離後

跟著牠／他們：他們那些訓練師要我跟著牠／他們。而坎茲向他們傳達的是，牠看得出來他們沒注意到這件事，所以才讓他們發現我沒有跟著牠／他們。」

2‧很有意思的是（往前看神經語言學），Jakobson（1956）宣稱：「每一種形式的失語症症狀都包含了嚴重程度不一的某些損傷，可能是選擇與取代的機能受損，或是組合與組織的機能損傷。前者的傷害牽涉到後設語言運作的惡化，後者則破壞了維持語言單位階級的能力。前者會壓抑類似的關係，後者類型的失語症則會抑制連結的關係。隱喻對『類似關係的失能』是不成立的，轉喻對於『連結關係的失能』是不成立的。」

3‧舉例來說，狗可以學會辨識主人發出的慣例化口語或手部符號。但是牠們缺乏將這些語句合併到自己行動庫中的能力。

4‧圖8-3受到賀福特（2004）的意見啟發。

5‧賀福特提出，話語之所以勝過手勢，成為主導的人類語言，是因為聲音除了被解釋為是訊號之外，不太可能有其他解讀——另外吸引注意力也是它的有效特質。

6‧我們聽見的單詞意義，會根據我們聽見時的語境有大幅的差異。例如法文裡的affluence代表「一群人」；但是英語中的affluence卻代表了「某樣東西很豐富」（通常指財富）。

7‧狄克森對布萊曼的描述出現在《美國筆記》（*American Notes*）的第三章（可於 http://www.onlineliterature.com/dickens/americannotes/4/網站查閱），這個部分以及整本書都很值得一讀。進一步資訊可參考維基百科：http://en.wikipedia.org/wiki/Laura_Bridgman。

第9章　原手語與原話語：擴張的螺旋

1‧以亞畢（2005a）的論點而言，我們可以說中文字的「山」看起來也許不像圖形，可是如果把這個字看成簡化的三座山峰的圖，那麼我們就可以輕鬆看出這個簡化的圖代表的是「山」。這種「圖畫歷史」能為學習者提供珍貴的支架，等到練習夠了就可以拋棄支架，而且在一般的閱讀與書寫時，意義與文字間的連結很直接，不需要使用到中間過渡的圖形來提醒。中文字「山」的「語源學」符合Vaccari and Vaccari（1961）。當然，有相對少量的中文字起源是這麼圖象化的。關於中文字的語意及語音元素整合的完

整敘述（以及中文字與蘇美語標的比較），可參考Coulmas（2003）的第三章。

2．貞特魯奇與帕馬大學同僚的研究內容，可參考Gentilucci, Santunione et al.（2004）以及Gentilucci, Stefanini et al.（2004）等研究；關於語言演化的相關討論，請參Gentilucci & Corballis（2006）。

3．因為牠們是日本猴子，所以也許你會懷疑牠們不只有「食物咕咕聲」、「工具咕咕聲」，可能還有打招呼時候用的「嗨咕咕聲」。

4．見Goldstein et al.（2006）從演化觀點檢視話語的產出。

第10章　各種語言如何開始

1．語言學中的多式綜合語（polysynthetic language），例如納瓦荷語（Navajo），是能用一個單詞就代表英語中整個句子的意義的語言，但是這並不是全句字，因為動詞會透過詞綴粒子得到複雜性，根據該語言的句法而一再延伸意義。而分析語（analytic language），又稱孤立語（isolating language），是一種當中絕大部分的語素都是自由語素，且被視為是「單詞」的語言。大部分的語言都介於這兩者之間。然而，在原語言的文獻中，有些作者會使用「綜合」這個詞來形容組合式的原語言，因為意義是透過組合單詞而「綜合生成」的；另外則使用「分析」這個詞來解釋全句字型的原語言，因為意義是類似現代英語中的內容字，只能透過拆解原單詞的意義而獲得。為了避免混淆，我不會用分析型／綜合型的術語來描述原語言，而是用全句字／組合式的術語來貫穿本書。

2．本章絕大部分的內容基礎來自亞畢（2008），是《互動研究九》（Interaction Studies 9）特刊裡的論文之一（後來出版為畢克頓與亞畢〔2010〕），內容討論關於原語言本質的兩種相反意見。

3．一個很有意思的爭議是關於「思想」與「（原）語言」。我們怎麼能在沒有文字可表達某樣東西的情況下思考這樣東西呢？我們怎麼能在沒有事先想到加諸在新單詞上的意義時，學習這個新單詞呢？關於這些問題的討論，請見Carruthers（2002）與參與者的意見。

4．特勒曼（2005）引用傑肯道夫（1999）關於「主事者優先」、「焦點殿後」，以及他所謂來自原語言的「化石原則」的群集等排序模式的討論。他們認為線性順序與語意角色相關，但並不一定需要句法結構。然而，我

還是不太贊同我們可以「排序原則」以及「句法」之間找到明確的界線。特勒曼宣稱畢克頓（e.g., 1990）提出了中肯的看法，也就是完整的句法中所有做為標準的特質都相互依賴。反過來，我們必須採用構式語法的方法來看愈來愈複雜的原語言，就像稍早所說過的，儘管多元的結構之後會透過普遍化的過程而聚集，但它還是能在彼此相對的獨立性中出現。

5・詹姆士國王以及「糟糕」的聖保羅教堂的例子，最近又出現在下列網址 http://stancarey.wordpress.com/tag/etymology/中的〈句子優先：一個愛爾蘭人的英語部落格。大部分啦。〉（Sentence first: An Irishman's blog about the English language. Mostly.）文章中。作者以catachresis這個詞的意義改變當作一個例子。Catachresis這個詞源自希臘文 $\kappa\alpha\tau\chi\rho\eta\sigma\iota$（濫用、虐待）。根據《企鵝字典：文學術語與文學理論》（*Penguin Dictionary of Literary Terms and Literary Theory*），在英語中這個詞的意思是「誤用一個單詞，特別是在混合的隱喻中」。另外一個意義是用現有的單詞去表示目前語言中尚未出現的名詞。所以catachresis對於語言同時具有正面和負面的影響。它能幫助一種語言演化，克服表達上的貧乏，但也可能導致溝通上的誤解，或是讓某個時代的語言和另外一個時代不相容。

第11章　兒童如何習得語言

1・將近三十年的時間裡，希爾的模型發展完成，有大量的研究去檢視兒童習得語言的方法，並且發展出相關過程的概念性與計算模型。這些研究大部分都和這裡提出的觀點相符，但是當然研究得更為深入，因此提供了進一步的資料讓我們探索語言先備的腦的關鍵特質。MacWhinney（2010）為《兒童語言期刊》（*Journal of Child Language*）的特刊寫了一篇序，這本特刊收錄了近期關於兒童語言學習的計算模型的許多精彩文章。

2・令人混淆的是最近喬姆斯基的綜合理論，也就是「最簡方案」，這個理論並沒有提出簡化兒童習得語言過程的語言普世現象——可參考第二章的「普世語法或未辨識的小玩意？」。我覺得喬姆斯基派最近的理論確實以恰當（但我覺得不充分）的形式提出了語言學的普世現象，解釋習得語言過程的模型是「原則與參數」。Baker（2001）對這個理論的說明淺顯易懂，對於各種語言共通的特質有很多精闢的見解，就算是不接受「這些原則是天生」的讀者也能從中獲益。語言學家大衛・萊特福（David

Lightfoot）認為原則與參數是了解普世語法的方法，因為它提供兒童語言學習的關鍵，並且認為它能支持以兒童為中心的語言改變歷史模式理論（Lightfoot, 2006）。我不想再繼續批評喬姆斯基派的說法，使本書更加沉重，不過我在別處已經挑戰過萊特福理論的這兩個層面（2007）。目前這一章的重點是簡短地說明與構式語法相關的語言習得理論，符合我們對於語言先備的腦的演化的說明。

3・希爾和我在1980年代早期提出的是「模版」而非「構造」，但我在現在的解說裡，使用的是「構造」這個詞。我們的研究在構式語法出現之前就已經完成（Fillmore, Kay, & O'Connor, 1988）。我們現在認為希爾的模版預測到了將構式語法應用於語言習得過程的研究。舉例來說，托馬塞洛的研究團隊進行的大規模研究，和我們早期研究的精神幾乎一致。《建構語言：語言習得理論的使用基礎》（*Constructing a Language:A Usage-Based Theory of Language Acquisition*, Tomasello, 2003a）有全面的說明。

4・「來自任何感官的任何印象，會同時落在還沒有分別體驗到這些感受的心智，將會全部融合成心智單一、未分割的對象……同時受到眼、耳、鼻、皮膚、內臟一湧而上的感覺襲擊的寶寶，感到非常困惑；而到了生命的尾聲時，我們對於空間裡所有東西的位置的感受，是因為所有感官的原始延伸或巨大一下子全部被我們注意到了，一起聯合到一個相同的空間裡。」（James, 1890, p.488）

5・構式語法和與習得語言的過程的相關性，也延伸到歷史語言學（第十三章）關於語言在時間裡如何興起並改變的研究（see, e.g., Croft, 2000）。

第12章　語言如何興起

1・這一章大部分是以我的一篇文章為基礎（2009）。我要感謝伏特拉、山德勒以及畢克頓貼心的建議，讓我能更新資料。

2・阿薩伊貝都因族和在美國出現的失聰團體（例如南卡克特島）有些很有意思的類似之處，他們失聰都是封閉團體內隱性失聰基因所致（Lane, Pillard, & French, 2000, 2002）。

3・關於失聰的這些註解，很大部分是來自波利齊的研究（2005）。

4・然而，這個模式絕不是獨一無二的。年輕人和年長者相比有比較多的語言技巧的現象，可以在洋涇濱和混雜語的使用者間看到一些差異，例如夏威

夷（但可參考Bickerton, 1984以及Roberts, 2000，關於夏威夷混雜語出現的對比分析）。此外，關於父母和兒童同獲得相同的第二外語時，他們的學習成效通常也會出現程度的差異。

5・圖12-1畫面的來源影片可在「科學線上」（Science Online）觀看，網址如下：http://www.sciencemag.org/cgi/content/ full/305/5691/1779/DC1。

6・這一段是根據波利齊的研究（2005）。

7・這個過程也發生在很多「進步的」手語裡，手語使用者試著為他們在口語或是書寫模式中碰到的單詞找到手勢，但是這個過程也會發生在口語中。舉例來說，西班牙人對於要不要把英語中的computer（電腦）直接「西班牙語化」，變成computador來代表「電腦」，或是使用比較有特色的ordenador這個單詞，就有許多的爭議；而德國人則是交替使用英語的computer和德語的rechner來代表電腦。

8・Scott et al.（1995）估計大約有一百二十五位先天失聰的人士分布在這個社群裡。

9・注意這種資料分析會使用句法種類來描述第二代階段的ABSL，不過某些種類還是比較接近語意而非句法。斯洛賓（2008）從比較一般的角度提醒，如果使用周遭聽人社群為了其書寫語言所建立的語法，做為使手語語法形式化的基礎，那麼這樣的語法預先假定了不連續元素的種類，而這些元素種類會組合成各式不同的結構，而手語則合併了手勢的梯度元素（例如動作的速率、強度，以及擴展性），而這些元素會反映產生手勢的溝通與物理環境。當然，梯度現象（例如語調模式以及產出聲音的速率與強度）是說話者也會使用的，但是因為大部分的韻律機制都不存在於書寫系統中，所以它們會在大多數對語言的語言學描述中缺席。斯洛賓提出，手語語言學家能受益於新語言學術用語的使用，例如身體分割、代理、浮標、成分擬象、圖象配對、呼應動詞、互動與非互動的手部形狀，以及現在《手語與語言學》（*Sign Language & Linguistics*）、《手語研究》（*Sign Language Studies*）、《認知語言學》（*Cognitive Linguistics*）等期刊討論的豐富符號。

10・也可參考Laudanna與伏特拉（1991）早期針對單詞、符號、手勢的順序的比較，以及Schembri, Jones & Burnham（2005）比較澳洲手語、台灣手語，以及非手語使用者不使用口語時的手勢動作姿勢，以及運動的分類動詞研究。

11・Cormier, Schembri & Tyrone（2008）以Brentari & Padden（2001）稍早的研究為基礎，討論手勢或是外國手語成為本地手語的方式。他們提出一個例子，就是美國手語裡某些顏色的手語都有相同的動作與位置。比方說，美國手語裡的「藍色」、「黃色」、「綠色」，以及「紫色」都是透過手指比出英語中這個單詞開頭的字母而本地化，動作是在中立的空間裡重複旋轉橈尺關節及肱橈關節（也就是手肘的單元）。

12・關於在沒有與外界接觸的環境中長大的孩子的早期討論，是回應克麗絲汀・克尼利（Christine Kenneally）在她關於語言演化的著作的跋中，向很多研究者提出的問題：「如果有一船的寶寶因為船難而來到加拉巴哥群島，他們有食物、有飲水、有遮蔽物，生活下去沒有問題，那他們在長大的過程中，會不會產生任何形式的語言呢？如果會，這種語言的形式會是什麼？這種語言會需要多少人才能起飛？經過數個世代後又會有什麼改變？」不同的專家各有非常不同的意見！

第13章　語言如何不斷改變

1・下面的次章節是以亞畢（2011a）的章節為基礎，深受史陶特（2011）的石器研究影響。

2・這個公式部分是亞畢（2011a）的升級版。

3・我對歷史語言學的思索，深受狄克森（1997）與Lass（1997）的著作影響啟發。

4・這形成了所謂「復興語言學」（Revival Linguistics）此大規模運動的一部分。Zuckermann & Walsh（2011）認為希伯來文在以色列的復興條件，可以應用在澳大利亞的環境，促成原住民語言再生。

5・語法化的現代研究始於1970年代（見Givón, 1971）。進一步研究的例子可以在Heine、Claudi & Hünnemeyer（1991）、Heine & Kuteva（2002）、Hopper & Traugott（2003）、Traugott & Hopper（1993）中看到。這個段落有一部分的基礎是海因在2010年6月21日到30日，在蒙特婁魁北克大學夏季學院「語言的起源」專題中的演講〈語法的起源〉（On the Origin of Grammar），以及他與同僚共同發表的論文（Heine & Kuteva, 2011; Heine & Stolz, 2008），均已獲得他同意使用。

6・「洋涇濱、混雜語，以及原語言」這個段落部分的基礎是樂芙伯在2010年6

月21日到30日，在蒙特婁魁北克大學夏季學院「語言的起源」專題中的演講〈洋涇濱與混雜語與語言起源之爭的相關性〉（On the relevance of pidgins and creoles in the debate on the origins of language），並已獲得她同意使用；另外也受益於畢克頓的意見。

國家圖書館出版品預行編目資料

人如何學會語言？：從大腦鏡像神經機制看人類語言的演化 / 麥可‧亞
畢(Michael Arbib)著；鍾沛君譯. -- 二版. -- 臺北市：商周出版：英屬蓋曼
群島商家庭傳媒股份有限公司城邦分公司發行, 2021.09
　面；　公分. -- (科學新視野；111)
譯自：How the brain got language : the mirror system hypothesis
ISBN 978-626-7012-47-5(平裝)

1.腦部 2.神經語言學

394.911　　　　　　　　　　　　　　　　110011794

科學新視野 111

人如何學會語言？：從大腦鏡像神經機制看人類語言的演化

作　　　者／麥可‧亞畢（Michael Arbib）
譯　　　者／鍾沛君
企 劃 選 書／羅珮芳
責 任 編 輯／羅珮芳
版　　　權／黃淑敏、吳亭儀、江欣瑜
行 銷 業 務／周佑潔、黃崇華、張媖茜
總 編 輯／黃靖卉
總 經 理／彭之琬
事業群總經理／黃淑貞
發 行 人／何飛鵬
法 律 顧 問／元禾法律事務所王子文律師
出　　　版／商周出版
　　　　　　　台北市104民生東路二段141號9樓
　　　　　　　電話：(02) 25007008　傳真：(02)25007759
　　　　　　　E-mail:bwp.service@cite.com.tw
　　　　　　　Blog：http://bwp25007008.pixnet.net/blog
發　　　行／英屬蓋曼群島商家庭傳媒股份有限公司城邦分公司
　　　　　　　台北市中山區民生東路二段141號2樓
　　　　　　　書虫客服服務專線：02-25007718、02-25007719
　　　　　　　24小時傳真服務：02-25001990、02-25001991
　　　　　　　服務時間：週一至週五9：30-12：00；13：30-17：00
　　　　　　　劃撥帳號：19863813；戶名：書虫股份有限公司
　　　　　　　讀者服務信箱E-mail：service@readingclub.com.tw
　　　　　　　城邦讀書花園：www.cite.com.tw
香港發行所／城邦（香港）出版集團有限公司
　　　　　　　香港灣仔駱克道193號東超商業中心1F；E-mail：hkcite@biznetvigator.com
　　　　　　　電話：(852)25086231　傳真：(852)25789337
馬新發行所／城邦（馬新）出版集團【Cite (M) Sdn Bhd】
　　　　　　　41, Jalan Radin Anum, Bandar Baru Sri Petaling,
　　　　　　　57000 Kuala Lumpur, Malaysia.
　　　　　　　電話：(603) 90578822 傳真：(603) 90576622
　　　　　　　email:cite@cite.com.my
封 面 設 計／徐璽設計工作室
內 頁 排 版／陳健美
印　　　刷／韋懋實業有限公司
經　　　銷／聯合發行股份有限公司
　　　　　　　地址：新北市231新店區區寶橋路235巷6弄6號2樓
　　　　　　　電話：(02) 29178022　傳真：(02) 29110053

■2014年6月17日初版　　　　　定價520元
■2021年9月7日二版

Printed in Taiwan

城邦讀書花園
www.cite.com.tw

版權所有，翻印必究 ISBN 978-626-7012-47-5

商周出版

廣　告　回　函
北區郵政管理登記證
北臺字第000791號
郵資已付，免貼郵票

104　台北市民生東路二段141號2樓

英屬蓋曼群島商家庭傳媒股份有限公司城邦分公司　收

- -
請沿虛線對摺，謝謝！

商周出版

| 書號：BU0111X | 書名：人如何學會語言？（二版） |

讀者回函卡

感謝您購買我們出版的書籍！請費心填寫此回函卡，我們將不定期寄上城邦集團最新的出版訊息。

不定期好禮相贈！
立即加入：商周出版
Facebook 粉絲團

姓名：＿＿＿＿＿＿＿＿＿＿＿＿＿＿＿＿＿＿＿＿ 性別：□男 □女

生日：西元＿＿＿＿＿＿年＿＿＿＿＿＿月＿＿＿＿＿＿日

地址：＿＿＿＿＿＿＿＿＿＿＿＿＿＿＿＿＿＿＿＿＿＿＿＿＿＿＿＿＿＿

聯絡電話：＿＿＿＿＿＿＿＿＿＿＿ 傳真：＿＿＿＿＿＿＿＿＿＿＿

E-mail：

學歷：□ 1. 小學 □ 2. 國中 □ 3. 高中 □ 4. 大學 □ 5. 研究所以上

職業：□ 1. 學生 □ 2. 軍公教 □ 3. 服務 □ 4. 金融 □ 5. 製造 □ 6. 資訊

　　　□ 7. 傳播 □ 8. 自由業 □ 9. 農漁牧 □ 10. 家管 □ 11. 退休

　　　□ 12. 其他＿＿＿＿＿＿＿＿＿＿＿＿＿＿＿＿＿＿＿＿＿＿

您從何種方式得知本書消息？

　　　□ 1. 書店 □ 2. 網路 □ 3. 報紙 □ 4. 雜誌 □ 5. 廣播 □ 6. 電視

　　　□ 7. 親友推薦 □ 8. 其他＿＿＿＿＿＿＿＿＿＿＿＿＿＿＿

您通常以何種方式購書？

　　　□ 1. 書店 □ 2. 網路 □ 3. 傳真訂購 □ 4. 郵局劃撥 □ 5. 其他＿＿＿＿＿

您喜歡閱讀那些類別的書籍？

　　　□ 1. 財經商業 □ 2. 自然科學 □ 3. 歷史 □ 4. 法律 □ 5. 文學

　　　□ 6. 休閒旅遊 □ 7. 小說 □ 8. 人物傳記 □ 9. 生活、勵志 □ 10. 其他

對我們的建議：＿＿＿＿＿＿＿＿＿＿＿＿＿＿＿＿＿＿＿＿＿＿＿

　　　　　　　＿＿＿＿＿＿＿＿＿＿＿＿＿＿＿＿＿＿＿＿＿＿＿

　　　　　　　＿＿＿＿＿＿＿＿＿＿＿＿＿＿＿＿＿＿＿＿＿＿＿